Ganzheitliches Informationsmanagement

Band II: Daten- und Entwicklungsmanagement

Von

Dr. Jörg Biethahn
o. Professor für Wirtschaftsinformatik
an der Georg-August-Universität Göttingen

Dr. Harry Mucksch
Hochschulassistent für Wirtschaftsinformatik
an der Georg-August-Universität Göttingen

und

Dr. Walter Ruf
Software-Entwicklungsleiter

R. Oldenbourg Verlag München Wien

CIP-Titelaufnahme der Deutschen Bibliothek

Biethahn, Jörg:
Ganzheitliches Informationsmanagement / von Jörg Biethahn, Harry Mucksch und Walter Ruf. – München ; Wien : Oldenbourg.

NE: Mucksch, Harry:; Ruf, Walter:

Bd. 2. Daten- und Entwicklungsmanagement. – 1991
ISBN 3-486-21595-7

Gesamtherstellung: Hofmann Druck, Augsburg

ISBN 3-486-21595-7

Vorwort

In unserer Lehrbuch-Reihe "Ganzheitliches Informationsmanagement" sind wir in Band 1, "Grundlagen", auf die Basis der ganzheitlichen Systeme, die Organisation ihrer Entwicklung und die Methoden der Erhebung eines Systemzustandes eingegangen. Die Vorgehensweise bei der Entwicklung ganzheitlicher Systeme stellten wir bewußt nur kurz im Rahmen der Ausführungen über die Phasenschemata dar, da dieses Thema Gegenstand des nun vorliegenden zweiten Bandes, "Daten- und des Entwicklungsmanagement", ist.

Strebt man ein ganzheitliches Informationsmanagement an, so bedeutet dies die gemeinsame, parallele Anwendung des Daten- und Entwicklungsmanagements. Aus diesem Grund unterstreichen wir bewußt die Konjunktion im Titel.

Dabei greifen wir im ersten Kapitel das von uns entwickelte und im Band 1 skizzierte Phasenschema auf, um in einem Überblick zu zeigen, wie es in einer wechselseitigen Anwendung der Methoden des Daten- und des Entwicklungsmanagements unter gleichzeitiger Beachtung der Kommunikationsbeziehungen anzuwenden ist. Das Phasenschema stellt folglich die Basis für das Datenmanagement (Kapitel 2) und das Entwicklungsmanagement (Kapitel 3) dar. Der Nutzer und Gestalter von Informationssystemen wird die Kapitel 2 und 3 mehr als Werkzeugkasten für sein Vorgehen nach Kapitel 1 empfinden. Dabei mußten, um dem Anspruch des Ganzheitlichen gerecht zu werden, auch die Verfahren der Datenorganisation (Kapitel 2.2.4) mit aufgenommen werden, die den potentiellen Datenbankanwender weniger interessieren. Er möge dieses Kapitel überblättern.

Mit den vorliegenden Bänden 1 und 2 ist die Grundlage für die Neugestaltung von maßgeschneiderten Informationssystemen gelegt. Der dritte Band dieser Lehrbuchreihe wird den Titel "Integrations- und Toolmanagement" tragen. Im Rahmen des Integrationsmanagements wird auf weiterführende Integrationsbestrebungen eingegangen, wodurch die Grenzen bisheriger Informationssysteme beseitigt werden sollen. Hierunter fallen auch Erweiterungen, des installierten Informationssystems um neue Aufgaben. Das Toolmanagement befaßt sich mit den Methoden und den zur Verfügung stehenden Werkzeugen, die die Gestaltung von Informationssystemen simplifizieren und beschleunigen.

Dank sei allen Mitarbeitern der Abteilung Wirtschaftsinformatik gesagt, da sie durch dieses Buch immer wieder aus den eigenen Forschungsaktivitäten gerissen wurden. Ein besonderer Dank gebührt Herrn Dipl.-Kfm. D. Fischer, der wesentlich zur Gestaltung des dritten Kapitels beigetragen hat.

Jörg Biethahn,
Harry Mucksch,
Walter Ruf

Inhaltsverzeichnis

Bildverzeichnis

1. Einführung in die Entwicklung ganzheitlicher Informationssysteme

Das Daten- und Entwicklungsmanagement innerhalb des ganzheitlichen Informationsmanagements beschäftigt sich primär mit der Entwicklung beziehungsweise der Neugestaltung ganzheitlicher Informationssysteme. Dabei begrenzen wir uns in diesem Bereich bewußt auf die Entwicklung derartiger Systeme. Die Diskussion der Probleme einer Anpassung bestehender DV-gestützter Informationssysteme an neue Anforderungen würde den Rahmen des vorliegenden Bandes sprengen. Auf diesen Aspekt werden wir aber in Band 3 unter dem Thema des Integrationsmanagements eingehen.
In dieser Einführung wird nun - ohne Anspruch auf Vollständigkeit - verdeutlicht, wie man beim Entwurf ganzheitlicher Informationssysteme vorgehen sollte. Der Leser wird hierbei auch erkennen, daß die in vielen Lehrbüchern isoliert behandelten Gebiete des Daten- und des Entwicklungsmanagements nicht trennbar sind und daß ganzheitliche Informationssysteme nur bei gemeinsamer simultaner Anwendung der Methoden aus beiden Bereichen entstehen können.
Bevor der Gestaltungsprozeß beschrieben wird, sind die Hauptziele und die notwendigen Komponenten eines solchen Systems herauszustellen.

1.1 Hauptziele eines idealtypischen ganzheitlichen Informationssystems

Bei der Entwicklung eines idealtypischen ganzheitlichen Informationssystems sind eine Vielzahl an Zielen zu verfolgen. Als Hauptziele werden im Rahmen dieser Einführung näher betrachtet:

- Verwendung des ganzheitlichen Konzeptes
- Transparenz und Benutzerfreundlichkeit
- Wirtschaftlichkeit

a) Verwendung des ganzheitlichen Konzeptes
Die Idee der Entwicklung und Gestaltung ganzheitlicher Informationssysteme basiert auf der Tatsache, daß ein Unternehmen ein äußerst komplexes, offenes, soziales System mit einer Vielzahl von Subsystemen[1] ist. Daher muß

---

[1] Vgl. **SCHANZ, G.:** Wissenschaftsprogramme der Betriebswirtschaftslehre, in: **BEA, F. X.; DICHTL, E.; SCHWEITZER, M. (HRSG.):** Allgemeine Betriebswirtschaftslehre, Band 1, Grundlagen, 4., überarbeitete und erweiterte Auflage, Stuttgart 1988, S. 85 (49-114).

auch aus der Sicht der betrieblichen Informationsversorgung der Systemansatz[2] zugrunde gelegt werden.

Auf dieser Grundlage sollte bei der Entwicklung eines Informationssystems folgendermaßen vorgegangen werden.[3]
Zunächst ist im Rahmen einer Aufgaben- und Datenanalyse der Zusammenhang zwischen allen betrieblichen Aufgaben herauszuarbeiten. Grundvoraussetzung für die Aufgabenerfüllung ist die Verfügbarkeit der dazu notwendigen Daten. Daher müssen wir - nach der Aufstellung der zu bewältigenden Aufgaben - versuchen, alle Daten, die für sämtliche unternehmerischen Aufgaben des Betriebes benötigt werden, zunächst einmal im Zusammenhang verbal zu beschreiben. Gleichzeitig ist festzulegen, für welche Aufgaben man welche Daten in welcher Form und in welcher Genauigkeit benötigt. Zusätzlich soll festgehalten werden, welche Aufgaben jeweils auf dieselben Daten zugreifen. Durch diese geplante gemeinsame Nutzung von Daten kann der für ihre Pflege notwendige Aufwand reduziert werden. Damit kann auch das dritte Hauptziel - die Wirtschaftlichkeit des Informationssystems - realisiert werden.

Bei der Erfassung der benötigten Daten sind auch Bereiche wie zum Beispiel die Innovations-Informations-Verarbeitung,[4] bei der Informationen für die Produkt- und Prozeßinnovation gewonnen werden sollen, zu berücksichtigen. Bei der Informationsverarbeitung zur Unterstützung des Innovationsmanagements[5] handelt es sich um eine besondere, bis heute weitgehend ungelöste Problematik, denn die Informationen liegen in der Regel in Form von Texten - also unformatierten Daten - vor, die sich nicht ohne Informationsverlust in Spalten darstellen lassen (wie es in der betrieblichen Datenverarbeitung ansonsten üblich ist). Da aber diese Daten über die Methoden der semantischen Textanalyse ausgewertet und mit den traditionellen numerischen Daten in Zusammenhang gebracht werden müssen, sind sie in das ganzheitliche Modell zu integrieren.

---

[2] Vgl. **BIETHAHN, J.; MUCKSCH, H.; RUF, W.**: Ganzheitliches Informationsmanagement, Band 1, Grundlagen, München/Wien 1990, S. 30-88.

[3] Eine detaillierte Erläuterung des in diesem Überblick geschilderten Vorgehens erfolgt in den Kapiteln 2 und 3.

[4] Vgl. **BIETHAHN, J.**: Gestaltung einer Informationsverarbeitung als Basis für eine systematische Innovationspolitik, in: **GABISCH, G. (HRSG.)**: Technischer Fortschritt, Beschäftigung und wirtschaftliches Gleichgewicht, Berlin 1988, S. 329f. (318-357).

[5] Vgl. zum Begriff Innovationsmanagement: **ZfB:** Innovationsmanagement, 59.Jg., Ergänzungsheft 1/1989 und **STAUDT, E.; BOCK, J. u.a.**: Anreizsysteme als Instrument des betrieblichen Innovationsmanagements, in: **ZfB:** 60. Jg., 11/1990, S. 1183-1204.

Außerdem sollten bereits bei der Datenerfassung Zugriffsmöglichkeiten auf externe Datenbestände, wie beispielsweise auf Informationen über die Produktpalette und die Lieferkonditionen der Lieferanten, miteingeplant werden, damit man auch stets den aktuellen Stand dieser Informationen abfragen und in den betrieblichen Informationsversorgungsprozeß aufnehmen kann.

Auf der Basis dieser Aufgaben- und Datenanalyse ist sodann herauszuarbeiten, welche Aufgaben mit Hilfe der EDV bewältigt werden können. Anhand eines Schemas ist zunächst festzulegen, welche Informationen für die ausgewählten Aufgaben tatsächlich benötigt werden. Darauf aufbauend ist für jede einzelne Aufgabe festzuhalten, woher die dafür erforderlichen Informationen kommen. Außerdem ist zu berücksichtigen, wie und wann sie jeweils in den Informationsverarbeitungsprozeß einfließen. Dabei ist ebenfalls zu prüfen, ob die Daten in hinreichender Form und Aktualität zur Verfügung stehen, beziehungsweise stehen können. Nachdem die Datenquellen also erfaßt wurden, das heißt nachdem man weiß, welche Daten zu welcher Zeit in welcher Form und Qualität (zum Beispiel Genauigkeit) zur Verfügung stehen, wird man prüfen, welche Daten in welche Zusammenhänge und Reihenfolgen gebracht werden müssen.

Erst nachdem man alle Aufgaben beschrieben, sie zusätzlich bezüglich der Bearbeitung in eine zeitliche Reihenfolge gebracht und zudem sichergestellt hat, daß die benötigten Daten auch verfügbar sind, kann entschieden werden, welche dieser bewältigbaren Aufgaben mit der DV auch tatsächlich zukünftig realisiert werden sollen. Im Rahmen dieser Aufgaben- und Datenanalyse ist beispielsweise die Berücksichtigung aller selten beziehungsweise nur fallweise auftretenden Tätigkeiten nicht unbedingt notwendig. Dennoch soll eine spätere Bewältigung dieser Aufgaben vorgesehen sein.
Dem eigentlichen Entwurf der betrieblichen DV sollte man sich erst nach dieser Auswahl zuwenden.

Die Verwendung des ganzheitlichen Konzeptes ist wegen der Aufgabenvielfalt und des Datenvolumens in großen Unternehmen nur sehr schwer realisierbar. Deshalb entstehen dort durch die häufig bereits konzipierte Daten- und Aufgabendarstellung nur suboptimale Informationssysteme.

b) Transparenz und Benutzerfreundlichkeit
Diese Ziele wurden in der Vergangenheit häufig sträflich vernachlässigt und haben insbesondere bei kleinen und mittleren Betrieben zu großen Aversionen gegen die DV geführt. Gerade kleinere und mittlere Unternehmen können sich kaum Personal leisten, das sich ausschließlich mit der Datenverarbeitung beschäftigt und daher auch die DV-Produkte aus der gestalterischen Arbeit

genau kennt. Deshalb ist beim Entwurf von Informationssystemen von vornherein zu berücksichtigen, daß die späteren Anwender keine DV-Spezialisten sind, sondern vielmehr ihre DV-Benutzung in der Regel "nebenher" erledigen werden.
Für das Betreiben DV-gestützter Informationssysteme muß allerdings auch spezialisiertes Personal eingestellt werden. Dessen Aufgabenschwerpunkt liegt in der Unterstützung der Anwender bei der Bewältigung ihrer betriebswirtschaftlichen Aufgaben mittels der EDV. Insofern ist von einem betrieblichen Informationssystem zu verlangen, daß es so gestaltet wird, daß die Bedienung weitgehend durch lernwillige EDV-Laien erfolgen kann. Auch die Ergebnisse der DV-Prozesse müssen für jeden Mitarbeiter, der die Problematik der Dateninhalte kennt, verständlich sein.

c) Wirtschaftlichkeit
Insbesondere dieses Hauptziel macht es notwendig, daß Programme nicht nur für eine Unternehmung erstellt werden. Bisher wurden Informationssysteme entweder maßgeschneidert (Individualsoftware), was mit erheblichem Erstellungsaufwand verbunden war, oder es wurden nur rudimentäre, fertige Bausteine wie die Finanzbuchhaltung als Systeme (Standardsoftware) verwendet. Bei der Individualentwicklung entfielen lediglich 20% der Gesamtkosten auf die Hardware. Die verbleibenden 80% der Kosten betrafen die Entwicklung und Wartung der Software sowie die Schulung der Mitarbeiter.[6] Sowohl maßgeschneiderte (Individual-)Software als auch Standardsoftwaresysteme sind aus ganzheitlicher Sicht als nicht zufriedenstellend zu bewerten.
Eine wesentliche Kostensenkung bei der Software kann zukünftig nur dann erreicht werden, wenn man nicht für jedes Unternehmen eine eigene maßgeschneiderte Softwarelösung erstellt, sondern auf maßschneiderbare Software zurückgreifen kann. Die Endanpassung an die betriebsindividuellen Gegebenheiten erfolgt bei derartigen Programmsystemen erst im Unternehmen.

Die Forderung nach maßschneiderbarer Software ist - obwohl sie gegen die Prinzipien vieler Softwarehäuser verstößt - nicht völlig illusorisch. Ein System, das dieser Forderung gerecht werden will, ist beispielsweise das Göttinger Softwareentwicklungs-System nach dem Schnittstellen-Management-Ansatz,[7] mit dem eine maßgeschneiderte Software vom späteren Anwender selbst erstellt werden kann. Auf dieses Tool wird in Band 3 eingegangen.

---

[6] Vgl. **BIETHAHN, J.**: Gestaltung einer Informationsverarbeitung, a.a.O., S. 333.

[7] Vgl. hierzu **BIETHAHN, J.; RUF, W.**: Grundlagen eines Software-Entwicklungs-Systems für Klein- und Mittelbetriebe auf der Basis des Schnittstellen-Managements, Forschungsbericht der Abt. Wirtschaftsinformatik, Georg-August-Universität, Göttingen, Dezember 1986, und **RUF, W.**: Ein

An derartiger Software besteht ein enormer Nachholbedarf, da ca. 98-99% aller Betriebe in der Bundesrepublik kleinere und mittlere Unternehmen sind[8] und bei ihnen viele ähnliche, zum Teil branchentypische Probleme vorliegen.

Nach der Darstellung der Hauptziele bei der Entwicklung eines ganzheitlichen Informationssystems wird im folgenden kurz umrissen, aus welchen Komponenten ein solches idealtypisches System bestehen sollte.

1.2 Die Komponenten eines integralen betrieblichen Informationssystems

Ein betriebliches Informationssystem ist ein Mensch-Maschine-System zur Bereitstellung der für den betrieblichen Ablauf erforderlichen Informationen.[9] Die gegenwärtig existierenden Systeme verfügen bei weitem noch nicht über alle Komponenten eines idealtypischen betrieblichen Informationssystems, wie es in diesem Kapitel schematisch vorgestellt wird. Sofern die einzelnen Komponenten überhaupt verfügbar sind, fehlen in der Regel jedoch die für ihre Integration erforderlichen Schnittstellen.

Bei der Darstellung der Komponenten des integralen betrieblichen Informationssystems wird aus folgenden Gründen bewußt kein Bezug zur Hardware hergestellt:

1. Die Hardware stellt im Gegensatz zur Software in der Regel keinen Schwachpunkt dar, da ihre Entwicklung in den vergangenen 20 Jahren der der Software meist weit vorausgeeilt ist.

Software-Entwicklungs-System auf der Basis des Schnittstellen-Management-Ansatzes, Berlin/Heidelberg/New York/London/Paris/Tokyo 1988.

[8] Vgl. **GRAF LAMBSDORFF, O.:** Aufgaben für die Betriebswirtschaftslehre kleiner und mittlerer Betriebe, in: **ALBACH, H.; HELD, T. (HRSG.):** Betriebswirtschaftslehre mittelständischer Unternehmen, Stuttgart 1984, S. 6 (5-16).

[9] Vgl. **PENZEL, H.G.:** Ein systematischer Vergleich von Entwurfsverfahren für betriebliche Informationssysteme, Dissertation, Mainz 1983, S. 50 und **ÖSTERLE, H.:** Entwurf betrieblicher Informationssysteme, München/Wien 1981, S. 14.

2. Die meisten am Markt befindlichen Rechner einer Klasse sind in ihrer Leistung annähernd gleichwertig. Man kann innerhalb einer Rechnerklasse sehr häufig von fast baugleichen Systemen ausgehen.

3. Technische Änderungen sind zwar relativ häufig zu verzeichnen. Sie bleiben dem Benutzer einer DV-Anlage allerdings weitestgehend verborgen, da sie in der Regel vom Betriebssystem aufgefangen werden.

Da der Gestaltungsprozeß der Software in vielen Fällen aufgrund unsystematischer Vorgehensweisen zu unbefriedigenden, inkompatiblen oder unausgereiften Ergebnissen führt, konzentrieren wir uns auf die Software-Komponenten.

Im allgemeinen werden Informationssysteme anhand der von ihnen wahrzunehmenden Aufgaben gegliedert und betrachtet.[10] Die folgenden Ausführungen basieren auf einer anderen Sicht- und Vorgehensweise, da wir uns hier nicht mit bestehenden Informationssystemen auseinandersetzen wollen, sondern den Schwerpunkt auf ihren Entwurf und ihre Entwicklung legen. Daher beschränken wir uns zunächst auf die Erläuterung der notwendigen Komponenten eines integralen Informationssystems. Ein solches idealtypisches Informationssystem sollte als Basiskomponenten

ein Daten- und Textbanksystem,
ein Progammbibliothekssystem,
ein Methodenbibliothekssystem,
ein Tool- und Sprachensystem,[11]
eine wissensbasierte Systemkomponente und
ein Dictionary enthalten.

Diese sechs Basiskomponenten sind eingebunden in die hier nicht näher erläuterte Betriebssystemumgebung des DV-Systems.

Bild 1-1 verdeutlicht die erforderlichen Basiskomponenten eines idealtypischen integralen betrieblichen Informationssystems, die im Anschluß daran näher erläutert werden.

---

[10] Vgl. beispielsweise **MERTENS, P.:** Industrielle Datenverarbeitung, Band 1, Administrations- und Dispositionssysteme, 7., neu bearbeitete Auflage, Wiesbaden 1988, S. 6f.

[11] Einzelne Elemente des Tool- und Sprachensystems können bei fertigen, gekauften Lösungen durchaus auch im Betriebssystem oder im Daten- und Textbanksystem enthalten sein.

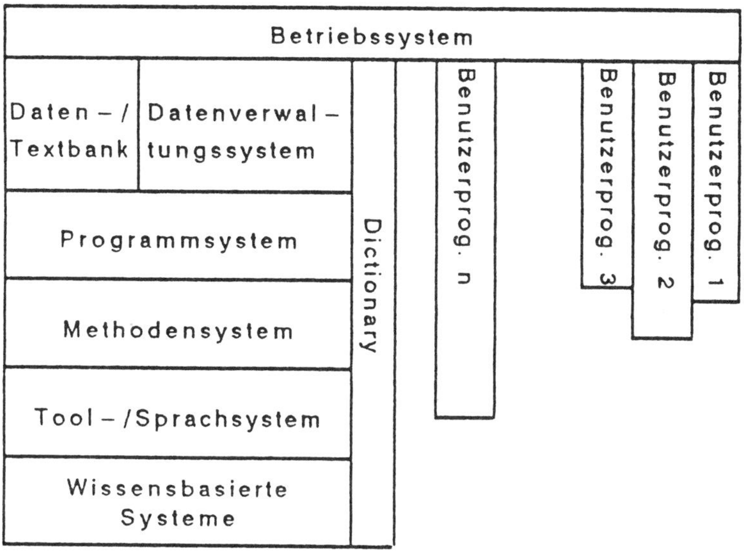

Bild 1-1: Komponenten des betrieblichen Informationssystems

1.2.1 Das Datenbanksystem

Das Daten- und Textbanksystem umfaßt zum einen das Daten- und Textbankverwaltungssystem. Dies ist ein System an Programmen, das es dem Anwendern ermöglicht, Daten und Texte beliebiger Art abzuspeichern, wiederzufinden, zu löschen, zu ändern und in aggregierter Form aufzubereiten. Zum anderen gehört dazu die eigentliche Daten- und Textbank, - häufig auch als Datenbasis bezeichnet - in der die Daten und Texte[12] selbst enthalten sind.
Mit dieser Komponente werden alle betrieblichen Daten und Texte in der eigentlichen Datenbank gesammelt, verwaltet und für die Verarbeitung bereitgehalten.[13] Dafür benötigt man hinreichend große und schnelle Sekundärspeicher, zum Beispiel Magnetplatten.

---

[12] Das Datenbankverwaltungssystem sollte - obwohl es solche umfassenden Systeme bisher nicht gibt - neben der Verarbeitung formatierter, das heißt in Spalten darstellbarer Daten, auch die Bearbeitung nichtformatierter Texte unterstützen.

[13] In den folgenden Ausführungen werden wir auf die Unterscheidung von Daten- und Textbank sowie Daten- und Textbankverwaltungssystem ver-

Ein Datenbanksystem besteht somit zum einen aus der eigentlichen Datenbank (DB) - dies ist ein Pool, in dem die Gesamtheit der für die Anwendungen interessierenden betrieblichen Daten zentral gespeichert ist[14] - und zum anderen aus dem Datenbankverwaltungs- oder auch Datenbankmanagementsystem (DBMS). Das DBMS ermöglicht es dem einzelnen Benutzer bei seiner/seinen Anfrage(n) über die sogenannte Datenbankbeschreibung, - über sie wird die Zugriffsberechtigung geprüft und der Ort der gespeicherten Daten ermittelt - auf die eigentlichen Daten in der Datenbank zuzugreifen.
Bei einer einfachen Datenbankanfrage eines Programms aus dem Programmsystem müssen folgende Schritte durchlaufen werden (vgl. Bild 1-2).

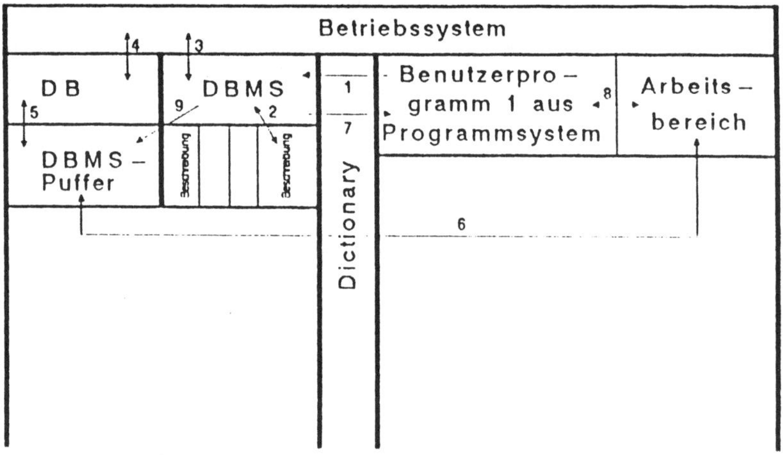

Bild 1-2: Datenbankanfrage

---

zichten. Wir verwenden dafür nur noch die Begriffe "Datenbank" und "Datenbankverwaltungssystem".

[14] Vgl. **SCHLAGETER, G.; STUCKY, W.:** Datenbanksysteme: Konzepte und Modelle, 2. Auflage, Stuttgart 1983, S. 22/23 und **BASTIAN, M.:** Datenbanksysteme, Königstein/TS. 1982, S. 2.

1. Anforderung von Daten durch ein Benutzerprogramm über das Dictionary an das Datenbankmanagementsystem.
2. Prüfung auf Zulässigkeit und Ermittlung des Zugriffspfades (Ort der Daten) mit Hilfe der Datenbankbeschreibung durch das DBMS.
3. Beauftragung des Betriebssystems mit dem Datentransferprozeß durch das DBMS.
4. Herstellung der Verbindung zur Datenbank durch das Betriebssystem.
5. Transfer der Daten in den Puffer des DBMS.
6. Auswahl der für den Benutzer relevanten Daten und Bereitstellung dieser Daten im Benutzerarbeitsbereich.
7. Das DBMS informiert das Benutzerprogramm, daß die Daten zur Bearbeitung bereitstehen.
8. Bearbeitung der Daten.
9. Der Puffer des Datenbankmanagementsystems wird für die nächste Bearbeitung oder Anfrage freigemacht.

Weitaus komplexer als die Datenbereitstellung ist eine Dateneinfügung oder eine Datenänderung. Man verdeutliche sich nur, daß nie zwei Anwender zur gleichen Zeit im gleichen Bereich einer Datenbank ändern dürfen. Es ist also offensichtlich, daß an das Datenbanksystem hinsichtlich der Datenverwaltungsfunktionen hohe Anforderungen zu stellen sind, die in den einzelnen am Markt verfügbaren Systemen nur unterschiedlich weit erfüllt sind. Auf diese Anforderungen wird erst später eingegangen.[15]

Auch sei an dieser Stelle vorausgeschickt, daß die simultane Verwaltung formatierter und nicht formatierter Daten mit einem derartigen (klassischen) Datenbanksystem in dieser Form noch nicht existiert, sondern daß dafür spezielle Information Retrieval Systeme (IRS) verwendet werden. Auch die Verwaltung von Wissen, welches für die wissensbasierte Informationssystemkomponente benötigt wird, kann bislang nicht mit Hilfe eines DBMS erfolgen. Selbst der Zugriff von wissensbasierten Anwendungen auf die in Datenbanken enthaltenen Daten mittels geeigneter Sprachen ist bisher lediglich in wenigen Fällen möglich. Eine Erweiterung und Ergänzung der Routinen des DBMS sowie des Tool- und Sprachensystems erscheint daher dringend notwendig.

---

[15] Vgl. dazu die Ausführungen in Kapitel 2.3.2.

1.2.2 Das Programmbibliothekssystem

In dieser Basiskomponente des integralen betrieblichen Informationssystems sind alle vollständigen, anwendungsbereiten und ausgetesteten Anwendungsprogramme (Applikationen) für das Tagesgeschäft der Unternehmung enthalten. Die Elemente des Programmbibliothekssystems müssen ein auf alle mit der EDV zu bewältigenden betrieblichen Aufgaben abgestimmtes System bilden. Beispielsweise müssen die Programme zur Buchhaltung und zur Kostenrechnung aber auch die Applikationen bezüglich des Produktionsprozesses miteinander Daten austauschen, weiterverarbeiten und die Ergebnisse nach außen dokumentieren können.[16] In diesem Sinne wäre auch eine Applikation zur optimalen Beschaffungs-, Produktions- und Absatzplanung Bestandteil des Programmbibliothekssystems. Es handelt sich hierbei also um eine Bibliothek von Programmen, auf die die Anwender zugreifen und daraus ihre Applikationen laden. Die Applikationen arbeiten auf Anforderung eines Benutzers über das Datenbankverwaltungssystem mit den Daten der Datenbasis.

Bei der Erstellung der Elemente dieser Basiskomponente sind grundsätzlich die im folgenden kurz beschriebenen Prinzipien[17] der Modularisierung und der Datenunabhängigkeit einzuhalten:

a) Das Prinzip der Modularisierung besagt, daß das gesamte System im Rahmen einer Komplexitätsreduktion modular, das heißt in einzeln zu erstellenden, nicht zu großen Programmelementen oder Bausteinen aufzubauen ist. Dadurch kann neben dem Erstellungs- auch der Änderungsaufwand relativ klein gehalten werden. Untersuchungen in Großbetrieben zeigten, daß von den Softwarekosten 70% auf die nach der Einführung notwendigen Änderungen entfielen.[18]

b) Das Prinzip der Datenunabhängigkeit besagt, daß man eine strikte Trennung der Daten von den Programmen vornehmen sollte, das heißt man muß bereits bei der Aufgaben- und Datenanalyse festlegen, was zu den Pro-

---

[16] Vgl. **LACHNIT, L.**: Controllingsystem zur DV-gestützten Erfolgs- und Finanzlenkung in mittelständischen Betrieben, in: **CONTROLLING:** Nr.6/1989, S. 346-355, und **LACHNIT, L.; FREIDANK, C-C.**: Computergestützte Optimierungsmodelle als Instrument der Rechnungslegungspolitik von Kapitalgesellschaften, in: **DIE WIRTSCHAFTSPRÜFUNG:** 2/1990, S. 29-39.

[17] Hier werden nur zwei Prinzipien angeführt. Auf die weiteren unbedingt einzuhaltenden Prinzipien wird in Kapitel 3 eingegangen.

[18] Vgl. **RUF, W.**: Ein Software-Entwicklungs-System, a.a.O., S. 122.

grammen, also den Aufgaben, und was zu den Daten gehört.[19] Entsprechend sollte die Einordnung in das Programmbibliothekssystem beziehungsweise in die Datenbank erfolgen. Beispielsweise sind die Firmenbezeichnung, die Adresse, die Bezeichnungen der Kostenstellen und Kostenarten in der Datenbank unterzubringen, von der diese Daten dann durch diverse Programme abgerufen und verarbeitet werden. Bezüglich späterer Änderungen ist es nicht sinnvoll, solche Informationen in Programme einzubetten, wie es heute noch häufig der Fall ist. Im Rahmen einer zentralen Datenhaltung kann eine Änderung schneller und effizienter erfolgen.

Bei einer strikten Trennung von Programmen und Daten ist beispielsweise im Falle einer Modifikation der Form der Ausgabe eine Änderung der Programme oft überflüssig.

1.2.3 Das Methodenbibliothekssystem

Neben dem Datenbank- und Programmbibliothekssystem wird als dritte Basiskomponente eine Methodenbibliothek benötigt. In diesem Methodenbibliothekssystem sind Programmbausteine (Unterprogramme, Routinen) gespeichert, mit und aus denen man in relativ kurzer Zeit Applikationen, beziehungsweise neue Anwendungsprogramme, die nach ihrem Test im Programmbibliothekssystem abgelegt werden, gestalten kann. Die einzelnen fertigen Programmbausteine müssen hinsichtlich ihres Einsatzes auf das Datenbanksystem und das Programmbibliothekssystem abgestimmt sein.
Beispielsweise sollte das Methodenbibliothekssystem standardisierte Input/Output Routinen sowie vorgefertigte Unterprogramme zur Simulation, zur linearen Optimierung oder zur Netzplantechnik beinhalten. Mit Hilfe der Elemente des Methodenbibliothekssystems können bei Bedarf - sofern keine Tools für diesen Anwendungszweck vorhanden sind - auch spezielle Programme zur Lösung derartiger Probleme erstellt werden. Je umfangreicher eine Methodenbibliothek ist, desto effektiver kann im Unternehmen eine sogenannte individuelle Datenverarbeitung im Rahmen eines ganzheitlichen Konzeptes aufgebaut werden.[20]

---

[19] Vgl. **DITTMANN, E. L.:** Datenunabhängigkeit beim Entwurf von Datenbanksystemen, Darmstadt 1977, S.22 ff.

[20] Zum Begriff und der Form der individuellen Datenverarbeitung vgl. **HEILMANN, H.:** Organisation und Management der Informationsverarbeitung, in: **KURBEL, K.; STRUNZ, H. (HRSG.):** Handbuch Wirtschaftsinformatik, Stuttgart 1990, S. 691-693 (683-702), und auch **REINERMANN, H.:** Individuelle Datenverarbeitung: Der Endbenutzer im

Eine strikte Zuordnung von Elementen zum Methodenbibliothekssystem oder zum Tool- und Sprachensystem ist nicht immer einfach. Einerseits können in der Methodenbibliothek Routinen enthalten sein, mit denen man ein Entscheidungsunterstützungs- oder Decision Support System generieren kann, andererseits gibt es aber fertige Tools für die gleiche Aufgabe auf dem Markt zu kaufen. Letztere würden dem Toolsystem zugeordnet werden.

1.2.4 Das Tool- und Sprachensystem

Diese Basiskomponente ist eine Bibliothek von Utilities (Werkzeugen) zur Entwicklung und Erstellung neuer Applikationen. Man kann diese Utilities im weitesten Sinne daher als Dienstprogramme auffassen.[21] Jedes Utility ist ein abgeschlossenes Programmsystem zur Unterstützung eines bestimmten Zieles. Als Beispiele für derartige Tools sind Programmgeneratoren, Listengeneratoren, Konvertierungsprogramme, das Göttinger Schnittstellen-Management-System, CASE-Tools[22], TP-Monitore[23] oder spezielle Sicherungssysteme wie NATURAL SECURITY[24] zu nennen.
Darüber hinaus enthält diese vierte Basiskomponente als Elemente auch geeignete Sprachen für die verschiedenen Benutzer des Informationssystems.

Zur Verdeutlichung sei angefügt, daß man heute folgende fünf Generationen von Programmiersprachen unterscheidet:

1. Maschinensprachen - also reine 0-1 oder Bit-Muster,

2. maschinenorientierte Sprachen - bei denen zu jedem Bitmustermaschinenbefehl eine Buchstabenkombination existiert, die allerdings sehr maschinennah ist und maschinenabhängig programmiert wird,

3. problemorientierte (meist prozedurale) Sprachen wie COBOL, FORTRAN und PASCAL, die maschinenunabhängiger sind,

---

neuen Licht, in: **VERWALTUNGSRUNDSCHAU:** 35. Jg., 5/1989, S. 146-154.

[21] Zum Tool- und Sprachensystem werden nur die Utilities zusammengefaßt, die nicht im Betriebssystem, DBMS oder Dictionary enthalten sind.

[22] CASE steht für Computer Aided Software Engineering.

[23] Vgl. zu den Aufgaben eines TP-Monitors Kapitel 2.3.2.4.3.

[24] NATURAL SECURITY ist ein Produkt der Software AG, Darmstadt.

4. datenorientierte (meist nicht-prozedurale) Sprachen für Arbeiten mit Datenbanken, zum Beispiel NATURAL[25], SQL[26] und QBE[27], mit denen beispielsweise die Abfrage

   "NENNE ALLE MITARBEITER, DIE ENGLISCH SPRECHEN UND DEREN ALTER ZWISCHEN ZWANZIG UND DREIßIG JAHREN IST UND DIE UNVERHEIRATET SIND"

   in ähnlich gestalteter Form, das heißt der natürlichen Sprache angenähert, möglich ist und

5. wissensorientierte Sprachen für wissensbasierte Systeme, zum Beispiel LISP mit dem Subset LOGO oder PROLOG.

Heute sollte der Zugriff auf die Daten des Datenbanksystems über eine Sprache der 4. Generation erfolgen. Die Integration einer Applikation zur Wissensverarbeitung setzt zudem die Verfügbarkeit einer Sprache der 5. Generation oder spezieller Tools für die Erstellung wissensbasierter Systeme voraus. So gibt es mittlerweile eine Vielzahl sogenannter Shells, mit deren Hilfe Expertensysteme entwickelt werden können.

1.2.5 Die Wissensbasierten Systeme

Zukünftig wird es zu einer Integration der Wissensverarbeitung in die bisherige klassische Informationsverarbeitung kommen.[28] Daher sind die wissensbasierten Systeme im Rahmen unseres ganzheitlichen Konzepts zu berücksichtigen. Vielfach wird nicht zwischen wissensbasierten Systemen und Expertensystemen unterschieden, das heißt die Begriffe werden synonym verwendet. Die folgende explizite Abgrenzung (inclusive der klassischen

---

[25] NATURAL ist ein Produkt der Software AG, Darmstadt.

[26] SQL (Structured Query Language) ist ein Produkt der IBM.

[27] QBE steht für "Query by Example". Vgl. **ZLOOF, M. M.:** Query by Example, in: **AFIPS:** Conference Proceedings NCC 1975, S. 431-438.

[28] Vgl. **MUCKSCH, H.:** Verschiebung und Ergänzung der Berufsbilder der Informationsverarbeitung aufgrund der Integration der Wissensverarbeitung in den Betrieben, in: **EHRENBERG, D.; KRALLMANN, H.; RIEGER, B. (HRSG):** Wissensbasierte Systeme in der Betriebswirtschaft, Grundlagen, Entwicklung, Anwendungen, Berlin/Bielefeld/München 1990, S.367 (367-378).

Informationssysteme) nimmt K. KURBEL in Anlehnung an D.A. WATERMAN vor:[29]
"Die Bezeichnung 'Expertensystem' bringt den externen Aspekt - das Verhalten des Systems seiner Umwelt gegenüber, nämlich ähnlich wie ein menschlicher Experte - zum Ausdruck. Dagegen wird mit 'wissensbasiert' eher die interne Systemstruktur, also die softwaretechnologische Seite mit der (mehr oder weniger) expliziten Darstellung des anwendungsspezifischen Wissens, angesprochen."[30]
Wie Bild 1-3 zeigt, lassen sich auch klassische DV-Probleme wissensbasiert lösen. Andererseits müssen sich Expertensysteme nicht zwangsläufig der Technik der wissensbasierten Systeme bedienen.

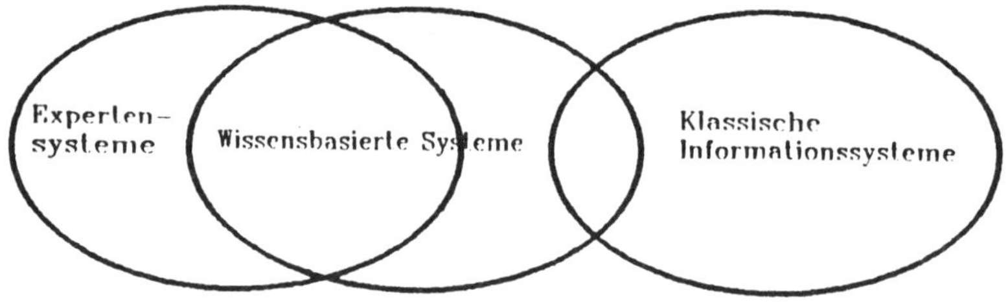

Bild 1-3: Spektrum wissensbasierter Systeme[31]

Im folgenden werden wir daher den Begriff wissensbasiertes System (WBS) verwenden.
Das Haupteinsatzgebiet der WBS ist bei komplexen, schlecht strukturierten Problemen, bei denen zum Teil noch kein vollständiges Wissen vorliegt, zu sehen. WBS verarbeiten im Gegensatz zur klassischen DV viele unterschiedliche Wisseneinheiten, deren Interpretation auf verschiedene Weise möglich ist.[32] Die Lösung der Probleme erfordert "intelligentes" Verhalten, wie es bei-

[29] Vgl. **WATERMAN, D.A.:** A Guide to Expert Systems, Reading, Massachusetts 1986, S. 18.

[30] **KURBEL, K.:** Entwicklung und Einsatz von Expertensystemen, Berlin/Heidelberg/New York/London/Paris/Tokyo, 1989, S. 26.

[31] **KURBEL, K.:** Entwicklung, a.a.O., S. 27.

[32] Vgl. **D'AGAPEYEFF, A.:** Expert Systems, Fifth Generation and UK-Suppliers, NCC Publications, 1983, zitiert nach **SIMONS, G. L.:** Die Fünfte Computergeneration, München/Wien 1986, S. 138.

spielsweise menschliche Experten an den Tag legen. Auch existieren keine Patentrezepte bezüglich des Lösungsweges.[33]
Die Struktur eines WBS ist durch drei wesentliche Komponenten charakterisiert:[34]

1. Die Wissensbasis oder Wissensbank
2. Die Problemlösungskomponente oder Inferenzmaschine
3. Die Kommunikationskomponente

Bild 1-4 veranschaulicht die genannten Komponenten

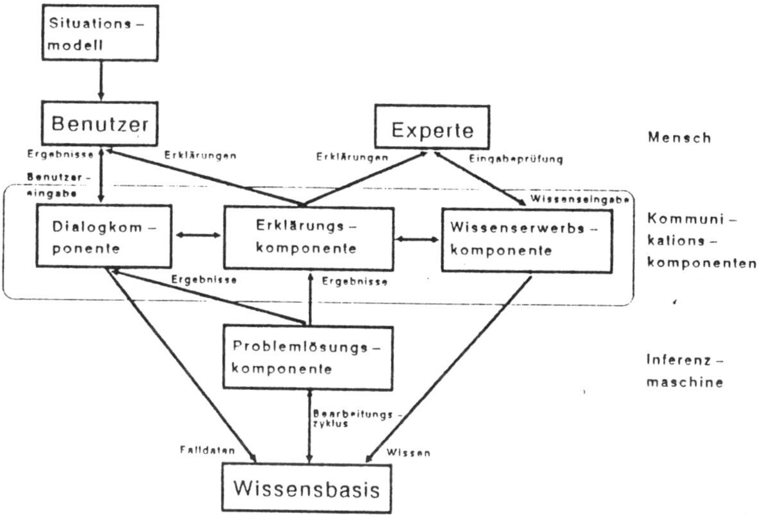

Bild 1-4: Komponenten eines WBS

Zur Verdeutlichung der Funktionsweise der genannten Komponenten werden sie nun näher charakterisiert:

1) Die Wissensbasis oder Wissensbank
Die Wissensbasis enthält fachgebietsspezifisches Expertenwissen, fall- oder situationsbezogenens Wissen (Situationsmodell), welches vom Anwender während einer Konsultation eingegeben wurde, sowie die Zwischen- und

---

[33] Vgl. **KURBEL, K.**: Entwicklung, a.a.O., S. 20.
[34] Vgl. **SIMONS, G.L.**: Die fünfte Computergeneration, a.a.O., S. 139 f und **KURBEL, K.**: Entwicklung, a.a.O., S. 27 ff.

Endergebnisse einer Konsultation. Sie gilt oft als wichtigster Bestandteil eines WBS, da sie im Idealfall das gesamte Wissen des jeweiligen Fachgebiets enthalten sollte. Dieses Wissen unterteilt F. PUPPE nach dem Gebrauch in Faktenwissen, Ableitungswissen, Steuerungs- und Kontrollwissen.[35]
Ein Problem im Zusammenhang mit der Entwicklung von WBS und dem Aufbau der Wissensbasis ist eine problemadäquate Darstellung des vorhandenen Wissens (Wissensrepräsentation).

2) Die Problemlösungskomponente oder Inferenzmaschine
Die Inferenzmaschine übernimmt die eigentliche Arbeit des WBS. Zum einen zieht die Problemlösungskomponente aus vorhandenem Wissen (aus der Wissensbasis und dem Situationsmodell) Schlüsse, die entweder für eine spätere Weiterverwendung zwischengespeichert oder dem Anwender als Lösung für sein zu bearbeitendes Problem angeboten werden; zum anderen steuert die Inferenzmaschine den Ablauf des Schlußfolgerungsprozesses.[36]

3) Die Kommunikationskomponente
Über die Kommunikationskomponente erfolgt die Ein- und Ausgabe des wissensbasierten Systems. Dabei ist zu differenzieren in:

3a) Die Dialogkomponente
Die Dialogkomponente steuert die Kommunikation zwischen dem Benutzer und dem WBS. Über sie erfolgt der Dialog zur Analyse des Situationsmodells - einschließlich der Faktenein-/-ausgabe. Die Benutzeroberflächen existierender WBS sind häufig grafikorientiert oder mit einem Menusystem ausgestattet.

3b) Die Erklärungskomponente
Die Erklärungskomponente hat die Aufgabe, die vom WBS während einer Konsultation abgeleiteten Zwischen- und Endergebnisse, sowie den Weg, der zur Ableitung jener geführt hat, für den Benutzer transparent zu machen.[37]

---

[35] Vgl. **PUPPE, F.:** Einführung in Expertensysteme, Berlin/Heidelberg/New York/London/Paris/Tokyo 1988, S. 12.

[36] Vgl. **STAHLKNECHT, P.:** Einführung in die Wirtschaftsinformatik, 4.,völlig überarbeitete und aktualisierte Auflage, Berlin/Heidelberg/New York/London/Paris/Tokyo 1989, S. 373, **SIMONS, G. L.:** Die Fünfte Computergeneration, a.a.O., S. 133-149,sowie **MUCKSCH, H.; FENSKE, W.; KURZ, M.:** Einführung in die Künstliche Intelligenz - Skriptum, in: **BIETHAHN, J. (HRSG.):** Arbeitsberichte der Wirtschaftsinformatik, Georg-August- Universität, Göttingen 1990, S. 74-79.

[37] Vgl. **MUCKSCH, H.; FENSKE, W.; KURZ, M.:** Einführung, a.a.O., S. 63.

Dadurch soll dem Systembenutzer die Überprüfung des Problemlösungsprozesses ermöglicht werden.

3c) Die Wissenserwerbskomponente
Mit Hilfe dieser Komponente wird das fachgebietsspezifische Expertenwissen in die Wissensbasis transferiert. Durch die Wissenserwerbskomponente kann neues Wissen aufgenommen, sowie überflüssiges oder veraltetes Wissen entfernt werden.[38]

Die besondere Stärke von wissensbasierten Systemen im betriebswirtschaftlichen Bereich liegt bekanntlich in ihrem Einsatz bei schlecht strukturierten Problemen.
Bislang erfolgte der Einsatz WBS in der Wirtschaft noch äußerst zögerlich, jedoch ist im deutschsprachigen Raum seit 1986 ein kontinuierlicher Anstieg der Running Systems zu verzeichnen.[39]
Die WBS werden bewußt als fünfte Komponente behandelt, da die Verbindungen für ihre integrierte Anwendung weitgehend fehlen. So sollte beispielsweise der Zugriff von wissensbasierten Anwendungen auf die im Datenbanksystem gespeicherten Daten mit Hilfe geeigneter Sprachen selbstverständlich sein, allerdings wurde dieser Aspekt von den Softwareherstellern wenig beachtet.[40]

1.2.6 Das Dictionary

Das Dictionary enthält Informationen über die Inhalte aller bisher behandelten Basiskomponenten. Es enthält Informationen über alle zur Verfügung stehenden Daten des Datenbanksystems, alle Anwendungsprogramme der Benutzer (Applikationen), die verfügbaren Module (Unterprogramme) des Methodenbibliothekssystems, die Utilities des Tool- und Sprachensystems, die verfügbaren wissensbasierten Anwendungen sowie die Zuordnungen und Rechte der Benutzer bezüglich der genannten Elemente.[41]
Ein idealtypisches ganzheitliches Informationssystem ist zum gegenwärtigen Zeitpunkt in den meisten Betrieben nur rudimentär vorhanden. Während das Datenbanksystem weitgehend fertig gekauft werden kann, wird das Pro-

---

[38] Vgl. **KURBEL, K.:** Entwicklung, a.a.O., S. 27.

[39] Vgl. **MERTENS, P.; BORKOWSKI, V.; GEIS, W.:** Betriebliche Expertensystem-Anwendungen, 2. Auflage, Berlin/Heidelberg/New York/London/Paris/Tokyo 1990, S. 25.

[40] Bekannte Ausnahmen findet man bei der Nixdorf AG, Paderborn und der Software AG, Darmstadt (NATURAL EXPERT).

[41] Vgl. zu dieser Basiskomponente, insbesondere Kapitel 2.3.4.

grammbibliotheks-, Methodenbibliotheks- und das Tool- und Sprachensystem - soweit vorhanden - noch individuell entwickelt beziehungsweise es werden isolierte Programme und Tools angeschafft.
Wissensbasierte Systeme sind zur Zeit noch weitgehend Neuland, obwohl bereits seit mehreren Jahren sogenannte Shells, das heißt Tools, mit denen wissensbasierte Systeme erstellt werden können, zu ihrer Entwicklung bereitstehen. Es handelt sich jedoch häufig um typische Insellösungen und daher dürften wissensbasierte Systeme in dieser Form nur wenig Akzeptanz in der Praxis finden.

Der hier beschriebene ganzheitliche Ansatz wurde bisher in der Regel vernachlässigt. Zukünftig werden sich - bedingt durch die zur Verfügung stehenden Informations- und Kommunikationstechniken - auch die betrieblichen Anforderungen an die Informationsversorgung stark verändern.[42] Dies verlangt nicht nur ein Vorausdenken und -planen seitens der betrieblichen Anwendungsseite, sondern ein ganzheitliches, integrales Konzept seitens des Informationsmanagements.

1.3 Die Vorgehensweise bei der Entwicklung eines ganzheitlichen Informationssystems

Bereits in Band 1 dieser Lehrbuchreihe wurde festgestellt, daß der Systemansatz (ganzheitlicher Ansatz) die einzig sinnvolle Basis für die Entwicklung (Architektur) ganzheitlicher Informationssysteme ist.[43] Da alle bisher existierenden Phasenkonzepte[44] dem Anspruch des ganzheitlichen Ansatzes nicht gerecht werden, haben wir ein eigenes Stufenkonzept entwickelt, das aus den folgenden Phasen besteht:

---

[42] Vgl. **MÜLLER-MEHRBACH, H.:** Betriebswirtschaftslehre nach dem Jahr 2000, in: **GAUGLER, E.; MEISSNER, H.-G.; THOM, N. (HRSG.):** Zukunftsaspekte der anwendungsorientierten Betriebswirtschaftslehre, Stuttgart 1986, S. 500 (497-511).

[43] Vgl. **BIETHAHN, J.; MUCKSCH, H.; RUF, W.:** Ganzheitliches Informationsmanagement, Band 1, a.a.O., S. 85 f.

[44] Vgl. **BIETHAHN, J.; MUCKSCH, H.; RUF, W.:** Ganzheitliches Informationsmanagement, Band 1, a.a.O., S. 118 ff.

Phase 1: Problemspezifikation
Phase 2: Systemspezifikation
Phase 3: Systemkonstruktion
Phase 4: Systemimplementierung und -test
Phase 5: Systemverifikation
Phase 6: Systemeinführung und -übergabe
Phase 7: Systemwartung

Das hier vorgestellte Phasenschema ist nicht nur für eine konventionelle Programmerstellung zum Beispiel mit Sprachen der 3. und 4. Generation geeignet, sondern es läßt auch die Möglichkeit des Einsatzes von Tools zur Erstellung von Applikationen zu. Im zweiten Fall ist es möglich, daß nicht jede Phase des Schemas explizit durchlaufen wird.
Die sieben Phasen werden nun weiter zerlegt und detailliert beschrieben.

1.3.1 Phase 1: Problemspezifikation (Anforderungsspezifikation)

Das Ziel der Problem- und Anforderungsspezifikation liegt in der Ermittlung der Problembereiche des gegenwärtigen Systems und in der Festlegung der Anforderungen an das zu entwickelnde System. Um dieses Ziel zu erreichen, bedient man sich der Ist-Analyse[45], die als "...Methode zur Erhebung und Beschreibung eines Systemzustandes..."[46] verstanden werden kann. Unter Berücksichtigung der erhobenen Anwenderwünsche erfolgt sodann die Erarbeitung von Lösungsvorschlägen.[47] Die Ergebnisse dieser Phase sind in geeigneter Form als sogenanntes Grobsoll- oder Wunschkonzept in Form eines Pflichtenheftes zu dokumentieren.

---

[45] Vgl. **HEINRICH, L.J.; BURGHOLZER, P.:** Systemplanung - Die Planung von Informations- und Kommunikationsbeziehunge, Band 1, 4., überarbeitete und ergänzte Auflage, München/Wien 1989, S. 312-319; **WEDEKIND, H.:** Systemanalyse, 2., durchgesehene Auflage, München/Wien 1976, S. 34-84.

[46] **BIETHAHN, J.; MUCKSCH, H.; RUF, W.:** Ganzheitliches Informationsmanagement, Band 1, a.a.O., S. 169.

[47] Es sollte in allen Phasen darauf geachtet werden, daß man Alternativen (Lösungsvorschläge) mit Hilfe von Wirtschaftlichkeitsanalysen beziehungsweise aufgrund innerbetrieblicher K.O.-Kriterien überprüft und gegebenenfalls aussondert, um die Alternativenmenge möglichst klein zu halten.

Der Prozeß der ersten Phase läßt sich in die im folgenden darzustellenden Teilschritte zerlegen, sie werden jedoch nicht unbedingt chronologisch durchgeführt, da erhebliche Interdepenzen zwischen ihnen bestehen:

- Zielanalyse
- Groberfassung
- Funktionsanalyse
- inhaltliche Datenanalyse
- qualitative Datenanalyse
- Schwachstellenanalyse

1.3.1.1 Zielanalyse

Im Rahmen der Zielanalyse sind die Ziele zu ermitteln, die mit der Einführung eines ganzheitlichen Informationssystems verfolgt werden. Hilfreich sind in diesem Zusammenhang die Methoden der Zielfindung, die bereits in Band 1 dieser Lehrbuchreihe ausführlich erläutert sind.[48] Die Ziele sind sodann in einem Zielsystem zusammenzufassen und nach Prioritäten zu ordnen.[49]

1.3.1.2 Groberfassung

Der Systemanalytiker hat sich in dieser Teilphase einen Überblick über die betrachtete Unternehmung, das Umweltsystem der Unternehmung und die Beziehungen zwischen der Unternehmung und der Umwelt zu verschaffen,[50] um die Informationsflüsse beurteilen zu können.

1.3.1.3 Funktionsanalyse (Aufgabenanalyse)

Im Rahmen der Funktionsanalyse ist das Unternehmen in einzelne Funktionen aufzuteilen und alle über das geplante Informationssystem zu lösenden betrieblichen Tätigkeiten (Aufgaben) sind mit folgenden Angaben zu erfassen:

---

[48] Vgl. **BIETHAHN, J.; MUCKSCH, H.; RUF, W.:** Ganzheitliches Informationsmanagement, Band 1, a.a.O., S. 155 ff.

[49] Vgl. **BIETHAHN, J.; MUCKSCH, H.; RUF, W.:** Ganzheitliches Informationsmanagement, Band 1, a.a.O., S. 137 ff.

[50] Vgl. **BIETHAHN, J.; MUCKSCH, H.; RUF, W.:** Ganzheitliches Informationsmanagement, Band 1, a.a.O., S. 177.

- Arbeitsabläufe in den Funktionen;
- Materialfluß innerhalb der Funktionen, zwischen den Funktionen und zwischen der Unternehmung und der Umwelt.
- Analyse der in den Funktionen verwendeten Informationen mit Erfassung der benötigten Dokumente;
- Verarbeitungszeiten, das heißt Zeitpunkte und Häufigkeiten des Anfalls und Dauer der Tätigkeiten;
- Informations- und Kommunikationsbeziehungen innerhalb der Funktionen, zwischen den Funktionen sowie zwischen der Unternehmung und der Umwelt;

In diesem Zusammenhang ist auch der Informationsbedarf[51] des gesamten Unternehmens und der einzelnen Funktionen zu ermitteln.

1.3.1.4 Inhaltliche Datenanalyse

Die inhaltliche Datenanalyse beschäftigt sich mit der Frage, welche Daten für welche betrieblichen Aufgaben benötigt werden und wie diese Daten erfaßt werden können beziehungsweise bereits erfaßt wurden.
Die Beantwortung dieser Frage ist Voraussetzung für die anschließende qualitative Datenanalyse und besitzt Einfluß auf die Strukturierung und Lokalisierung der benötigten Daten. Es ist ausgehend von den gewünschten Aufgaben in einer Matrix festzuhalten, welche Daten für die Bearbeitung der jeweils zu untersuchenden Aufgabe benötigt werden und wie diese Daten gewonnen werden. Die folgende Abbildung zeigt ein entsprechendes Beispiel, wobei die zu jeder Aufgabe gehörenden Datenelemente angekreuzt wurden.

[51] Die Informationsbedarfsanalyse beschäftigt sich mit der folgenden zentralen Frage: Welche Informationen der realen Welt sind für die geplante Anwendung von Interesse?

Datenelemente \ Berichte und Dokumente (gegliedert nach betriebl. Funktionsbereichen)	Beschaffung/ Lagerhaltung					Absatz/Marketing											Finanzbuchhaltung (inkl. Debitorenbuchh., Auftragsbearbeitung)						
	Lagerbestellungen	Lagereingänge	Lagerauslieferungen	Lagerbestände	Produktverzeichnis	Aufträge, nach Kunden	Kundenverzeichnis	Versandkosten/ -berichte	- je Produkt	- gesamt	Kundenberichte, monatl.	Verzeichnis der Vertriebspartner	Berichte über Produktentwickl.	- produktbezogen	- regional	- Vertriebslage	Rechnungsschreibung und -versand	eingegangene Aufträge	offene Aufträge	Berichte zur Umsatzentwicklung	eingegangene Zahlungen von Kunden	Außenstände	versandte Rechnungen
Kundendaten																							
Kunden - Nr.	X					X	X				X						X	X	X		X	X	X
Kundenname						X	X				X						X				X	X	
Kundenadresse							X										X						
Kundenauftragsnr.	X					X											X				X	X	
Lieferantendaten																							
Lieferantenauftragsnr.	X	X	X						X								X					X	
Produktdaten																							
Produkt - Nr.	X	X	X	X	X	X			X					X	X	X	X		X				
Produktname	X	X	X	X	X	X			X					X	X	X	X			X			
Produkttyp und - größe	X	X	X	X	X	X			X					X	X	X	X		X				
Preis				X	X				X	X							X			X	X	X	
wöch. ausgel. Menge									X	X				X	X	X				X			
wöch. ausgel. Wert									X	X				X	X	X				X			
Rechnungsdaten																							
Rechnungs - Nr.																	X				X	X	
Rechnungsdatum																	X					X	
bestellte Menge	X		X			X											X		X				
ausgelieferte Menge			X						X	X							X					X	
Rechnungsposten brutto																	X					X	
Rechnungsposten netto																	X						
Rabattstaffel					X												X					X	
Kreditcode						X	X										X						
Lagerdaten																							
entnommene Menge			X						X	X							X						
Versandhinweise	X		X	X													X						
Versandcodes	X		X	X													X						

Bild 1-5: Gegenüberstellung von Daten und Aufgaben[52]

52 Vgl. **BIETHAHN, J.**: Informationsverarbeitung und Kommunikation für den Euromarkt '92, in: **LÜCKE, W.; u.a. (HRSG.)**: Europäische Wirtschaft der 90er Jahre, Wiesbaden 1990, S. 115.

Auf die inhaltliche Datenanalyse folgt die qualitative Datenanalyse.

1.3.1.5 Qualitative Datenanalyse

In dieser Teilphase stellt man sich die Frage, ob die Daten für die gewünschten Aufgaben in ihrer Datenqualität ausreichend sind.
Es ist zu überprüfen, inwieweit die Daten - bezüglich des Datenerfassungsverfahrens - hinreichend genau und aufgabengemäß sind, um den qualitativen Ansprüchen aller aufgelisteten Aufgaben an sie zu genügen. Im einzelnen ist festzustellen,

- ob die Daten stets vollständig erhoben und auch gespeichert werden beziehungsweise werden können,
- inwieweit sie repräsentativ sind und
- ob sie aktuell sind.

Diese Prüfung ist notwendig, da man sehr häufig den Zeitpunkt der Datenerfassung nicht beachtet und dadurch auf veraltete, nicht zeitadäquate Daten zurückgreift.
Durch Methoden der direkten Datenerfassung[53] lassen sich derartige Probleme beseitigen. Sie sind jedoch keine Garantie für die Richtigkeit der Daten, da bei einer ungeprüften Datenerfassung häufig die geforderte Fehlergenauigkeit nicht erreicht wird. Erfüllen die Daten die qualitativen Ansprüche, die durch die Aufgaben an sie gestellt werden nicht, so ist die Lösung der entsprechenden Probleme durch die Einführung eines Informationssystems vorerst aufzuschieben.

1.3.1.6 Schwachstellenanalyse

Nach L.J. HEINRICH und P. BURGHOLZER ist das analysierte System im Hinblick auf cinc cffizientc Aufgabcncrfüllung zu untersuchen.[54] Dazu sind Abweichungen und deren Ursachen zwischen dem Verhalten des Ist-Systems und den Zielvorgaben festzustellen. Abschließend sind Lösungsvorschläge zu erarbeiten, um die aufgedeckten Schwachstellen beseitigen zu können.

---

[53] Vgl. dazu **HANSEN, H. R.:** Wirtschaftsinformatik I, 5., neubearbeitete und erweiterte Auflage, Stuttgart 1986, S. 445-447.

[54] Vgl. **HEINRICH, L.J.; BURGHOLZER, P.:** Systemplanung, Band 1, a.a.O., S. 225.

1.3.2 Phase 2: Systemspezifikation

Die Systemspezifikation geht von den in der Problemspezifikation erkannten Problemen aus und versucht detailliert darzustellen, wie sich das neue System nach außen verhalten sollte. Damit läßt sich die Spezifikation als Festlegung der Schnittstellen zur Umgebung charakterisieren.[55] In diesem Zusammenhang werden die Funktions- und die Datenanalyse verfeinert und aufeinander abgestimmt. Das daraus resultierende Funktions- und Datenmodell bildet die Basis für die nachfolgenden Phasen. Das Ergebnis der Systemspezifikation ist ein detailliertes Sollkonzept, das in einer Dokumentation festzuhalten ist.
Vor der eigentlichen Systemspezifikation ist aber noch eine Termin- und Kapazitätsplanung durchzuführen, die folgende Frage zu beantworten versucht: Welche betrieblichen Aufgaben sollen in welcher zeitlichen Reihenfolge auf der Basis welcher Daten mit Hilfe der EDV bewältigt werden?
Zunächst ist der Aufwand für die Bewältigung der einzelnen Aufgaben zu schätzen. Erst danach kann die obige Frage aufgrund der Analyse der Verfügbarkeit der Daten und ihrer Qualität beantwortet werden. Bei den Terminen, die hier festzulegen sind, handelt es sich aufgrund der zugrundeliegenden Informationen um eine Prioritätenliste und nicht um eine Liste der Fertigstellungstermine.

Die eigentliche Systemspezifikation kann in die nachfolgend ausführlich darzustellenden Teile zerlegt werden:

- Datenbereitstellungsplanung
- Informationssystemdesign
- Kommunikationsnetzdesign

1.3.2.1 Datenbereitstellungsplanung

Die Datenbereitstellungsplanung hat die Aufgabe, die Ergebnisse der Datenanalyse der 1. Phase detaillierter zu beschreiben. Die im Bereich der Datenanalyse lokalisierten und auf ihre Qualität geprüften Datenbestände sind nun in einem konzeptionellen Datenmodell zu beschreiben. Weiterhin sind

---

[55] Vgl. **GMD/PROJEKTGRUPPE SCHNITTSTELLEN:** Modellierung existierender Schnittstellen mit Netzen, GMD-Studien Nr. 69, Sankt Augustin 1982, S. 12; **RUF, W.:** Ein Software-Entwicklungs-System, a.a.O., S. 30 f.

Abhängigkeiten zwischen Daten beziehungsweise Datenbeständen festzustellen und zu dokumentieren, um beispielsweise Widersprüche in späteren Datenverarbeitungsprozessen zu vermeiden.

Innerhalb der Datenbereitstellungsplanung ist auch der Ort der Speicherung von einzelnen Daten oder Datenbeständen festzulegen. Existiert in einem Unternehmen eine zentrale Datenbank, so spielt dieses Problem keine Rolle. Betrachtet man hingegen einen multinationalen Konzern mit einer großen Anzahl von Filialen, die über die ganze Welt verteilt sind, so ergibt sich das Problem der optimalen Verteilung der Daten auf die einzelnen Knoten des Gesamtunternehmens-Informationssystems, da bei falscher Allokation der Daten der Informationsfluß erheblich gestört sein kann. Eine Fehlallokation kann im günstigsten Fall durch die erhöhte Inanspruchnahme der Kommunikationsleitungen und damit erhöhten Datentransfer- und Kommunikationskosten korrigiert werden. In diesem Zusammenhang sollte man allerdings auf organisatorische Restriktionen innerhalb der gesamten Unternehmung achten. Zur Lösung des Problems der Festlegung des Speicherortes kann man, ausgehend von dem in Bild 1-4 dargestellten Beispiel, von allen ausgewählten Funktionen (Aufgaben) die Anzahl der Datenanforderungen pro Zeiteinheit für alle zu erhebenden Daten in einer Matrix zusammenstellen, um dann die Belastung der Kommunikationsleitungen zu minimieren.

In diesem Zusammenhang ist auch auf das Konzept der verteilten Datenbanken einzugehen, da diese immer größere praktische Relevanz, zum Beispiel durch den Euromarkt '92, erhalten.[56] "Wird der gesamte logische Datenbestand eines Datenbanksystems physisch auf die peripheren Speicher mehrerer, meistens geographisch entfernter Rechner eines Rechnerverbundsystems verteilt, so daß Teildatenbanken entstehen, liegt ein Verteiltes Datenbanksystem vor."[57] Es gibt bisher nur sehr wenige DV-Hersteller, die integrale, verteilte Datenbanksysteme anbieten. In den meisten Fällen handelt es sich lediglich um ein Nebeneinanderarbeiten von Teildatenbanken. Die folgenden Kriterien können herangezogen werden, um über den Einsatz eines verteilten Datenbanksystems zu entscheiden:

1. Datenübertragungskosten
   Generell sollten die Daten so gespeichert werden, daß die Übertragungskosten minimal sind. Sind primär aggregierte Daten zu übertragen, so sollten die Ausgangsdaten - um Übertragungskosten zu sparen - dezentral am Ort

---

[56] Vgl. **BIETHAHN, J.:** Informationsverarbeitung und Kommunikation, a.a.O., S. 117.
[57] **STAHLKNECHT, P.:** Einführung, a.a.O., S. 206.

des Datenanfalls gespeichert werden. Als Hilfsmittel zur Lösung dieses Problems kann unter anderem die Simulation dienen.

2. Rechnerbelastung
Die Aufteilung von Einzelaufgaben auf verschiedene Rechner, die wieder auf dezentrale Teildatenbanken zurückgreifen, kann zu einer Reduktion der Belastung des Zentralrechners führen und damit Rechenkapazitäten für andere Aufgaben freisetzen.
3. Verantwortlichkeit für die Daten
Da die Verantwortung für die Daten in den meisten Fällen bei der Datenerfassungsstelle liegt, sollten sie auch unter deren Kontrolle bleiben. Außerdem hat sich immer wieder gezeigt, daß die Anzahl der Nutzer beziehungsweise Zugriffe mit physischer Distanz zu den Daten abnimmt, da sich die meisten Nutzer in der Nähe des Datenanfalls befinden und dadurch am ehesten mit den Problemen der Daten und den Anforderungen an sie vertraut sind.
4. Generelle Verfügbarkeit der Daten
Je weniger Daten über Kommunikationsleitungen übertragen werden müssen, desto schneller sind die Daten verfügbar.
5. Ebenen von Informationssystemen
Informationssysteme können nach ihrer Zielsetzung in die folgenden Ebenen unterteilt werden.[58]

---

[58] Vgl. **MERTENS, P.:** Industrielle Datenverarbeitung, Band 1, Administrations- und Dispositionssysteme, 7., neu bearbeitete Auflage, Wiesbaden 1988, S. 6-9; **BIETHAHN, J.; MUCKSCH, H.; RUF, W.:** Ganzheitliches Informationsmanagement, Band 1, a.a.O, S. 9.

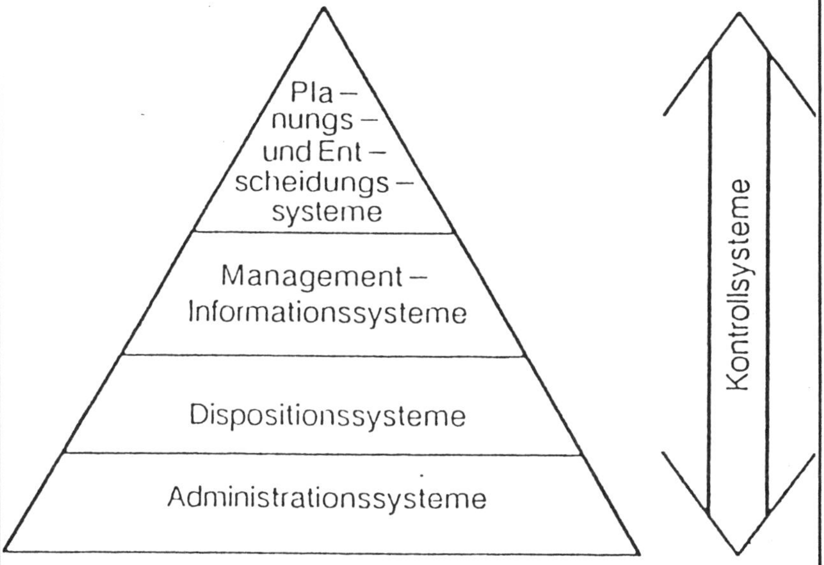

Bild 1-6: Gliederung der Informationssysteme nach der Zielsetzung

Während die Aufgaben der untersten zwei Ebenen typische lokale Funktionen sind, die auch nach Möglichkeit lokal bewältigt werden sollten, extrahieren die beiden oberen Ebenen aus den unteren Informationen, um Entscheidungen vorzubereiten.

6. Verteilung der Rechnerleistung
   Die bestehenden Datenbanksysteme werden von immer mehr Mitarbeitern im interaktiven Betrieb genutzt. Um für deren Aufgaben nicht immer die gesamte Leistung des Datenbankrechners zur benutzeradäquaten Datenaufbereitung zu verwenden, hat es sich als sinnvoll herausgestellt, die notwendigen Teildateien dem Anwender als Kopien auf seinem Arbeitsplatzrechner zur Verfügung zu stellen. Die Erfüllung dieser Aufgabe obliegt dem Copy- und Extraktmanagement.[59] Mit diesen Daten kann der Anwender seine Analysen durchführen.

Die Hauptaufgabe der Datenbereitstellungsplanung besteht also in der Festlegung der Verteilung der Datenbestände auf die verschiedenen Teildatenban-

[59] Vgl. dazu Kapitel 2.4.1.

ken der gesamten Unternehmung. Für jeden Teilbereich ist in dessen Verantwortung eine Liste der notwendigen Daten zu erstellen. In Verbindung mit der Aufgaben-Daten-Matrix[60] der ersten Phase lassen sich sodann die Kosten für den Datentransfer prognostizieren und letzlich minimieren.

1.3.2.2 Informationssystemdesign

Um das Informationssystemdesign problemadäquat durchführen zu können, sind sowohl die Ergebnisse der Datenanalyse (Phase 1), der Funktionsanalyse (Phase 1) als auch die Ergebnisse der Datenbereitstellungsplanung im Rahmen einer Zugriffspfadanalyse in Einklang zu bringen. Die Komplexität dieses Schrittes wird dabei auch durch die organisatorischen Restriktionen begründet, die beispielsweise bei einem multinationalen Unternehmen in seiner Dezentralisierung, das heißt seiner Verteilung über mehrere Länder, besteht. Zusammenhängende Funktionsbereiche, beispielsweise Abteilungen, sind zu Clustern zusammenzufassen und ganzheitlich in Bezug auf das Gesamt-Unternehmen als System zu begreifen. Benötigen verschiedene Funktionsbereiche Zugriff auf dieselben Daten beziehungsweise Datensammlungen, so sind Prioritäten zu vergeben, um adäquate Zugriffspfade entwickeln zu können. Die vergebenen Prioritäten und die Zugriffspfade sind dann auch die Grundlage für die Ausgestaltung des Copy- und Extraktmanagements, die in den allermeisten Fällen die oberen zwei Ebenen eines Informationssystems, also das Managementinformationssysteme und die Planungs- und Entscheidungssysteme betreffen.

Das Ergebnis des Informationssystemdesigns bildet sodann der detaillierte Dialog der verschiedenen Benutzer beziehungsweise Anwender mit dem ganzheitlichen Informationssystem, das heißt, daß die Schnittstellen und das Verhalten des Informationssystems zu seiner Umgebung detailliert festgelegt sind.

1.3.2.3 Kommunikationsnetzdesign

Über das Kommunikationsnetz sind Teilbereiche eines Unternehmens und das Unternehmen mit seiner Umwelt verbunden. Die inner- und zwischenbetriebliche Kommunikation verlagert sich immer mehr in Richtung Daten(fern)übertragung. Die Bedeutung persönlicher Telefongespräche nimmt dagegen immer weiter ab.

---

[60] Vgl. Bild 1-5.

Für die Gestaltung des unternehmensweiten Kommunikationsnetzes existieren mehrere mögliche Lösungen. Im Gegensatz zum bisher in den Betrieben realisierten LAN's (Local Area Network) werden zunehmend die WAN's (Wide Area Network) beziehungsweise die GAN's (Global Area Network) an Bedeutung gewinnen. In diesem Bereich werden weit voneinander entfernt liegende Rechner über öffentliche Datenübertragungsnetze - gegebenenfalls auch über Satelliten - miteinander verbunden. Dabei gibt es grundsätzlich die Möglichkeit, bei der Vernetzung das Konzept eines Herstellers zu übernehmen, beispielsweise SNA (Systems Network Architecture) von IBM[61] oder Transdata von Siemens[62]. Derartige Vernetzungen bezeichnet man als geschlossene Konzepte. Im Gegensatz dazu stehen die offenen (OSI: Open Systems Interconnection) Konzepte, bei denen Systeme unterschiedlicher Hersteller miteinander kommunizieren können. Grundsätzlich sollten bei der Auswahl des Netzes die Postdienste zur Datenübertragung berücksichtigt werden, denn diese sind Voraussetzung für eine betriebsübergreifende Kommunikation. Spätestens seit 1986 ist das Universalnetz ISDN[63] (Integrated Services Digital Network) für ganz Europa, aufgrund des angekündigten Europamarktes 1992, im Gespräch. Man erkannte, daß aus der bisherigen nationalstaatlichen Industriegesellschaft nur über ein effektives, internationales Kommunikationsnetz eine multinationale Informations- und Dienstleistungsgesellschaft werden kann.[64] Mit ISDN wird erstmals versucht, die Telekommunikation und die Informationstechnologie zu integrieren. Neben der Sprache können mit ISDN auch Daten, Text und Bild gemeinsam über einen Anschluß unter einer Rufnummer gesendet beziehungsweise empfangen werden.

---

61 Vg. hierzu **SPANIOL, O.; KAUFFELS, F.-J.:** Architektur von Datenkommunikationssystemen, in: **KURBEL, K.; STRUNZ, H. (HRSG.):** Handbuch Wirtschaftsinformatik, Stuttgart 1990, S. 919-922 (893-927).

62 Vgl. zu diesen und weiteren Netzen: **ZILAHI-SZABO, M.G.:** Informatik, München/Wien 1988, S. 206-208.

63 Vgl. **O.V.:** ISDN: Ein Netz für alle Fälle, in: **HIGH TECH SPECIAL:** 1/1988, S. 56-59.

64 Vgl. **BMWI:** EuroInfo zum EG-Binnenmarkt '92: Ausbau des europäischen Binnenmarktes im Bereich der Telekommunikation. Bonn, Juli 1989, Anlage 4.

1.3.3 Phase 3: Systemkonstruktion

Die Systemkonstruktion baut auf der Spezifikation auf und läuft in folgenden Teilschritten ab:

1. Gliederung/Aufteilung des Gesamtinformationssystems in Teilprogramme
   Das Gesamtinformationssystem ist in überschaubare Teilprogramme zu zerlegen, die wiederum in Module aufzuteilen sind. Besondere Beachtung verdienen in diesem Zusammenhang die internen Schnittstellen, das heißt die Schnittstellen zwischen den Einzelprogrammen und innerhalb der Programme die Modulschnittstellen, deren Verhalten festgelegt werden muß.

2. Konstruktion der Module
   Unter Beachtung der Prinzipien der Softwareentwicklung[65] sind die einzelnen Module und anschließend die Programme, beispielsweise mittels der strukturierten Programmierung, zu konstruieren.

3. Festlegung des Bedarfs an Hard- und Software
   Im Rahmen der Systemkonstruktion ist auch der Bedarf an Hard- und Software für das Informationssystem zu ermitteln und zu beschaffen.

4. Dokumentation
   Auch der Projektfortschritt, der in Phase 3 erzielt wird, ist in einer Dokumentation festzuhalten.

1.3.4 Phase 4: Systemimplementierung und -tests

Im Rahmen der Phase 4 werden die Module und Programme realisiert, getestet und zum Gesamtsystem zusammengefügt. Im einzelnen sind folgende Schritte zu durchlaufen, deren Ergebnisse jeweils zu dokumentieren sind:

---

[65] Vgl. Kapitel 3.

1. Realisierung/Programmierung der Module
   Die einzelnen Module sind mit Hilfe der beschafften oder vorhandenen Hard- und Software zu realisieren.

2. Modultest
   Die einzelnen Module sollten einzeln auf Realisierung des vorgegebenen (internen) Schnittstellenverhaltens geprüft werden.

3. Zusammenfügen der Module zu Programmen
   Die ausgetesteten Module sind zu Programmen zusammenzufügen.

4. Programmtest
   Die Programme sollten anhand der Vorgaben auf Richtigkeit getestet werden.

5. Sukzessives Zusammenfügen aller Programme zum Gesamtinformationssystem

1.3.5 Phase 5: Systemverifikation

Die Entwicklung der Programme für die Erfüllung der Einzelfunktionen erfolgt in der Regel sukzessiv, und diese werden nun entsprechend der Prioritätenliste in das Gesamtsystem eingefügt. Es ist offensichtlich, daß diese Programme vor einer Freigabe im Kontext mit den übrigen in der Komplettaufgabenerfüllung und mit Kopien der tatsächlichen Daten nochmals getestet werden müssen.

Dazu sind folgende Überprüfungen erforderlich:

1. Sind die zuletzt erstellten Applikationen mit den Programmen in dem betrieblichen Programmbibliothekssystem vereinbar ?
2. Stehen die eventuell zusätzlich erforderlichen Daten in der Datenbank bereit ?

Im Falle des Einsatzes von Tools zur Applikationsentwicklung kann eine exakte Trennung der Phasen 4 und 5 nicht immer vorgenommen werden. Die Verifikation des gesamten integrierten Systems kann aber nur in der Gesamtumgebung durchgeführt werden und ist somit erst nach Fertigstellung der Programme und deren Teiltests möglich.

1.3.6 Phase 6: Systemeinführung und -übergabe

Mit der organisatorischen Einführung und der Übergabe an die Benutzer endet die eigentliche Systementwicklung.
Für die Einführung des neuen Systems existieren zwei mögliche Vorgehensweisen:

1. Teilumstellung (schrittweises Ersetzen des alten durch das neue System).
2. Gesamtumstellung (Totalumstellung; Ersetzen des alten Systems durch das neue in einem Schritt).[66]

Im Rahmen der Systemeinführung und -übergabe sind auch die Benutzer des neuen Informationssystems bezüglich seiner Handhabung zu schulen.

1.3.7 Phase 7: Systemwartung

Nach der sechsten Phase - der Einführung und Übergabe - beginnt die ständige Anpassung und Pflege des Systems. Beispielsweise können aufgrund von Änderungen in der Organisationsstruktur der Unternehmung oder aufgrund von Gesetzesänderungen Anpassungen im Imformationssystem notwendig werden.

Die Systemwartung ist aber nur dann wirtschaftlich möglich, wenn in allen vorherigen Phasen der ganzheitliche Ansatz Beachtung gefunden hat. In diesem Fall liegen klare Schnittstellen zwischen den einzelnen Modulen beziehungsweise Programmen vor, die eine kostengünstige Wartung gewährleisten.[67]

---

[66] Vgl. **HEINRICH, L.J.; BURGHOLZER, P.:** Systemplanung - Die Planung und Realisierung von Informations- und Kommunikationssystemen, Band 2, 4., überarbeitete und ergänzte Auflage, München/Wien 1990, S. 326 ff.

[67] Verwendet man den Göttinger Schnittstellen-Management-Ansatz, so ist die Wartung eventuell auch direkt durch Modifikation der Masken wie im evolutionären Prototyping möglich. Vgl. **ROSENTHAL, W.:** Die Mensch-Maschine-Schnittstelle als Bestandteil eines Software-Entwicklungs-Systems, realisiert an einem erweiterten Maskengenerator, Dissertation, Göttingen 1989; **ROSENTHAL, W.:** Der erweiterte Maskengenerator eines Software-Entwicklungs-Systems, Heidelberg 1990.

2. Datenmanagement

Im Rahmen der betrieblichen Informationsverarbeitung sind, wie in der Einführung hergeleitet wurde, große Mengen von Informationen zu erfassen, in Speichermedien einzubringen, dort aufzubewahren, wiederaufzufinden und bei Anfragen in geeigneter Form wieder abzugeben. Diese großen Mengen an Informationen, die in einem Unternehmen verarbeitet werden müssen, stellen bekanntlich lediglich eine Abstraktion (Abbildung) eines Teiles der realen Welt dar. Dabei ist es unmöglich, alle Aspekte mit zu erfassen; die nebensächlichen oder belanglosen Eigenschaften und Besonderheiten der realen Objekte werden daher nicht berücksichtigt. Somit bestehen die mit einer Rechenanlage verarbeiteten Informationen letztendlich aus einer bewußt ausgewählten Menge von Daten dieser realen Welt, die für die zu bearbeitenden Aufgabenstellungen als wichtig erachtet werden. Trotz dieser durch die Abstraktion bewirkten Vereinfachung und der damit zusammenhängenden Datenreduktion verbleibt eine große Menge an Daten, die eine Schlüsselressource der Unternehmung ist und von deren Management die gesamte Unternehmung abhängt.[1]

Das Kapitel 2 Datenmanagement soll aufzeigen, wie und mit welchen Mitteln diese große Datenmenge eines Unternehmens unabhängig von den einzelnen Anwendungssystemen geplant, gesteuert (das heißt koordiniert, kontrolliert und verwaltet) und überwacht werden kann.
Zunächst wird im ersten Abschnitt dieses Kapitels allgemein die Bedeutung des Managements der Daten eines Unternehmens behandelt. Kapitel 2.2 befaßt sich mit den Funktionen der Datenarchitektur und der Datenanalyse, um die Gegenüberstellung des logischen Modells und der physischen Realisierung zu verdeutlichen. Das nachfolgende Kapitel 2.3 beschreibt, welche Arten von Datenverwaltungssystemen heute in den Unternehmen existieren und zeigt, daß es in Zukunft notwendig sein wird, einen ganzheitlichen Ansatz auch bei der Datenverwaltung zu verfolgen. Abschließend folgt in Kapitel 2.4 eine kurze Darstellung der Funktionen des Datenmanagements in der Ausführungsphase.

---

1 M. VETTER spricht vom "Jahrhundertproblem der Informatik", das "...in der Bewältigung des Datenchaos, das infolge unkontrolliert gewachsener Datenbestände fast überall entstanden ist", besteht. **VETTER, M.:** Aufbau betrieblicher Informationssysteme mittels konzeptioneller Datenmodellierung, 5., durchgesehene Auflage, Stuttgart 1989 und **VETTER, M.:** Das Jahrhundertproblem der Informatik, in: **MÜLLER-ETTRICH, G. (HRSG.):** Effektives Datendesign: Praxis-Erfahrungen, Köln 1989, S. 11-31.

2.1 Die Bedeutung des Datenmanagements für den ganzheitlichen Aufbau betrieblicher Informationssysteme

Die maschinelle Verarbeitung von Informationen - repräsentiert durch digitale Daten - ist bei der überwiegenden Zahl der Unternehmen heute bereits als eine lebensnotwendige[2] Aufgabe erkannt worden. Informationen werden aufgrund negativer Erfahrungen der Vergangenheit[3] zum wirtschaftlichen Gut[4]; das heißt sie sind wie Produktionsfaktoren zu behandeln.[5]

Das Ende der 70er Jahre in den USA aufkommende Information Resource Management (IRM) ist eng mit dieser Erkenntnis verbunden.[6] IRM ist als "...umfassender strategisch orientierter Management-Ansatz..."[7] zu verstehen,

---

[2] Vgl. **IBM DEUTSCHLAND GMBH (HRSG.):** Daten-Management - für eine unternehmensweite Produktivität. IBM-Form GZ 12-1093-0, Stuttgart 1982, S. 5.

[3] Undurchsichtige Daten- und Programmkomplexe sowie historisch angewachsene "Datenfriedhöfe", die weder für operative noch für strategische DV-Anwendungen nutzbar sind, zählen zu den bekanntesten Ausprägungen der DV vergangener Jahre.
Vgl. **AHRENS, L.; HOFFMANN, J.:** Die Attribute sollten hierarchisch vererbt werden, in: **CW:** 15. Jg., Nr. 30 vom 22.7.1988, S. 28 (28/29).

[4] Diverse Standpunkte sind zu finden in:
BULLINGER, H.J.: Anforderungen des Technologietrends an Forschung und Industrie, in: **FHG-BERICHTE:** Information als Produktionsfaktor 1/1986, S. 3.
EISENHOFER, A.: Information als Produktionsfaktor - Strategie für Entscheidungsunterstützungssysteme, in: **BULLINGER, H.J. (HRSG.):** Integrierte Bürosysteme, Heidelberg/New York/Tokyo 1984, S. 433.
Vgl. dazu auch **BIETHAHN, J.; MUCKSCH, H.; RUF, W.:** Ganzheitliches Informationsmanagement, Band 1, a.a.O., S. 5.

[5] Nach L.J. HEINRICH und P. BURGHOLZER führt dies zu einer neuen Sicht der Informationsfunktion. Sie wird nicht mehr nur als eine Unterstützungsfunktion für andere Aktivitäten, sondern im Sinne einer eigenständigen, gleichberechtigten Unternehmensfunktion angesehen.
Vgl. **HEINRICH, L.J.; BURGHOLZER, P.:** Informationsmanagement, 2. Auflage, München/Wien 1988, S. 141, sowie **MARTINY, L.; KLOTZ, M.:** Strategisches Informationsmanagement, München/Wien 1989, S. 13-20.

[6] Vgl. **MARTINY, L.; KLOTZ, M.:** Strategisches Informationsmanagement, a.a.O., S. 17.

[7] **SEIBT, D.:** Information Resources Management, in: **MERTENS, P. (HAUPTHRSG.):** Lexikon der Wirtschaftsinformatik, Berlin/Heidelberg/New York/London/Paris/Tokyo 1987, S. 180 (180-182).

da die Unternehmensleitungen immer mehr die Interdependenzen zwischen der Unternehmensstrategie und den Informations- und Kommunikationstechniken erkannten. Die Geschwindigkeit der Informationsverarbeitung sowie die davon abhängige Aktions- und Reaktionsgeschwindigkeit der Unternehmen auf den für sie wichtigen Märkten sind zu kritischen Faktoren für den Erfolg des Unternehmens geworden.[8]

Der Schwerpunkt der betrieblichen Informationsverarbeitung verlagert sich somit zunehmend von der eigentlichen Verarbeitung der vorhandenen Massendaten, also der technischen Realisierung der Datenumsetzung, in den Bereich der Bereitstellung von Informationen. Damit muß zur Steuerung des Prozesses der Datenverarbeitung ein systematisches Datenmanagement hinzukommen.[9]

2.1.1 Der Begriff des Datenmanagements in der Literatur

Bereits in den Jahren 1977-1980 wurde der Begriff Datenmanagement in der Literatur als eine neue Funktion der Datenverarbeitung diskutiert.[10]
Doch die Praxis zeigte, daß es selbst 1984 in den meisten Unternehmen noch keine Person gab, die eindeutig für das Datenmanagement zuständig war.[11]
Bislang existiert auch noch keine einheitliche Terminologie, die die Ziele und

---

[8] Vgl. **MARTINY, L.; KLOTZ, M.:** Strategisches Informationsmanagement, a.a.O., S. 17 sowie **SEIBT, D.:** Information Resources Management, a.a.O., S. 180 f.

[9] Vgl. **IBM DEUTSCHLAND GMBH (HRSG.):** Daten-Management, a.a.O., S. 5.

[10] Vgl. **DEBLASIS, J.-P.; JOHNSON, T.H.:** Database Administration - Classical Pattern, Some Experiences and Trends, in: **PROC. OF THE 1977 AFIPS-NCC:** Dallas, Texas 1977, S. 1-7.
MCCRIRICK, I.; GOLDSTEIN, R.: What Do Data Administrators Really Do?, in: **DATAMATION:** Vol. 26, 8/1980, S. 131-134.
MÜNZENBERGER, H.: Database Administration - Experience From a European Survey, in: **PROC. OF THE EUROPEAN CONF. ON EVALUATION AND IMPLEMENTATION OF DATABASE SYSTEMS:** September 1980, S. 25/26.

[11] **MILLAR, V.E.:** Decision-oriented information, in: **DATAMATION:** Vol. 30, 1/1984, S. 162 (159-162).

Aufgaben dieser Funktion beschreibt.[12] Um diesen Begriff klarer fassen zu können, werden wir den Begriff "Datenmanagement" (DM) anhand der Literatur zunächst näher vorstellen.

"...Data Management (DM), is primarily a planning and analysis type function. It may be responsible for data planning, accountability, training, policy development standards setting, database design and liaison support to application development groups."[13]

"...Data Administration (DA) is the establishment and enforcement of policies and procedures for managing the company's data as a corporate resource. It involves the collection, storage and dissemination of data as a globally administered and standardized resource."[14]

Nach J. NIEDEREICHHOLZ und C. WENTZEL soll sich der Verantwortungsbereich der Datenadministration "...auf möglichst alle Daten eines Unternehmens, mindestens aber auf alle DV-gestützten Daten, beziehen...".[15]

"Das Datenmanagement umfaßt alle organisatorischen und technischen Aufgaben, die im Zusammenhang stehen mit dem Entwurf, der Haltung und der Bereitstellung von Daten, sowohl für Nutzer aus den Fachbereichen als auch der Datenverarbeitung."[16]

---

[12] Eine ausführliche Diskussion dieser Thematik findet man bei **TRAUTH, E.M.:** The Evolution of Information Resource Management, in: **INFORMATION & MANAGEMENT:** Vol. 16, No. 5/1989, S. 258-260 (257-268).

[13] **GILLENSON, M.L.:** Trends in Data Administration, in: **MIS QUARTERLY:** Vol. 9, 12/1985, S. 317-325.

[14] **KAHN, B.K.:** Some Realities of Data Administration, in: **CACM:** Vol. 26, 10/1983, S. 794 (794-799); vgl. auch **GILLENSON, M.L.:** The State of Practice of Data Administration - 1981, in: **CACM:** Vol. 25, 10/1982, S. 699 f. (699-706).

[15] Vgl. **NIEDEREICHHOLZ, J.; WENTZEL, C.:** Voraussetzungen und organisatorische Wirkungen des Informationsmanagements, in: **AI:** 7/1985, S. 286 (284-290).

[16] **SCHULTE, U.:** Praktikable Ansatzpunkte zur Realisierung von Datenmanagement-Konzepten, in: **INFORMATION MANAGEMENT:** 4/1987, S. 27 (26-31).

A.W. HEINRICH verwendet die Begriffe "Datenadministration" und "Datenmanagement" synonym.[17]

Entsprechend den Realitätsanforderungen müssen die zur Verfügung stehenden Daten des Unternehmens auf die unterschiedlichsten Formen angelegt, für die anstehenden Anfragen der Benutzer kombiniert und verarbeitet werden.[18] Die Grundlage für diese Aktivitäten bildet das Datensystem der Unternehmung. Ein Datensystem ist eine Abbildung der Realität in Daten für die Menge der zu lösenden Aufgaben.[19]
L.J. HEINRICH und P. BURGHOLZER bezeichnen das "...Leitungshandeln des Informationsmanagements bezüglich des Datensystems der Unternehmung als Datenmanagement...".[20]
Es umfaßt die Planung, Überwachung und Steuerung des gesamten Datensystems der Unternehmung, unabhängig davon, ob die Daten EDV-gestützt oder manuell geführt werden.

Eine weitere Definition des Begriffs Datenmanagement verwendet die IBM DEUTSCHLAND GMBH:[21]
"Datenmanagement" bezeichnet ein Managementsystem, das aus Personen, Produkten, Funktionen oder Komponenten besteht und dazu dient, die nachfolgend genannten Ziele zu erreichen.[22]

---

[17] Vgl. **HEINRICH, A.W.:** Datenadministration, in: **MERTENS, P. (HAUPTHRSG.):** Lexikon der Wirtschaftsinformatik, Berlin/Heidelberg/New York/London/Paris/Tokyo 1987, S. 94 (94/95).

[18] Vgl. **BIETHAHN, J.; ROHRIG, N.:** Datenmanagement, in: **KURBEL, K.; STRUNZ, H. (HRSG.):** Handbuch Wirtschaftsinformatik, Stuttgart 1990, S. 739 (738-755).

[19] Vgl. **HEINRICH, L.J.; BURGHOLZER, P.:** Informationsmanagement, a.a.O., S. 113.

[20] **HEINRICH, L.J.; BURGHOLZER, P.:** Informationsmanagement, a.a.O., S. 115.

[21] Vgl. **IBM DEUTSCHLAND GMBH (HRSG.):** Daten-Management, a.a.O., S. 10.

[22] Nach L.J. HEINRICH und P. BURGHOLZER und IBM zählen zu den mit dem Datenmanagement befaßten Personen der Entwicklungsadministrator, der Datenadministrator, gegebenenfalls ein Datenbankadministrator und die Anwendungssystem-Administratoren unter Leitung eines Informationssystem-Managers.
Vgl. **HEINRICH, L.J.; BURGHOLZER, P.:** Informationsmanagement, a.a.O., S. 145 und **IBM DEUTSCHLAND GMBH (HRSG.):** Daten-Management, a.a.O., S. 17.

Zusammen mit den anderen Managementbereichen des Informationsmanagements[23] soll das Datenmanagement dafür sorgen, daß

- die Daten als ein wirtschaftliches Gut des Unternehmens optimal genutzt werden,
- eine Verbesserung der Qualität der Informationen in dem Unternehmen erreicht wird,
- durch den gezielten Einsatz von Datenbanksystemen die Produktivität der Anwendungssystem-Entwicklung gesteigert und
- damit die Informations-Infrastruktur des Unternehmens verbessert wird.[24]

Die in einem betrieblichen Datensystem vorhandenen Daten sollten demnach einen sehr hohen Grad bezüglich ihrer Zuverlässigkeit, Zugänglichkeit und Konsistenz aufweisen, da von ihnen ein enormer Einfluß auf das Management des Unternehmens ausgeht.[25] Es sind daher folgende allgemeine Anforderungen an Daten abzuleiten:[26]

1. Alle Daten müssen richtig sein, das heißt man muß sich bemühen, die Daten so zu erheben, daß sie allen Genauigkeitsanforderungen bezüglich ihrer späteren Verwendung entsprechen.

2. Die Daten müssen konsistent sein.[27] Dazu muß man die tatsächlichen Abhängigkeiten der Daten voneinander kennen.

Benötigt werden als Produkte ein Datenbanksystem, ein Datenlexikon (Data Dictionary) und eine geeignete Abfragesprache.

23 Vgl. **BIETHAHN, J.; MUCKSCH, H.; RUF, W.:** Ganzheitliches Informationsmanagement, Band 1, a.a.O., Bild 1-5.

24 Vgl. **IBM DEUTSCHLAND GMBH (HRSG.):** Daten-Management, a.a.O., S. 6-9 und **HEINRICH, L.J.; BURGHOLZER, P.:** Informationsmanagement, a.a.O., S. 142.

25 Vgl. **IBM DEUTSCHLAND GMBH (HRSG.):** Daten-Management, a.a.O., S. 6.

26 Vgl. **BIETHAHN, J.:** Datenverarbeitung für kleine und mittlere Unternehmen, unveröffentlichtes Vortragsmanuskript, Göttingen 1985, S. 9 f.

27 Diese Forderung beinhaltet, daß man sich von vornherein Gedanken macht, zu welchem Zweck die Daten benötigt werden. Es ist dabei sicherzustellen, daß nicht nur die Daten, die 80 bis 90% aller Anwendungsfälle ausmachen gesammelt werden. Weiterhin sind Meßeinrichtungen zu installieren und Verarbeitungsvorschriften zu erstellen, um diese Forderung zu erfüllen.

3. Alle Daten müssen im Zusammenhang und nicht isoliert gesehen werden.[28]

4. Alle Daten müssen aufgabenbezogen ermittelt und verarbeitet werden.

5. Die Daten müssen vollständig sein, das heißt alle Daten die für die betrieblichen Aufgaben benötigt werden, müssen tatsächlich gesammelt vorliegen.[29]

6. Die Daten müssen aktuell sein, das heißt sie sind möglichst zum Zeitpunkt ihres Anfallens automatisch zu erfassen.

Nur unter Berücksichtigung der genannten Anforderungen kann eine hinreichende Datenqualität erwartet werden. Unrichtige, nicht zuverlässige und nicht aktuelle Daten sind für den Anwender von nur geringem Wert. Vorhandene, aber einem Benutzer nicht zugängliche Daten sind für diesen nicht existent. Noch schwerwiegender ist es aber, wenn sich beispielsweise Berichte verschiedener Abteilungen widersprechen, da die zugrundeliegenden Daten nicht übereinstimmen. Die Qualität von Management-Entscheidungen auf einer solchen Basis braucht an dieser Stelle wohl nicht diskutiert werden.[30]
Das Datenmanagement darf also keinesfalls nur als ein "neuer" Aufgabenbereich der Datenverarbeitung (operative Ebene) angesehen werden, sondern es betrifft ebenso die dispositive und strategische Ebene[31], nämlich die Informationsverarbeitung und -planung.[32] Datenmanagement ist daher auf jeden Fall eine neue administrative Aufgabe im Unternehmen. Bild 2-1 verdeutlicht den Umfang des Datenmanagements.

---

[28] Vgl. hierzu auch die Ziele des ganzheitlichen Konzepts in Kapitel 1.1.

[29] Diese Forderung darf aber nicht dazu führen, daß alle Daten, die nur auf irgendeine Art und Weise speicherbar sind, auch tatsächlich in dem Datensystem gesammelt werden.

[30] Vgl. dazu auch **IBM DEUTSCHLAND GMBH (HRSG.):** Daten-Management, a.a.O., S. 6.

[31] Vgl. hierzu auch **MARTINY, L.; KLOTZ, M.:** Strategisches Informationsmanagement, a.a.O., S. 83-132.

[32] Vgl. **HEINRICH, L.J.; BURGHOLZER, P.:** Informationsmanagement, a.a.O., S. 141.

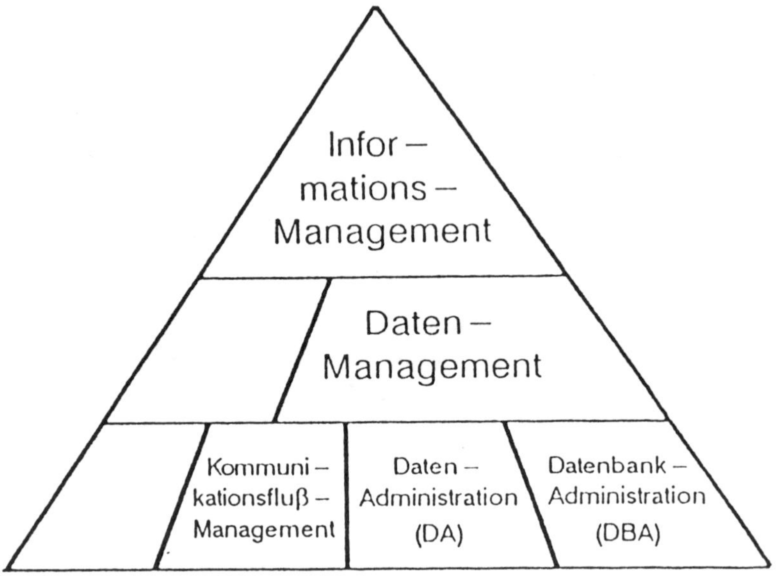

Bild 2-1: Datenmanagement (Pyramide)

Nachdem aufgezeigt wurde, was in der Literatur unter Datenmanagement verstanden wird, werden im nächsten Kapitel zur Operationalisierung des Begriffs die Aufgaben herausgearbeitet.

2.1.2 Aufgaben des Datenmanagements

Die Aufgaben des Datenmanagements lassen sich prinzipiell in zwei Gruppen unterteilen:

1. Aufgaben, die in der Analyse- und Entwurfsphase wahrzunehmen sind, und
2. Aufgaben, die in der Ausführungsphase anfallen.

Während die erste Gruppe mehr strategischer und dispositiver Art ist, überwiegt bei den Aufgaben der Ausführungsphase der operationale Charakter.

Zu den Aufgaben des Datenmanagements in der Analyse- und Entwurfsphase gehören:

- Definieren und Festlegen einer Datenmanagement-Strategie[33]
- Schaffen der datenmäßigen Voraussetzungen für geplante und genutzte integrierte Informations- und Kommunikationssysteme
- Anpassung der datenmäßigen Voraussetzungen bei veränderten Anforderungen an obige Systeme
- Festlegung der organisatorischen Verantwortung
- Beschreibung der Daten des Datensystems in einem den Benutzern zugänglichen Datenkatalog
- Rationalisierung des Datensystems
- Planung, Überwachung und Steuerung der Nutzung externer Datenbanken

Die Aufgaben des Datenmanagements in der Ausführungsphase sind:

- Redundanz- und widerspruchsfreies Speichern und Verändern der Daten im Datensystem
- Wiederauffinden und Bereitstellen von Daten für die Benutzer
- Sicherstellen der Verfügbarkeit von Daten für die diversen Anwendungssysteme und deren Benutzer unabhängig von der physischen Speicherung der Daten.

2.1.3 Funktionen und Komponenten des Datenmanagements

Ebenso wie die Aufgaben des Datenmanagements können seine Funktionen der Analyse- und Entwurfsphase einerseits und der Ausführungsphase andererseits zugeordnet werden. Nachfolgende Abbildung verdeutlicht, in welchem Umfang und mit welchen Komponenten Datenmanagement betrieben wird beziehungsweise betrieben werden sollte.

---

[33] Nach L.J. HEINRICH und P. BURGHOLZER sollten folgende Fragen beantwortet werden können:
- Welche Daten benötigen die Fachabteilungen?
- In welcher Form und wann sollen diese Daten zur Verfügung gestellt werden?
- Welche Daten werden für welche Anwendungssysteme benötigt?
- Welche Daten sind mit welcher Datenorganisation zu speichern?

Vgl. **HEINRICH, L.J.; BURGHOLZER, P.:** Informationsmanagement, a.a.O., S. 143.

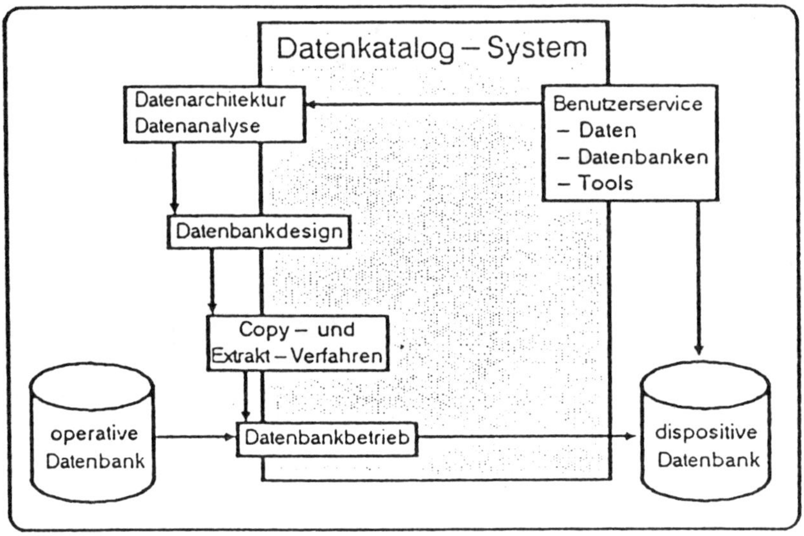

Bild 2-2: Funktionen und Komponenten des Datenmanagements[34]

Die beiden ersten Funktionen, die Datenarchitektur und die Datenanalyse sind notwendig, um die Übereinstimmung aller Daten des Datensystems sicherzustellen. Der Bereich der Datenarchitektur beschäftigt sich mit der globalen Darstellung der Datenobjekte aller Unternehmensbereiche unter Berücksichtigung ihrer Beziehungen zueinander. Unter Datenanalyse versteht man die Tätigkeiten, mit denen Objekte vollständig detailliert beschrieben, die logischen Beziehungen zwischen den Daten herausgearbeitet werden und die Darstellungsform festgelegt wird. Das Ergebnis dieser Aktivitäten wird dokumentiert - zum Beispiel in einem Datenkatalog-System - und bildet die Grundlage aller weiteren Aktivitäten des Datenmanagements. Sind diese Funktionen durchgeführt, hängt es vom Ergebnis des gewählten Datenbankdesigns - beziehungsweise bei individueller Programmentwicklung vom physischen Design des Datensystems - ab, inwieweit die Daten den einzelnen Benutzern zugänglich gemacht werden.

Die Aufgabe des Entwurfs eines wohl durchdachten physischen Datendesigns ist nicht nur für den Zugriff, sondern auch für die Zuverlässigkeit der Daten

---

[34] In Anlehnung an: **BIETHAHN, J.; ROHRIG, N.**: Datenmanagement, a.a.O., S. 742.

von größter Bedeutung. Auch der Aspekt der Vielfachbenutzbarkeit der Daten ist zu beachten, denn sie werden durch unterschiedlichste Anwender abgerufen. Daher müssen für deren Abfragen strukturierte, speziell für sie aufbereitete Dateikopien zur Verfügung gestellt werden, um den Datenbankbetrieb effektiver zu gestalten. Diese Funktion übernimmt das auf der Datenarchitektur aufbauende Copy- und Extraktmanagement.[35] Schließlich wird die Verarbeitung der Daten heute nicht mehr nur von professionellen Anwendern betrieben, sondern immer häufiger auch von den sogenannten Endbenutzern wie beispielsweise den Sachbearbeitern in den Abteilungen. Ein zentraler Benutzerservice muß daher die Endbenutzer bei der Durchführung ihrer Aufgaben unterstützen.

Die dargestellten Funktionen sind nebeneinander zu sehen, unabhängig davon, ob es sich um die Neuentwicklung von Systemen handelt oder ob etablierte Anwendungssysteme unter neuen Zielsetzungen zu reorganisieren sind.[36]

Auch wird nicht jedes Unternehmen alle Funktionen benötigen oder sie zur gleichen Zeit einführen, das heißt ein Datenmanagementsystem wird sich in der Regel schrittweise entwickeln.[37] Nachdem diese Funktionen zusammengefaßt wurden, sind darauf aufbauend die erforderlichen Teilfunktionen und Begriffe festzulegen.

2.1.4 Begriffe zum Datenmanagement

Jedes Informationssystem basiert bekannterweise auf einer Sammlung gespeicherter Informationseinheiten und soll den unterschiedlichen Benutzern eine Grundlage für beliebige und gegebenenfalls umfangreiche Auswertungen und Aufbereitungen der Daten bieten. Die dazu nötigen Datenbestände sind in der Regel auf sekundären Speichermedien, wie Magnetplatten oder Magnetbändern gespeichert.

Eine solche Sammlung in der DVA gespeicherter Informationseinheiten wird - wie bereits erwähnt - als Datenbank (DB) bezeichnet. Die Anwender müssen alle Operationen mit den für sie relevanten Daten - dazu zählen Einfügen, Löschen, Änderungen vornehmen, Anfragen stellen, etc. - sowohl im Stapelbetrieb als auch interaktiv am Bildschirm durchführen können.

---

[35] Vgl. **IBM DEUTSCHLAND GMBH (HRSG.)**: Daten-Management, a.a.O., S. 10/11.

[36] Vgl. **BIETHAHN, J.; ROHRIG, N.**: Datenmanagement, a.a.O., S. 742.

[37] Vgl. **IBM DEUTSCHLAND GMBH (HRSG.)**: Daten-Management, a.a.O., S. 11.

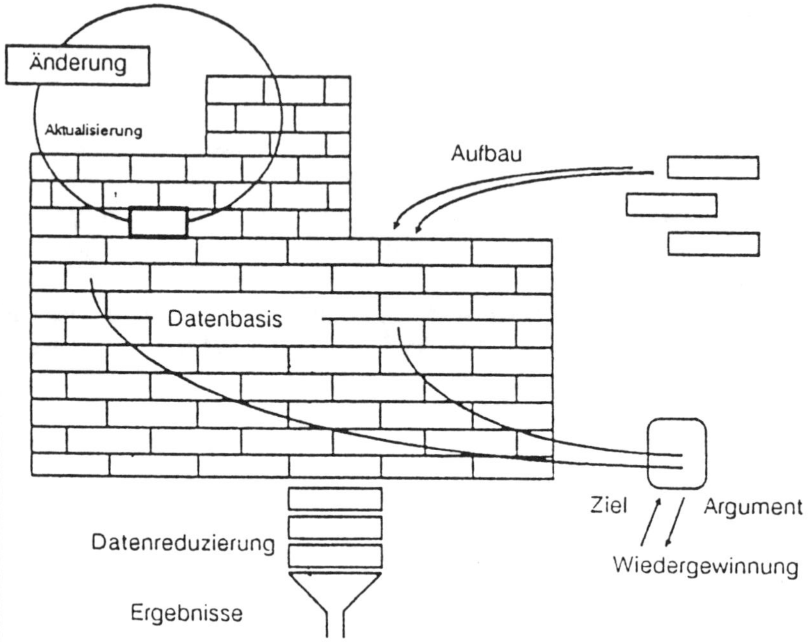

Bild 2-3: Operationen mit einer Datenbasis[38]

Jeder Benutzer benötigt für seine konkrete Problemstellung in der Regel nicht die gesamte Datenbank sondern lediglich einen kleinen Teil der Datenbestände, mit denen er seine Operationen ausführt. (Letzlich soll und darf er aus Gründen des Datenschutzes auch nicht alle Daten des Unternehmens sehen.) Ein effektives Datenmanagement muß also über die bisher beschriebenen Aufgaben hinaus dafür sorgen, daß ein Anwender nur die Daten über das Datenbankverwaltungssystem zur Verfügung gestellt bekommt, für die er eine Zugriffsberechtigung besitzt.

Bereits bei der Skizzierung der Datenbank[39] wurde deutlich, daß es häufig vorkommt, daß mehrere Benutzer auf dieselben Daten zugreifen müssen. Ein gleichzeitiger Zugriff mehrerer Anwender auf ein- und denselben Datenbe-

---

[38] In Anlehnung an: **WIEDERHOLD, G.:** Dateiorganisation in Datenbanken, Hamburg 1989, S. 29.

[39] Vgl. Kapitel 1.2.1.

stand verlangt seitens des Datenbankverwaltungssystems eine Koordinierung der Benutzerprozesse, ähnlich der Koordinierungsfunktion in Betriebssystemen.[40]
Die Koordination der Anforderungen und die benutzergerechte Bereitstellung der Daten übernimmt die Datenbanksoftware.[41]
Ein Datenbanksystem (DBS) besteht somit - wie bereits in Kapitel 1 erläutert - aus einer Datenbank und der Datenbanksoftware (DBMS), die dem jeweiligen Anwendungsprogramm die Daten so zur Verfügung stellt, wie sie benötigt werden.[42]
Zusätzlich zu den Informationen aus der "operationalen" Datenbank benötigt man ein Verzeichnis, welches "...Informationen über den Umfang, die Struktur und Speicherungsform sowie über die Verwendung der in einem Datenbestand (Kartei, Datei, Datenbank) vorhandenen Daten gibt."[43] Dieses Verzeichnis wird als Data Dictionary (DD) bezeichnet.
Es dient einerseits der Überwachung der Konsistenz der Daten an sich;[44] andererseits kann auch der konsistente Aufbau des gesamten Datenbestandes kontrolliert werden. Ein Data Dictionary leistet Hilfestellung bei Fragen über Datenstrukturen, wie beispielsweise über "...Felder eines Satzes, der Datensicht eines speziellen Benutzers, die Feldverwendungen in Programmen, die Verknüpfungen zwischen Programmen und Bildschirmmasken, Reports, anderen Programmen, Modulen usw."[45]. Auch zur Analyse und Dokumentation der Bedarfsanforderungen für den Datenbestand sowie als Entscheidungshilfe für die Organisation beziehungsweise Reorganisation des Datensystems kann ein Data Dictionary herangezogen werden.[46]
Das Data Dictionary bildet zusammen mit der Verwaltungssoftware das Data Dictionary System (DDS); es kann daher ebenfalls als ein

---

[40] Vgl. **BASTIAN, M.:** Datenbanksysteme, a.a.O., S. 2 und **LOCKEMANN, P.C.; DITTRICH, K.R.:** Architcktur von Datenbanksystemen, in: **LOCKEMANN, P.C.; SCHMIDT, J.W. (HRSG.):** Datenbankhandbuch, Berlin/Heidelberg/New York/London/Paris/Tokyo 1987, S. 88 (85-161).

[41] Vgl. **BASTIAN, M.:** Datenbanksysteme, a.a.O., S. 2.

[42] Vgl. **SCHLAGETER, G.; STUCKY, W.:** Datenbanksysteme, a.a.O., S. 22/23.

[43] **SCHEUERNSTUHL, G.; WILD, J. K:** Data Dictionary, in: **SCHNEIDER, H.-J. (HRSG.):** Lexikon der Informatik und Datenverarbeitung, 2., verbesserte und erweiterte Auflage, München/Wien 1986, S. 130/131.

[44] So darf beispielsweise der Preis eines Produktes nicht negativ sein.

[45] **SOFTWARE AG:** PREDICT - Online Data Dictionary, Darmstadt 1985, BMK 2.0, S. 1.

[46] Vgl. **SCHEUERNSTUHL, G.:** Data Dictionary, a.a.O., S. 131.

Datenbanksystem angesehen werden und zwar als die "dispositive" Komponente eines Informationssystems zum Speichern, Verwalten und Wiederauffinden obiger Informationen.[47]
Neben der Datenbank mit der Datenbankorganisation gibt es noch die allgemeine, von einem Datenbanksystem unabhängige Datenorganisation. Nach H. WEDEKIND umfaßt die Datenorganisation, die er als "...das Ergebnis von manuell oder maschinell durchgeführten Vorgängen..."[48] bezeichnet,

- die Bildung von Organisationseinheiten (Dateneinheiten) sowie die Festlegung ihrer Werte,
- die Zuordnung der Dateneinheiten zu Speicherplätzen und
- die Festlegung einer formalen Ordnung, um die gespeicherten Dateneinheiten wiederauffinden zu können.[49]

Damit kann unter dem Begriff Datenorganisation die Gesamtheit aller Verfahren zur Darstellung, Speicherung und Verwaltung von Datenbeständen im Arbeitsspeicher und den externen Speichermedien eines Rechners verstanden werden.
Entsprechend dieser Aufgabe ist bei der Datenorganisation die logische und physische Organisation der Daten zu trennen. Bei beiden Organisationsformen ist es, wie Bild 2-4 zeigt, wiederum sinnvoll, weiter zu untergliedern.[50]

---

[47] Vgl. **SCHEUERNSTUHL, G.:** Data Dictionary System, in: **SCHNEIDER, H.-J. (HRSG.):** Lexikon der Informatik und Datenverarbeitung, 2., verbesserte und erweiterte Auflage, München/Wien 1986, S. 131.

[48] **WEDEKIND, H.:** Datenorganisation, 2., verbesserte Auflage, Berlin/New York 1972, S. 30.

[49] Vgl. **WEDEKIND, H.:** Datenorganisation, a.a.O., S. 30.
Vgl. auch **LUFT, A.L.:** Dateiorganisation, in: **MERTENS, P. (HAUPTHRSG.):** Lexikon der Wirtschaftsinformatik, Berlin/Heidelberg/New York/London/Paris/Tokyo 1987, S. 92 (92-94).

[50] Eine umfassende Darstellung der logischen und physischen Ebenen der Datenorganisation nehmen M.E. SENKO u.a. in ihrem dreiteiligen Aufsatz vor.
Vgl. **SENKO, M.E. u.a.:** Data structures and accessing in data base systems, parts 1-3, in: **IBM SYSTEMS JOURNAL:** Vol. 12, 1/1973, S.30-93.

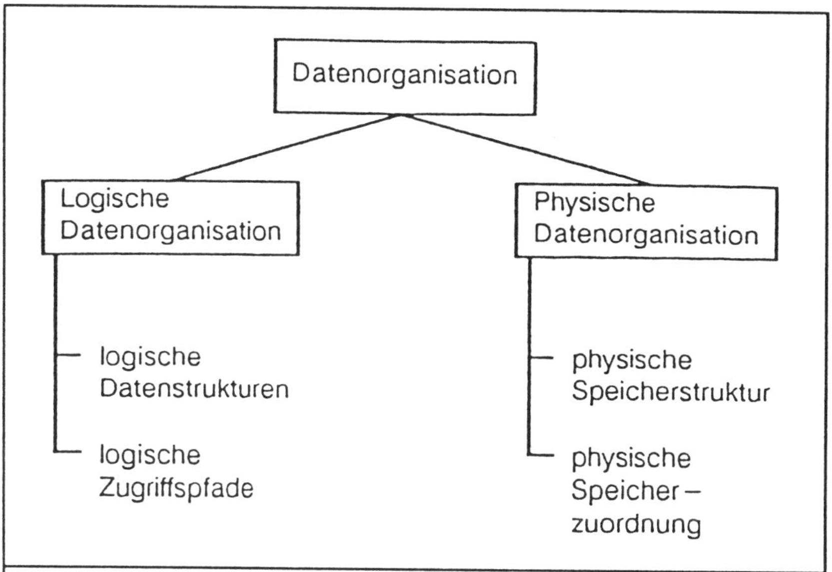

Bild 2-4: Gliederung der Datenorganisation

Eine Einordnung aller Begriffe innerhalb des Datenmanagements zeigt Bild 2-5. Da es sich bei den Aufgaben der Datenarchitektur und der Datenanalyse primär um solche des logischen Abbildungsprozesses handelt, werden diese als nächstes behandelt.

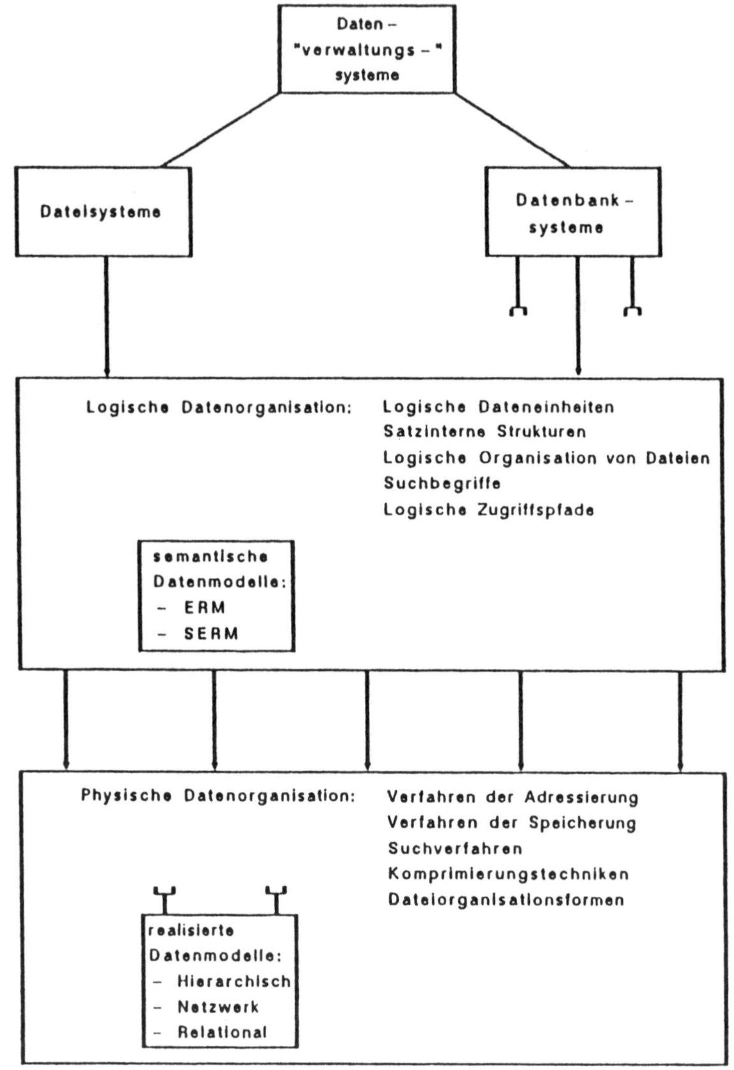

Bild 2-5: Einordung der Begriffe bezüglich der Datenverwaltungssysteme

Wie bereits bei der Begriffsklärung in diesem Kapitel hergeleitet wurde, bauen die Funktionen der Datenarchitektur und der Datenanalyse auf der logi-

schen Datenorganisation auf. Da eine ganzheitliche Betrachtungsweise von der realen Problemstellung über die logische Abbildung zur physischen Darstellung führt, wird im nächsten Kapitel (2.2) innerhalb der Funktionen Datenarchitektur und Datenanalyse zunächst auf die logische Sicht eingegangen, das heißt es wird dargestellt, wie die Informationen der realen Umwelt in ein logisches Modell abgebildet werden können. Anschließend werden die physischen Realisationsmöglichkeiten dargestellt.
Wie man unter Berücksichtigung dieser Kenntnisse mit Datenbanksystemen ein effektives Datenmanagement betreibt, zeigt das Kapitel 2.3. Schließlich wird auf die benutzerunterstützenden Maßnahmen während des Datenbankbetriebs in Kapitel 2.4 eingegangen.

2.2 Die Funktionen Datenarchitektur und Datenanalyse

Im Gegensatz zur funktions- oder ablauforientierten Vorgehensweise bei der Entwicklung von Informationssystemen[51] wird beim Datenmanagement das datenorientierte Vorgehen verfolgt.
Die Daten stehen hierbei also im Mittelpunkt des Interesses. In Anlehnung an M. VETTER läßt sich dieses datenorientierte Vorgehen zur Abbildung des Realitätsausschnittes in zwei Betrachtungsebenen zerlegen. Zum einen nennt M. VETTER die typmäßige Betrachtung, bei der die Daten in ihren Zusammenhängen ohne die individuellen Werte berücksichtigt werden, und zum anderen die wertemäßige Betrachtung, bei der es um die Werte der Daten geht.[52]
Die Datenarchitektur beschäftigt sich mit der ersten Ebene, während die Datenanalyse in der zweiten erfolgt.

Unter Datenarchitektur versteht man also die typmäßige Betrachtung der Unternehmensdaten im Zusammenhang, das heißt die globale Darstellung aller Unternehmensdaten. Die Architektur bildet somit einen Rahmen, der die Daten, welche den diversen Unternehmensbereichen und Geschäftsabläufen zuzuordnen sind, unter Berücksichtigung der Schnittstellen zueinander in

---

[51] Bei der funktionsorientierten Vorgehensweise werden zuerst die für eine Applikation relevanten Funktionen oder Tätigkeiten herausgearbeitet, bevor im zweiten Schritt die für die jeweilige Funktion nötigen Daten ermittelt werden.
Vgl. **VETTER, M.:** Jahrhundertproblem, a.a.O., S. 13 sowie **VETTER, M.:** Konzeptionelle Datenmodellierung, in: **KURBEL, K.; STRUNZ, H. (HRSG.):** Handbuch Wirtschaftsinformatik, Stuttgart 1990, S. 386 f. (383-401).

[52] Vgl. **VETTER, M.:** Jahrhundertproblem, a.a.O., S. 14.

Beziehung setzt. Ziel ist es, eine ganzheitliche Darstellung der verschiedenen Arten von Daten, der sogenannten Datenobjekte oder auch Entities, des gesamten Unternehmens in einem einheitlichen Unternehmens-Datenmodell zu realisieren.[53]

Aufbauend auf dieser Funktion der Datenarchitektur folgt dann die Datenanalyse. Sie umfaßt den Prozeß der detaillierten - wertemäßigen - Beschreibung der Objekte des Datenmodells und die Festlegung der Werte innerhalb der Darstellungsform, die im Rahmen der Datenarchitektur vorgegeben wurde.

Die Datenarchitektur und die Datenanalyse sind Funktionen mit wechselseitigen Auswirkungen. Dies ist durch die ständige Weiterentwicklung von Teildatenmodellen aufgrund der Unternehmensentwicklung und das daraus resultierende erneute Verifizieren und Anpassen des Gesamt-Unternehmensdatenmodelles bedingt. Das Ergebnis der Datenarchitektur und der Datenanalyse ist ein detaillierter Überblick über die Daten für die betrieblichen Anwendungen. Es ist daher zu fordern, daß die Beschreibung der Daten genau und einheitlich sein muß, da das Ergebnis die Grundlage für das später zu entwickelnde Datenbankdesign beziehungsweise das physische Design des Datensystems darstellt; das heißt, es darf anschließend keinen Zweifel mehr über die Bedeutung eines jeden Datenelements geben.[54]
Zur Erreichung dieses Zieles ist der logische Entwurf zyklisch vorzunehmen; durch ständige Wiederholung der folgenden Schritte, die sich selbst wiederum weiter untergliedern lassen:[55]

- Ermittlung und Analyse des Informationsbedarfs
    - datenbezogenes Vorgehen (Grobkonzept)
    - datenbezogenes Vorgehen (Detailkonzept) unter Berücksichtigung der Funktionsanalyse des aktuellen Projektes

---

[53] Vgl. **BIETHAHN, J.; ROHRIG, N.:** Datenmanagement, a.a.O., S. 742.
[54] Vgl. **IBM DEUTSCHLAND GMBH (HRSG.):** Daten-Management, a.a.O., S. 13.
[55] Vgl. **MAYR, H.C.; DITTRICH, K.R.; LOCKEMANN, P.C.:** Datenbankentwurf, in: **LOCKEMANN, P.C.; SCHMIDT, J.W. (HRSG.):** Datenbankhandbuch, Berlin/Heidelberg/New York/London/Paris/Tokyo 1987, S. 482 (481-557).

- Beschreibung der ermittelten Information
    - im konzeptionellen Modell (mit der Beschreibung der Zusammenhänge)
    - im logischen Modell, dem eigentlichen Ziel, in dem alle Abhängigkeiten wiedergegeben sind

Die einzelnen Entwurfsergebnisse müssen dabei im Data Dictionary festgehalten werden, da dieses die Basis für die Administration der Daten aller Benutzer - auch der Endbenutzer - auf Dauer darstellt und somit ein Fundament der Informationsverarbeitung bildet.

2.2.1 Grundlagen der logischen Datenorganisation

Ein gutes betriebliches Informationssystem soll alle zur Kontrolle und Steuerung eines Unternehmens notwendigen Informationen sowie die dazugehörigen Verarbeitungsprozesse in einem Modell enthalten.
Die Informationen der realen Welt werden dazu in Form von Betrachtungseinheiten, die man auch als Objekte oder Entities bezeichnet, in einem geeigneten Modell abgebildet. Ein Entity ist im systemtheoretischen Zusammenhang ein Element, das nicht weiter auflösbar, also ein Grundbaustein des Modells, ist.[56] Es stellt aber nicht nur unmittelbare Elemente der realen Welt, wie zum Beispiel Personen, Maschinen, Produkte, etc. dar, sondern auch abstrakte Begriffe, wie Verbindung oder Unternehmenszusammenschluß. Entity ist somit als Oberbegriff etwa für Subjekt, Ereignis und Begriff zu sehen. Mengen ähnlicher Entities werden zu sogenannten Entity-Typen zusammengefaßt.
Analog zum System besteht das Modell neben den Entities aus den Beziehungen zwischen Entities, die mit Hilfe von Relationships abgebildet werden,[57] das heißt die einzelnen Entities und Entitytypen dürfen nicht isoliert betrachtet werden.
Eine Beziehung zwischen zwei Entity-Typen kann einfach oder komplex sein. Als Beispiel zur Verdeutlichung einfacher und komplexer Beziehungen werden in der Literatur gern vier denkbare Beziehungen zwischen MANN und FRAU herangezogen:[58]

---

[56] Vgl. **SCHLAGETER, G.; STUCKY, W.:** Datenbanksysteme, a.a.O., S. 9.
[57] Vgl. **BASTIAN, M.:** Datenbanksysteme, a.a.O., S. 18.
Eine detailliertere Erläuterung folgt in Kapitel 2.2.2.2.1.
[58] Vgl. **MARTIN, J.:** Einführung in die Datenbanktechnik, München/Wien 1981, S. 82 und auch **HANSEN, H.R.:** Wirtschaftsinformatik I, a.a.O., S. 102.

Einfache Beziehung:

a) ein Mann	------>	eine Frau	(konventionelle Ehe, Einehe)

Komplexe Beziehungen:

b) ein Mann	------>	viele Frauen	(Polygynie)
c) viele Männer	------>	eine Frau	(Polyandrie)
d) viele Männer	------>	viele Frauen	(Gruppenehe oder Chaos)

In Analogie zu diesem Beispiel stellen diese vier Kombinationen auch die generell möglichen Beziehungs-Typen zwischen zwei Entity-Typen dar:

a) eins zu eins Beziehungen (1:1) (zum Beispiel in der Stückliste: 1 Getriebegehäuse : 1 Getriebedeckel)
b) eins zu viele Beziehungen (1:n) (zum Beispiel 1 Auto : 4 Räder)
c) viele zu eins Beziehungen (n:1) (zum Beispiel Einzelpositionen : Auftrag)
d) viele zu viele Beziehungen (n:m) (zum Beispiel Mitarbeiter : Aufträge)

Zwischen den Entity-Typen eines Unternehmensdatenmodells existieren überwiegend die komplexen Beziehungs-Typen b) bis d). Ihre Behandlung stellt hohe Anforderungen an das jeweils zu verwendende oder auszuwählende Datenmodell.[59]
Die Benutzer eines solchen komplexen Systems (Sachbearbeiter, etc.) einerseits sowie seine Entwickler und Verwalter andererseits haben jeweils eine unterschiedliche Sicht- und Betrachtungsweise von den in einem Informationssystem gespeicherten Informationen. Bei den Benutzern ist die Betrachtungsweise immer in Bezug auf ihre "reale" Anwendung ausgerichtet; sie sehen die Informationen somit als einen Teil ihrer realen Welt. Die Entwickler hingegen betrachten dieselben Informationen "...von unten, von der Hardware her..."[60], das heißt sie müssen die Informationen der realen Welt den technischen Eigenschaften der Speichermedien in Form von Datenstrukturen anpassen.[61] Jeder gespeicherte Datenbestand stellt daher eine Abbildung eines Ausschnitts der realen Welt dar.[62]
Benutzer, Entwickler und Verwalter eines Informationssystems benötigen folglich eine Ebene, die sogenannte logische Ebene, auf der sie sich zur besse-

---

59 Vgl. **SCHEER, A.-W.:** EDV-orientierte Betriebswirtschaftslehre, 3. Auflage, Berlin/Heidelberg/New York/London/Paris/Tokyo 1987, S. 202.

60 **ZEHNDER, C.A.:** Informationssysteme und Datenbanken, 3., neubearbeitete und erweiterte Auflage, Stuttgart 1985, S. 15.

61 Vgl. **WIRTH, N.:** Algorithmen und Datenstrukturen, 2. Auflage, Stuttgart 1979, S. 15ff.

62 Vgl. **SCHLAGETER, G.; STUCKY, W.:** Datenbanksysteme, a.a.O., S. 13.

ren Verständigung treffen. Auf dieser logischen Ebene sind die technischen Datenbegriffe durch Bezeichnungen ersetzt, die auch den Benutzern verständlich sind.[63]

Der erste Beziehungspunkt zur Gestaltung des logischen Modells innerhalb der Datenmanagementfunktionen Datenarchitektur und Datenanalyse sind die logischen Dateneinheiten und Datensätze, auf die im folgenden eingegangen wird.

---

[63] Vgl. **ZEHNDER, C.A.:** Informationssysteme, a.a.O., S. 15.

2.2.1.1 Logische Dateneinheiten

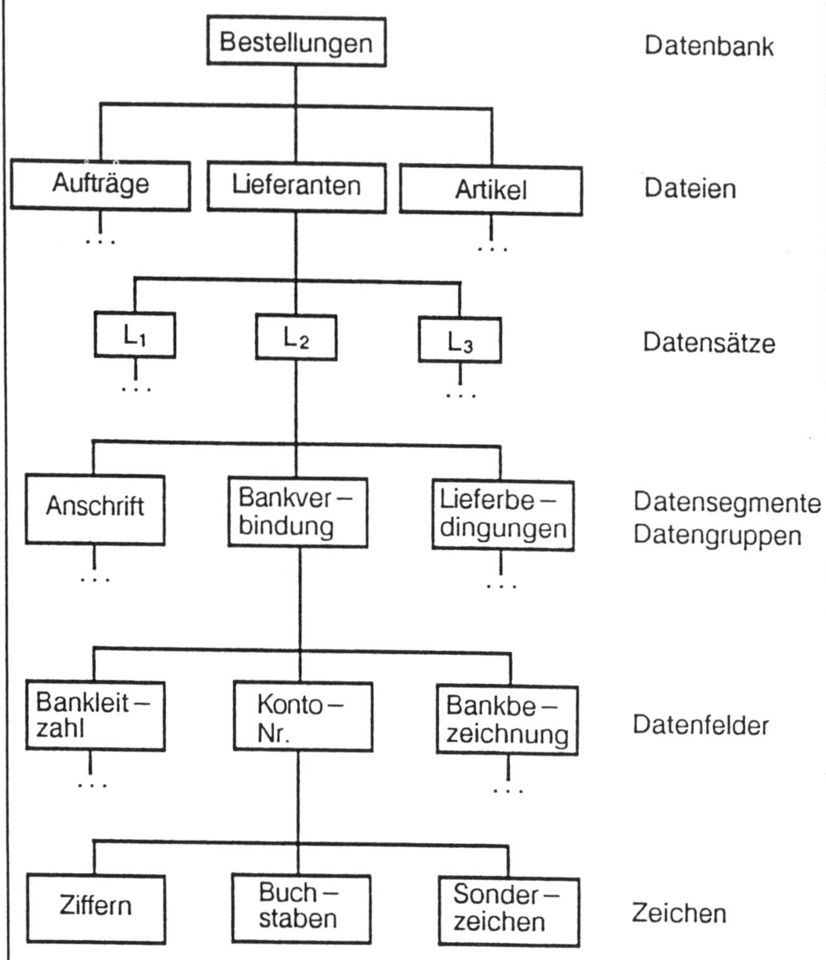

Bild 2-6: Logische Dateneinheiten

Die kleinste semantische Sinneinheit von Daten, die für ihre Anwender von Bedeutung ist, wird als Datenfeld bezeichnet. Datenverarbeiter verwenden als Synonyme auch die Begriffe Datenelement, Elementardatum oder - in Anlehnung an die Wortschöpfung des CODASYL-Komitees[64] - data-item. Es handelt sich dabei um eine Kombination mehrerer Zeichen eines alphanumerischen Zeichenvorrats, bestehend aus

Ziffern	(0 bis 9) = numerische Zeichen,
Buchstaben	(A bis Z) = alphabetische Zeichen,
Sonderzeichen	(!,",§,?,&, %, ...),

die, für sich betrachtet, keine eigenständige Bedeutung bei der Behandlung und Verarbeitung großer betrieblicher Datenmengen haben.[65]

Bei Datenfeldern muß zwischen der Feldbezeichnung (Name des Datenfeldes) und dem Feldinhalt unterschieden werden.

Für ein Unternehmen ist es daher sinnvoll, im Rahmen einer Gesamterhebung einen Katalog existierender und benötigter Datenfelder aufzubauen, jedem Feld einen treffenden Namen zu geben und den Feldinhalt, das heißt den zulässigen Wertebereich des Feldes, zu definieren.[66]
Es kann nun der Fall eintreten, daß mehrere Datenfelder vom Sprachgebrauch her in einem logischen Zusammenhang stehen. In Bild 2-6 werden zum Beispiel die Datenfelder "Bankleitzahl", "Konto-Nr." und "Bankbezeichnung" unter der Bezeichnung "Bankverbindung" zusammengefaßt.[67] In der Datenorganisation bezeichnet man eine solche logisch zusammengehörende Gruppe von Feldern als Datenaggregat oder Segment.[68]

Die Summe von Segmenten und/oder Datenfeldern, die einem Betrachtungsobjekt eindeutig zugeordnet werden können, bildet einen Datensatz oder Record.[69] Ist dieser Satz durch ein Feld oder eine Felderkombination eindeutig identifiziert, so bezeichnet man dies als "Identbegriff".

Der eindeutige Identbegriff - auch Primärschlüssel genannt - ermöglicht es einem Programm, ganze Sätze abzuspeichern beziehungsweise anschließend

---

[64] CODASYL ist die Abkürzung für die amerikanische Benutzer- und Herstellerorganisation und bedeutet Conference on Data Systems Language.
[65] Vgl. **MARTIN, J.**: Datenbanktechnik, a.a.O., S. 5.
[66] Vgl. auch Kapitel 2.2.2.1.
[67] Siehe dazu auch Bild 2-6.
[68] Vgl. dazu die Ausführungen in Kapitel 2.2.1.2.
[69] Vgl. **MICHELS, W.; STEINMETZ, G.; KAISER, W.**: Datenbanken zur rechnerunterstützten Auftragsabwicklung in kleinen und mittleren Unternehmen, München 1982, S. 27.

wieder aufzufinden und zu lesen. Daher sind Mehrfachbelegungen eines solchen Identbegriffs nicht zulässig.

Alle Datensätze mit gleichartigem Aufbau werden zu einer logischen "Datei" (File) zusammengefaßt.

Mehrere Dateien einer Benutzeranwendung können additiv nebeneinander oder integriert innerhalb einer geplanten Datenorganisation aufgebaut sein. Die erste Form ist - wie das folgende Beispiel zeigt - aus der ganzheitlichen Sicht abzulehnen.

Im Vertrieb eines Unternehmens wird eine Kundendatei benötigt. Die Daten der Kunden wie KUNDENNR, NAME, ANSCHRIFT, etc. werden aber auch in anderen Abteilungen, zum Beispiel denen des Rechnungswesens oder der Auftragsbearbeitung, benötigt. Wenn jeder Programmierer sich seine eigenen Dateien aufbaut, unabhängig von und vielleicht sogar ohne Kenntnis der Dateien anderer Programmierer, so folgt, daß der Dateiaufbau unmittelbar an die jeweilige Verarbeitung angepaßt und in dieser Form auch physisch abgespeichert ist (konventionelle File-Verarbeitung).

Eine integrierte, geplante Datenorganisation würde dagegen eine Form für alle Anwendungen vorab schaffen und diese allen Anwendern zur Verfügung stellen. Das Ergebnis der konventionellen, additiven Vorgehensweise kann nicht nur eine Mehrfachspeicherung derselben Datenfelder sein - dies wird als "Redundanz" bezeichnet - sondern es kommt zu einer starken Daten-Programm-Abhängigkeit und unter Umständen sogar zu Konsistenzschwierigkeiten bei Update-Vorgängen. Eine an und für sich kleine Änderung, wie zum Beispiel das Verändern einer Kundenanschrift in allen vorhandenen Dateien, kann, wenn sie zeitlich nicht abgestimmt ist, zu einem bestimmten Zeitpunkt zu unterschiedlichen Feldinhalten in den Dateien des Unternehmens führen.
Erfolgt im Unternehmen ein integrierter Aufbau der Dateien nach dem Prinzip der Redundanzvermeidung, so bezeichnet man die Summe aller "zentralisierten" Dateien als gemeinsamen Datenbestand oder Datenbank. Alle Anwendungsprogramme arbeiten auf diesem gemeinsamen Datenbestand; sie greifen nun aber nicht mehr direkt auf die abgespeicherten Daten zu, sondern erhalten - wie bereits erwähnt - die gewünschten Daten durch das Datenbankverwaltungssystem.

2.2.1.2 Datensätze

Jeder logische Datensatz oder Record enthält genau die Information, die ein Benutzer für seinen Anwendungsaspekt oder sein Anwendungsobjekt benötigt. Eventuell für die Speicherung notwendige Verwaltungsinformationen, die in dem physischen Record vorhanden sind, bleiben dem Benutzer verborgen und sollen ihn auch nicht interessieren. Für den Anwender bildet ein logischer Datensatz insofern genau ein Entity seiner realen Mini-Welt ab.

2.2.1.2.1 Struktur von Datensätzen

Wie bereits beschrieben, besteht ein Datensatz aus einem oder mehreren Datenfeldern. In PASCAL-Notation könnte ein logischer Satztyp "Mitarbeiter" folgenden Aufbau haben:

```
type MITARB = record of    PERSNR:      integer;
                           GEBDAT:      string [10];
                           EINSTDAT:    string [10];
                           VNAME:       string [30];
                           NNAME:       string [30];
                           ADRESSE1:    string [80];
                           ADRESSE2:    string [80];
                           ADRESSE3:    string [80];
                           GESCHLECHT:  boolean;
                           HOBBY1:      string [30];
                           HOBBY2:      string [30];
                           HOBBY3:      string [30];
          end;
```

Bild 2-7: Pascal Record "MITARBEITER"

In diesem Beispiel besteht der Entity-Typ "MITARBEITER" aus zwölf Datenfeldern, die seine Eigenschaften oder Merkmale beschreiben. Diese Eigenschaften nennt man auch Attribute. Im obigen Beispiel sind dies beispielsweise PERSNR, NAME, GEBDAT, ADRESSE, GESCHLECHT und HOBBY. Darüber hinaus lassen sich die Attribute noch detaillierter durch ihren Namen, ihren Datentyp und damit ihren Wertebereich sowie gegebenenfalls ihre Länge spezifizieren.

2.2.1.2.2 Satzinterne Datenstrukturen

Die Darstellung von Beziehungen zwischen Datenfeldern und/oder Segmenten innerhalb eines Datensatzes wird als satzinterne Strukturierung bezeichnet. Dabei sind die einzelnen Felder im Satz nicht voneinander unabhängig und damit auch nicht unbedingt gleichrangig; es existieren vielmehr Abhängigkeiten.

Die einfachste Form der satzinternen Strukturierung sind die bereits in Kapitel 2.2.1.1 erwähnten Datenaggregate oder -segmente.
Als Beispiel hierzu mag die im Sprachgebrauch übliche Verwendung des Begriffs "ANSCHRIFT" für die Datenfelder "PLZ", "ORT" und "STRASSE" dienen, die eine Zusammenfassung verschiedener Felder unter einem Oberbegriff sind und deren gemeinsame Nutzung unter "ANSCHRIFT" stets möglich ist.

BEZEICHNUNG	LIEFERANTENSATZ							
SEGMENTBEZ.			ANSCHRIFT			BANKVERBINDUNG		
FELDBEZ.	LNR.	LNAME	PLZ	ORT	STR.	BLZ	KTO	BANKBEZ.
SATZ 1	100	Meier	3400	Gö	XY	26050001	1800	XX
SATZ 2	101	Otto	3000	H	ZZ			
:	:	:	:	:	:	:	:	:
SATZ n	123	Klug						
	KEY	BESCHREIBENDE MERKMALE / ATTRIBUTE						

Bild 2-8: Normale Segmentierung

Darüber hinaus gibt es Felder und/oder Segmente, die innerhalb eines einzigen Datensatzes eine endliche Anzahl verschiedener Werte annehmen können. Derartige Satzkomponenten sind als multiple beziehungsweise vektorielle Felder oder Segmente bekannt. Es handelt sich bei multiplen Feldern um sogenannte Wiederholungsgruppen. Die folgende Abbildung zeigt, daß im "MITARBEITER"-Satz verschiedene Wohnsitze und Hobbies möglich sind.

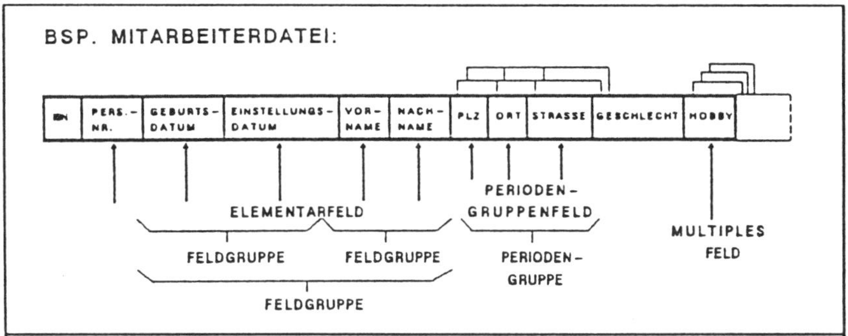

Bild 2-9: Multiple Felder

Falls ein Datenverwaltungssystem multiple Felder nicht zuläßt, müßten zum Beispiel die mehrfach auftretenden Felder oder Segmente im Datensatz mit unterschiedlichen Namen, zum Beispiel HOBBY1, HOBBY2,... versehen werden, was aber eine Einschränkung der Logik zur Folge hat.
Ist in einem solchen Fall die Anzahl der Wiederholungen unbekannt, bleibt dem Datenorganisator in der Regel nichts anderes übrig, als dafür eine eigene Datei einzurichten beziehungsweise den Platz für das Maximum an Wiederholungen bereitzustellen.
Liegt die Anzahl und Länge der Datenfelder eines Satzes fest, so spricht man von Sätzen fester Länge.
Beinhaltet ein Datensatz multiple und/oder unterschiedlich lange gleichartige Felder, so handelt es sich um Sätze variabler Länge. In diesem Fall muß am Anfang eines jeden Satzes ein zusätzliches Feld, ein Satzlängenfeld, zu Verwaltungszwecken angefügt werden.

2.2.1.3 Logische Organisation von Dateien

Der Begriff Datei hat in der Datenverarbeitung zwei Bedeutungen:

1. Der Begriff Datei steht für "...eine benannte Menge aller Sätze eines Satztyps..."[70].

2. Eine Datei wird als Verwaltungseinheit für Daten auf externen Speichern angesehen. Jeder Datei können - meist vom Betriebssystem - verschiedene Attribute (zum Beispiel zugewiesener Speicherplatz, Lebensdauer, Zugriffsrechte, etc.) zugeordnet werden.
   Diese Bedeutung interessiert aus der Sicht des ganzheitlichen Informationsmanagements weniger.

Falls es nicht explizit ausgeführt wird, ist bei uns als Datei stets die zuerst definierte gemeint.

Je nach der Art ihres Inhaltes an Nutzdaten unterscheidet man Dateien mit primär Stamm-, Bestands-, Bewegungs-, Änderungs- und Arbeitsdaten.[71]
Stammdaten eignen sich zur Identifizierung, Klassifizierung und Charakterisierung von Sätzen, wie zum Beispiel Name oder Personalnummer. Sie können durch sogenannte Änderungsdaten aktualisiert beziehungsweise verändert werden.
Bestandsdaten sind solche, die für Veränderungen vorgesehen sind, zum Beispiel der Kontostand oder der Lagerbestand. Durch sie wird in der Regel eine Mengen- und Wertestruktur eines Betriebes festgehalten. Auch die Bestandsdaten können durch Änderungsdaten modifiziert werden.
Bewegungsdaten beschreiben den betrieblichen Leistungsprozeß in seinen Vorgängen und bewirken dadurch gleichermaßen Veränderungen in den

---

[70] **WILDGRUBE, E.:** Datei, in: **SCHNEIDER, H.-J. (HRSG.):** Lexikon der Informatik und Datenverarbeitung, 2., verbesserte und erweiterte Auflage, München/Wien 1986, S. 131. Vgl. auch **STAHLKNECHT, P.:** Einführung, a.a.O., S.164; L.J. HEINRICH, F. LEHNER UND F. ROITHMAYR definieren Datei im ähnlichen Sinne als eine Zusammenfassung von Datensätzen, die in einem verarbeitungstechnischen Zusammenhang stehen. Vgl. **HEINRICH, L.J.; LEHNER, F.; ROITHMAYR, F.:** Informations- und Kommunikationstechnik, München/Wien 1988, S. 129.

[71] Darüber hinaus gibt es Systemdateien, in denen Steuerdaten, mit deren Hilfe der Ablauf der DV-Vorgänge in den EDV-Anlagen bestimmt wird, gespeichert sind.
Vgl. **HANSEN, H.R.:** Wirtschaftsinformatik I, a.a.O., S. 102 und S. 145.

Bestandsdaten. Ein Beispiel hierfür wäre eine Lagerentnahme im Rahmen eines Reparaturvorganges.

Im Rahmen der Funktionen Datenanalyse und Datenarchitektur kann der Entwurf von Arbeitsdateien vernachlässigt werden. Die Berücksichtigung von Stamm-, Bestands- und Bewegungsdaten in Dateien hingegen ist für ein betriebliches Gesamtdatenmodell von großer Bedeutung.
Dateien werden nach ihrer Speicherungsdauer[72] und der Häufigkeit auftretender Änderungen unterschieden:[73]

DATEI	SPEICHERUNGS-DAUER	ÄNDERUNGEN	BEISPIEL
Stammdateien	lang	gering	Name, Vorname
Änderungs-dateien	kurz	– –	Heiratsanzeige
Bestands-dateien	lang	häufig	Rohstoff-bestand
Bewegungs-dateien	kurz – mittel	häufig	Reparatur-anweisung
Arbeitsdateien	kurz	– –	Programm-entwicklung
Systemdateien	lang	gering	

Bild 2-10: Kategorien von Dateien

Zur Darstellung und Analyse der Zusammenhänge von Daten in Dateien bedient man sich gerne der sogenannten Bäume. Daher werden an dieser Stelle - vor der Darstellung einiger auf Baumstrukturen basierender Konzepte der Datenorganisation[74] - zunächst die dazu notwendigen Begriffe diskutiert und definiert:

72 Darunter verstehen wir hier die Zeitdauer der unveränderten Verfügbarkeit der Daten auf einem Speichermedium und nicht die Dauer des Prozesses zum Speichern der Daten.

73 In Anlehnung an: **MUCKSCH, H.**: Datenschutz und Datensicherung in Klein- und Mittelbetrieben, Wiesbaden 1988, S. 119.

74 Vgl. dazu die Ausführungen in Kapitel 2.2.4.2.4.

Ein Baum besteht aus Knoten (Verzweigungspunkten), Kanten und Blättern (Endelementen).[75]
Die Verknüpfung zweier Knoten sowie die eines Knotens mit einem Blatt wird durch Kanten oder Pfeile dargestellt.

N. WIRTH definiert die Baumstruktur rekursiv:

"Eine Baumstruktur vom Grundtyp T ist entweder
1. die leere Struktur oder
2. ein Knoten vom Typ T mit einer endlichen Zahl verknüpfter, voneinander verschiedener Baumstrukturen vom Grundtyp T, sogenannter Teilbäume (subtrees)."[76]

Wenn ein Knoten y unter einem Knoten x liegt, so nennt man y Nachfolger beziehungsweise Sohn von x, und der Knoten x wird als Vorgänger beziehungsweise Vater von y bezeichnet.
In jedem Baum existiert genau ein Knoten, der keinen Vorgänger hat. Dieser Knoten wird die Wurzel des Baumes genannt.
Die Höhe beziehungsweise Stufe eines Knotens oder Blattes ist gleich der Anzahl der durchlaufenen Pfeile von der Wurzel zu diesem Knoten oder Blatt.
Daraus folgt, daß die Wurzel des Baumes auf der Stufe 0 liegt.
Die Höhe des Baumes wird durch das Element mit der höchsten im Baum vorkommenden Stufe bestimmt.
Die Anzahl der direkten Nachfolger eines Knotens ist sein Grad. Der höchste im Baum auftretende Grad ist auch der des Baumes.
Somit ist ein Baum vom Grad 2 ein binärer (Wurzel-)Baum; ein Baum mit einem Grad größer 2 wird Vielwegbaum genannt.
Zwei Knoten, die einen Knoten als direkten Vorgänger (Vater) haben, heißen Brüder.
Alle Knoten auf der gleichen Höhe im Baum nennt man Nachbarn.[77]

---

[75] Vgl. **WIRTH, N.:** Algorithmen und Datenstrukturen, 2. Auflage, Stuttgart 1979, S. 259 und **MEHLHORN, K.:** Effiziente Algorithmen, Stuttgart 1977, S. 27.

[76] **WIRTH, N.:** Algorithmen, a.a.O., S. 257.

[77] Vgl. zu diesen Definitionen: **WIRTH, N.:** Algorithmen, a.a.O., S. 257-259 ff.; **SCHLAGETER, G.; STUCKY, W.:** Datenbanksysteme: Konzepte und Modelle, 1. Auflage, Stuttgart 1977, S. 65; **MAURER, H.A.; OTTMANN, T.; SIX, H.W.:** Manipulation of number sets using balanced trees, in: **NOLTEMEIER, H. (HRSG.):** Graphen, Algorithmen, Datenstrukturen, München/Wien 1976, S. 12 (9-37).

Diese Bezeichnungen verdeutlichen bereits, daß sich Baumstrukturen hervorragend zur Organisation hierarchisch angeordneter, einseitig abhängiger Daten verwenden lassen.

Die einfachsten Verbindungsstrukturen liegen allerdings vor, wenn ein Satz genau auf den anderen folgt. Die Struktur derartiger Verbindungen wird als linear bezeichnet. Daneben gibt es - wie bereits erwähnt - die hierarchische Strukturierung, für deren Darstellung sich die Bäume gut eignen. Liegt dagegen bei den Merkmalsausprägungen von Datensätzen eine wechselseitige Abhängigkeit vor, handelt es sich um eine komplexere Satzverbindungsstruktur. Zu berücksichtigen ist dabei einerseits, daß die Abhängigkeiten in Ordnungs- und Strukturbeziehungen von Datensätzen einer Datei existieren können und andererseits, daß es Zuordnungsbeziehungen zwischen Sätzen unterschiedlicher Dateien geben kann. Somit ist es offensichtlich, daß weitere Grundformen logischer Satzverbindungsstrukturen benötigt werden, nämlich die der Netz- und relationalen Strukturen. Daher werden nacheinander die folgenden Grundstrukturen behandelt:

- Lineare Datenstrukturen.
- Hierarchische Datenstrukturen.
- Netzwerkartige Datenstrukturen.
- Relationale, tabellenartige Strukturen.

2.2.1.3.1 Lineare Datenstrukturen

Als lineare Datenstruktur wird eine logische Gleichordnung einer variablen Anzahl von Betrachtungsobjekten (zum Beispiel Datensätzen) verstanden. Die Gleichordnung der Sätze erfolgt - wie Bild 2-11 zeigt - über gleiche, festgelegte Attributwerte in bestimmten Feldern der Datensätze.

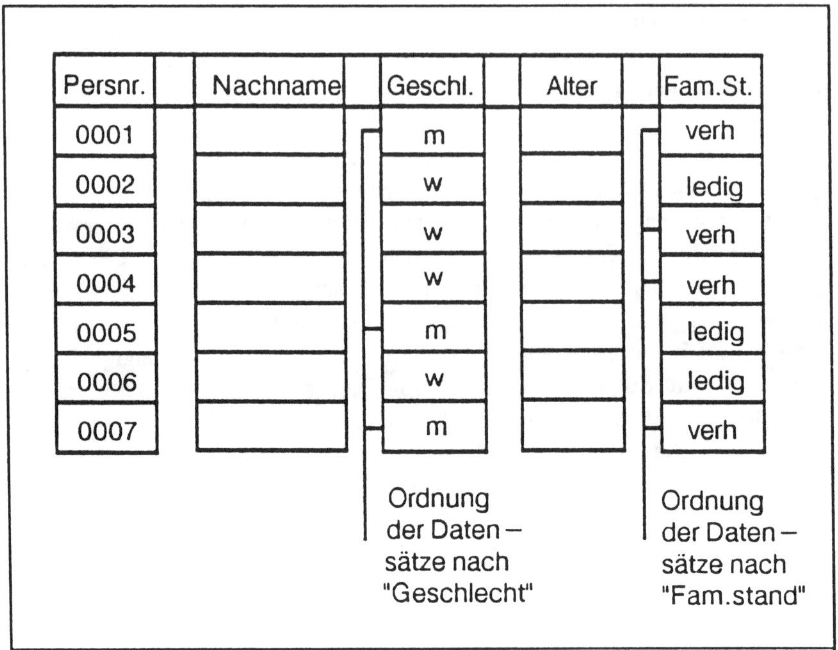

Bild 2-11: Lineare Datenstruktur - Mitarbeiterdatei

Lineare Datenstrukturen sind besonders für relativ statische Datenbestände geeignet, wie sie etwa bei typischen Auskunftssystemen anzutreffen sind.

Ein Datenbestand hat eine sogenannte Liststruktur, wenn es nur genau einen Listenanfang und ein Listenende gibt. Alle anderen Listenelemente besitzen je genau einen Vorgänger und einen Nachfolger.

Die Operationen auf linearen Datenstrukturen, wie Generierung einer Liste, Einfügen und Löschen, werden mittels Zeigern (Verweis auf Vorgänger und/oder Nachfolger) realisiert. Das Suchen in einer linearen Datenstruktur erfolgt sequentiell.[78]

Im Bereich linearer Datenstrukturen sind zwei Sonderfälle anzuführen, die sich für die Organisation von flexiblen Datenbeständen eignen:[79]

---

[78] Prozeduren zur Durchführung von Operationen in linearen Datenstrukturen beschreibt detailliert: **NOLTEMEIER, H.:** Informatik III, Einführung in Datenstrukturen, München/Wien 1982, S. 81-101.

[79] Vgl. **MAURER, H.:** Datenstrukturen und Programmierverfahren, Stuttgart 1974, S. 33 f.

a) Schlangen (queue, FIFO-Liste)
Als Schlange wird eine lineare Datenstruktur bezeichnet, bei der das Einfügen und Löschen von Listenelementen nur auf den Listenanfang (=Listenkopf) oder das Listenende beschränkt ist. Eine solche Datenhaltung ist zum Beispiel bei der Speicherung von zu bearbeitenden Aufträgen von Bedeutung. Bei sogenannten FIFO-(First In - First Out) Listen erfolgt das Einfügen am Listenkopf, das Entfernen am Listenende. FIFO-Listen sind somit zweiseitig beschränkte Schlangen, das heißt übliche Warteschlangen.

b) Keller
Beim Keller (Stack, Stapel, LIFO-Liste) ist das Einfügen und Löschen eines Elementes nur auf den Listenkopf beschränkt.[80]
LIFO-Listen sind für den Aufbau ganzheitlicher betrieblicher Informationssysteme jedoch von untergeordneter Bedeutung. Sie finden ihre Anwendung beispielsweise im Bereich der Verwaltung von Rücksprungadressen bei rekursivem Prozeduraufruf oder bei Suchstrategien (depth-first-search) in Graphen im Bereich der Expertensysteme und der funktionalen Programmierung.

2.2.1.3.2 Hierarchische Datenstrukturen

Hierarchische Datenstrukturen werden in der Regel als Baumstrukturen abgebildet. Dabei muß es sich nicht nur um Daten aus einer Datei handeln. Vielmehr lassen sich auch solche aus unterschiedlichen Dateien miteinander verknüpfen und somit übergeordneten Sätzen zuordnen. So kann zum Beispiel - wie in Bild 2-12 dargestellt - über die Lieferantensätze der Lieferantendatei auf solche der Bestellungsdatei und der Bestellpositionendatei zugegriffen werden. Theoretisch besteht sogar die Möglichkeit, daß sich eine hierarchische Struktur über das gesamte Dateiensystem erstreckt.[81] Zur Unterstützung der hierarchischen Datenstrukturen gibt es spezielle Suchverfahren.[82]

---

[80] Vgl. **NOLTEMEIER, H.**: Informatik III, a.a.O., S. 95.
[81] Vgl. **MICHELS, W.; STEINMETZ, G.; KAISER, W.**: Datenbanken, a.a.O., S. 29/30.
[82] Vgl. dazu Kapitel 2.2.4.2.2.

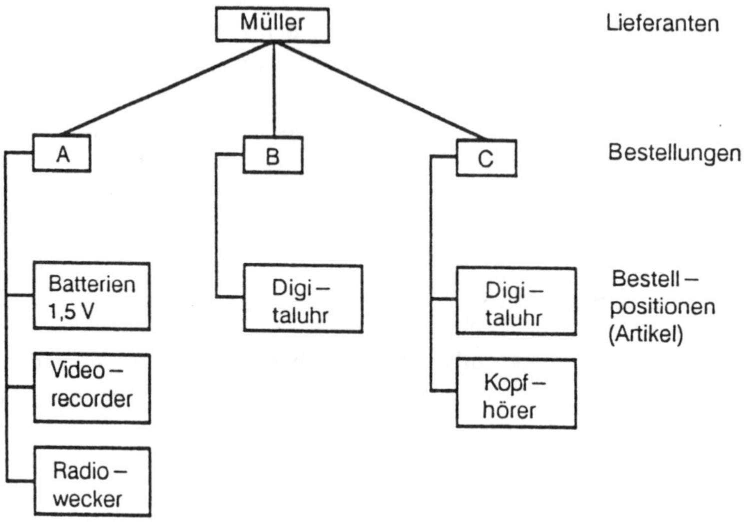

Bild 2-12: Hierarchische Datenstruktur mit unterschiedlichen Dateien - Funktion: Wareneinkauf

2.2.1.3.3 Netzwerkartige Datenstrukturen

Nicht jede Datenmenge für spezifische Anwendungen läßt sich ohne Redundanz in einer hierarchischen Datenstruktur darstellen (beispielsweise bei wechselseitigen Beziehungen).[83] Für komplizierte Satzverbindungen, bei denen bezüglich jeder Datensatzart verschiedene Über- und Unterordungen weiterer Satzarten möglich sein sollen, dürfte folglich die Netzwerkstruktur besser geeignet sein.

[83] Vgl. dazu Bild 2-12.

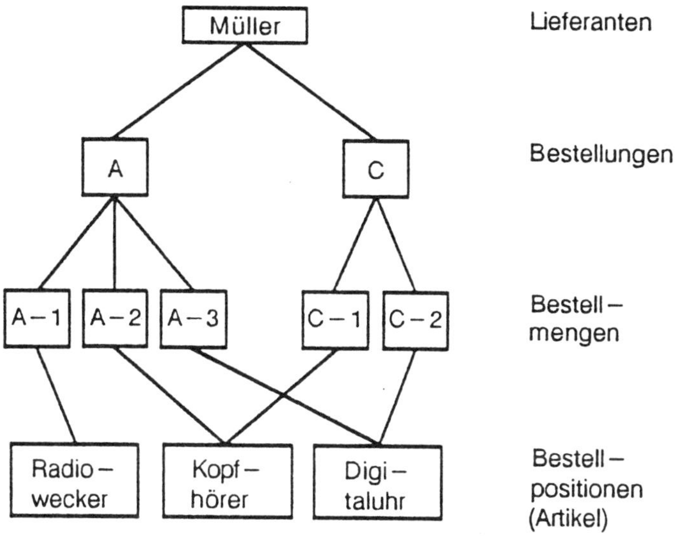

Bild 2-13: Netzwerkstruktur mit unterschiedlichen Dateien - Funktion: Wareneinkauf

Die Netzwerkstruktur bietet den verschiedenen Benutzern des Datensystems die Möglichkeit, von beliebigen Daten im Netzwerk ausgehend, den Weg zu beliebigen weiteren - mit diesen Daten zusammenhängenden - Informationen zu finden. Man sagt, daß der Benutzer die Möglichkeit erhält, entsprechend seiner Anwendung im Netzwerk zu "navigieren" und sich entlang der realisierten Satzverbindungsstrukturen jeweils nur die momentan benötigten Daten anzusehen.

2.2.1.3.4 Relationale, tabellenartige Strukturen

Zunehmend geht man dazu über, die Betrachtungsobjekte (Entities) und die Beziehungen (Relationships) eines Datenmodells in sogenannten relationalen, tabellenartigen Strukturen darzustellen, wobei man zunächst nicht davon ausgeht, daß die Tabellen weitestgehend redundanzfrei sind.
In allen anderen logischen Strukturen stößt man bei der Darstellung der Relationships auf Schwierigkeiten. Relationale Strukturen ermöglichen aber gerade die Behandlung eben dieser Beziehungen. Dabei unterliegt die Anzahl

der Beziehungen keiner Beschränkung, da die Betrachtung der Relationships an mathematische Relationen (Tupelmengen) angelehnt ist.
Die Datenanordnung kann man sich als eine Menge nichthierarchischer Tabellen vorstellen. Jede Tabelle oder Relation bezieht sich entweder auf einen Entity-Typ (Typ der Betrachtungseinheit) oder einen Beziehungs-Typ. Sowohl Entity-Typen als auch Relationship-Typen besitzen Eigenschaften, sogenannte Attribute.

Relation: LIEFERANT

LIEFERANT	LIEFERANTEN NAME	LIEFERANTENADRESSE: PLZ	ORT	STRAßE	HAUSNR.
L 1	Meyer	3400	Göttingen	Weender Str.	111
L 2	Schulz	3500	Kassel	Königstor	174
L 3	Weber	3410	Northeim	Am Markt	171

Tupel

Attribut

Bild 2-14: Relationale Struktur: Tupel, Attribute

Eine Zeile der Tabelle entspricht genau einem Element (Entity) des Entity-Typs; dies bezeichnet man auch als Tupel einer Relation. Jede Spalte in der Tabelle entspricht einem Attribut des Entity-Typs.

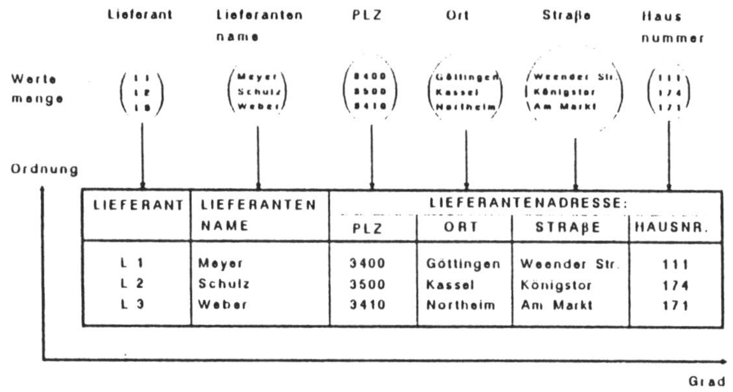

Bild 2-15: Relationale Struktur: Wertemenge, Grad und Ordnung einer Relation

Die Attribute besitzen Werte, die einem Entity in einer 1:1-Abbildung zugeordnet werden können.[84] Die Anzahl der Attribute einer Relation bezeichnet man auch als Grad der Relation. Zudem muß genau ein Attribut eines Entities dieses eindeutig kennzeichnen (identifizieren).
Die Relationships zwischen einzelnen Entities verschiedener Tabellen werden durch redundante Speicherung der an der Beziehung beteiligten Attribute der unterschiedlichen Tabellen oder als zusätzliche Tabellen dargestellt.[85] Die eindeutige Identifizierung einer Beziehung ist durch die genannte Attributwertkombination sichergestellt.
Die Anzahl der Tupel einer Tabelle bezeichnet man als Ordnung oder Kardinalität der Relation.[86]

2.2.1.4 Suchbegriffe und logische Zugriffspfade

Bereits frühzeitig, das heißt bei der Entwicklung des später zu verwendenden Datenmodells, ist die Frage nach den dann immer wieder auftretenden Anfragearten und den damit verbundenen Suchanfragen zu stellen.

Suchanforderungen, die sich bezüglich einer ausgezeichneten Untermenge der Datensätze einer Datei oder Datenbank häufig wiederholen, sollten durch explizit für diese Anfrage vorgesehene Suchwege oder Zugriffspfade unterstützt werden. Diese leitet man zunächst unabhängig von ihrer physischen Realisierung beziehungsweise Implementation aus den logischen Datenstrukturen des Datenmodells ab.[87]

Jeden einzelnen Anwender interessiert in der Regel nur ein auf ganz bestimmte Weise organisierter Teilbereich eines Datenbestandes oder einer Datei. Die physische Realisierung dieses Bestandes, die strukturell anders aussehen kann und in der Regel auch anders aussieht, bleibt dem Anwender in den meisten Fällen verborgen. Er benötigt für seinen Zugriff auf einen konkreten Datensatz einen Such- oder Schlüsselbegriff, wie zum Beispiel die Personalnummer, die Artikelbezeichnung oder den Namen.

---

[84] Vgl. **SCHREIER, U.**: Entity-Relationship-Darstellung, in: **MERTENS, P. (HAUPTHRSG.)**: Lexikon der Wirtschaftsinformatik, Berlin/Heidelberg/New York/London/Paris/Tokyo 1987, S. 141/142.

[85] Vgl. **CODD, E.F.**: A relational model of data for large shared data banks, in: **CACM:** Vol. 13, 6/1970, S. 377-397.

[86] Eine weitergehende Darstellung der relationalen Strukturen findet der Leser in den Kapiteln 2.2.3 und 2.3.2.6.3.

[87] Vgl. **MICHELS, W.; STEINMETZ, G.; KAISER, W.**: Datenbanken, a.a.O., S. 34.

Stimmen Suchbegriff und das eindeutige Identifizierungsmerkmal eines gespeicherten Datensatzes überein, so bezeichnet man dieses Merkmal auch als identifizierenden Schlüssel oder kurz als Schlüssel. Ist die Datei nach diesem Begriff geordnet, nennt man diesen Schlüssel Primärschlüssel, andernfalls handelt es sich um einen Sekundärschlüssel. Im einfachsten Fall greift der Anwender über den Primärschlüssel auf den Datensatz zu, den seine Anfrage betrifft.
Primärschlüssel müssen stets eindeutig sein. Als weitere Anforderungen an einen Schlüssel sind zu stellen:

- Erweiterbarkeit, um einen Ausbau zu ermöglichen
- Klarheit im Aufbau
- möglichst kurze Zeichenketten und
- gegebenenfalls mnemotechnische Hilfestellung für den Benutzer

Kann zwischen Schlüssel und verschlüsseltem Objekt keine logische Beziehung gebildet werden, wie zum Beispiel bei einer einfachen Numerierung der Datensätze, so nennt man diesen Schlüssel "systemfrei". Wird dagegen der Schlüssel aus bestimmten Eigenschaften des Objekts, Ordnungen oder Hierarchien abgeleitet, so handelt es sich um einen systematischen Schlüssel.
Die Postleitzahl und der amtliche Gemeindeschlüssel sind beispielsweise systematische und hierarchische Schlüsselbegriffe. Die Postleitzahl ist dabei nach den Verteilungsgebieten der Post aufgebaut. Der amtliche Gemeindeschlüssel bezieht sich auf den örtlichen Aufbau der Verwaltung, denn die beiden ersten Stellen weisen auf das Bundesland hin, in dem die jeweilige Gemeinde liegt.
Kann der Benutzer dem Schlüssel zudem Informationen über das gespeicherte Objekt entnehmen, so handelt es sich um einen sprechenden Schlüssel.
Der Schlüssel "51310956" würde auf die Stadt Göttingen verweisen und dem Anwender gleichzeitig die geographische Lage der Stadt angeben, da Göttingen nämlich auf 51°31' nördlicher Breite und 09°56' östlicher Länge liegt.
Generell sollten Primärschlüssel der Anwendung gemäß ausgewählt und entworfen werden. Besonders bei der Neugestaltung von bereits bestehenden Datenmodellen darf der Aufwand für die Festlegung des Identbegriffes nicht zu gering gehalten werden, denn jegliche nachträgliche Änderung hat Auswirkungen auf die Performance des Systems.

Neben dem Primärschlüssel können in einer Datei noch mehrere Sekundärschlüssel existieren, über die die Datensätze nach Ordnungsbegriffen logisch sortiert sind. Für bestimmte Operationen auf der Datei, zum Beispiel eine Ausgabe der bereits bekannten Datei "ANGEST" alphabetisch sortiert

nach dem nicht identifizierenden Feld "NAME", ist die Festlegung von Sekundärschlüsseln von Vorteil.
Bei diesen sogenannten sekundären Zugriffspfaden besteht nicht die Forderung nach Eindeutigkeit, da es zum Beispiel mehrere Mitarbeiter mit dem Namen "MÜLLER" geben kann. Duplikate des Suchbegriffs sind somit erlaubt.

Nachdem die logischen Dateneinheiten in ihrer logischen Organisation im Zusammenhang beschrieben und die Suchbegriffe mit den Zugriffspfaden erläutert wurden, behandeln wir im nächsten Kapitel die Problematik des Entwurfs eines Unternehmensdatenmodells.

2.2.2 Entwurf eines Unternehmens-Datenmodells

Zur Erfassung und Beschreibung der für eine Aufgabenstellung relevanten Teile und Aspekte einer realen Umwelt sind in den vergangenen Jahren diverse Datenmodelle entwickelt worden.

Im Rahmen eines Modellierungsprozesses wird, um aus den vorgestellten Elementen ein Unternehmensdatenmodell zu entwickeln, mittels Abstraküstionsregeln - auch Modellierungskonzepte genannt - nur der aus der Sicht des Problems notwendige Teil der Umwelt erfaßt, abgegrenzt und so abstrahiert, "...daß ein im Zeitablauf weitgehend konstantes Modell der Struktur der Realsphäre..."[88] entsteht. Alle irrelevanten Aspekte der betrachteten Miniwelt werden bewußt unterdrückt. Das Ergebnis dieser Modellierung ist dann ein Schema, durch das die Struktur der Daten und gegebenenfalls Operationen zu ihrer Manipulation beschrieben werden.
Die bekanntesten klassischen Datenmodelle - das Hierarchische, das Netzwerk- und das Relationenmodell[89] - sind gleichzeitig die Basis für das Entwicklungsmanagement und damit die Schnittstelle von Realisierungen. Eine derart beschriebene Problemstellung kann gleich mit Hilfe einer DV-Anlage bearbeitet werden.[90]

---

88 **SINZ, E.J.**: Datenmodellierung betrieblicher Probleme und ihre Unterstützung durch ein wissensbasiertes System, Habilitationsschrift, Regensburg 1987, S. 1.

89 Siehe dazu auch Kapitel 2.3.2.3.

90 Vgl. **ROMANN, C.**: Semantische Modellierungskonzepte: Das Entity-Relationship-Modell und die Konzepte Aggregation und Generalisation, in: **BEVER, M.; LÜKE, B. (HRSG.)**: Neuere Ansätze zur Datenmodellierung: Entwicklungen aus den Bereichen semantischer Modelle und Pro-

Der Nachteil solcher durch die Realisierung beeinflußter Datenmodelle ist, daß sie zu wenig Modellierungskonzepte bieten, beziehungsweise diese der Semantik des Problems nicht unbedingt entsprechen.[91]
Dies führte ab Mitte der 70er Jahre zur Entwicklung diverser semantischer Datenmodelle, die eine genauere Modellierung auf logischer Ebene unter Berücksichtigung semantischer Komponenten ermöglichen.[92]
Semantische Datenmodelle sind also von einer Datenbank-Realisierung unabhängig, besitzen allgemeinere Modellierungskonzepte und erleichtern somit den Abbildungsprozeß von der realen Umwelt auf ein konzeptuelles Schema. Dieses Schema wird erst im Rahmen der Datenmanagementfunktion Datenbankdesign in ein Datenbankschema transformiert, das auf der DV-Anlage realisiert ist.[93]

Bild 2-16 gibt einen Überblick der notwendigen Schritte beim Entwurf eines Unternehmensdatenmodells, auf die nunmehr direkt eingegangen wird.[94]

---

grammiersprachen, Bericht Nr. 20/84, Institut für Informatik II, Universität Karlsruhe 1984, S. I-6 (I-1 bis I-18).

[91] Vgl. dazu auch **GEBHARDT, F.:** Semantisches Wissen in Datenbanken, GMD-Studie Nr. 108, Sankt Augustin 1985, S. 12.

[92] Vgl. **VINEK, G.; RENNERT, P.F.; TJOA, A.:** Datenmodellierung: Theorie und Praxis des Datenbankentwurfs, unveränderter Nachdruck, Würzburg/Wien 1985, S. 170.

[93] Vgl. dazu Kapitel 2.3.

[94] Vgl. **SOFTWARE AG:** Ausbildung - ADABAS DB Design, Darmstadt 1989, S. II-2 und **MAYR, H.C.; DITTRICH, K.R.; LOCKEMANN, P.C.:** Datenbankentwurf, a.a.O., S. 489 f..

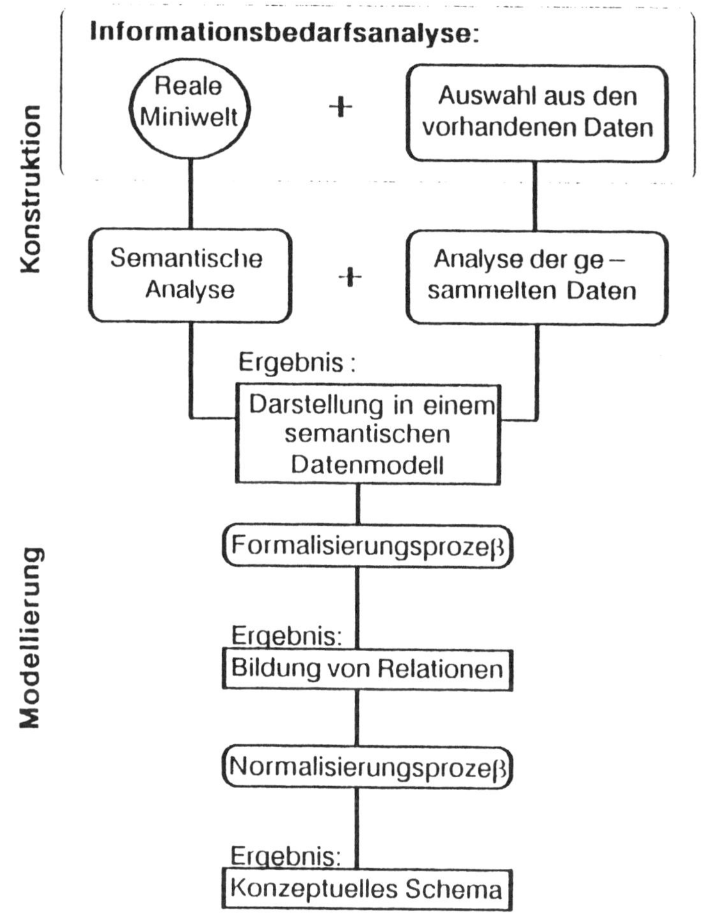

Bild 2-16: Entwurf eines Unternehmens-Datenmodells

Die folgenden Ausführungen werden anhand eines von der SOFTWARE AG, Darmstadt zur Verfügung gestellten Beispiels des Auftragswesens eines fiktiven Unternehmens verdeutlicht.[95]

[95] Vgl. **SOTWARE AG:** Ausbildung - ADABAS DB Design, a.a.O.

2.2.2.1 Vorgehensweise beim Entwurf eines Unternehmens-Datenmodells

Der erste Schritt besteht - wie aus Bild 2-16 ersichtlich - in der Informationsbedarfsanalyse.[96] Dabei wird aus der Sicht der "Miniwelt des Anwendungsfalles" geprüft, welche Informationen der realen Welt für die geplanten Anwendungen von Interesse sind.[97] Die dafür notwendigen Informationen - es handelt sich dabei um Objekte, Operationen und Ereignisse - sind zu sammeln, zu gliedern, zu klassifizieren und zu beschreiben. Für diese Aufgabe werden die Methoden zur Erhebung und Darstellung eines Systemzustandes herangezogen.[98]
Da es sich bei betrieblichen Anwendungen in der Regel um sehr komplexe Systeme handelt, kann die Informationsbedarfsanalyse nur in den seltensten Fällen in einem Schritt durchgeführt werden. Vielmehr bietet es sich an, in Teilschritten, das heißt in leichter zu überblickenden Phasen vorzugehen.[99]

In Anlehnung an H.C. MAYR u.a. könnte die Informationsbedarfsanalyse in folgenden Teilschritten erfolgen:[100]

---

[96] Vgl. **MAYR, H.C.; DITTRICH, K.R.; LOCKEMANN, P.C.:** Datenbankentwurf, a.a.O., S. 489 f. und **SOFTWARE AG:** Ausbildung - ADABAS DB Design, a.a.O., S. I-15.

[97] Vgl. zum Begriff Informationsbedarf: **WINDLER, A.:** Informationsbedarf, in: **MERTENS, P. (HAUPTHRSG.):** Lexikon der Wirtschaftsinformatik, Berlin/Heidelberg/New York/London/Paris/Tokyo 1987, S. 184/185.

[98] Vgl. **BIETHAHN, J.; MUCKSCH, H.; RUF, W.:** Ganzheitliches Informationsmanagement, Band 1, a.a.O., S. 169 f.

[99] Vgl. **MAYR, H.C.; DITTRICH, K.R.; LOCKEMANN, P.C.:** Datenbankentwurf, a.a.O., S. 489.

[100] Vgl. **MAYR, H.C.; DITTRICH, K.R.; LOCKEMANN, P.C.:** Datenbankentwurf, a.a.O., S. 489 f.

1. Identifikation der Organisationseinheiten
2. Identifikation der unter Umständen zu unterstützenden betrieblichen Aufgaben
3. Erstellung eines Anforderungs-Sammelplans
4. Sammlung der Anforderungen bei den Informationslieferanten
5. Filterung der gesammelten Anforderungen
6. Klassifikation der gefilterten Anforderungen
7. Übertragung der klassifizierten Objekte, Operationen und Ereignisse in formalisierte Verzeichnisse[101]

Eine gezielte und systematisch durchgeführte Informationsbedarfsanalyse liefert nicht nur verwendbare Ergebnisse für das Datenmanagement, sondern dient auch als Grundlage für das Entwicklungsmanagement.[102]

Im ausgewählten Beispiel eines fiktiven Unternehmens sind folgende Umstellungsmaßnahmen bezüglich des Informationssystems geplant:
Das Auftragswesen der fiktiven Firma soll auf Datenbankbetrieb umgestellt werden. Die Auftragserfassung, die Kundenstammpflege und weitere diverse Auswertungen sollen im Dialog erfolgen; für die Rechnungsschreibung und einige Monatsauswertungen ist Batchbetrieb vorgesehen.
Das Auftragswesen steht im Informationsaustausch mit Kunden, Vertretern, der Verkaufsleitung und Lieferanten. Ausgetauscht werden zum Beispiel Aufträge, Kunden- und Lieferantenrechnungen.[103]
Aufgrund der durchgeführten Informationsbedarfsanalyse ergibt sich aus der Sicht des Datenmanagements zunächst folgender Grobentwurf:

---

[101] Auf die einzelnen Teilschritte der Informationsbedarfsanalyse wird hier nicht weiter eingegangen. Vgl. dazu **MAYR, H.C.; DITTRICH, K.R.; LOCKEMANN, P.C.:** Datenbankentwurf, a.a.O., S. 489 f. Vgl. auch **WIEDERHOLD, G.:** Datenbanken, Analyse - Design - Erfahrungen, Band 2: Datenbanksysteme, München/Wien 1981, S. 50 f.

[102] Vgl. dazu Kapitel 2.2.3 sowie Kapitel 3.

[103] **SOFTWARE AG:** Ausbildung - ADABAS DB Design, a.a.O.

Bild 2-17: Grobentwurf: Auftragswesen eines fiktiven Unternehmens

Das Ergebnis der Informationsbedarfsanalyse ist nun im Rahmen der Datenanalyse[104] in zweierlei Hinsicht zu untersuchen:

Im Rahmen einer semantischen Analyse werden die komplexen Sachverhalte der realen Miniwelt gemäß der Anforderungsspezifikation in formalisierter, aber leicht verständlicher Form auf sachliche Richtigkeit, Vollständigkeit und Widerspruchsfreiheit geprüft.[105]

Die semantische Analyse dient dem Abgleich der Vorstellungen der Abteilung Datenverarbeitung mit denen der betroffenen Fachbereiche und Abteilungen.[106]

In einem 2. Schritt der Datenanalyse werden die Eigenschaften der gesammelten Daten untersucht und die Bestimmung der Wertemengen vorgenommen. Dieser Schritt beinhaltet auch das Erkennen von funktionalen Abhängigkeiten zwischen den einzelnen Datenelementen.

Man bezeichnet die Erfassung, Abgrenzung und Abstraktion des für die Problemstellung relevanten Teils der Umwelt daher auch als "Konstruktion von Datenstrukturen".

---

104 Vgl. Bild 2-16.

105 Vgl. dazu auch Punkt 7. der Teilschritte zur Informationsbedarfsanalyse.

106 Vgl. SOFTWARE AG: Ausbildung - ADABAS DB Design, a.a.O., S. II-2.

Nach A.-W. SCHEER haben sich vier grundsätzliche Operatoren für die Konstruktion durchgesetzt:[107]

- Klassifizierung
- Generalisierung/Spezialisierung
- Aggregation
- Gruppierung

Gleichartige Elemente werden im Rahmen der Klassifizierung erkannt und einem Begriff zugeordnet.
Die Zusammenfassung von Teilmengen zu einer Obermenge (zum Beispiel Handballer und Squashspieler zu Sportler) bezeichnet man als Generalisierung, den umgekehrten Vorgang als "Spezialisierung". Nach Möglichkeit sollte die Bildung von Teilmengen überschneidungsfrei sein[108], und bei der Generalisierung sollte geprüft werden, ob parallele Kriterien für die Generalisierung in Frage kommen beziehungsweise nötig sind.[109]
Bei der Aggregation[110] wird eine Beziehung oder ein Sachverhalt zwischen Objekten selbst als ein Objekt auf höherer Stufe angesehen. So bezeichnet der Begriff "Zimmerreservierung" die Vorbestellung eines "Hotelzimmers" in einem "Hotel" durch einen "Gast". Das aggregierte Objekt Zimmerreservierung enthält Teilinformationen (Attribute) der anderen Objekte (Hotelzimmer, Hotels, Gäste), kann aber auch weitere zusätzliche Attribute besitzen. Das so aggregierte Objekt kann gleichzeitig Teil einer noch höheren Abstraktionsebene sein.
Der vierte Konstruktionsoperator ist die Gruppierung. Dabei werden aus bestimmten Elementen einer Menge Gruppen gebildet. Man faßt beispielsweise aus der Menge der eingeschriebenen Studenten einer Universität die der Wirtschaftsinformatik zu einer Gruppe zusammen.

---

107 Vgl. **SCHEER, A.-W.:** Wirtschaftsinformatik. Informationssysteme im Industriebetrieb, 2., verbesserte Auflage, Berlin/Heidelberg/New York/London/Paris/Tokyo 1988, S. 16-19.

108 Dies führt im Beispiel zu der Teilmenge Handballer <u>und</u> Squashspieler. Eine solche Überschneidung führt allerdings zu Redundanzen im Datenbestand.

109 Die Menge der Handballer kann zum Beispiel in die Teilmengen "Feld- und Hallenhandballer" untergliedert werden.

110 Vgl. dazu **SMITH, J.M.; SMITH, D.C.P.:** Database Abstractions: Aggregation and Generalization, in: **ACM TODS:** Vol. 2, 2/1977, S. 105-133 und **SMITH, J.M.; SMITH, D.C.P.:** Database Abstractions: Aggregation, in: **CACM:** Vol.20, 6/1977, S. 405-413.

Nach diesen Teilphasen erfolgt gemäß Bild 2-16 die präzise Beschreibung und Darstellung der konstruierten Datenstrukturen der beobachteten Realsphäre mit Hilfe der semantischen Datenmodelle[111], auf die im nächsten Kapitel separat eingegangen wird.

Als Standardmodell unter den semantischen Datenmodellen hat sich - auch in der Praxis - das von P.P.-S. CHEN im Jahr 1976 vorgestellte Entity-Relationship-Modell (ERM)[112] durchgesetzt.[113] Das ERM wird in Kapitel 2.2.2.2.1 vorgestellt.
Auf der Basis des ERM werden im Rahmen des bereits angesprochenen Formalisierungsprozesses sodann Relationen zur datennäheren Darstellung von Objekten, ihren Eigenschaften und Beziehungen gebildet. Erst im Anschluß an das Bilden der Relationen müssen diese zur Beseitigung von Redundanzen und Anomalien einem sogenannten Normalisierungsprozeß (Kapitel 2.2.2.3) unterworfen werden. Auch die durch die Normalisierung neu entstehenden Entity- und Relationship-Typen können anschließend problemlos in eine ERM-Darstellung eingefügt werden.[114]
Die Normalisierung der Relationen und ihre Darstellung im ERM sind die Grundlage für den konzeptuellen Entwurf des angestrebten Unternehmensdatenmodells (Kapitel 2.2.2.4), das später die Basis für das logische Design der geplanten Anwendungen (Kapitel 2.2.3) bildet.

2.2.2.2 Semantische Datenmodelle

Der Schwerpunkt semantischer Datenmodelle liegt in der Regel in der Darstellung von Zusammenhängen, die mittels des von E.F. CODD konzipierten Relationenmodells nicht oder nur unzureichend abgebildet werden können. Dabei stehen Probleme der Konstruktion von Datenstrukturen, wie zum Beispiel die Aggregation von Objekten oder die Behandlung von "unbekannten Werten" im Vordergrund.

---

111 An dieser Stelle gehen Konstruktion und Modellierung fließend ineinander über.

112 Vgl. **CHEN, P.P.-S.:** The Entity-Relationship Model - Toward a Unified View of Data, in: **ACM TODS:** Vol. 1, 1/1976, S. 9-36.

113 Vgl. auch **SINZ, E.J.:** Das Strukturierte Entity-Relationship-Modell (SER-Modell), in: **AI:** 5/1988, S. 191 (191-202).

114 Vgl. **SCHEER, A.-W.:** Wirtschaftsinformatik, a.a.O., S. 33.

An dieser Stelle seien beispielhaft folgende semantische Datenmodelle aufgeführt:

- Semantic Network Model von N. ROUSSOPOULOS und J. MYLOPOULOS (1975)[115]
- Entity-Relationship-Model von P.P.-S. CHEN (1976)
- Datenmodellierungskonzept von G.M. NIJSSEN (1976)[116]
- Role Concept Model von C.W. BACHMAN und U. DAYAL (1977)[117]
- RM/T-Model von E.F. CODD (1979)[118]
- Strukturiertes Entity-Relationship-Modell von E.J. SINZ (1987)[119]

Aus der Vielzahl der semantischen Datenmodelle werden im folgenden das ER-Grundmodell von P.P.-S. CHEN (1976) und das darauf aufbauende SER-Modell von E.J. SINZ (1987) näher vorgestellt.

---

[115] Vgl. **ROUSSOPOULOS, N.; MYLOPOULOS, J.:** Using semantic networks for Database Management, in: **PROC. INT. CONF. ON VERY LARGE DATABASES:** IEEE 1975, S. 144-172.

[116] Vgl. **NIJSSEN, G.M.:** A gross architecture for the next generation Database Management Systems, in: **NIJSSEN, G.M. (HRSG.):** Modeling in Database Management Systems, Amsterdam 1976, S. 1-23; **BASTIAN, M.:** Datenbanksysteme, a.a.O., S. 15 und **VINEK, G.; RENNERT, P.F.; TJOA, A.:** Datenmodellierung, a.a.O., S. 188 f.

[117] Vgl. **BACHMAN, C.W.; DAYAL, U.:** The role concept in data models, in: **PROC. 3RD INT. CONF. ON VERY LARGE DATABASES:** IEEE, Tokyo, Oktober 1977, S. 464-478.

[118] Vgl. **CODD, E.F.:** Extending the database relational model to capture more meaning, in: **ACM TODS:** Vol. 4, 4/1979, S. 397-434.

[119] Vgl. **SINZ, E.J.:** Das Strukturierte Entity-Relationship-Modell (SER-Modell, a.a.O., S. 191-202 und **SINZ, E.J.:** Konzeptionelle Datenmodellierung im Strukturierten Entity-Relationship-Modell (SER-Modell), in: **MÜLLER-ETTRICH, G. (HRSG.):** Effektives Datendesign: Praxis-Erfahrungen, Köln 1989, S. 76-108.

2.2.2.2.1 Das Entity-Relationship-Modell

P.P.-S. CHEN entwickelte das ERM[120] mit der Zielsetzung, ein Hilfsmittel zur leichteren Abbildung der Umwelt auf ein realisiertes Datenmodell zu schaffen. Das ERM wird z.Zt. als das geeigneteste Beschreibungsverfahren aus der Klasse der semantischen Datenmodelle angesehen.[121] Es stellt eine Synthese der klassischen realisierten Datenmodelle dar.[122]

Als Grundelemente des ERM stehen folgende Komponenten zur Verfügung:

- Objekte (Entities)[123]
- Attribute[124], Werte, Wertebereiche
- Beziehungen (Relationships, Assoziationen)[125]

Beim ERM hat sich folgendes Vorgehen als sinnvoll erwiesen:

1.) Mengen von Entities (Objekten) mit gleichartigen Eigenschaften werden zu Objektklassen (Entity-Typen), zum Beispiel Kapitalanleger, zusammengefaßt.

2.) Mengen von Beziehungen werden zu Beziehungsklassen (-typen), zum Beispiel "ist-Kunde-von" zusammengefaßt. Dabei sind die Beziehungsklassen (Relationship Sets) selbst als Relationen auf den Objektklassen aufzufassen; beispielsweise ist der Kapitalanleger Hr. Meier Kunde von Bank XY. Die Objektklassen stellen somit die möglichen Wertemengen der Komponenten einer solchen Beziehung oder Relation im übertragenen

---

120 Ausführliche Literaturhinweise zum ERM gibt: **CHEN, P.P.-S.:** Recent Literature of the Entity-Relationship Approach, in: **CHEN, P.P.-S. (HRSG.):** Entity-Relationship Approach to Systems Analysis Design, **PROC. OF THE INT. CONF. ON ENTITY-RELATIONSHIP APPROACH:** Los Angeles 10.-12.12.1979, Amsterdam/New York/Oxford 1980, S. 3-12.

121 Vgl. **SCHEER, A.-W.:** Wirtschaftsinformatik, a.a.O., S. 20 und **SINZ, E.J.:** Datenmodellierung, a.a.O., S. 77.

122 Vgl. **VINEK, G.; RENNERT, P.F.; TJOA, A.:** Datenmodellierung, a.a.O., S. 194.
Zur Beschreibung dieser Datenmodelle siehe auch Kapitel 2.3.2.3.

123 Vgl. dazu auch Kapitel 2.2.1.

124 Attribute sind Eigenschaften von Entities eines Entity-Typs. Vgl. auch die Ausführungen in Kapitel 2.2.1.2.1.

125 Vgl. dazu die Ausführungen in Kapitel 2.2.1.

Sinn als Rolle dar. Die Komponenten werden deshalb als Rollenattribute der Beziehungsklasse oder kurz als Rolle bezeichnet.[126]

Entity Typ:	LIEFERANT	
Attribute:	LIEFERANTENNAME	
	LIEFERANTENADRESSE	
Wertebereiche und Werte:	LIEFERANTENNAME	{Meyer,Schulz,Weber,...}
	POSTLEITZAHL	{3400,3410,3500,...}
	ORT	{Göttingen,Kassel,Northeim,...}
	STRAßE	{Am Markt,Königstor,Weender Str.,...}
	HAUSNUMMER	{111,171,174,...}

LIEFERANT	LIEFERANTEN NAME	LIEFERANTENADRESSE:			
		PLZ	ORT	STRAßE	HAUSNR.
L 1	Meyer	3400	Göttingen	Weender Str.	111
L 2	Schulz	3500	Kassel	Königstor	174
L 3	Weber	3410	Northeim	Am Markt	171

Rollen:

→ Produktlieferant (LIEFERANT)

→ liefert Produkt mit der Nr. (PRODUKTNUMMER)

LIEFERANT	PRODUKT-NUMMER	LIEFERFRIST (TAGE)
L 1	148	1
L 2	665	3
L 3	148	2

Die Beziehung zwischen dem Objekt - Typ LIEFERANT und den gelieferten PRODUKTEN wird durch den Relationship - Typ PRODUKTLIEFERANT hergestellt.
Dieser Relationship - Typ besitzt das Attribut LIEFERFRIST mit dem Wertebereich {1,2,3}.

Bild 2-18: Begriff: Rollen

"Die Informationen über ein Entity oder eine Relationship werden mit Hilfe von Tupeln (Attribut, Wert) modelliert. Werte v (values) werden zu Wertebereichen V (value sets) zusammengefaßt."[127]

---

126 Vgl. **ROMANN, C.:** Semantische Modellierungskonzepte, a.a.O., S. I-8.

127 **SINZ, E.J.:** Datenmodellierung, a.a.O., S. 82.

Zur Verdeutlichung der Tatsache, daß die Modellierung der abzubildenden Umwelt unabhängig von der anschließenden Repräsentation der modellierten Teile ist, nimmt P.P.-S. CHEN im ERM eine Trennung in eine gedankliche und eine symbolische Ebene vor.
Auf der gedanklichen Ebene (Abstraktionsebene 1) werden Informationen über Entities und Relationships gesammelt, also lediglich die Objekte und Beziehungen festgestellt.
Die symbolische Ebene unterteilt P.P.-S. CHEN in drei weitere Abstraktionsebenen von Datensichten. Auf diesen (Abstraktionsebenen 2-4) lassen sich die Ergebnisse (Konstrukte) der 1. Abstraktionsebene sodann weiter beschreiben:

- die Informationsstruktur in Form des konzeptionellen Schemas (2. Ebene),
- die zugriffspfadunabhängige Beschreibung der Daten, beispielsweise im Relationenmodell (3. Ebene) und
- die zugriffspfadabhängige Beschreibung der Daten, beispielsweise im Netzwerkmodell (4. Ebene)[128].

Auf der 2. Abstraktionsebene[129] - also der konzeptionellen Beschreibung der Objekte und Relationen - sind dazu die Begriffe Primärschlüssel, Objektrelationenschema und Assoziationsrelationenschema einzuführen.

Die Darstellung dieses konzeptionellen Schemas erfolgt mit Hilfe von Entity-Relationship-Diagrammen, wobei sich ein ER-Diagramm aus folgenden Grundbausteinen zusammensetzen kann:[130]

1. Entity-Typen: Sie werden durch Rechtecke repräsentiert.

2. Assoziations- oder Beziehungs-Typen: Sie werden durch Parallelogramme dargestellt.

3. Attribute werden durch Kreise charakterisiert.

---

128 Vgl. **CHEN, P.P.-S.:** The Entity-Relationship Model, a.a.O., S. 10 f.; **VINEK, G.; RENNERT, P.F.; TJOA, A.:** Datenmodellierung, a.a.O., S. 194 f.; **SINZ, E.J.:** Datenmodellierung, a.a.O., S. 80 und **SINZ, E.J.:** Das Strukturierte Entity-Relationship-Modell, a.a.O., S. 192.

129 Die Abstraktionsebenen 3 und 4 werden in Kapitel 2.3.2.2 näher betrachtet.

130 Vgl. **BASTIAN, M.:** Datenbanksysteme, a.a.O., S. 22 und **VINEK, G.; RENNERT, P.F.; TJOA, A.:** Datenmodellierung, a.a.O., S. 199.

4. Beziehungen: Die Verbindungslinien zwischen den Rechtecken, Rauten und Kreisen dienen der Darstellung der Relationships. Die Art der Beziehungen ((1:1), (1:n), (m:n)) wird durch Angabe an den Linien verdeutlicht. Außerdem sollten sie generell[131] mit den Rollennamen der Objekte für die Beziehung beschriftet sein.

5. Schwache Objektklassen oder weak entity relations:[132] In der Realität gibt es Objektklassen, bei denen eine Existenz- oder Identifikationsabhängigkeit zu anderen Objektklassen besteht. Existenzabhängigkeit eines Objektes liegt vor, wenn ein Objekt, von welchem ein anderes abhängt, nicht mehr vorhanden ist (zum Beispiel gelöscht wird) und damit auch das davon abhängige Objekt nicht mehr existiert beziehungsweise existieren darf. Dagegen besteht eine Identifikationsabhängigkeit dann, wenn der Primärschlüssel eines Objekts im Schlüssel der abhängigen Objekte enthalten ist.
   Im ER-Diagramm werden die Existenz- und die Identifikationsabhängigkeit durch ein doppelt gezeichnetes Rechteck dargestellt. Die Verbindungslinie zwischen diesen Objektklassen wird mit 'E' für existenzabhängig beziehungsweise 'ID' für identifikationsabhängig beschriftet.
   In einer Erweiterung des Beispiels "Auftragswesen" um einen Entity-Typ "Kundenmahnung" würde dieser von der Existenz einer "Kundenrechnung" abhängen.
   Geht von einer schwachen Objektklasse nun eine Beziehungsklasse aus, so nennt man diese eine schwache Beziehungsklasse (weak relationship relation).[133]

Bezüglich der Darstellung und der Notation von Beziehungen gibt es eine Reihe weiterer Vorschläge, auf die an dieser Stelle nicht näher eingegangen wird.[134]

---

131 Sie müssen beschriftet sein, falls parallele Kanten, also mehr als eine Beziehung, zwischen zwei Entity-Typen existieren.
Vgl. **SINZ, E.J.:** Das Strukturierte Entity-Relationship-Modell, a.a.O., S. 192.

132 Vgl. **SINZ, E.J.:** Datenmodellierung, a.a.O., S. 85.

133 Vgl. **ROMANN, C.:** Semantische Modellierungskonzepte, a.a.O., S. I-10.

134 Vgl. **SCHEER, A.-W.:** Wirtschaftsinformatik, a.a.O., S. 25; **SCHLAGETER, G.; STUCKY, W.:** Datenbanksysteme, a.a.O., S. 49-53 sowie **WEBRE, N.W.:** An Extended Entity-Relationship Model and its Use on a Defense Project, in: **CHEN, P.P.-S. (HRSG.):** Entity-Relationship Approach to Information Modelling and Analysis, **PROC. OF THE 2ND INT. CONF. ON ENTITY-RELATIONSHIP APPROACH,** 1981, Amsterdam/New York/Oxford 1983, S. 173 f. (173-193).

In den vergangenen Jahren wurden zudem eine Vielzahl an Verbesserungen und Erweiterungen des geschilderten ER-Grundmodells diskutiert,[135] denn das Grundmodell stellt lediglich den Konstruktionsoperator "Aggregation" für die Modellierung zur Verfügung. Das bereits beschriebene Konzept der Generalisierung wurde in den weiterführenden Arbeiten, beispielsweise von G. SCHIFFNER und P. SCHEUERMANN[136] (1979) eingeführt und von A. DOGAC und P.P.-S. CHEN[137] (1983) aufgenommen. Letztere verwenden ein Dreieck zur Darstellung eines solchen Beziehungs-Typs.
Weitere Modifikationen beziehen sich beispielsweise auf die Art der Beziehungen (Binary ERM, Generalized ERM), oder die Einbeziehung der Dimension "Zeit" (Timed ERM).[138]

Das Ergebnis der semantischen Analyse und die Analyse der gesammelten Daten führte in unserem Beispiel zum nachstehend abgebildeten Entity-Relationship-Diagramm, welches nochmals die Grobstruktur des Auftragswesens darstellt:

---

[135] Vgl. **CHEN, P.P.-S. (HRSG.):** Entity-Relationship Approach to Systems Analysis Design, **PROC. OF THE INT. CONF. ON ENTITY-RELATIONSHIP APPROACH:** Los Angeles 10.-12.12.1979, Amsterdam/New York/Oxford 1980; **CHEN, P.P.-S. (HRSG.):** Entity-Relationship Approach to Information Modelling and Analysis, **PROC. OF THE 2ND INT. CONF. ON ENTITY-RELATIONSHIP APPROACH,** 1981, Amsterdam/New York/Oxford 1983 und **DAVIS, C.G.; JAJODIA, S.; NIG, P.A.; YEH, R.T. (HRSG.):** Entity-Relationship Approach to Software Engineering, **PROC. OF THE 3RD INT. CONF. ON ENTITY-RELATIONSHIP APPROACH,** 1983, Amsterdam/New York/Oxford 1983.

[136] Vgl. **SCHIFFNER, G.; SCHEUERMANN, P.:** Multiple Views and abstractions with an extended entity-relationship model, Technical Report, Dept. of Electrical Engineering and Computer Science, Northwestern University, Evanston, Illinois, 1979.

[137] Vgl. **DOGAC, A.; CHEN, P.P.-S.:** Entity Relationship Model in the ANSI/SPARC Framework, in: **CHEN, P.P.-S. (HRSG.):** Entity-Relationship Approach to Information Modelling and Analysis, **PROC. OF THE 2ND INT. CONF. ON ENTITY-RELATIONSHIP APPROACH,** 1981, Amsterdam/New York/Oxford 1983. S. 360 (357-374).

[138] Vgl. dazu **KLOPPROGGE, M.R.:** Gegenstands- und Beziehungsgeschichten: ein Konzept zur Beschreibung und Verwaltung zeitveränderlicher Informationen in Datenbanken, Dissertation, Universität Karlsruhe 1983.

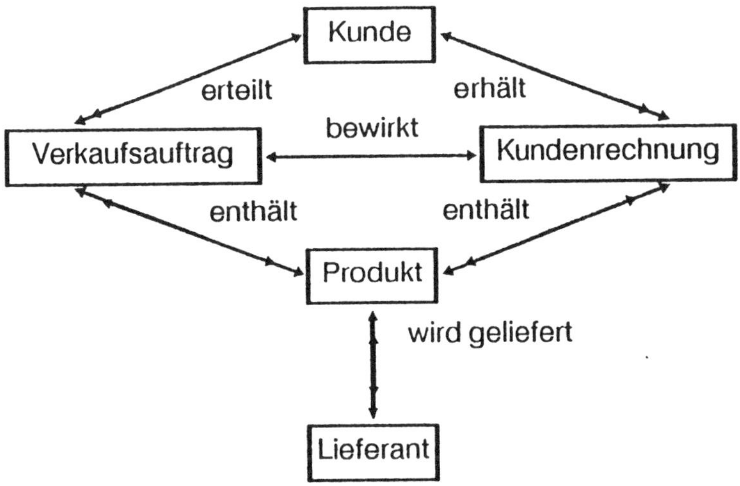

Bild 2-19: ER-Diagramm: Auftragswesen (Grobentwurf)

Die Pfeilspitzen verdeutlichen die Art der Beziehung (1 : 1; 1 : n; n : m) und stellen lediglich eine andere Notation dar.
Die einzelnen Objekte des ER-Diagramms und ihre Eigenschaften veranschaulicht Bild 2-20.

VERKAUFSAUFTRAG
- Auftragsnummer
- Kundennummer
- Kundenname
- Kundenadresse
- Telefonnummer
- Auftragsdatum
- Auftragspositionen (bis zu 50):
  - Bestellmenge
  - Produktlinie
  - Produktnummer
  - Produktname

KUNDE
- Kundennummer
- Kundenname
- Kundenadresse
- Kundenkategorie
- Rabatt
- Vertriebsregion
- Vertreternummer
- Vertretername
- Telefonnummer
- Datum der Erstbestellung
- Zahlungsmoral
- laufender Umsatz
- Vorjahresumsätze (bis zu 4):
  - Jahr
  - Betrag

KUNDENRECHNUNG
- Auftragsnummer
- Kundennummer
- Kundenname
- Kundenadresse
- Telefonnummer
- Rechnungsdatum
- Rechnungspositionen (bis zu 50):
  - Bestellmenge
  - Produktlinie
  - Produktnummer
  - Produktname
  - Einzelpreis
  - Rabatt
  - Verkaufspreis
- Rechnungssumme
- Sonderrabatt
- Mehrwertsteuerbetrag
- Rechnungsbetrag

PRODUKT
- Produktlinie
- Produktnummer
- Produktname
- Verkaufspreis
- Bestand
- Mindestbestand
- Bestellkennzeichen
- Bestelldatum
- Bestellmenge
- Linienrabatt
- Lieferanten (bis zu 5):
  - Lieferantenname
  - Lieferantenadresse

LIEFERANT
- Lieferantenname
- Lieferantenadresse
- Lieferangebote (bis zu n):
  - Produktlinie
  - Produktnummer
  - Einkaufspreis
  - Lieferfrist

Bild 2-20: Auftragswesen: Objekte und ihre Eigenschaften

Im folgenden Kapitel werden zunächst einige Schwachstellen des Entity-Relationship-Modells als Standardmodell der semantischen Datenmodelle kurz aufgezeigt, sowie eine Verbesserungsmöglichkeit durch das Strukturierte Entity-Relationship-Modell (SER-Modell) vorgestellt.

2.2.2.2.2 Das Strukturierte Entity-Relationship-Modell

Ausgehend vom ER-Grundmodell entwickelte E.J. SINZ das Strukturierte Entity-Relationship-Modell, dessen Modellierungskonzept dem des ERM äquivalent ist. Im traditionellen Entity-Relationship-Modell lassen sich nach E.J. SINZ folgende fünf Schwachstellen aufdecken, welche die Grundlage für die Entwicklung des Strukturierten Entity-Relationship-Modells (SER-Modell) bildeten:[139]

a) Darstellung der Beziehungskomplexität
Die übliche (1,m,n)-Notation zur Darstellung der Beziehungskomplexität ist lediglich für zweistellige Beziehungen sinnvoll anwendbar. Mehrstellige Beziehungen - mit mehr als zwei Entities - sind nach G. SCHLAGETER und W. STUCKY mit der (1,m,n)-Notation nicht mehr beschreibbar.[140] Aus ihr geht weiterhin nicht hervor, ob die Zuordnung von Relationships zu einem Entity optional ist, das heißt ob jedem Entity wenigstens eine Relationship zugeordnet sein muß. Daher sollte der Komplexitätsgrad nach E.J. SINZ in Form eines (min,max)-Tupels angegeben werden, das die minimale und maximale Anzahl der Relationships angibt, die einem Entity zugeordnet werden können. Der so angegebene Komplexitätsgrad stellt gleichzeitig eine Integritätsbedingung dar, die als Referenzbedingung bezeichnet wird.

b) Zwitterrolle von Entity- und Relationship-Typen
Durch die in der Praxis häufig übliche Überlagerung von Relationship-Symbolen mit Entity-Symbolen, um einen Relationship-Typ mit weiteren Relationship-Typen in Beziehung zu setzen, spielen diese Symbole eine Zwitterrolle, die im Widerspruch zu der Idee des ER-Modells steht.

c) Visualisierung von Existenzabhängigkeiten
Die einzige im ER-Modell vorgesehene Darstellungsmöglichkeit von Existenzabhängigkeiten ist die Bildung eines schwachen Entity, das durch den Primärschlüssel eines anderen Entity identifiziert wird. Existenzabhängigkeiten können jedoch auch wechselseitig zwischen zwei Entity-Typen oder zwischen einem Relationship-Typ und einem Entity-Typ bestehen. Das ER-Grundmodell bietet für diese wesentlichen semantischen Merkmale keine Unterscheidung bezüglich der Visualisierung an.

---

139 Vgl. **SINZ, E.J.**: Das Strukturierte Entity-Relationship-Modell, a.a.O., S. 193-195.

140 Vgl. **SCHLAGETER, G.; STUCKY, W.**: Datenbanksysteme, a.a.O., S. 53.

d) Modellierbarkeit zyklischer Existenzabhängigkeiten
Weiterhin können zyklische Existenzabhängigkeiten entstehen, wenn versehentlich ein Zyklus von ein- und/oder wechselseitigen Existenzabhängigkeiten gebildet wird. Diese Modellierung ist inkonsistent, da zum Beispiel bei einem Löschvorgang eines Objektes unter Beachtung der entstandenen Referenzbedingungen alle anderen Objekte des Zyklus entfernt werden müssen.

e) Notwendigkeit von Strukturtransformationen beim Übergang in ein Datenbankschema.
Bei der Transformation des noch zu behandelnden konzeptionellen Schemas in ein konkretes Datenbankschema, gemäß dem vom DBMS unterstützten Datenbankmodell, wird bei einem Relationenmodell jeder Entity- und Relationship-Typ als Relationstyp implementiert. Diese Strukturtransformationen können zu Laufzeitnachteilen bei Verbundoperationen - dies sind bezüglich einer Datenbankanfrage notwendige Verknüpfungen mehrerer Dateien - führen, da in der Regel eine größere Anzahl von Relationstypen entsteht.[141]

Das Strukturierte Entity-Relationship-Modell verbindet nun das Konzept des ER-Modells mit dem Konzept eines quasi-hierarchischen Graphen. Als Objekttypen stehen Entity-Typen, Relationship-Typen und Entity-Relationship-Typen zur Verfügung. Letztere entstehen aus der Zusammensetzung eines Entity-Typs mit denjenigen Relationship-Typen, mit denen er in einer 1:1-Beziehung steht. Graphisch erfolgt die Darstellung eines Datenmodells so, daß der Startknoten einer oder mehrerer Kanten mit einem bestimmten Kantensymbol, welches die Beziehungskomplexität in der (min,max)-Notation ausdrückt, stets links vom Zielknoten angeordnet wird.
Entity-Typen werden als Zielknoten und Relationship-Typen als Startknoten ausgeschlossen. Relationship-Typen müssen zudem Zielknoten von mindestens zwei Kanten sein.
Durch die quasi-hierarchische Eigenschaft des SER-Modells entsteht ein gerichteter Graph, mit dem die Bildung von Zyklen und das Auftreten von Nullwerten bei Fremdschlüsselattributen durch die eindeutige Referenzrichtung zwischen den Relationstypen generell ausgeschlossen werden kann. Weiterhin führt das SER-Modell zu einem Schema mit minimaler Anzahl an Relationstypen, welches ohne Strukturtransformationen beispielsweise in einem Relationenmodell abgebildet werden kann.[142]

---

141 Vgl. **SINZ, E.J.**: Das Strukturierte Entity-Relationship-Modell, a.a.O., S. 191 ff.

142 Vgl. **SINZ, E.J.**: Datenmodellierung, a.a.O., S. 110 f. und **SINZ, E.J.**: Konzeptionelle Datenmodellierung, a.a.O., S. 80 (76-108).

Existenzabhängigkeiten sind aus dem SER-Modell sofort ersichtlich, da jede einzelne beziehungsweise doppelte Kante eine einseitige beziehungsweise wechselseitige Existenzabhängigkeit angibt.[143]

Jedes beliebige ER-Modell kann somit in ein SER-Modell überführt werden. Dies zeigt das folgende Bild 2-21 an einigen Beispielen:

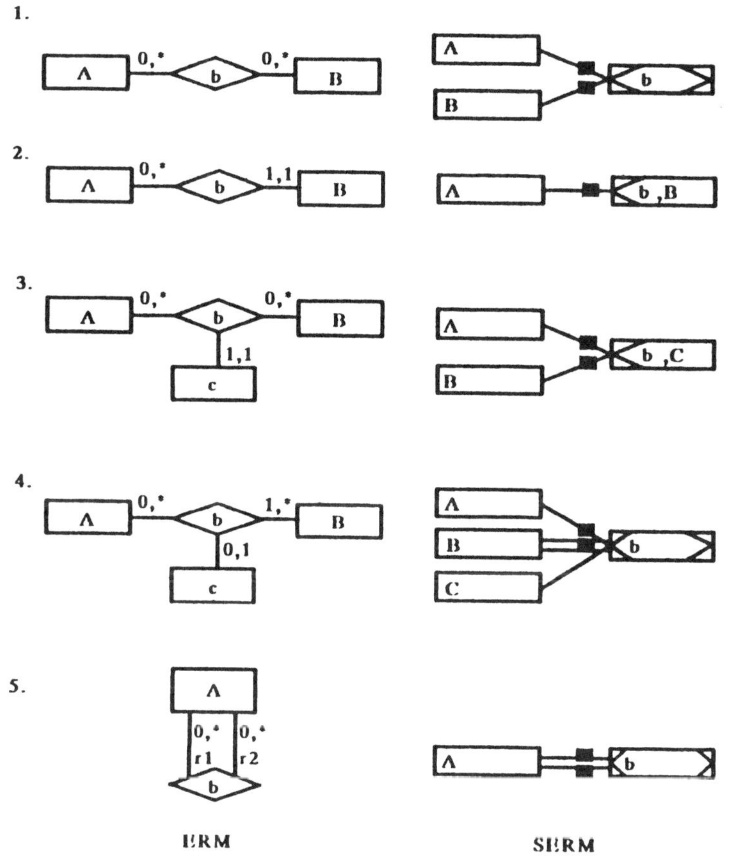

Bild 2-21: Teilstrukturen im ER-Modell und im SER-Modell[144]

---

[143] Vgl. **SINZ, E.J.**: Das Strukturierte Entity-Relationship-Modell, a.a.O., S. 191 ff.

[144] In Anlehnung an: **SINZ, E.J.**: Das Strukturierte Entity-Relationship-Modell, a.a.O., S. 197.

Wie bereits in Bild 2-16 verdeutlicht wurde, erfolgt nach der Aufstellung des ER- beziehungsweise SER-Modells der eigentliche Modellierungsprozeß mit der Formalisierung, das heißt der Bildung von Relationen sowie dem daran anschließenden Prozeß ihrer Normalisierung.

2.2.2.3 Die Modellierung des Unternehmens-Datenmodells

Die Modellierung von Datenstrukturen erfolgt je nach der Ausgangssituation in einem Zerlegungs- oder einem Synthesevorgang.
Ein Zerlegungsvorgang geht zunächst von ungeordneten Datenelementen aus, die nach relativ groben Kriterien in Teilmengen zerlegt werden. Anschließend erfolgt eine immer stärkere Verfeinerung bis schließlich einfache Datenstrukturen erreicht werden. Aufgrund der beschriebenen Vorgehensweise nennt man den Zerlegungsprozeß auch Top-Down-Zerlegung. Genau den umgekehrten Weg (Bottom-Up) verfolgt die Struktursynthese, bei der elementare Elemente zu gröberen Einheiten verdichtet werden.[145]
Dabei sind im Rahmen des Formalisierungsprozesses die beschriebenen Objekte und ihre Eigenschaften in unnormalisierte Relationen zu überführen. Diese enthalten sowohl die Eigenschaften (Attribute) der Entities als auch Beziehungen zwischen einzelnen Attributen.

---

[145] Vgl. **SCHEER, A.-W.:** Wirtschaftsinformatik, a.a.O., S. 15.

VERKAUFSAUFTRAG
+ Auftragsnummer
- Kundennummer
- Kundenname
- Kundenadresse
- Kundentelefonnummer
- Auftragsdatum
*50 Auftragsposition
    - Auftragsmenge
    - Produktident
    - Produktname

KUNDENRECHNUNG
+ Rechnungsnummer
(+) Auftragsnummer
- Rechnungsdatum
- Kundennummer
- Kundenname
- Kundenadresse
- Kundentelefonnummer
    *50 Rechnungsposition
    - Auftragsmenge
    - Produktident
    - Produktname
    - Einzelpreis
    - Rabattbetrag
    - Verkaufspreis
- Rechnungssumme
- Sonderrabatt
- Mehrwertsteuerbetrag
- Rechnungsbetrag

+ = Primärschlüssel
(+) = Schlüsselkandidat
) = Zusammengesetzter Schlüssel

KUNDEN
+ Kundennummer
- Kundenname
- Kundenadresse
- Kundenkategorie
- Kategorierabatt
- Vertriebsregion
- Vertreternummer
- Vertretername
- Vertretertelefonnummer
- Datum der Erstbestellung
- Zahlungsmoral
*5 Umsatz
    - Jahr
    - Jahresumsatz

PRODUKT
+ Produktident
    (+) Produktlinie)
    (+) Produktnummer)
- Produktname
- Einzelpreis
- Bestand
- Mindestbestand
- Bestelldatum
- Bestellmenge
- Linienrabatt
*5 Lieferant
    - Lieferantenident

LIEFERANT
+ Lieferantenident
- Lieferantenname
- Lieferantenadresse
*n Lieferangebot
    - Produktident
    - Einkaufspreis
    - Lieferfrist

Bild 2-22: Auftragswesen: Formalisierte Relationen (ohne Normalform)[146]

Bedingt durch die implizit in den Relationen enthaltenen Relationships kommt es aber zu Redundanzen und sogenannten funktionalen Abhängigkeiten, die wiederum zu Speicheranomalien führen können.[147] Zur Beseitigung

---

[146] In Anlehnung an: **SOFTWARE AG:** Ausbildung - ADABAS DB Design, a.a.O., S. L-4.

[147] Vgl. dazu die Ausführungen in den folgenden Kapiteln sowie **BASTIAN, M.:** Datenbanksysteme, a.a.O., S. 77; **VETTER, M.:** Aufbau, a.a.O.,

dieser Schwächen der unnormalisierten Relationen sind gewisse Gesetzmäßigkeiten, die unter dem Begriff Normalisierung oder Überführung in Normalformen zusammengefaßt sind, zu beachten.[148]
In diesen Überlegungen zur Normalisierung werden Aussagen darüber getroffen, welche Attribute in einer Relation zusammengefaßt werden sollen, ohne daß ein Informationsverlust eintritt. Unerwünschte Redundanzen von beliebigen Attributen werden dabei durch gezielte Redundanz von Schlüsseln ersetzt. Dazu müssen Relationship-Typen der Komplexität n:m als eigener Relationstyp definiert werden. Auch die 1:n Beziehungen können nicht elementar behandelt werden; sie werden implizit dadurch dargestellt, daß der Schlüssel des "hierarchisch" übergeordneten Objekt-Typs beim untergeordneten Objekt-Typ als Sekundärattribut eingefügt wird.[149]
Ein solches (eingefügtes oder bereits vorhandenes) Attribut, beziehungsweise eine derartige Attributkombination einer Relation, das als gleiches Attribut beziehungsweise als gleiche Attributkombination in einer anderen Relation als Primärschlüssel vorkommt, wird Fremdschlüssel genannt.[150]
Im Laufe des Normalisierungsprozesses steigt die Anzahl der Relationen, weil durch einen vorgenommenen Normalisierungsschritt eine komplexere Relation in mehrere einfachere mit je einer Beziehung aufgespalten wird.

Ziele des Normalisierungsprozesses sind neben der

- Elimination von Redundanz,
- die Vermeidung unerwünschter Abhängigkeiten im Zusammenhang mit Speicheroperationen wie Löschen, Ändern und Hinzufügen,
- die ausschließliche Nutzung von einfachen Strukturen (Relationen) in der Datenbasis
- das "...eindeutige Festhalten realitätskonformer Sachverhalte..."[151] als "...fundamentale Bedingung zur Erhaltung der Integrität..."[152] der Datenbasis sowie

---

S. 115; **VINEK, G.; RENNERT, P.F.; TJOA, A.:** Datenmodellierung, a.a.O., S. 80; **WEDEKIND, H.:** Datenbanksysteme I, 2., völlig neu bearbeitete Auflage, Mannheim/Wien/Zürich 1981, S. 200 f.

148 Vgl. **VETTER, M.:** Aufbau, a.a.O., S. 115.

149 Vgl. **STUCKY, W.; KRIEGER, R.:** Datenbanksysteme, in: **KURBEL, K.; STRUNZ, H. (HRSG.):** Handbuch Wirtschaftsinformatik, Stuttgart 1990, S. 848 (837-856).

150 Vgl. **SOFTWARE AG:** Ausbildung - ADABAS DB Design, a.a.O., Folie II-39.

151 **VETTER, M.:** Aufbau, a.a.O., S. 115.

152 **VETTER, M.:** Aufbau, a.a.O., S. 115.

- die Verringerung der Abhängigkeit der Relationen von Anfragehäufigkeiten und -strukturen.

E.F. CODD entwickelte hierzu einen Normalisierungsprozeß, der in Stufen abläuft und bis einschließlich der dritten Normalform (3.NF) geht. Weitere Entwicklungen von Normalformen (zum Beispiel BOYCE-CODD-Normalform, 4.NF, 5.NF, etc.) sind von untergeordneter Bedeutung[153] und werden auch hier nicht weiter verfolgt.[154]

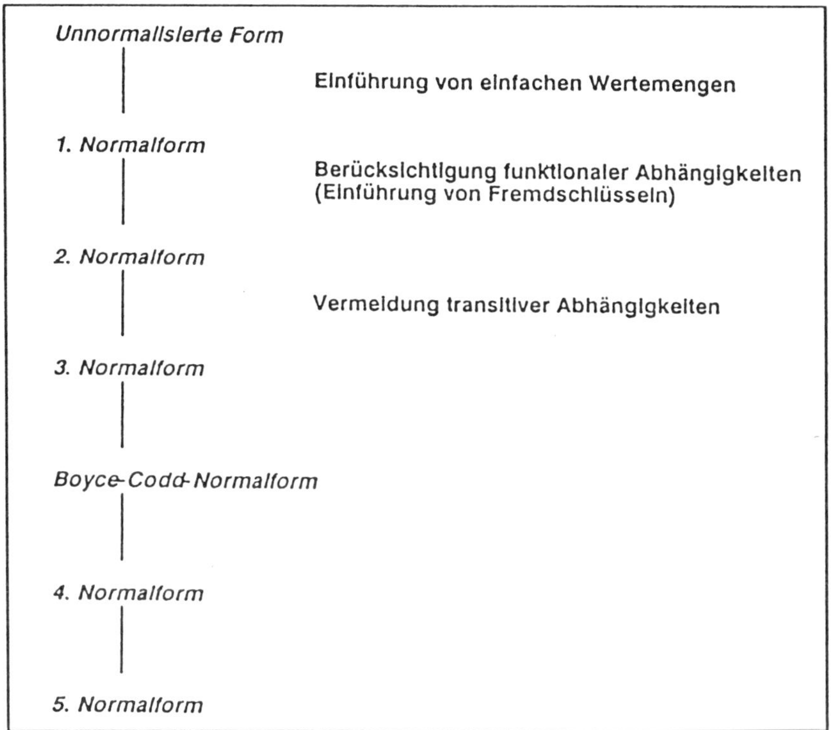

Bild 2-23: Der Normalisierungsprozeß

---

[153] Vgl. **WEDEKIND, H.:** Datenbanksysteme I, a.a.O., S. 201.

[154] Der interessierte Leser sei auf die folgenden Literaturstellen verwiesen: **KENT, W.:** A simple guide to five Normal Forms in Relational Database Theory, in: **CACM:** Vol. 26, 2/1983, S. 120-125; **SMITH, H.C.:** Database Design: Composing fully normalized tables from a rigorous Dependency Diagram, in: **CACM:** Vol. 28, 8/1985, S. 826-838; **WEDEKIND, H.:** Datenbanken nach dem Relationenmodell, Beitrag zum Wirtschaftsinformatiksymposium 1974 der IBM Deutschland über Informationssysteme im Produktionsbereich vom 30.09.-02.10.1974, S. 13; **BASTIAN, M.:** Datenbanksysteme, a.a.O., S. 101.

Als Beispiel für den Normalisierungsprozeß wird ein Ausschnitt des bereits bekannten Beispiels "AUFTRAGSWESEN" gewählt. Die Formalisierung der anderen Objekte des Beispiels und ihre Normalisierung könnten Gegenstand von Übungsaufgaben und Praktika in entsprechenden Lehrveranstaltungen sein.

Unnormalisierte Relationen können - wie Bild 2-24 zeigt - Attribute mit Attributwerten, die sich wiederum aus mehreren Elementen zusammensetzen, enthalten.

Auftragsnummer	Kundennummer	Kundenname
10	320	Müller
11	437	Meier
12	212	Schulze
13	437	Meier

Kundenadresse	Kundentelefonnummer	Auftragsdatum
Weender Str. 13, 3400 Göttingen	0551/1502	19.09.1989
Große Str. 24, 4500 Osnabrück	0541/1863	19.09.1989
Burgstr. 21, 3400 Göttingen	0551/1636	21.09.1989
Große Str. 24, 4500 Osnabrück	0541/1863	27.09.1989

Produktident	Auftragsmenge	Produktname
312 534 645	500 250 180	Digitaluhr Kopfhörer Videorecorder
534	450	Kopfhörer
210 312	950 150	Batterien 1,5 V Digitaluhr
645	120	Videorecorder

Bild 2-24: Auftragswesen: Unnormalisierte Relation VERKAUFS-AUFTRAG

2.2.2.3.1 Herleitung der 1. Normalform

Das Beispiel in Bild 2-24 zeigt, daß diese unnormalisierte Relation nur schwer zu handhaben ist, da sie einen hohen Grad an Redundanz aufweist.

Jeder VERKAUFSAUFTRAG kann bis zu 50 AUFTRAGSPOSITIONEN mit den zugehörigen Elementen AUFTRAGSMENGE, PRODUKTIDENT und PRODUKTNAME enthalten.
Die so definierte Periodengruppe AUFTRAGSPOSITION wird in der Normalformenlehre als Wiederholungsgruppe (repeating group) bezeichnet.[155]
Die unnormalisierte Relation VERKAUFSAUFTRAG besitzt somit nicht-einfache Attribut-Mengen, die 1:n-Beziehungen innerhalb der Tabelle darstellen.

Im ersten Schritt des Normalisierungsprozesses (zur 1.Normalform oder 1.NF) werden diese Wiederholungsgruppen beseitigt, indem die unnormalisierte Relation derart zerlegt wird, daß die Wiederholungsgruppen in einer eigenen Relation zusammengefaßt sind. Daraus resultiert die folgende Definition:

Eine Relation befindet sich in der 1.Normalform, wenn alle Attribute durch einfache Attributwerte beschrieben werden.[156]

Die Ursprungstabelle befindet sich nach diesem Normalisierungsschritt in der 1.NF; die abgespaltenen Relationen müssen aber jede für sich erneut entsprechend der Definition zur 1.NF untersucht werden.

Im Beispiel wird die Relation VERKAUFSAUFTRAG in zwei neue Tabellen zerlegt, die jeweils der obigen Definition der 1.NF entsprechen und zwar werden aus VERKAUFSAUFTRAG die Relationen VERKAUFSAUFTRAGSKOPFDATEN und VERKAUFSAUFTRAGSPOSITIONSDATEN gebildet.

---

[155] Vgl. **CODD, E.F.:** A Relational Modell, a.a.O., S. 380/381.
[156] Vgl. **VINEK, G.; RENNERT, P.F.; TJOA, A.:** Datenmodellierung, a.a.O., S. 80.

VERKAUFSAUFTRAGSKOPFDATEN

Auftragsnummer	Kundennummer	Kundenname	Kundenadresse	Kundentelefonnummer	Auftragsdatum
10	320	Müller	Weender Str. 13, 3400 Göttingen	0551/1502	19.09.1989
11	437	Meier	Große Str. 24, 4500 Osnabrück	0541/1863	19.09.1989
12	212	Schulze	Burgstr. 21, 3400 Göttingen	0551/1636	21.09.1989
13	437	Meier	Große Str. 24, 4500 Osnabrück	0541/1863	27.09.1989

VERKAUFSAUFTRAGSPOSITIONSDATEN

Auftragsnummer	Produktident	Auftragsmenge	Produktname
10	312	500	Digitaluhr
10	534	250	Kopfhörer
10	645	180	Videorecorder
11	534	450	Kopfhörer
12	210	950	Batterien 1,5 V
12	312	150	Digitaluhr
13	645	120	Videorecorder

Kundenadresse ist vom Typ String[80].

Bild 2-25: Auftragswesen: Relationen in der 1. Normalform

Der Primärschlüssel AUFTRAGSNUMMER aus VERKAUFSAUFTRAGSKOPFDATEN wird - damit keine Information verlorengeht und die 1:n-Beziehung zwischen den beiden Relationen deutlich wird - als Teil des Primärschlüssels in VERKAUFSAUFTRAGSPOSITIONSDATEN (AUFTRAGSNUMMER/PRODUKTIDENT) mit übernommen.

Obwohl nun alle Wiederholungsgruppen beseitigt wurden, liegen weitere Redundanzen in den Tabellen vor, die im nächsten Schritt beseitigt werden.

2.2.2.3.2 Herleitung der 2. Normalform

Auch nach dem Entfernen der Wiederholungsgruppen können die Relationen in 1.NF noch Attribute besitzen, die man als einen eigenständigen Entity-Typ auffassen kann und daher abspalten sollte. Durch diese Attribute ergeben sich bei Relationen in 1.NF Schwierigkeiten (Anomalien) und damit ein Mehraufwand beim Änderungsdienst. Beispielhaft wird diese Problematik anhand der Relation VERKAUFSAUFTRAGSPOSITIONSDATEN dargestellt:

a) Anomalien beim Einfügen neuer Elemente
Wird beispielsweise ein neues Produkt in das Sortiment des Handelsbetriebes aufgenommen, für das aber noch kein Auftrag vorliegt, so kann dieses Produkt wegen des unvollständigen Schlüssels - es fehlt die AUFTRAGSNUMMER - nicht in die Relation VERKAUFSAUFTRAGSPOSITIONSDATEN aufgenommen werden.[157] Man bezeichnet diesen Defekt als "insertion dependency".

b) Anomalien beim Ändern eines Attributwertes
Zu Ändern ist beispielsweise die Bezeichnung des Produktes mit der Nummer "645" in "VHS-Videorecorder". In der Relation VERKAUFSAUFTRAGSPOSITIONSDATEN wäre diese Änderung zweimal durchzuführen. Praktisch bedeutet dieser Defekt - die update-Anomalie - daß in der Relation alle Einträge zu untersuchen sind, obwohl nur ein einziger Tatbestand zu verändern ist.

c) Anomalien beim Löschen eines Elementes
Würde in der Relation VERKAUFSAUFTRAGSPOSITIONSDATEN der Auftrag mit der Nummer "12" storniert, so wäre auch das Produkt "Batterien 1,5V" mit der Produktnummer "210" nicht mehr vorhanden. Diese Anomalie wird als "deletion dependency" bezeichnet.

Die geschilderten Anomalien lassen sich durch die Überführung der Relation VERKAUFSAUFTRAGSPOSITIONSDATEN in die 2.NF beseitigen. Um die Anforderungen der 2.NF formal darstellen zu können, sind die Begriffe der funktionalen und der voll funktionalen Abhängigkeit zu klären. Zunächst erfolgt die Definition der

funktionalen Abhängigkeit:

Ein Attribut B ist funktional abhängig von einem Attribut A, wenn zu einem bestimmten Zeitpunkt zu jedem Wert von A höchstens ein Wert von B zugeordnet werden kann.

In der Relation VERKAUFSAUFTRAGSPOSITIONSDATEN wird die funktionale Abhängigkeit anhand der Attribute AUFTRAGSNUMMER und KUNDENNAME demonstriert.

---

[157] Das geschilderte Problem ergibt sich lediglich aus dem von uns gewählten Ausschnitt des "AUFTRAGSWESENS" und ist insofern sicherlich nicht realitätsbezogen.

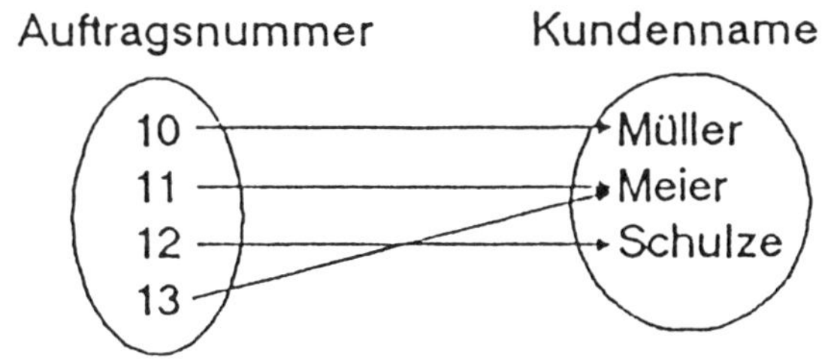

Bild 2-26: Funktionale Abhängigkeit

Die voll funktionale Abhängigkeit hat ihre Bedeutung mehr im Zusammenhang mit zusammengesetzten Schlüsseln. Daher definiert man die

voll funktionale Abhängigkeit:

Ein Attribut B ist voll funktional abhängig von einem zusammengesetzten Schlüssel, falls B funktional vom Gesamtschlüssel abhängig ist, aber nicht von Schlüssel-Teilen.

In der Relation VERKAUFSAUFTRAGSPOSITIONSDATEN ist das Attribut AUFTRAGSMENGE voll funktional abhängig vom Gesamtschlüssel S_1,S_2 (AUFTRAGSNUMMER, PRODUKTIDENT). Das Attribut PRODUKTNAME ist - im Gegensatz zum ersten Beispiel - nicht abhängig vom Teilschlüssel AUFTRAGSNUMMER sondern nur vom Teilschlüssel PRODUKTIDENT.

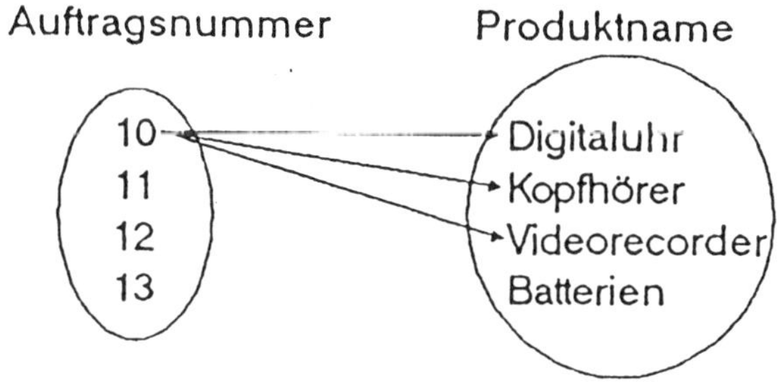

Bild 2-27a: Voll funktionale Abhängigkeit

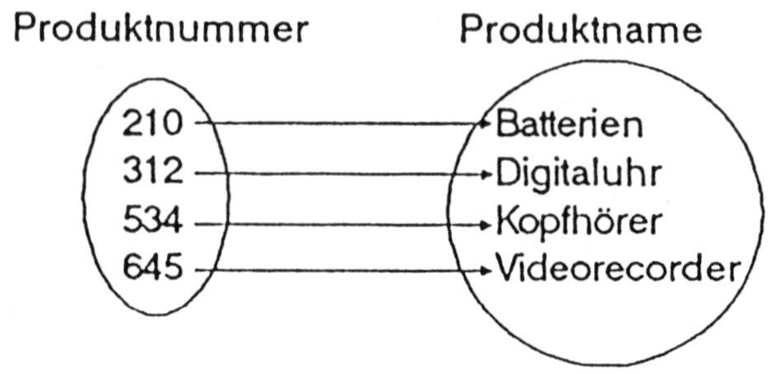

Bild 2-27b: Voll funktionale Abhängigkeit

Somit ist das Attribut PRODUKTNAME nicht voll funktional abhängig vom Gesamtschlüssel; dies kann zu Redundanz, zum Beispiel bei den Produktnamen, führen. Auf der Grundlage der vollen funktionalen Abhängigkeit ist die 2.NF nun wie folgt definiert:

Eine Relation ist in der 2.NF, wenn diese in 1.NF ist und alle Attribute, die keine Schlüsselkandidaten sind, vom Gesamtschlüssel voll funktional abhängen.
Oder anders formuliert:
Sie befindet sich in 2.NF, wenn sie in 1.NF ist und alle Nichtschlüsselattribute vom vollen (gesamten) Schlüssel und nicht nur von einem Teilschlüssel funktional abhängen.

Bei der Überführung von Relationen der 1.NF in Relationen der 2.NF sind also alle Attribute, die nicht vom Gesamtschlüssel, sondern nur von einem Teilschlüssel funktional abhängen, zu entfernen. Relationen mit nicht zusammengesetzten Schlüsseln befinden sich demnach bereits in 2.NF.

Die Ursprungsrelation befindet sich anschließend in 2.NF; die abgespaltenen Relationen müssen aber jede für sich erneut entsprechend der Definition zur 2.NF untersucht werden.

In unserem Beispiel befindet sich die Relation VERKAUFSAUFTRAGS-KOPFDATEN bereits in 2.NF, da bei einem nicht-zusammengesetzten Schlüssel die voll funktionale Abhängigkeit immer gegeben ist. Die Relation VERKAUFSAUFTRAGSPOSITIONSDATEN hingegen ist aufgrund der geschilderten Anomalien noch in die 2.NF zu überführen, indem die Informationen, die ein Produkt betreffen, in einer eigenen Relation geführt werden.

Aus VERKAUFSAUFTRAGSPOSITIONSDATEN (1.NF-Relation) werden daher die Relationen VERKAUFSAUFTRAGSPOSITION und PRODUKT gebildet.

VERKAUFSAUFTRAGSKOPFDATEN

Auftragsnummer	Kundennummer	Kundenname	Kundenadresse	Kundentelefonnummer	Auftragsdatum
10	320	Müller	Weender Str. 13, 3400 Göttingen	0551/1502	19.09.1989
11	437	Meier	Große Str. 24, 4500 Osnabrück	0541/1863	19.09.1989
12	212	Schulze	Burgstr. 21, 3400 Göttingen	0551/1636	21.09.1989
13	437	Meier	Große Str. 24, 4500 Osnabrück	0541/1863	27.09.1989

VERKAUFSAUFTRAGSPOSITION

Auftragsnummer	Produktident	Auftragsmenge
10	312	500
10	534	250
10	645	180
11	534	450
12	210	950
12	312	150
13	645	120

PRODUKT

Produktident	Produktname
210	Batterien 1,5 V
312	Digitaluhr
534	Kopfhörer
645	Videorecorder

Bild 2-28: Auftragswesen: Relationen in der 2. Normalform

Die Beziehung zwischen einem Auftrag und den zugehörigen Produkten (1:n-Beziehung) wird in der Relation VERKAUFSAUFTRAGSPOSITION durch den zusammengesetzten Schlüssel AUFTRAGSNUMMER, PRODUKT-IDENT hergestellt. Das zugehörige Attribut AUFTRAGSMENGE ist voll funktional abhängig vom Gesamtschlüssel dieser Relation.

Zusammenfassend kann festgestellt werden, daß aus der unnormalisierten Relation VERKAUFSAUFTRAG bislang drei Relationen entstanden sind, die aufgrund vorhandener Schlüsselredundanzen den gleichen Informationsgehalt besitzen, wie die Ausgangsrelation.

2.2.2.3.3 Herleitung der 3. Normalform

Alle drei Relationen unseres Beispiels (VERKAUFSAUFTRAGSKOPF-DATEN, VERKAUFSAUFTRAGSPOSITION und PRODUKT) befinden sich nun zwar in 2.NF, dennoch ist der Normalisierungsprozeß nicht abgeschlossen, da - außer den zulässigen und notwendigen Schlüsselredundanzen - weitere redundante Informationen enthalten sind. Diese befinden sich in der Relation VERKAUFSAUFTRAGSKOPFDATEN.
Die auftretenden Änderungsanomalien betreffen die Informationen über die Kunden, die einen oder mehrere Aufträge an den Handelsbetrieb vergeben haben. Beispielsweise hat der Kunde "Meier" unserem Handelsbetrieb zwei unterschiedliche Aufträge erteilt. Alle kundenspezifischen Daten von "Meier" werden bisher für jeden Auftrag geführt. Eine Adressänderung dieses Kunden hätte somit zur Folge, daß die Änderung eines Nicht-Schlüssel-Attributes mehrfach vorgenommen werden müßte. Mit anderen Worten: Alle Sätze (Aufträge) dieser Datei sind zu lesen und zu untersuchen, ob sie den Kunden "Meier" betreffen.

Der Aufwand des Überprüfens unserer kompletten Beispiel-Datei kann durch das Ausgliedern aller kundenspezifischen Daten aus VERKAUFS-AUFTRAGSKOPFDATEN (2.NF) in eine neue, eigenständige Relation KUNDE mit dem Primärschlüssel KUNDENNUMMER vermieden werden. Die Relation, welche die restlichen Attribute beinhaltet, wird zur besseren Unterscheidung in VERKAUFSAUFTRAGSKOPF umbenannt.

VERKAUFSAUFTRAGSKOPF

Auftragsnummer	Kundennummer	Auftragsdatum
10	320	19.09.1989
11	437	19.09.1989
12	212	21.09.1989
13	437	27.09.1989

VERKAUFSAUFTRAGSPOSITION

Auftragsnummer	ProduktIdent	Auftragsmenge
10	312	500
10	534	250
10	645	180
11	534	450
12	210	950
12	312	150
13	645	120

KUNDE

Kundennummer	Kundenname	Kundenadresse	Kundentelefonnummer
212	Schulze	Burgstr. 21, 3400 Göttingen	0551/1636
320	Müller	Weender Str. 13, 3400 Göttingen	0551/1502
437	Meier	Große Str. 24, 4500 Osnabrück	0541/1863

PRODUKT

ProduktIdent	Produktname
210	Batterien 1,5 V
312	Digitaluhr
534	Kopfhörer
645	Videorecorder

Bild 2-29: Auftragswesen: Relationen in der 3. Normalform

Wie aus Bild 2-28 ersichtlich ist, entstehen die aufgezeigten Änderungsanomalien durch die als Transitivitäten bezeichneten Abhängigkeitsketten[158]

AUFTRAGSNUMMER==>KUNDENNUMMER==>KUNDENNAME
AUFTRAGSNUMMER==>KUNDENNUMMER==>KUNDENADRESSE
AUFTRAGSNUMMER==>KUNDENNUMMER==>KUNDENTEL.NR.

Informell bedeuten diese Abhängigkeitsketten, daß ein Nicht-Schlüssel-Attribut (zum Beispiel KUNDENNAME) eine Eigenschaft eines anderen Nicht-Schlüssel-Attributs (KUNDENNUMMER) darstellt.[159]

---

158 Vgl. **WEDEKIND, H.:** Datenbanksysteme I, a.a.O., S. 207.

159 Vgl. **VOSSEN, G.; WITT, K.-U.:** Das SQL/DS-Handbuch, Bonn/Reading,Massachusetts/Menlo Park,California 1988, S. 69.

Zunächst ist der Begriff der transitiven Abhängigkeit von Attribut-Mengen zu klären, was E.F. CODD unter Zuhilfenahme des folgenden Diagramms tat.[160]

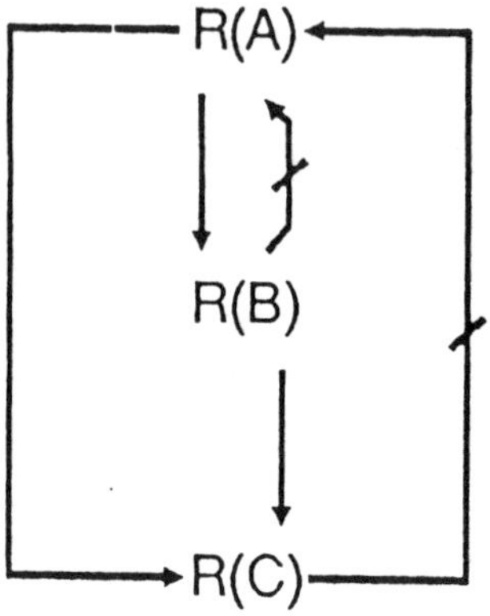

Bild 2-30: Transitive Abhängigkeit der Attribut-Menge C von der Attribut-Menge A

Das Diagramm zeigt folgende funktionalen Abhängigkeiten auf:

R(A) => R(B)   R(B) ≠> R(A)
R(B) => R(C)

Handelt es sich bei A, B und C um disjunkte Attribut-Mengen, so gilt:
Das Attribut C ist in der Relation R transitiv abhängig vom Attribut A.[161]

Definition: Eine Relation befindet sich in der 3.NF, wenn die Relation in 2.NF ist, und keine Abhängigkeiten zwischen Nichtschlüsselattributen mehr vorhanden sind.

Aus dieser Definition folgt, daß Relationen mit nur einem Nichtschlüsselattribut sich bereits in 3.NF befinden. Nach dem Entfernen aller Attribute, die funktional von anderen Nichtschlüsselattributen abhängen, ist die Ursprungsrelation in 3.NF. Die abgespaltenen Relationen können allerdings in 1.NF sein

160 Vgl. **CODD, E.F.**: Further normalization of the data base relational model, in: **RUSTIN, R. (HRSG.)**: Data Base Systems, New York 1972, S. 46 (33-68).

161 Vgl. auch **DITTMANN, E.L.**: Datenunabhängigkeit, a.a.O., S. 120/121 und **WEDEKIND, H.**: Datenbanksysteme I, a.a.O., S. 209.

und müssen daher entsprechend der Definitionen zur 2. und 3.NF erneut untersucht werden.

Wie bereits erwähnt, wurden im Anschluß an E.F. CODDs Arbeiten weitere Normalformen entwickelt, die nach H. WEDEKIND aber "...nur noch formalverselbständigt zu begreifen sind..."[162] und auch für praktische Anwendungen von untergeordneter Bedeutung sind. Auf die Darstellung dieser weiteren Schritte im Normalisierungsprozeß wird daher verzichtet.

2.2.2.4 Das konzeptuelle Modell der Unternehmensdaten

Das entwickelte konzeptuelle Modell der Unternehmensdaten ist das Ergebnis der logischen Datenorganisation. Es beschreibt auf einer logischen Ebene die gesamten, später zentral oder dezentral zu verwaltenden Objekte und Beziehungen der abzubildenden realen "Welt" des Unternehmens[163] mit einem Datenbanksystem.
Die Strukturelemente des Datenmodells sind Entities, die diese Objekte beschreibenden Attribute und die Beziehungen, welche die Entities untereinander verbinden. Das konzeptuelle Modell enthält aber nur typmäßige und keine wertmäßigen Aussagen über die zu modellierenden Unternehmensdaten.
So kann die Aussage "Jeder Kunde des Unternehmens hat eine Kundennummer, einen Kundennamen sowie eine Anschrift und ist einer bestimmten Kundenkategorie zugeordnet" aus dem Modell abgeleitet werden. Eine wertmäßige Betrachtung hingegen - "Der Kunde "MEIER" ist ein "GROßKUNDE". - ist aus dem Modell nicht ersichtlich. Sie bezieht sich immer auf ein bestimmtes Objekt und ist daher nicht allgemein gültig.
Jeder aus dem Datenmodell ableitbare Sachverhalt oder Tatbestand kann also nur in allgemein gültiger Form dargestellt werden. Die verwendeten Begriffe wurden dabei in Zusammenarbeit mit den Fachabteilungen festgelegt. Sie sind für die gesamte spätere Datenverarbeitung des Unternehmens verbindlich und müssen daher eindeutig sein. Das konzeptuelle Datenmodell stellt somit das Informationsangebot des Unternehmens auf begrifflicher Ebene dar und bildet die gemeinsame sprachliche Basis für die Kommunikation aller an der Organisation von DV-Abläufen beteiligten Personen.[164]

---

162 **WEDEKIND, H.:** Datenbanksysteme I, a.a.O., S. 201.

163 Vgl. **SCHLAGETER, G.; STUCKY, W.:** Datenbanksysteme, a.a.O., S. 28/29 und **STUCKY, W.; KRIEGER, R.:** Datenbanksysteme, a.a.O., S. 842.

164 Vgl. **VETTER, M.:** Das Jahrhundertproblem der Informatik, a.a.O., S. 16.

Das Unternehmensdatenmodell ist weiterhin unabhängig von den einzelnen Anwendungen und deren damit verbundener lokaler Sicht auf die Daten.
Auch die Aspekte der physischen Organisation der Daten und ihre spätere Verarbeitung werden im konzeptuellen Modell völlig vernachlässigt.
Das Datenmodell mit seinen Strukturelementen wird in einem Data Dictionary festgehalten und definiert.[165]

Bild 2-31 zeigt das konzeptuelle Datenmodell unseres fiktiven Unternehmens. Aufgrund der Komplexität wurde im ER-Modell auf die Darstellung der Attribute verzichtet.

[165] Das Data Dictionary kann als die Beschreibung einer oder mehrerer Datenbanken angesehen werden. Vgl. dazu Kapitel 2.3.3.

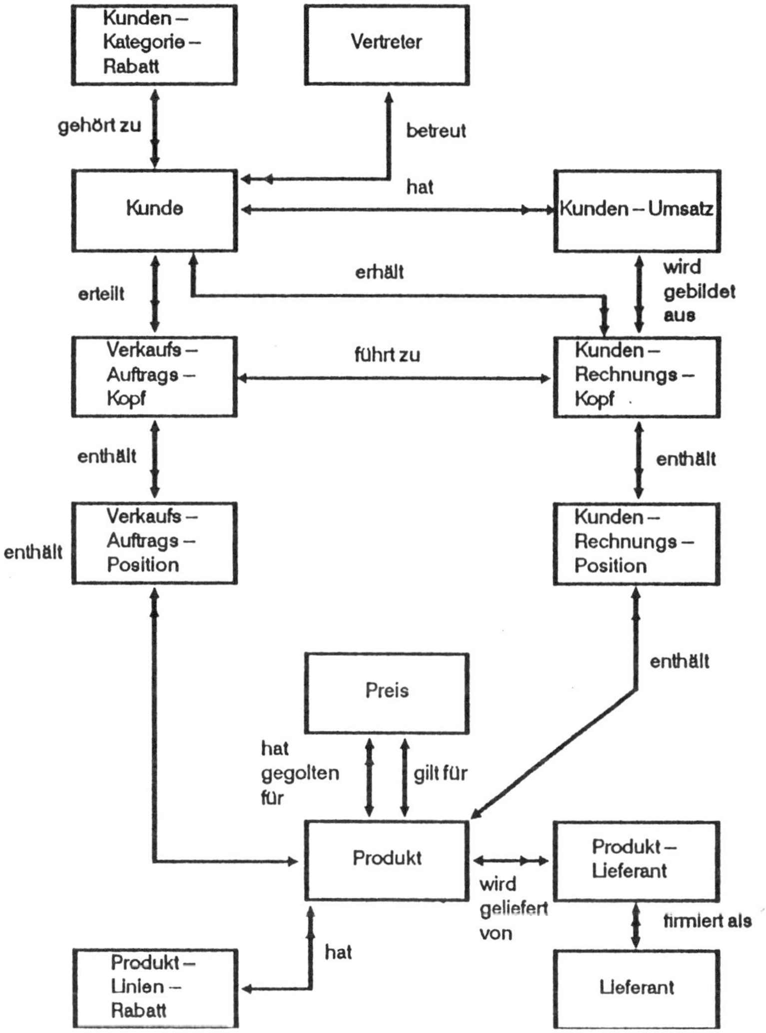

Bild 2-31: Konzeptuelles Modell des Auftragswesens - ER-Diagramm

2.2.2.5 Zusammenfassung

Bei der Erstellung des unternehmensweiten Datenmodells sollte die Absicht verfolgt werden, die Gesamtzusammenhänge der Daten so unabhängig wie möglich von der gerade realisierten Unternehmensorganisation aufzuzeigen. Der Aspekt der Entwicklung verschiedenster Anwendungssysteme unter Berücksichtigung der Gesamtarchitektur darf aber keinesfalls vernachlässigt werden. Eine Anwendungssystem-Entwicklung aus isolierter Sicht des jeweiligen Bereichs oder Projektes verstößt gegen jegliches einheitliche Vorgehen beim ganzheitlichen Aufbau betrieblicher Informationssysteme.[166]
Praktikabel ist das unternehmensweite Datenmodell nur, wenn bei seiner Definition auch sämtliche Unternehmensziele berücksichtigt und die zuständigen Mitarbeiter der unterschiedlichen Unternehmensbereiche und Abteilungen einbezogen werden.
Die größte Schwierigkeit bei der Entwicklung des Modells liegt in seiner Größe und Komplexität begründet. Man wird daher die Modellentwicklung nicht in einem Entwurf vornehmen, sondern zunächst einzelne Teilbereiche betrachten und dafür Teildatenmodelle entwickeln, die in einem nachfolgenden Schritt zu dem Unternehmensdatenmodell zusammengefaßt werden.

Je nach dem vorherrschenden Stand der Datenverarbeitung im Unternehmen kann das Vorgehen bei der Entwicklung der Datenarchitektur durch einen Top-Down- oder einen Bottom-Up-Ansatz erfolgen.
Grundsätzlich empfiehlt sich eine Top-Down-Vorgehensweise. "Durch Kommunikations- beziehungsweise Informationssystemstudien wird ein repräsentativer Teilbereich des Unternehmens betriebsorganisatorisch untersucht und die jeweiligen Daten und Prozeßmodelle daraus abgeleitet."[167]
Ein Bottom-Up Vorgehen könnte dann sinnvoll sein, wenn die DV im Unternehmen bereits lange Zeit auf einem hohen Niveau mit breiter Datenbasis und gutem Systementwicklungsstand eingesetzt wird und lediglich eine Reorganisation der Systeme vorgenommen werden muß. Beim Bottom-Up-Ansatz können dann die Daten der vorhandenen Datenbasis die Grundlage des neuen Datenmodells bilden.

---

[166] Vgl. **VETTER, M.:** Strategie der Anwendungssoftware-Entwicklung: Planung, Prinzipien, Konzepte, Stuttgart 1988, S. 16/17.
[167] **BIETHAHN, J.; ROHRIG, N.:** Datenmanagement, a.a.O., S. 744.

2.2.3 Das logische Design der Anwendungen

Das logische Design der Anwendungen dient zur Gewinnung eines Überblicks über die Zugriffsarten und -häufigkeiten der geplanten Anwendungsfunktionen. Ausgangspunkt für diese Entwurfsphase eines ganzheitlichen Informationssystems ist wiederum die bereits erläuterte Informationsbedarfsanalyse. Ihre Ergebnisse bildeten bekanntlich die Grundlage für den Entwurf des konzeptuellen Unternehmensdatenmodells. Bislang nicht näher betrachtet wurden die gewonnenen Erkenntnisse über die geplanten Operationen und Funktionen.

Parallel zum konzeptionellen Design werden im Rahmen der Funktionsanalyse die gesammelten Informationen bezüglich der zukünftigen DV-Anwendungen gegliedert, klassifiziert und beschrieben.[168] Das Ergebnis der Funktionsanalyse ist ein sogenanntes Funktionsmodell. Dieses beinhaltet die Konzeption aller zukünftig durchzuführenden DV-Aufgaben wie beispielsweise die Auftragsannahme, den Verkauf oder die Bestellung eines Produktes, das Erstellen diverser Kundenstatistiken oder die Funktion Bearbeitung einer Warenrücksendung an den Lieferanten. Jede dieser vorgestellten Funktionen wird von einem oder mehreren Sachbearbeitern aus unterschiedlichen Fachabteilungen wahrgenommen, für deren Durchführung allerdings nicht die kompletten Unternehmensdaten benötigt werden. Jeder dieser Anwender benötigt daher eine spezielle lokale, exakt auf seine Funktion zugeschnittene Sicht auf die Daten.

Zur Festlegung des logischen Designs werden das konzeptionelle Datenmodell, das Funktionsmodell und das Mengengerüst der Daten benötigt.
Als Hilfsmittel zur Festlegung der logischen Sichten der einzelnen Anwender benötigt man die Zugriffspfad-[169] und die Zugriffsaufwandanalyse.

Im Rahmen der Zugriffspfadanalyse ist für jede Funktion festzustellen,

- welche Relationen für eine bestimmte Funktion benötigt werden,
- welche Attribute aus diesen Relationen betroffen sind,
- welche Zugriffe (Suchen, Lesen, Hinzufügen, Löschen, Ändern) erforderlich sind,

---

[168] Vgl. Kapitel 2.2.2.1.

[169] Vgl. **MÜNZENBERGER, H.:** Eine pragmatische Vorgehensweise zur Datenmodellierung, in: **MÜLLER-ETTRICH, G. (HRSG.):** Effektives Datendesign: Praxis-Erfahrungen, Köln 1989, S. 35 (32-75).

- welche Einstiegspunkte in das Datenmodell existieren, das heißt welche Relationen mit welchen Informationen zur Verfügung stehen und
- welche Beziehungen in welcher Richtung mit welchen Schlüsseln aufgrund der funktionalen Anforderungen benutzt werden.

Anhand der Funktion "AUFTRAGSANNAHME" wird der Zugriffspfad beispielhaft erläutert:
Der Einstieg für diese Funktion erfolgt über die Relation KUNDE mit dem Schlüssel KUNDENNUMMER. Der Sachbearbeiter muß in dieser Relation überwiegend den entsprechenden Kundensatz lesen. Falls es sich um einen Neukunden handelt, hat er einen neuen Datensatz in die Tabelle einzufügen. Weiterhin werden die Relationen VERKAUFSAUFTRAGSKOPF und VERKAUFSAUFTRAGSPOSITIONEN im Schreibzugriff benötigt. Für den Fall, daß dem Sachbearbeiter keine Angaben über die gegenwärtige Verfügbarkeit eines gewünschten Produktes vorliegen, muß er außerdem lesenden Zugriff auf die Relationen PRODUKT und PRODUKTLIEFERANT haben.

Die ermittelten Zugriffspfade einer Anwendung werden in der sogenannten Zugriffspfadmatrix dargestellt.[170] Sie gibt dem Programmierer im Rahmen seiner Anwendungsentwicklung eine Übersicht für die Ableitung der logischen Datenstrukturen.
Mit Hilfe der Zugriffsaufwandanalyse ermittelt man sodann für jede Funktion

- die Häufigkeit ihrer Durchführung pro Zeiteinheit,
- die Häufigkeit der Zugriffe auf eine bestimmte Relation pro Zeiteinheit sowie
- Performanceanforderungen und die zeitliche Verfügbarkeit.

Beispielsweise könnte die Funktion Auftragsannahme täglich 5.000 Anfragen von Bildschirmen umfassen. Die benötigten Relationen müssen dabei für einen Dialog, der max. 3 Sekunden dauern darf, in der Zeit von 7 bis 19 Uhr zur Verfügung stehen. 50% dieser Anfragen finden zwischen 10 und 12 Uhr statt.[171]

Die Zusammenstellung der zeitlichen Verfügbarkeitsanforderungen, das heißt wann welche Funktion und damit die von ihr benötigten Relationen benötigt werden, sollte in zwei Verfügbarkeitstabellen erfolgen, und zwar zum einen in

---

170 Vgl. **VETTER, M.:** Aufbau, a.a.O., S. 295-301.

171 Vgl. auch **SOFTWARE AG:** Ausbildung - ADABAS DB Design, a.a.O., S. III-1 bis III-8.

einer Tabelle für jede Relation sowie zum anderen in einer Tabelle, die jede Verarbeitungsfunktion umfaßt.[172]
Als Ergebnis des logischen Designs sind die Zugriffspfadmatrix und die Verfügbarkeitsanforderungen sowie die damit gleichzeitig festgelegten Sichten der einzelnen Anwender anzusehen. Die Vielzahl der einzelnen logischen oder externen Sichten auf das konzeptuelle Unternehmensdatenmodell werden in einem sogenannten logischen Datenmodell festgehalten,[173] welches als Grundlage für das physische Design des Datenverwaltungssystems dient.

Bevor jedoch die Datenmanagementfunktion "Datenbankdesign" näher betrachtet wird, sind als Voraussetzung dafür noch die vorhandenen Möglichkeiten der physischen Datenorganisation zu behandeln. Diese Betrachtung ist aus ganzheitlicher Sicht erforderlich, obwohl man unter dem Aspekt der ausschließlich datenbankorientierten Problemlösung durchaus darauf verzichten könnte.

2.2.4 Physische Datenorganisation - DV-technische Voraussetzung für die Funktion "Datenbankdesign"

Die physische Datenorganisation befaßt sich mit den Verfahren zur Anordnung physischer Datensätze auf externen Speichermedien. Sie bildet insofern die technische Grundlage für ein effizientes Datenbankdesign beim ganzheitlichen Aufbau betrieblicher Informationssysteme.
In diesem Kapitel wird die physische Datenorganisation in drei Unterkapitel gegliedert, die sich mit den Anordnungsmöglichkeiten der Daten, also den physischen Speicherstrukturen, den daraus ableitbaren Suchverfahren und letztlich mit den möglichen Dateiorganisationsformen auseinandersetzen.

2.2.4.1 Physische Speicherstrukturen

Die Speicherung von Dateien erfolgt in der Regel auf externen Speichermedien. Die physischen Gegebenheiten dieser Medien bilden die Grundlage für die Speicherung der logischen Dateien und der Such- oder Zugriffspfade. So wird bekannterweise das Magnetband blockweise sequentiell beschrieben. Die Blockbildung macht demnach eine Segmentierung der logischen Datei

---

172 Vgl. **SOFTWARE AG:** Ausbildung - ADABAS DB Design, a.a.O., S. III-18.
173 Vgl. dazu auch Kapitel 2.3.2.2.

erforderlich. Bei Magnetplatten sind die Spuren direkt adressierbar, wobei jede Spur wieder nur sequentiell beschrieben/gelesen werden kann. Damit ist jede Spur als ein sequentieller Speicher anzusehen und enthält im allgemeinen mehrere physikalische Marken, an denen die Operationen Lesen und Schreiben beginnen können. Der Speicherraum zwischen zwei Marken heißt physikalisches Segment oder Sektor.[174]

Die Abbildung logischer Datenstrukturen und Zugriffspfade auf reale Speichermedien erfolgt mittels Verfahren zur physischen Strukturierung. Bei der tatsächlichen Abspeicherung von Daten müssen die Speicherungsstrukturen in Speicherzuordnungsstrukturen umgesetzt werden; zu berücksichtigen sind dabei die geräteabhängigen Parameter der Speichermedien, wie Block- oder Segmentlänge, Anzahl der Spuren und Segmente. Diese Umsetzungen werden allgemein auch als Dateiorganisationsformen bezeichnet.[175] "Solange rotierende Massenspeicher, wie Magnetplatten oder Floppy-Disks die beherrschenden Peripheriespeichermedien sind beziehungsweise bleiben, sind die Adressräume dieser Speicher linear und einer mehrdimensionalen Adressierbarkeit nicht zugänglich."[176]

Die Größe der Datenübertragungseinheit, das heißt die Menge an Daten, die bei einem physischen Zugriff vom Massenspeicher in den Arbeitsspeicher und umgekehrt übertragen wird, ist bestimmend für die Auswahl einer physischen Speicherstruktur. Der Zeitfaktor für eine derartige Datenübertragung ist wesentlich für das Zeitverhalten eines Informationssystems. Im Gegensatz dazu kann die Auswahl eines bestimmten logischen Datensatzes im Arbeitsspeicher als vernachlässigbar angesehen werden.
Als kleinste physische Dateneinheit bei einer Übertragung kann - unter Beachtung der Geräteparameter - somit mit einem Zugriff auf den (von dem) Massenspeicher ein physischer Datensatz einer vorgegebenen Länge, ein sogenannter physical record, übertragen werden.

---

[174] Jedes physikalische Segment enthält höchstens ein logisches Segment einer Datei; aber jedes logische Segment - auch ein leeres - belegt mindestens ein physikalisches.

[175] Vgl. **WEDEKIND, H.; HÄRDER, T.:** Datenbanksysteme II, Mannheim/Wien/Zürich 1976, S. 117.

[176] **MICHELS, W.; STEINMETZ, G.; KAISER, W.:** Datenbanken, a.a.O., S. 36; Vgl. auch **WEDEKIND, H.; HÄRDER, T.:** Datenbanksysteme II, a.a.O., S. 117.

2.2.4.1.1 Verfahren der Adressierung

Je nach Betrachtungsebene sind bei der Identifizierung eines Datensatzes drei Arten von Identifikationsbegriffen zu unterscheiden.
Auf der logischen Ebene ist ein Datensatz gegenüber anderen eindeutig durch seinen logischen Schlüssel gekennzeichnet. Dieser logische Schlüssel sagt jedoch - wie bereits erläutert - noch nichts über den physischen Speicherplatz aus.
Erst über die physische Adresse findet man den physischen Ort der Speicherung. Dieser wird unter Berücksichtigung der Geräteparameter, wie beispielsweise Plattenstapel, Zylinder und Spur, ermittelt. Die physische Adressierung wird bei der überwiegenden Zahl der Datei- und Datenbanksysteme in Form der Zuordnung physischer Blöcke vorgenommen.
Um die Verbindung der logischen mit der physischen Ebene realisieren zu können, wird vom Datenverwaltungssystem für jeden logischen Datensatz mit zugehörigem logischen Schlüssel zur internen Adressierung eine logische Adresse, eine sogenannte interne Satznummer oder ein Database-Key, vergeben. Dadurch behalten bei Dateiverschiebungen aufgrund von Speicherbelegungsproblemen die logischen Adressen ihre Gültigkeit. Zur Realisation der Umsetzung der internen in physische Adressen werden vom System Zuordnungstabellen verwendet, die leicht verändert werden können, falls physische Umordnungen erforderlich sind.
Generell können daraus fünf Grundformen der Umsetzung logischer Identbegriffe in physische Adressen abgeleitet werden.

Primärschlüssel				=					phys. Adresse
Primärschlüssel				=	log. Adresse	->	Tabelle	->	phys. Adresse
Primärschlüssel	->	Transformation		->	log. Adresse	->	Tabelle	->	phys. Adresse
Primärschlüssel	->	Zugriffspfad		->	log. Adresse	->	Tabelle	->	phys. Adresse
Primärschlüssel	->	Zugriffspfade		->	log. Adressliste	->	Tabelle	->	phys. Adresse

Bild 2-32: Möglichkeiten der Adressierung

2.2.4.1.2 Verfahren zur Speicherung

Will man Datensätze fester oder variabler Länge abspeichern, so kann dies nach verschiedenen Kriterien erfolgen:

1. Nach der zeitlichen Reihenfolge ihres Zugangs in die Datei (Verfahren der seriellen Speicherung).

2. Entsprechend der logischen Sortierung des Identbegriffs (Verfahren der sequentiellen Speicherung).

3. Nach einem vereinbarten Berechnungsalgorithmus (Verfahren der gestreuten Speicherung).

Diese Grundformen der Speicherung werden im folgenden erläutert.

1. Serielle Speicherung

Die serielle Speicherung von Datensätzen ist dadurch gekennzeichnet, daß die Sätze in der zeitlichen Reihenfolge ihres Zugangs in einer Datei physisch aufeinanderfolgend gespeichert werden.

a	b	c
1	106	Ommers
2	103	Ibssen
3	107	Idfeld
4	101	Bucher
5	105	Ormann
6	102	Umbach
7	104	Montag
8		

a phys. Speicheradresse

b log. Ordnungsbegriff

c Datenfeld

Bild 2-33: Serielle Speicherung - Beispiel: Mitarbeiterdatei

In einer seriellen Datei existiert daher keine aus den Dateninhalten resultierende logische Ordnung der gespeicherten Datensätze.

2. Sequentielle Speicherung

Bei der sequentiellen Speicherung wird im Gegensatz zur seriellen eine (logisch auf- oder absteigende) Sortierung der Datensätze nach ihrem logischen Schlüssel vorgenommen. Dies bedeutet, daß nachfolgende Sätze nach dem Wert des Sortierschlüssels in die Reihenfolge der bestehenden Sätze eingeordnet werden.

1	101	Bucher
2	102	Umbach
3	103	Ibssen
4	104	Montag
5	105	Ormann
6	106	Ommers
7	107	Idfeld
8		
a	b	c

a phys. Speicheradresse

b log. Ordnungsbegriff

c Datenfeld

Bild 2-34: Sequentielle Speicherung - Beispiel: Mitarbeiterdatei

Damit erfordert die logische Sortierung der Datensätze nach einem Schlüssel beim Einfügen neuer Sätze beziehungsweise dem Löschen von Records ein ständiges Verschieben der restlichen Sätze innerhalb der Datei.
Das Verschieben der Datensätze kann vermieden werden, wenn man in jedem Satz ein zusätzliches Feld, ein sogenanntes Kettfeld, vorsieht, in dem die Adresse des logisch folgenden Datensatzes gespeichert wird. Der Vorteil dieser Form der sequentiellen Speicherung besteht darin, daß beim Einfügen von logisch dazwischenliegenden Sätzen nur das Kettfeld verändert werden muß. Die Lage der Datensätze auf der Platte bleibt unverändert; sie müssen also nicht physisch sequentiell aufeinanderfolgend gespeichert werden.
Will man jedoch in diesen Dateien bestimmte Sätze bearbeiten, so muß man - bis der erste zu bearbeitende Record zur Verfügung steht - jeden vorhergehenden Datensatz in den Arbeitsspeicher laden und, um den Folgesatz finden zu können, die entsprechende Kettinformation lesen. Dies ist in der

Regel mit vielen zeitaufwendigen Plattenzugriffen verbunden. Zur Vermeidung dieses geschilderten Aufwandes kann man die Verfahren der gestreuten Speicherung verwenden.

3. Gestreute Speicherung

Bei der gestreuten Speicherung[177] von Datensätzen in einer Datei unterscheidet man zwei Varianten:

a) gestreute Speicherung mit Freiplatzverwaltung
b) gestreute Speicherung mit Errechnung des Speicherplatzes
   b_1) durch direkte Adressierung
   b_2) durch indirekte Adressierung

Im Rahmen der Variante a), die auch als Random-Speicherung bekannt ist, werden die Datensätze in einer physischen Datei dort gespeichert, wo Platz vorhanden ist. Damit die freien Speicherplätze gefunden werden können, verwaltet man sie in einer sogenannten Freiplatztabelle. Das Einfügen eines neuen Datensatzes erfolgt auf dem ersten in der Tabelle genannten verfügbaren freien Speicherplatz. Beim Löschen eines Satzes wird der frei werdende Speicherplatz in die Freiplatztabelle eingetragen.
Das Führen einer solchen Tabelle bedingt zwar einen entsprechenden Verwaltungsaufwand seitens des Datei- beziehungsweise Datenbanksystems; der dazu nötige Aufwand läßt sich aber durch das Entfallen einer ansonsten von Zeit zu Zeit notwendigen Reorganisation der Datei rechtfertigen.
Die erste Variante der gestreuten Speicherung ist das wohl am häufigsten eingesetzte Verfahren bei Datenbanksystemen.

---

[177] Vgl. dazu **WIEDERHOLD, G.:** File Organization for Database Design, Singapur 1987, S. 173 ff.; **NIEDEREICHHOLZ, J.:** Datenbanksysteme - Aufbau und Einsatz, 3., unveränderte Auflage, Würzburg/Wien 1983, S. 148-172; **WEDEKIND, H.:** Datenorganisation, a.a.O., S. 84 ff.

1	102	Umbach
2	101	Bucher
3	104	Montag
4	105	Ormann
5	106	Ommers
6		
7		
8		
9	103	Ibssen
10	107	Idfeld
a	b	c

a phys. Speicheradresse
b log. Ordnungsbegriff
c Datenfeld

Bild 2-35: Gestreute Speicherung - Beispiel: Mitarbeiterdatei

Die zweite Variante der gestreuten Speicherung basiert auf der Idee, aus dem Inhalt des jeweiligen logischen Schlüssels eines Datensatzes seine physische Adresse zu berechnen.
Verwendet wird dazu eine sogenannte Speicherabbildungsfunktion (Schlüssel-Transformation, Hash-Code, Hash-Funktion, Hash-Algorithmus), "...die eine Abbildung H : S -> A einer Menge von Schlüsselworten S in eine Menge A von Adressen, die einen zusammenhängenden Adressraum bilden...",[178] darstellt.

---

[178] **WILDGRUBE, E.:** Hash-Algorithmus, in: **SCHNEIDER, H.-J. (HRSG.):** Lexikon der Informatik und Datenverarbeitung, 2., verbesserte und erweiterte Auflage, München/Wien 1986, S. 264.

In der Variante b_1) setzt der Hash-Algorithmus oder die Abbildungsfunktion den logischen Schlüsselbegriff direkt, das heißt 1:1 in die Speicheradresse um.
Die Funktion H ist in diesem Fall eine eindeutige (injektive) Funktion, mit der jedem Schlüssel genau ein Speicherplatz zugeordnet wird. Man spricht in diesem Fall von direkter Adressierung, da keine weiteren Informationen zum Finden des Satzes erforderlich sind.
Das Problem bei der Wahl einer injektiven Hash-Funktion besteht darin, daß die Menge der möglichen Schlüssel weit größer als die der realisierten Schlüssel ist. Zwar bleibt die logische Sortierung der Datei bei direkter Adressierung durch die Ein-Eindeutigkeit der Abbildung erhalten, sie führt in der Regel aber zu einer sehr schlechten Speicherplatzausnutzung. Das folgende triviale Beispiel verdeutlicht dies.[179]
Für eine Datei bestehend aus 350 Datensätzen mit konstanter Satzlänge L = 1 K und einer Menge an notwendigen Schlüsseln aus dem Wertebereich {000...999} bedeutet dies, daß bei direkter Adressierung ein Adressraum von 1.000 K bereitgestellt werden muß.
Der Speicherbelegungsfaktor X wird dann nach folgender Formel berechnet:

$$\text{Belegungsfaktor } X = \frac{\text{tatsächlich benötigter Speicher}}{\text{reservierter (verfügbarer) Speicher}}$$

Somit ergibt sich im Beispiel ein Belegungsfaktor von X = 0,35.
Dieses Beispiel zeigt, daß es bei Anwendung der gestreuten Speicherung unter Zuhilfenahme der direkten Adressierung zu teilweise enormer Speicherplatzverschwendung kommen kann.
Falls also die Schlüsselverteilung so ungünstig ist und sich bezüglich der Speicherauslastung keine günstigere Hashfunktion bilden läßt, entscheidet man sich besser für die Variante b_2), indem man als Speicherabbildungsfunktion H eine nicht eindeutige Funktion verwendet.
Eine solche Form der Speicherzuordnung bezeichnet man auch als indirekte Adressierung, da ein solcher Berechnungsalgorithmus bei unterschiedlichen logischen Identbegriffen dazu führen kann, daß zwei oder mehreren Datensätzen die gleiche Adresse (Hausadresse) zugewiesen wird.
Können pro zugewiesener Hausadresse mehrere Datensätze gespeichert werden, zum Beispiel bei einer Spuradressierung auf Magnetplatten, "...so spricht man bei diesem Speicherbereich von einem Bucket...".[180]

---

179 Ein ähnliches Beispiel findet man in: **NOLTEMEIER, H.:** Datenstrukturen und höhere Programmiertechniken, Berlin/New York 1972, S. 57/58.

180 **WILDGRUBE, E.:** Hash-Algorithmus, a.a.O., S. 247.
Vgl. auch **WIEDERHOLD, G.:** File Organization, a.a.O., S. 182.

Zu Kollisionen kann es jedoch kommen, wenn mehr Datensätzen die gleiche Hausadresse zugewiesen wird, als in dem dort vorgesehenen Speicherbereich abgelegt werden können.[181]
In diesem Fall kommt es zu Speicherüberläufen, und die logische Folge der Datensätze geht verloren. Diesem Nachteil steht aber eine bessere Speicherplatzausnutzung gegenüber.
Nach H.A. MAURER hat die Praxis gezeigt, daß ein Belegungsfaktor X zwischen 0,5 und 0,9 bei indirekter Adressierung als zufriedenstellend gilt.[182]

2.2.4.2 Suchverfahren

Bei der Auswahl des Speicherzuordnungsverfahrens ist auch zu berücksichtigen, daß man die Daten später schnell wiederfindet. Daher ist die Bereitstellung der Such- oder Zugriffsverfahren ein zentraler Bestandteil jeder Datenverwaltung. Nur die effiziente Auswahl und ein der Anwendung entsprechender Einsatz dieser Verfahren gewährleistet, daß der Benutzer ein akzeptables Antwortzeitverhalten des DV-Systems erwarten kann.

Die Suchverfahren basieren entweder auf direkten Vergleichen von Schlüsselwerten oder auf Schlüsseltransformationen. Schlüsselvergleichende Verfahren arbeiten mit den Primär- beziehungsweise Sekundärschlüsseln oder benötigen neben dem eigentlichen (Primär-) Datenbestand Adresslisten als Hilfsdaten, die die Funktion von Inhaltsverzeichnissen übernehmen. Mit Hilfe dieser Verzeichnisse kann die Suche erleichtert werden. Außerdem führen sie zu einer Beschleunigung, da die Hilfsdaten im Gegensatz zum Primärdatenbestand häufig komplett im Arbeitsspeicher gehalten werden können. Damit verringert sich gleichzeitig die Anzahl der Zugriffe auf externe Speichermedien.

Eine Übersicht und Klassenbildung der Suchverfahren gibt die folgende Abbildung:

---

181 Vgl. **WILDGRUBE, E.**: Hash-Algorithmus, a.a.O., S. 247.
182 Vgl. **MAURER, H.**: Datenstrukturen und Programmierverfahren, Stuttgart 1974, S. 64.

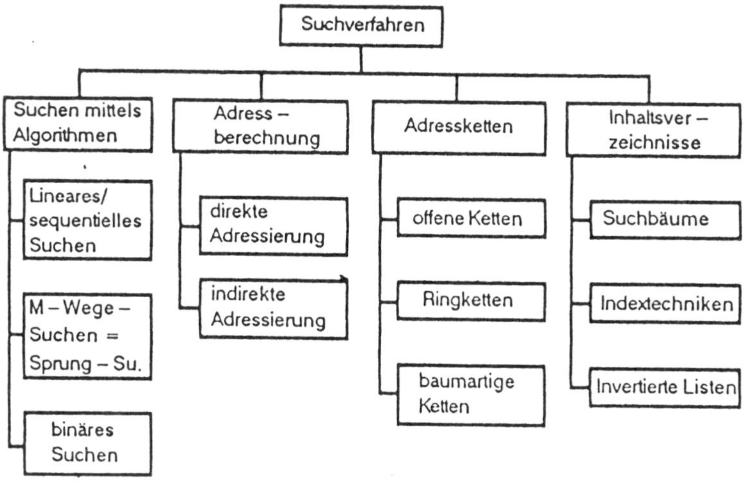

Bild 2-36: Klassen von Suchverfahren

Die erste Klasse dieser Verfahren, das Suchen mittels Algorithmen, setzt sequentiell geordnete Datenbestände voraus. Die Verfahren der zweiten Klasse basieren auf der Existenz von Hash-Funktionen. Die dritte Klasse baut auf dem Verfahren der verketteten Speicherung auf, während bei der vierten, die mit Inhaltsverzeichnissen arbeitet, für bestimmte Suchverfahren ebenfalls eine sequentielle Ordnung der Daten vorausgesetzt wird.
Im folgenden werden diese Verfahren nacheinander erläutert.

2.2.4.2.1 Suchen mittels Algorithmen

Diese Klasse von Suchverfahren setzt - wie bereits erwähnt - eine sequentielle Speicherung der Datensätze voraus, das heißt für ihre Anwendung ist eine nach Schlüsselwerten auf- beziehungsweise absteigende logische Sortierung der Datensätze erforderlich. Der Einfachheit halber unterstellen wir im folgenden eine aufsteigende Sortierfolge. Weiterhin ist diesen Verfahren gemeinsam, daß sie das Suchargument unmittelbar mit dem gespeicherten Suchbegriff vergleichen.[183]

[183] Vgl. auch **MAURER, H.:** Datenstrukturen, a.a.O., S. 96 f.

1. Lineares oder sequentielles Suchen

Das lineare Suchen[184] dürfte das einfachste Suchverfahren sein. Bei diesem Verfahren wird die Datei von Beginn an sukzessive, das heißt Satz für Satz, durchsucht. Es wird solange jede (Schlüssel-)Komponente der Datei mit dem vorgegebenen Suchargument verglichen, bis der Wert der Schlüsselkomponente des Satzes in der Datei (bei aufsteigender Sortierfolge) mit dem Wert des Sucharguments übereinstimmt (oder ihn übersteigt). Im letzten Fall wurde erfolglos gesucht.

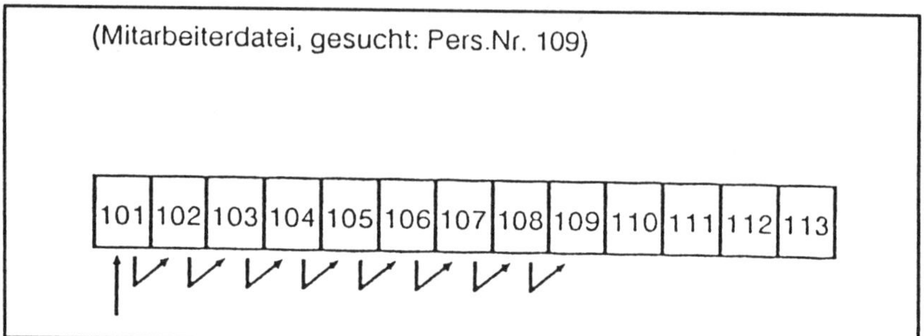

Bild 2-37: Lineares Suchen

Betrachtet man die "average-case"-Komplexität des Verfahrens bei paarweise verschiedenen Komponentenwerten, so beträgt die mittlere Zugriffszahl Z bei n vorhandenen Datensätzen $Z = (n+1)/2$. Beim linearen Suchen muß daher im Durchschnitt die halbe Datei durchsucht werden, bis der gesuchte Datensatz gefunden ist.[185]

Das lineare Suchen kann auch bei unsortierten Dateien, wie zum Beispiel bei der seriellen Speicherung, angewendet werden. Hier tritt der ungünstigste Fall ("worst-case") dann ein, wenn kein Datensatz existiert, dessen Schlüssel mit dem Suchbegriff übereinstimmt. Im worst-case müssen n vergebliche Zugriffe unternommen werden, um diesen Sachverhalt festzustellen. Für den Fall, daß die jeweils gesuchten Datensätze in der Datei existieren, ist auch hier vom average-case auszugehen.

Da das lineare Suchen auch bei nicht sortierten Datenbeständen anwendbar ist, kann es auch für die Suche nach Sätzen, bei denen das Suchargument nicht Schlüssel- oder Sortierkriterium ist, herangezogen werden.

---

[184] Vgl. **WEDEKIND, H.:** Datenorganisation, a.a.O., S. 168 f.

[185] Vgl. **NOLTEMEIER, H.:** Informatik III, a.a.O., S. 57/58.

Das Verfahren ist somit zwar universell einsetzbar, diesem Vorteil steht jedoch ein gegebenenfalls hoher Zeitaufwand für das Suchen gegenüber.[186] Dem Zeitaspekt wird mit dem nachfolgend behandelten Verfahren begegnet.

2. M-Wege Suchen

Eine unabdingbare Voraussetzung für die Anwendung des M-Wege Suchens[187] ist die sortierte, sequentielle Speicherung der Datensätze einer Datei in K Blöcken (K = Anzahl der Blöcke).
In jedem dieser Blöcke B_K stehen M Datensätze. Die gesamte Datei von N (= K*M) Sätzen ist über alle K Blöcke aufsteigend sortiert.
Unter diesen Voraussetzungen läßt sich die M-Wege-Suche wie folgt realisieren:
Ein vorgegebener Schlüsselwert w eines gesuchten Satzes wird mit dem Schlüsselwert S_k des jeweils ersten Satzes B_k [1], k=1,..,K eines Blockes B_k verglichen, beginnend mit dem ersten Block (k=1) der Datei.

a) Ist $w < S_k$ $(2 \leq k \leq K)$, dann durchsuche den vorherigen Block B_{k-1} nach der linearen Suche;
b) Ist $w > S_k$, dann durchsuche B_k nach der linearen Suche.

Bei diesem Suchverfahren ergibt sich die mittlere Anzahl an Vergleichen als Z = (K+M+1)/2. Dies ist in der Regel nur mit P = (K+1)/2 Plattenzugriffen verbunden, da jeweils ein Block in den Arbeitsspeicher geladen wird, wo dann im Mittel M/2 Vergleiche in vernachlässigbarer Zeit durchgeführt werden müssen.
Die Diskussion nach einem optimalen M ist somit weitgehend durch die Parameter der Speichermedien bestimmt.
Das M-Wege-Suchen wird auch als "Sprungsuchen" bezeichnet, da bei diesem Verfahren der Datenbestand zunächst mit Sprüngen der Länge M durchsucht wird, bevor innerhalb eines Blockes sequentiell weitergesucht wird.

Bild 2-38 veranschaulicht noch einmal die Vorgehensweise des M-Wege- oder Sprungsuchens.

---

[186] Der Einsatz des linearen Suchens ist beispielsweise bei Online-Anwendungen nicht empfehlenswert, da das Antwortzeitverhalten beim Suchen in größeren Dateien kaum noch kalkulierbar sein dürfte. Vgl. **MICHELS, W.; STEINMETZ, G.; KAISER, W.:** Datenbanken, a.a.O., S. 39.

[187] Vgl. **WEDEKIND, H.:** Datenorganisation, a.a.O., S. 174 f.

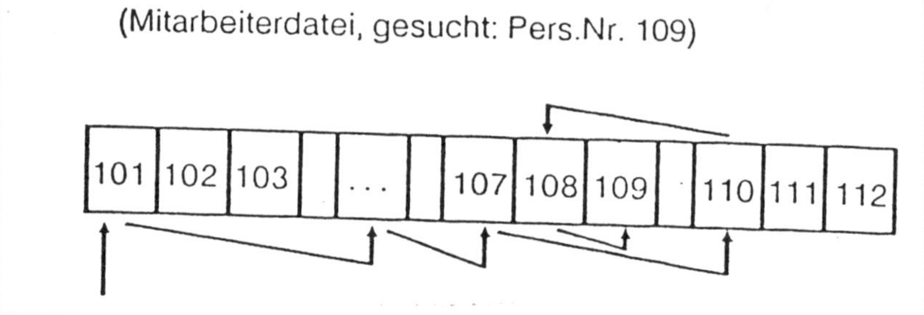

Bild 2-38: M-Wege Suchen

3. Binäres Suchen

Das binäre Suchen[188] setzt ebenso wie die beiden bereits vorgestellten Suchverfahren dieser Klasse eine sequentielle Speicherung der Datensätze im Arbeitsspeicher voraus, bei der die Datei logisch (aufsteigend) sortiert sein muß. Wieder habe der zu suchende Satz den Schlüsselwert w.
Dann läßt sich das binäre Suchen wie folgt grob beschreiben:
Beginne beim binären Suchen in der "Mitte" der Datei und vergleiche den gefundenen Schlüsselwert s mit dem Suchargument w.

a) Sind beide Werte gleich, so ist der Datensatz gefunden, und das Suchverfahren wird beendet.
b_1) Ist $s < w$, so springe in die "Mitte" des "rechten Teiles" der verbleibenden Datei und vergleiche den neuen gefundenen Schlüsselwert s mit dem Suchargument w.
b_2) Ist $s > w$, so springe in die "Mitte" des "linken Teiles" der verbleibenden Datei und vergleiche den neuen gefundenen Schlüsselwert s mit dem Suchargument w.
c) Gilt für den neuen Schlüsselwert $s \neq w$, so müssen die Schritte b_1) oder b_2) solange wiederholt werden, bis der gesuchte Datensatz gefunden wird beziehungsweise die Teildatei eine Länge von 1 erreicht (das heißt, daß keine Zwischenschritte mehr möglich sind). In diesem Fall befindet sich der gesuchte Satz nicht in der Datei.

---

[188] Vgl. **KNUTH, D.E.:** The Art of Computer Programming, Vol. 3, Sorting and Searching, Massachusetts 1973, S. 406 f.

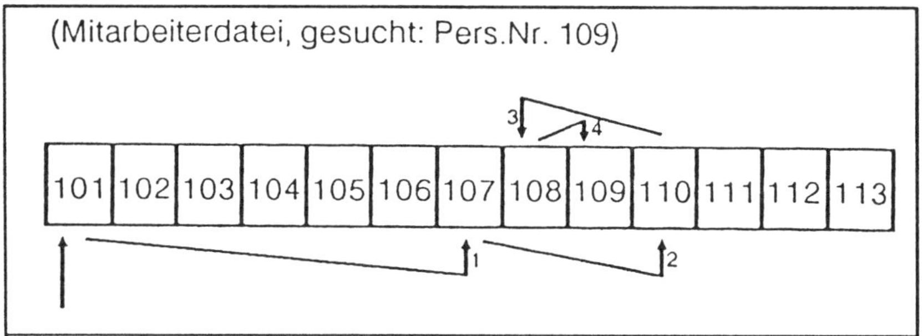

Bild 2-39: Binäres Suchen

Veranschaulicht man alle denkbaren Zugriffe (Zugriffswege) bei der binären Suche in einem Bild, so ergibt dieses einen binären Wurzel- oder Suchbaum. Da bei jedem Vergleich eine Hälfte der untersuchten Teilsequenz der Datei[189] nicht mehr berücksichtigt werden muß, ergibt sich für die mittlere Anzahl an Vergleichen oder auch Zugriffen auf eine Datei mit N Datensätzen ein Wert von $Z = \log_2 N$.
Das binäre Suchen hat die geringste Anzahl an Zugriffen der bisher vorgestellten Suchverfahren und dürfte bei Anwendung auf eine komplett im Arbeitsspeicher liegende Datei auch das schnellste Verfahren sein.
Bei sehr großen Dateien handelt es sich in der Regel um tatsächliche Plattenzugriffe. Deshalb ist das binäre Suchen in den seltensten Fällen für eine Online-Suche in Primärdateien mit sehr großem N geeignet. Beispielsweise bietet sich hier eine Kombination mit dem M-Wege-Suchen an. Die Anzahl der Datensätze pro Block (M) sollte in diesem Fall über den für die Suche zur Verfügung stehenden Arbeitsspeicher ermittelt werden.
Beim Suchen in Hilfsdateien hat die binäre Suche allerdings durchaus ihren Platz und ihre Bedeutung.[190]

2.2.4.2.2 Suchen durch Adressberechnung

In Analogie zu den Speicherungsverfahren unterscheidet man auch beim Suchen durch Adressberechnung Verfahren, die auf der direkten und der indirekten Adressierung beruhen.

---

[189] Vom jeweils betrachteten Knoten des Suchbaumes aus, handelt es sich um einen kompletten Teilbaum.
[190] Vgl. dazu die Ausführungen in Kapitel 2.2.4.2.4.

Bei direkter Adressierung wird aus dem logischen Schlüssel eines Datensatzes bekannterweise die physische Speicheradresse errechnet. Dies bedeutet für das gezielte Suchen eines bestimmten Datensatzes, daß die direkte Adressierung in der Regel das schnellste Suchverfahren ist, da pro gesuchtem Datensatz nur ein Plattenzugriff erforderlich ist.
Berücksichtigt man jedoch, daß bei Änderung des Speichermediums die gesamte Datei, Satz für Satz neu zugeordnet werden müßte, so wird deutlich, daß das Verfahren der direkten Adressierung nicht flexibel genug ist.

2. Suchen mittels indirekter Adressierung

Die Idee des Suchens mittels indirekter Adressierung ist folgende:
Es werden Rechenprozeduren, sogenannte Hash-Funktionen, das heißt proabilistische Schlüssel-Adress-Transformationen eingesetzt, mit deren Hilfe die Attributwerte von Schlüsselbegriffen in möglichst eindeutige logische Speicheradressen umgerechnet werden.[191]
Da bei großen Datenbeständen in der Regel unbekannte Schlüsselwertverteilungen vorliegen, und daher keine individuellen Hash-Funktionen eindeutig hergeleitet werden können, beschränkt sich die folgende Darstellung auf die traditionellen Hash-Techniken.[192]
Durch einmalige Anwendung der Routine eines Hash-Codes läßt sich die Speicheradresse eines gesuchten Satzes berechnen, so daß man diesen, falls keine Kollision auftritt, mit einem Zugriff auffinden kann.
Hash-Funktionen transformieren ergo einen Schlüsselwert in eine Adresse.

---

191 Vgl. **WIEDERHOLD, G.:** Datenbanken, Analyse - Design - Erfahrungen, Band 1: Dateisysteme,München/Wien 1980, S. 156 und **THARP, A.L.:** File Organization and Processing, New York/Chichester/Brisbane/ Toronto/Singapore 1988, S. 36.

192 Proabilistische Schlüssel-Adress-Transformationen für bekannte Schlüsselverteilungen können mittels "stückweisem linearen Umwandeln, exponentiellem Umwandeln oder einer Ziffernanalyse durchgeführt werden. Vgl. **WIEDERHOLD, G.:** File Organization, a.a.O., S. 188/189.

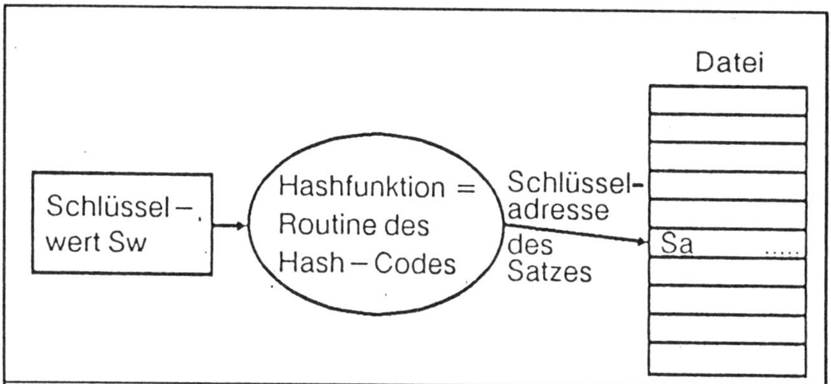

Bild 2-40: Hash-Funktionen

Für die Anwendung dieser Klasse von Suchverfahren sind zwei triviale, aber notwendige Voraussetzungen von Bedeutung:

a) Der abgespeicherte Datensatz muß eine identifizierende Attributkombination, also einen Schlüssel besitzen.
b) Das Speichermedium muß so beschaffen sein, daß die Adresse eines Datensatzes, der dort gespeichert ist, berechnet werden kann und daß man auf diesen Satz mit einem Schritt zugreifen kann.

Bevor nun einige gebräuchliche Hash-Codes vorgestellt werden, muß die Frage beantwortet werden, welche Anforderungen an eine nicht injektive Speicherabbildungsfunktion H zu stellen sind.
Eine nicht injektive Funktion H sollte sinnvollerweise folgenden Kriterien gerecht werden:[193]

a) Es sollte sich um eine einfache Transformationsvorschrift handeln, das heißt, daß nur eine kurze Rechenzeit für das Berechnen der Hausadresse benötigt werden sollte.
b) Es sollte eine Gleichverteilung der belegten Adressen über den Adressraum A vorliegen. Der Adressraum A ist durch den Umfang der möglichen Sätze charakterisiert.
c) Die Wahrscheinlichkeit für das Auftreten von Mehrfachbelegungen einer Hausadresse sollte für alle Schlüsselwertrealisationen gleich groß sein.

---

193 Vgl. **WILDGRUBE, E.:** Hash-Algorithmus, a.a.O., S. 247.

Aus der Literatur sind die folgenden Hash-Funktionen als gebräuchlichste bekannt:[194]

- das Divisions-Rest-Verfahren,
- die Faltung,
- das Abschneiden,
- das Extrahieren durch Ziffernanalyse.

Diese Verfahren werden hier kurz dargestellt.

a) Das Divisions-Rest-Verfahren

Beim Divisions-Rest-Verfahren wählt man zur Ermittlung der Hausadresse eine Speicherabbildungsfunktion H der Art:

$H(s) = s \bmod k$ wobei $k \leq A^*$	s: Schlüsselwert, (A^* = Umfang der möglichen Sätze im Adressraum A) und k: - nahe bei A^* - möglichst Primzahl[195]

Beispiel: $k = 47$
$H(23) = 23 \bmod 47 = 23$
$H(65) = 65 \bmod 47 = 18$
$H(70) = 70 \bmod 47 = 23$ --> Überläufer (zu $s = 23$)

Bild 2-41: Divisions-Rest-Verfahren

b) Die Faltung

Bei der Faltung wird der Schlüsselwert in mehrere Bestandteile zerlegt, die durch Rechenoperationen (zum Beispiel Addition) manipuliert werden.

---

[194] Vgl. **WEDEKIND, H.:** Datenorganisation, a.a.O., S. 89.

[195] Vgl. **MAURER, H.:** Datenstrukturen, a.a.O., S. 65.

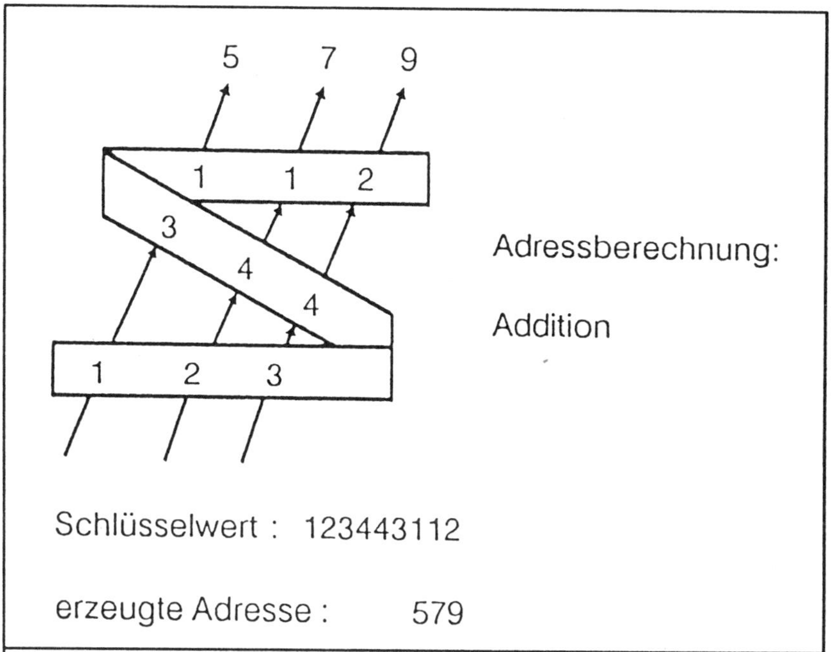

Bild 2-42: Faltung[196]

c) Das Abschneiden

Hierbei wird nur ein Teil des Schlüsselwertes betrachtet, etwa die letzten vier Stellen.[197]

```
Schlüsselwert:  123443112
                     H
                     ----> 3112  =  Adresse
```

Bild 2-43: Abschneiden - Beispiel 1

Nachteilig ist beim Abschneiden, daß die Gleichverteilungsanforderung nicht unbedingt erfüllt ist. Insbesondere bei der Verwendung von Buchstabenfolgen als Schlüssel tritt dieses Problem auf.

---

[196] **NIEDEREICHHOLZ, J.:** Datenbanksysteme, a.a.O., S. 150, sowie **WEDEKIND, H.:** Datenorganisation, a.a.O., S. 90.

[197] Vgl. **NIEDEREICHHOLZ, J.:** Datenbanksysteme, a.a.O., S. 151.

STO	MMEL	
BO	MMEL	MMEL = Adresse
RO	MMEL	

Bild 2-44: Abschneiden - Beispiel 2

Obwohl Unterscheidungen in den ersten Buchstaben des Schlüssels im Beispiel vorliegen, führt die Funktion zur gleichen Adresse.

d) Das Extrahieren

Aus dem Schlüssel werden eine bestimmte Anzahl n an Stellen ausgewählt, mit deren Hilfe dann eine Berechnung des Speicherplatzes erfolgt. Zur Bestimmung dieser Stellen wird eine Ziffernanalyse durchgeführt.

Die relative Häufigkeit p_{ij}, mit der die Ziffer i, $i \in \{0,...,9\}$ an der j-ten Stelle des Schlüssels steht, muß als Voraussetzung für dieses Verfahren bekannt sein.

Stelle / Ziffer	1	2	3	4	5	....	n
0	1/3	1/10	1/5	...			
1	1/3	1/10	1/5	...			
2	1/3	1/10	0	...			
3	0	1/10	1/5	...			
4	0	1/10	1/5	...			
5	0	1/10	0	...			
6	0	1/10	0	...			
7	0	1/10	0	...			
8	0	1/10	0	...			
9	0	1/10	0	...			

Bild 2-45: Matrix der relativen Häufigkeiten p_{ij}

Man sucht in der Matrix nun die Stellen des Schlüsselwertes mit einer "guten" Verteilung, das heißt zur Auswahl der n Stellen der Adresse wählt man die Spalten der Matrix (p_{ij}) mit der breitesten Streuung.[198]

Wie bereits bei der Diskussion der Buckets deutlich wurde, besteht bei allen Verfahren der indirekten Adressierung die Gefahr der Kollision durch doppelte Adresszuweisung.
Wenn ein Datensatz nicht unter der aus dem Schlüsselfeld errechneten Adresse zu finden ist, da diese bereits besetzt war, spricht man von einer Kollision.

$$s_1 \neq s_2, \text{ aber } H(s_1) = H(s_2)$$

Zur Behandlung der dann auftretenden Überläufer gibt es eine Reihe unterschiedlicher Verfahren, wie beispielsweise Überlauf mit direkter Verkettung, Abspeichern der Überläufer in einem gemeinsamen Überlaufbereich, Verfahren der offenen Adressierung, wie lineares oder quadratisches Sondieren, und die Anwendung einer zweiten Hash-Funktion, genannt Rehash.[199]

2.2.4.2.3 Suchen mittels Adressverkettung

Die Methode der Adressverkettung bietet die Möglichkeit, logisch zusammengehörende Datensätze, die physisch jedoch ungeordnet gespeichert sein können, in der logischen Reihenfolge Satz für Satz zu durchsuchen. Dabei ist es möglich, Entities (Datensätze, Elemente) gleichen Typs oder Entities verschiedener Typen in einer logischen Folge miteinander über Adressen in Adressfeldern innerhalb der Sätze zu verketten. Synonym werden diese Adressen auch als Zeiger oder Pointer bezeichnet.

---

198 Vgl. **NIEDEREICHHOLZ, J.**: Datenbanksysteme, a.a.O., S. 152/153, sowie **WEDEKIND, H.**: Datenorganisation, a.a.O., S. 90/91.

199 Vgl. **NIEDEREICHHOLZ, J.**: Datenbanksysteme, a.a.O., S. 155-165; **WEDEKIND, H.**: Datenorganisation, a.a.O., S. 84 ff. und **WILDGRUBE, E.**: Hash-Algorithmus, a.a.O., S. 247.

KUNDE

Kunden-nummer	Kunden-name	Kunden-adresse	Kunden-telefonnr.
212	Schulze	Burgstr.21, 3400 Göttingen	0551/1636
320	Müller	Weender Str.13 3400 Göttingen	0551/1502
437	Meier	Große Str. 24 4500 Osnabrück	0541/1863

VERKAUFSAUFTRAGSKOPF

Auftragsnummer	Kundennummer	Auftragsdatum
10	320	19.09.1989
11	437	19.09.1989
12	212	21.09.1989
13	437	27.09.1989

VERKAUFSAUFTRAGSPOSITION

Auftragsnummer	Produktident	Auftragsmenge
10	312	500
10	534	250
10	645	180
11	534	450
12	210	950
12	312	150
13	645	120
13	312	100

Bild 2-46: Verkettungen - Ausschnitt der Funktion AUFTRAGS-ANNAHME

Erläuterung:
Wenn man die Rechnung für den Auftrag 1301 des Kunden MEIER erstellen will, so sind folgende Dateien zu durchsuchen:

a) KUNDEN
b) VERKAUFSAUFTRAGSKOPF
c) VERKAUFSAUFTRAGSPOSITIONEN

Im ungünstigsten Fall müssen dabei alle Datensätze der Dateien durchsucht werden. Einen einfacheren Zugriff kann man durch das Einführen von Verkettungen erzielen:

a) KUNDEN mit VERKAUFSAUFTRAGSKOPF
b) VERKAUFSAUFTRAGSKOPF
   mit VERKAUFSAUFTRAGSPOSITIONEN
c) VERKAUFSAUFTRAGSPOSITIONEN gleichen Auftrags

Wie bereits erläutert wurde, ist ein Zeigerfeld ein Feld in einem (internen) Satz, dessen Wert einen anderen Satz über dessen Speicheradresse oder dessen Schlüssel identifiziert. Dabei sind mehrere Arten von Zeigerwerten möglich:

1. Der Zeiger ist eine physische Adresse. Hier gibt der Zeiger die absolute Speicheradresse des Satzes an, auf dem der referierte Satz liegt. Diese Form ist bei möglichen Speicherplatzverschmelzungen recht ungünstig.

2. Der Zeiger ist eine relative Adresse (logischer Zeiger). Der Zeiger ist eine positive ganze Zahl, die die Position des Satzes in der Datei relativ zum Dateianfang angibt. Es muß eine umkehrbare, eindeutige Transformation der relativen in physische Adressen möglich sein.

3. Der Zeiger ist eine symbolische Adresse (logischer Zeiger), zum Beispiel ein Primärschlüssel. Um den entsprechenden Satz zu finden, muß eine Nachschlageprozedur ausgeführt werden, in der der absolute Speicherplatz ermittelt wird. Die Zeiger sind hierbei völlig unabhängig von der physischen Speicherung des referierten Satzes.

Vor der Darstellung einiger Kettungstechniken sind an dieser Stelle einige weitere Begriffe zu erläutern.
Der Einstieg in eine Adresskette erfolgt in der Regel entweder über den Ankersatz der Kette[200], der auch als Kopfsatz bezeichnet wird, oder über

---

[200] Vgl. **NIEDEREICHHOLZ, J.**: Datenbanksysteme, a.a.O., S. 118.

einen beliebigen Kettsatz einer anderen Kette, der mittels eines anderen Suchverfahrens ermittelt wird.[201]
Sind alle Sätze einer Datei durch eine Kette verbunden, so spricht man von einer Voll- oder Hauptkette.
Sofern die o.g. Bedingung nicht erfüllt ist, nennt man diese Liste eine Teilkette.
Verkettet man Datensätze nach einem Ordnungskriterium (zum Beispiel mit aufsteigendem Schlüssel), so liegt eine geordnete Kette vor. Dabei lassen sich eine

- Vorwärtskette (mit monoton wachsenden Schlüsselwerten) und eine
- Rückwärtskette (mit monoton fallenden Schlüsselwerten)

realisieren.

Desweiteren unterscheidet man

- offene Ketten,
- doppelte Ketten,
- Ringketten,
- Owner Ketten und
- baumartige Ketten.

Als offene Adressketten bezeichnet man Ketten, bei denen im letzten Datensatz im Pointer-Feld lediglich ein Kettenendevermerk zu finden ist.[202] Verwendung finden derartige Ketten in linearen Dateien; man bezeichnet sie auch als lineare Listen oder als Anwendung der Next-Kettung.

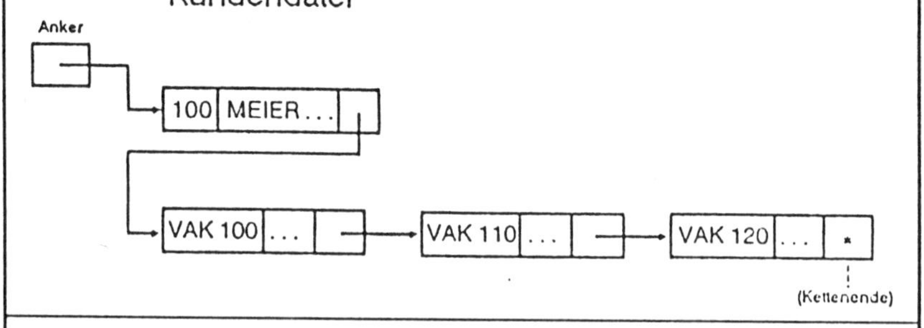

Bild 2-47: Lineare Liste

[201] Vgl. auch Bild 2-47.
[202] Vgl. **WEDEKIND, H.:** Datenorganisation, a.a.O., S. 73.

Die Suche verläuft dabei nach folgendem Verfahren:
Ein Anker A verweist auf den ersten Satz der Liste. Jeder Datensatz enthält ein Zeigerfeld mit der Adresse des nachfolgenden Satzes. Es wird solange sequentiell gesucht, bis der Satz gefunden oder das Kettenende erreicht wird. Erst am Kettenende steht fest, daß der gesuchte Datensatz nicht in der Datei existiert.
Die Anwendungsmöglichkeiten der Verkettung von Datensätzen zu linearen Listen haben ihre Bedeutung bei der Organisation von Überlaufbereichen sowie beim Aufbau sekundärer Zugriffspfade. Dabei werden Sätze, die dasselbe Auswahlkriterium (wie gleiche Attributwerte oder Attributwertkombinationen, zum Beispiel alle Angestellten mit gleichem Wohnort) erfüllen, zu einer Liste zusammengefaßt.
Eine weitere Anwendung ist im Zusammenhang mit Datenbanksystemen bei der Realisierung von OWNER-MEMBER-Beziehungen zu sehen, auf die später eingegangen wird.
Lineare Listen lassen sich - wie dargestellt - mit einer Vorwärtskettung realisieren.[203] In ihrer Effizienz sind sie vergleichbar mit dem Linearen Suchen, wobei jedoch zu beachten ist, daß die Suche über verteilt auf der Platte liegende Datensätze erfolgt. Ihr Vorteil gegenüber der sequentiellen Speicherung liegt in ihrer Flexibilität. Von nur geringem Nachteil ist die Tatsache, daß kein physisch sequentielles Lesen der Datensätze mehr möglich ist.

Eine Verbesserung des Suchens mittels offener Adressketten bietet die Doppelte Kettung, die durch eine Vorwärts- und eine Rückwärtskette realisiert wird.[204] Bei dieser Kettungstechnik wird ein zweites Zeigerfeld benötigt, dessen Pointer in jedem Satz auf den Vorgänger in der Liste zeigt.
Zwar verdoppelt sich dadurch der Zeigeraufwand, aber die folgenden Vorteile der Doppelten Kettung sind nicht unerheblich:

- Die Fehler bei einem Kettenbruch lassen sich besser beheben. "Ein Kettenreparierprogramm kann beispielsweise bei Bruch der Vorwärtskette die Kettung via Rückwärtskette schneller als ohne Rückwärtskettung beheben."[205]

[203] Vgl. zu Kettungstechniken auch: **NIEDEREICHHOLZ, J.:** Datenbanksysteme, a.a.O., S. 113-147.
[204] Vgl. **WEDEKIND, H.:** Datenorganisation, a.a.O., S. 79 ff.
[205] **NIEDEREICHHOLZ, J.:** Datenbanksysteme, a.a.O., S. 118.

- Zudem erlaubt diese Kettungstechnik ein schnelleres Updating. Merkt man sich den niedrigsten und den höchsten in der Kette vorkommenden Schlüssel, so kann ein Programm abschätzen, ob ein Update-Satz via Vorwärts- oder Rückwärtskette eingefügt werden soll.[206]

Bei der Ringkettung[207] verweist der Pointer im letzten Datensatz der Kette auf den Listenanfang.

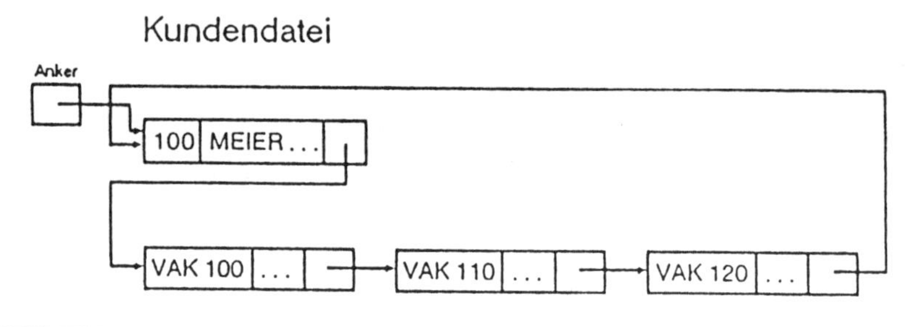

Bild 2-48: Einfache Ringkettung

Die einfache Ringkettung bietet normalerweise keine besonderen Vorteile gegenüber abbrechenden Ketten. Man nutzt dabei lediglich das ohnehin vorhandene Zeigerfeld im letzten Satz der Kette. Diese Kettungsart wird in Anwendungen von Datenbanksystemen, die sich nach dem DBTG-(Data Base Task Group) Vorschlag richten, verwendet. Die einfache Ringkettung wird dort als MODE IS CHAIN definiert.
Auch die Ringkettung läßt sich als doppelte Kettung unter Verwendung einer Vorwärts- und einer Rückwärtskette realisieren. Diese Kettung wird als Next-Prior-Kettung bezeichnet.

---

[206] Vgl. **NIEDEREICHHOLZ, J.**: Datenbanksysteme, a.a.O., S. 118.

[207] Vgl. zu den diversen Methoden der Ringkettung: **NIEDEREICHHOLZ, J.**: Datenbanksysteme, a.a.O., S. 131-141.

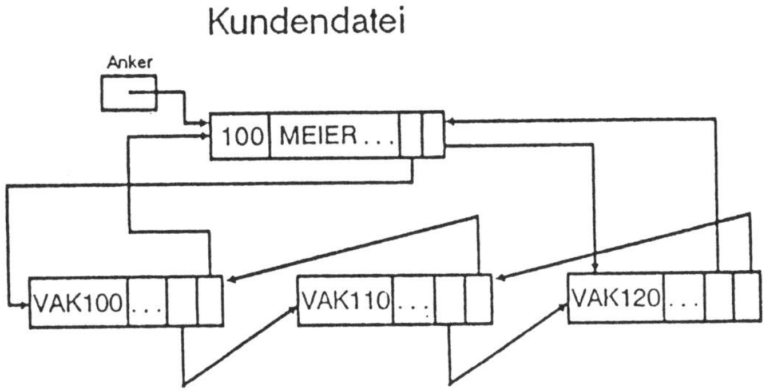

Bild 2-49: Next-Prior-Kettung als Ringkettung

Die sogenannte OWNER-Kettung bietet den Vorteil, daß man von jedem MEMBER-Satz schnell zum OWNER-Satz (Ausgangssatz) zurückkehren kann. Diese Kettungstechnik wird häufig mit anderen Kettungsformen kombiniert.

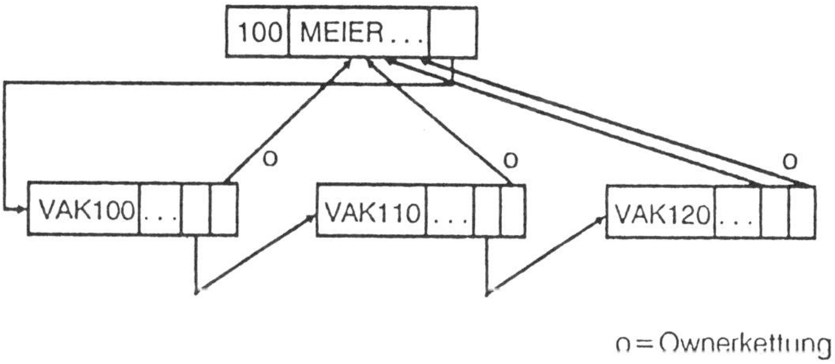

Bild 2-50: Next- und OWNER-Kettung

Mit Hilfe von Zeigern können über die baumartige Verkettung auch Hierarchien aufgebaut werden. Der Vorteil hierbei liegt in der Geschwindigkeit der Suchvorgänge.

So wird bei der SOHN-BRUDER-Zeigertechnik[208] von einer baumartigen Verkettung ausgegangen. Es werden aber nicht nur Zeiger auf die nächste Hierarchiestufe eingeführt, sondern auch innerhalb der gleichen Stufe erfolgt eine Verkettung.

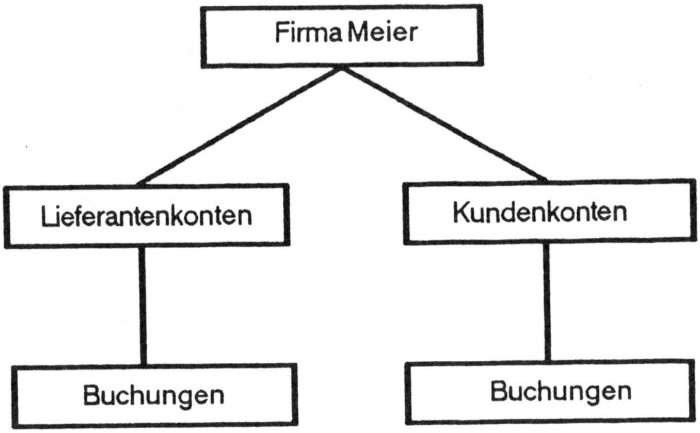

Bild 2-51a: Hierarchiestufen

208 Vgl. **NIEDEREICHHOLZ, J.:** Datenbanksysteme, a.a.O., S. 141.

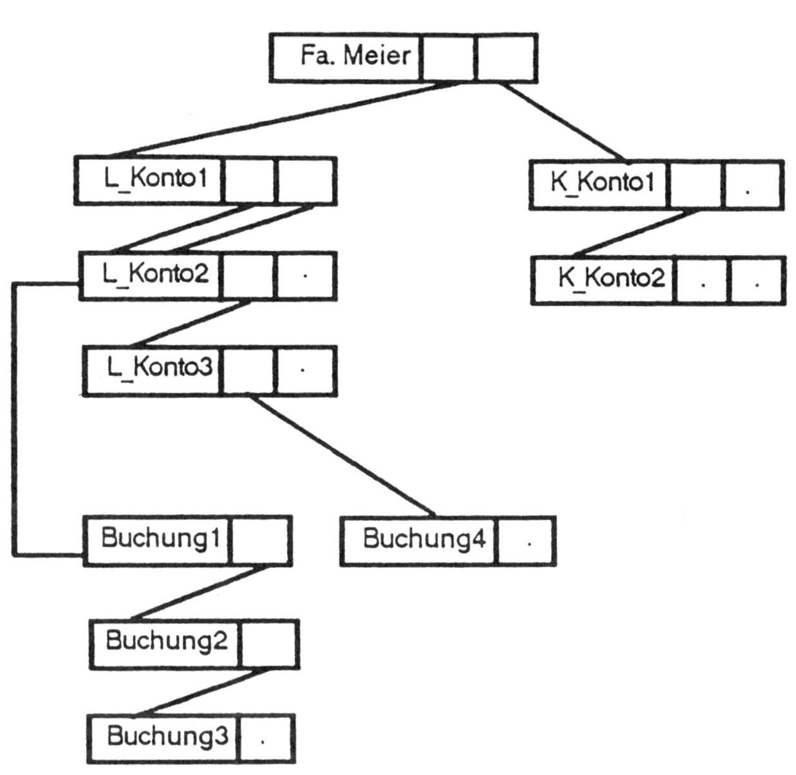

Bild 2-51b: Realisation

Die SOHN-BRUDER-Zeigertechnik wird in einigen Datenbanksystemen angewendet, zum Beispiel im IMS HDAM/HIDAM der Firma IBM zur Darstellung von physical child und physical twin Strukturen.

Die Kettungstechniken finden auch Anwendung im Bereich der Information Retrieval Systeme, bei denen Texte, das heißt nicht in feste Formate gepreßte Informationen analysiert und deren Aussagen bereitgestellt werden. Da die Behandlung spezieller Kettungstechniken für Information Retrieval Systeme den Rahmen dieses Buches sprengen würde, wird auf die entsprechende Literatur verwiesen.[209]

---

209 Vgl. **SHARP, J.R.**: Information Retrieval, London 1978; **MERTEN, H.**: Datenbankorganisation, Köln 1974, S. 77 ff.; **WESSEL, A.E.**: Information Retrieval und Automatisierung, Mannheim 1975; **HEAPS, H.S.**: Information Retrieval, New York/San Francisco/London 1978; **MRESSE,**

2.2.4.2.4 Suchen über Inhaltsverzeichnisse

Diese Klasse der Suchverfahren arbeitet ebenso wie die algorithmischen Suchverfahren und die der Kettungstechniken mit Schlüsselvergleichen. Zur Beschleunigung des Suchens werden aber Inhaltsverzeichnisse für die Dateien aufgebaut, in denen die Suche begonnen wird.
Man unterscheidet die Verfahren zur Suche über Inhaltverzeichnisse nach der Art und dem Aufbau der Verzeichnisse:

1. Suchbaum-Techniken
2. Index-Techniken
3. Inverted File Technik

1. Suchbaum-Techniken

Bei der binären Suche wurde bereits gezeigt, wie man ein Element in einer Baumstruktur suchen kann. Damit nicht jeder Knoten des Baumes einzeln zu überprüfen ist, muß folgende Ordnung der Schlüssel in diesem Baum bestehen.

Ein Baum heißt Suchbaum, wenn für jeden Schlüssel s(i) gilt:

> Alle Schlüssel der Knoten im linken Teilbaum sind kleiner und alle Schlüssel der Knoten im rechten Teilbaum sind größer als s(i).[210]

Bild 2-52 zeigt am Beispiel der KUNDENDATEI einen binären Suchbaum. Die Ordnung des Baumes erfolgt über den Schlüssel KUNDENNUMMER.

M.: Information Retrieval - Eine Einführung, Stuttgart 1984; **BLOECH, J.**: Information Retrieval System, Arbeitsbericht, Göttingen 1986; **SALTON, G.; MCGILL, M.J.**: Information Retrieval - Grundlegendes für Informationswissenschaftler, Hamburg/New York 1987.

[210] Vgl. **WIRTH, N.**: Algorithmen, a.a.O., S. 270.

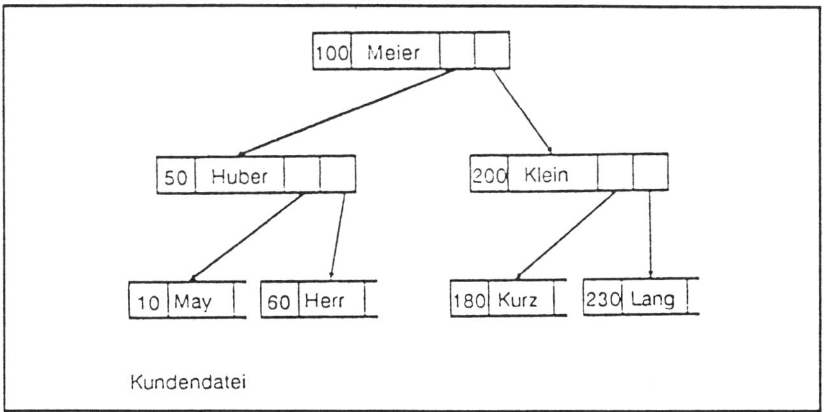

Bild 2-52: Binärer Wurzelbaum als Suchbaum

In den weiteren Ausführungen zu den Suchverfahren werden die Begriffe Baum und Suchbaum, sofern keine weitere Erläuterung folgt, synonym verwendet.
Die Suchbäume lassen sich in zwei Hauptgruppen, die knoten- und die blattorientierten Bäume, unterteilen.

a) Knotenorientierte Suchbäume

Ein Suchbaum heißt knotenorientiert, wenn in allen seinen Knoten Nutzinformationen gespeichert sind.[211]
Häufiges Einfügen neuer Elemente kann zu Entartungen im Baum führen. Beispielsweise tritt der ungünstigste Fall dann ein, wenn nacheinander nur jeweils kleinere Schlüsselwerte in den Baum einzufügen sind. Nach der Definition eines Suchbaumes führt dies zu einem Anhängen "links unterhalb des jeweils aktuellen Knotens". Eine derartige Struktur hat kaum noch etwas mit dem in Bild 2-52 dargestellten binären Suchbaum gemeinsam. Man bezeichnet diese entartete Baumstruktur als Sequenz oder lineare Liste.
Zur Vermeidung einer solchen Entartung ist es notwendig, den Baum beim Einfügen neuer Elemente immer wieder zu balancieren.[212] Anhand unterschiedlicher Balancierungsalgorithmen wurden sowohl Konzepte binärer Suchbäume als auch von Vielwegbäumen entwickelt.

---

[211] Vgl. **SCHLAGETER, G.; STUCKY, W.:** Datenbanksysteme, 1. Auflage, a.a.O., S. 68.
[212] Vgl. dazu **WIRTH, N.:** Algorithmen, a.a.O., S. 291 ff.

Die Entwicklung der verschiedenen Arten binärer Bäume basiert auf der Definition vollständig ausgeglichener Suchbäume.
"Ein binärer Baum ist vollständig ausgeglichen, wenn sich für jeden Knoten die Zahlen der Knoten in seinem linken und rechten Teilbaum um höchstens 1 unterscheiden."[213]
Die Höhe eines vollständig ausgeglichenen Baumes mit n Elementen beträgt entsprechend den Überlegungen zur binären Suche $\log_2$ (n).
Diese scharfe Definition, die ein häufiges Umstrukturieren des Baumes bei Einfüge- und Löschoperationen erforderlich macht, hat G.M ADELSON-VELSKII und E.M. LANDIS im Jahr 1962 veranlaßt, eine nicht so strenge Bedingung zu formulieren:[214]
"Ein Baum ist genau dann ausgeglichen, wenn sich für jeden Knoten die Höhen der Teilbäume um höchstens 1 unterscheiden."
Ausgeglichene Bäume dieser Art werden nach ihren Schöpfern auch AVL-Bäume genannt. Sie sind balanciert zur Höhe 1,44 $\log_2$ (n+1).[215]
Bei den Überlegungen zur Herleitung der AVL-Bäume wurde nicht berücksichtigt, daß man bei einem Zugriff auf einen Sekundärspeicher (zum Beispiel eine Magnetplatte) nicht einen einzigen Datensatz einliest, sondern eine größere Datenmenge. Hierfür benötigt man nicht wesentlich mehr Zeit als für einen Satz. Basierend auf dieser Tatsache entstand die Idee, Bäume in Teilbäume aufzuteilen, die mit einem Zugriff in den Arbeitsspeicher transferiert werden können. Diese Teilbäume nennt man Seiten (pages).
R. BAYER und E. McCREIGHT haben 1970 ausgehend von dieser Idee das Konzept der B-Bäume (BAYER-Bäume) entwickelt.[216]
Danach ist ein B-Baum der Ordnung k ein (Vielweg-)Baum mit folgenden Eigenschaften:

---

213 Vgl. **WIRTH, N.:** Algorithmen, a.a.O., S. 265.

214 Vgl. **ADELSON-VELSKII, G.M.; LANDIS, E.M.:** An Algorithm for the Organization of Information, Doklady Akad. Nauk, USSR, 146 (2), 1962, S. 263-266, zitiert nach: **WIRTH, N:** Algorithmen, a.a.O., S. 289.

215 Vgl. **NIEVERGELT, J.:** Binary Search Trees and File Organization, in: **COMPUTING SURVEYS:** Vol. 6/1974, S. 204 (195-207).

216 Vgl. **BAYER, R.; McCREIGHT, E.:** Organization and Maintenance of Large Ordered Indexes, in: **ACTA INFORMATICA:** 1/1972, S. 171-189.

1) Jede Seite enthält höchstens 2k Elemente (Schlüssel).
2) Jede Seite, außer der Wurzelseite, enthält mindestens k Elemente.
3) Jede Seite ist entweder eine Blattseite, das heißt sie hat keine Nachfolger, oder sie hat m+1 Nachfolger, wobei m die Zahl ihrer Schlüssel ist.
4) Alle Blattseiten liegen auf der gleichen Stufe.

Ein B-Baum B der Ordnung k und der Anzahl an Schlüsseln im Baum n hat eine Höhe[217]

$$h(B) \leq 1 + \log_{k+1} \frac{n+1}{2}$$

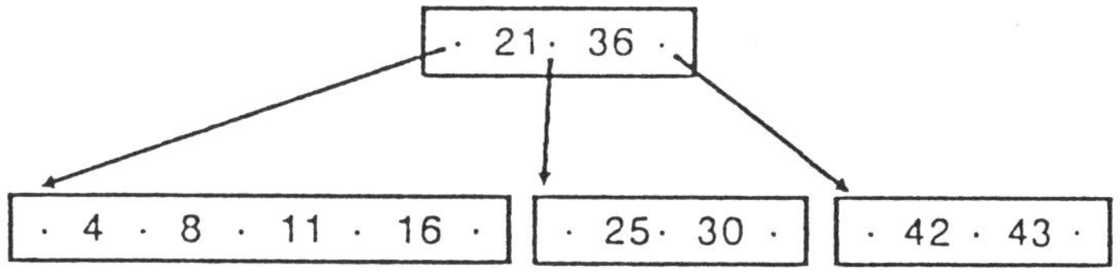

Bild 2-53: B-Baum[218]

b) Blattorientierte Suchbäume

Bei blattorientierten Suchbäumen stehen die Nutzinformationen ausschließlich in den Blättern. Die Knoten dienen lediglich zur Konstruktion des Zugriffspfades auf diese. Dabei wird vorausgesetzt, daß es sich bei den Bäumen um sortierte Bäume handelt, das heißt die Blätter sind von links nach rechts aufsteigend sortiert.
In der Literatur findet man ab Mitte der 70er Jahre eine Reihe von blattorientierten Baumkonzepten. Zu nennen sind beispielsweise die

---

[217] Vgl. **GOTLIEB, C.C.; GOTLIEB, L.R.:** Data Types and Structures, New Jersey 1978, S. 335.

[218] **NIEDEREICHHOLZ, J.:** Datenbanksysteme, a.a.O., S. 141.

- H-Bäume (H.A. MAURER, D. WOOD, 1976)[219]
- k-Bäume (H.A. MAURER, T. OTTMANN, H.W. SIX, 1976)[220]
- Bruder-Bäume (T. OTTMANN, H.W. SIX, 1976)[221]
- HB-Bäume (T. OTTMANN, H.W. SIX, D. WOOD, 1978)[222]

Die wohl größte praktische Bedeutung kommt den B^*-Bäumen zu. Sie sind eine Weiterentwicklung der knotenorientierten B-Bäume von R. BAYER und E. MCCREIGHT.
Ein B^*-Baum der Ordnung k hat folgende Eigenschaften:

1) Alle Sätze - bestehend aus Schlüssel und Nutzinformationen - sind in den Blättern gespeichert. Jedes Blatt enthält eine Anzahl x an Datensätzen.
2) Alle inneren Knoten enthalten eine Anzahl von Elementen,

$$p_0, r_1, p_1, r_2, p_2, \ldots, r_x, p_x$$

Bild 2-54: Aufbau einer inneren B^*-Baum-Seite

---

[219] Vgl. **MAURER, H.A.; OTTMANN, T; SIX, H.W.:** Manipulation, a.a.O., S. 22 und **MAURER, H.A.; WOOD, D.:** Zur Manipulation von Zahlenmengen, in: **AI:** 4/1976, S. 144 f (143-149).

[220] Vgl. **MAURER, H.A.; OTTMANN, T.; SIX, H.W.:** Implementing Dictionaries Using Binary Trees of very small Height, in: **INFORMATION PROCESSING LETTERS:** Vol. 5, Amsterdam 1976, S. 12 (11-14).

[221] Vgl. **OTTMANN, T.; SIX, H. W:** Eine neue Klasse von ausgeglichenen Bäumen, in: **AI:** Vol. 9/1976, S. 396 (395-400).

[222] Vgl. **OTTMANN, T.; SIX, H.W.; WOOD, D.:** Right Brother Trees, in: **CACM:** Vol. 21, 9/1978, S. 269 (265-271) und **OTTMANN, T.; SIX, H.W.; WOOD, D.:** On the Correspondence between AVL Trees and Brother Trees, in: **COMPUTING:** Vol. 23/1979, S. 46 ff (43-54).

wobei p_i ein Zeiger auf einen direkten Nachfolger und r_i ein Referenzschlüssel zur Festlegung des Zugriffspfades auf die Blätter ist. Die Schlüssel in dem Teilbaum, auf den p_{i-1} zeigt, sind kleiner r_i; diejenigen auf die p_i zeigt, sind größer oder gleich r_i.

3) Alle Wege von der Wurzel zu einem Blatt haben dieselbe Länge.
4) Jeder Knoten mit Ausnahme der Wurzel und der Blätter hat wenigstens k+1 Söhne.
5) Die Wurzel ist entweder ein Blattknoten oder hat wenigstens 2 Söhne.
6) x liegt in der Wurzel im Bereich zwischen 1 und 2k, in jedem anderen Knoten gilt: $k \leq x \leq 2k$.[223]

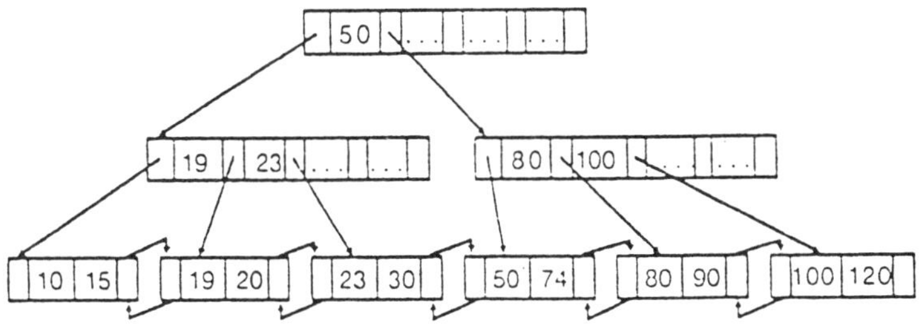

Bild 2-55: B*-Baum

Beim Suchen in binären oder Vielwegbäumen wird das Suchprinzip durch Adressverweise abgebildet. Aufgrund der Struktur der Bäume setzt dies eindeutige Suchargumente voraus. Die Effizienz der Suchverfahren fordert die Ausgeglichenheit der Bäume. Bei häufigen Einfüge- und Löschoperationen im Baum bedeutet dies, daß in der Regel sehr zeitaufwendige Umstrukturierungen zur Erhaltung einer annähernd symmetrischen Verzweigung vorge-

223 Vgl. **BAYER, R.; SCHKOLNICK, M.:** Concurrency of Operations on B-Trees, in: **ACTA INFORMATICA:** Vol. 9/1978, S. 2 (1-21); **WEDEKIND, H.:** On the Selection of Access Paths in a Data Base System, in: **KLIMBIE, J.W.; KOFFEMAN, K.L. (HRSG.):** Proc. IFIP Working Conf. on Data Base Management 1974, Amsterdam 1974, S. 388 ff (385-397) und **HÄRDER, T.:** Implementierung von Datenbanksystemen, München/Wien 1978, S. 72.

nommen werden müssen.[224] Die Diskussion der Güte der diversen, vorgestellten Baum-Konzepte erfolgt im Rahmen der Behandlung von Dateiorganisationsformen.[225]
Beide Gruppen von Suchbäumen werden sowohl für Primär- als auch Sekundärdateien, zum Beispiel bei den nachfolgend vorgestellten Indextechniken, eingesetzt.

2. Indextechniken

Ein Index ist eine separate, sequentielle Hilfsdatei, die für jeden Primärdatenbestand eingerichtet wird. Er besteht aus einer Reihe von Eintragungen; jede gehört zu einem Datensatz. Die Eintragungen setzen sich aus dem Wert eines Schlüsselattributes und einem Zeiger zusammen, der den sofortigen Zugriff zum betreffenden Datensatz erlaubt. Dabei ist vorauszusetzen, daß jeder Datensatz durch sein Schlüsselattribut eindeutig qualifiziert wird; Duplikate von Schlüsselattributen in einer Datei sind daher nicht zulässig. Ein solche Hilfdatei zur Suche wird einstufiger Index genannt.

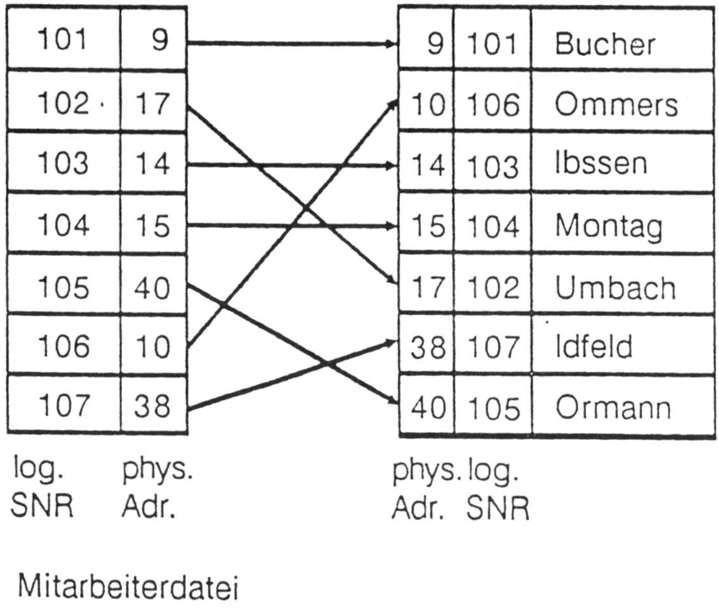

Bild 2-56: Einstufiger Index

[224] Vgl. **MICHELS, W.; STEINMETZ, G.; KAISER, W.**: Datenbanken, a.a.O., S. 42.

[225] Vgl. dazu Kapitel 2.2.4.4.

Als Vorteile der Indextechniken sind zu nennen:

- Bei Suchvorgängen ist es nicht notwendig, den gesamten Datenbestand zu durchsuchen.
- Bei sehr großen Datenbeständen, die nicht in den Arbeitsspeicher passen, kann in vielen Fällen der Index im Hauptspeicher gehalten werden, so daß die Zahl der Zugriffe auf externe Speicher geringer wird.

Falls man einen Index aufbaut, um über den Primärschlüssel auf eine Datei zuzugreifen, so spricht man von einem Haupt- oder Primärindex. Ein Index wird als Neben- oder Sekundärindex bezeichnet, wenn er sich auf ein Nebenordnungskriterium, das heißt einen Sekundärschlüssel, bezieht.

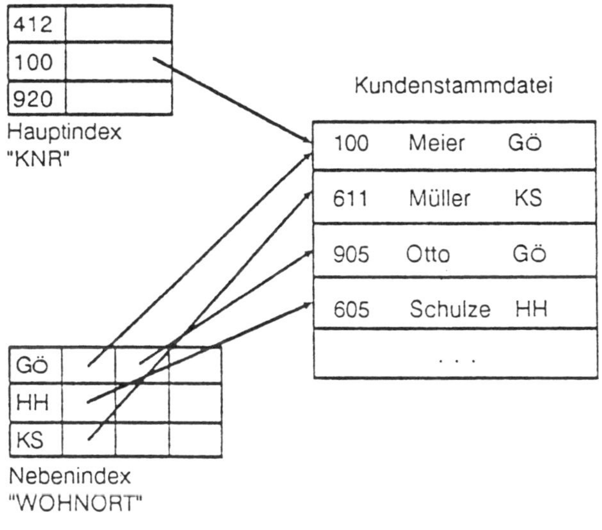

Bild 2-57: Haupt- und Nebenindex

Man unterscheidet - wegen der Sortierung - vollständige und unvollständige Primärindizes. Ein Index ist dann vollständig, wenn zu jedem Schlüssel auch ein Eintrag vorhanden ist. Wird dagegen nur zu jeder Spur ein Wert im Index gehalten, zum Beispiel nur der größte Schlüssel der Spur, so spricht man von einem unvollständigen Index.
Ein Nebenindex muß, da die Datei bezüglich dieses Schlüssels unsortiert ist, stets vollständig sein. Da die Datei über den Nebenindex in einer neuen Ord-

nung erscheint, bezeichnet man sie als invertiert bezüglich dieses Neben- oder Sekundärindex.[226] Die Organisation der Suche von Daten über derartige Sekundärindizes oder Inverted Files heißt daher auch Inverted File Organisation.

Bevor jedoch detailliert auf die Inverted File Organisation eingegangen wird, folgt zunächst die Vorstellung weiterer wesentlicher Indextechniken anhand des bereits bekannten Beispiels.

a) Mehrstufiger Index

Wird ein Index umfangmäßig zu groß, um ihn in den Arbeitsspeicher zu laden, so kann man für diesen Index, der stets geordnet ist, wiederum einen unvollständigen darüber liegenden Index (2. Indexstufe) aufbauen; insgesamt erhält man somit einen mehrstufigen Index.

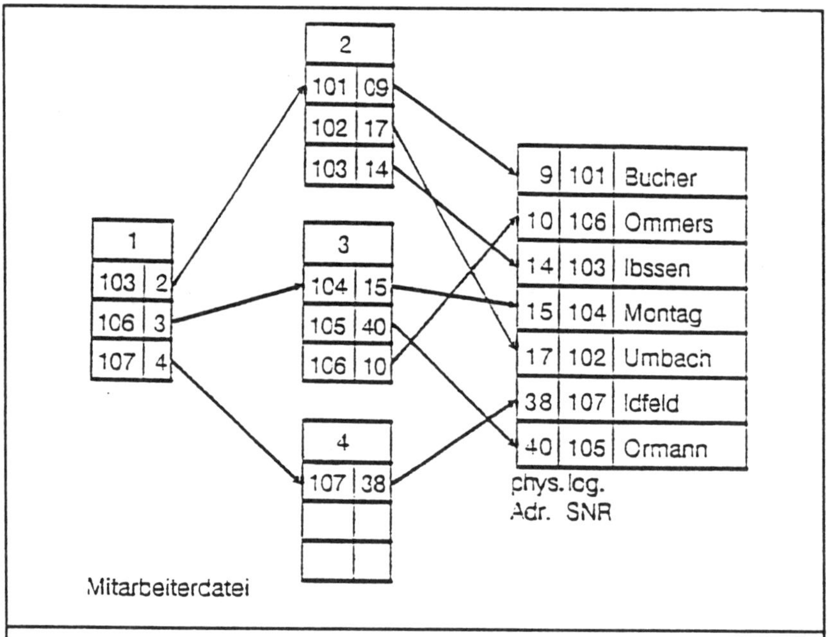

Bild 2-58: Mehrstufiger Index

[226] Vgl. SCHLAGETER, G.; STUCKY, W.: Datenbanksysteme, a.a.O., S. 90.

b) Mehrfacher Index

Bislang hatte jeder Satz im Index nur einen Adressverweis auf einen Datensatz, der im zugehörigen Block steht.[227] Werden aber mehr als ein Adressverweis im Indexeintrag realisiert, so spricht man von einem mehrfachen Index.

In diesem Fall speichert man zum Beispiel die Kettenspur; dies ist eine Folge von Adressen der Sätze, die zu diesem Haussatz gehören, so daß eine Verkettung der Sätze entfallen kann.

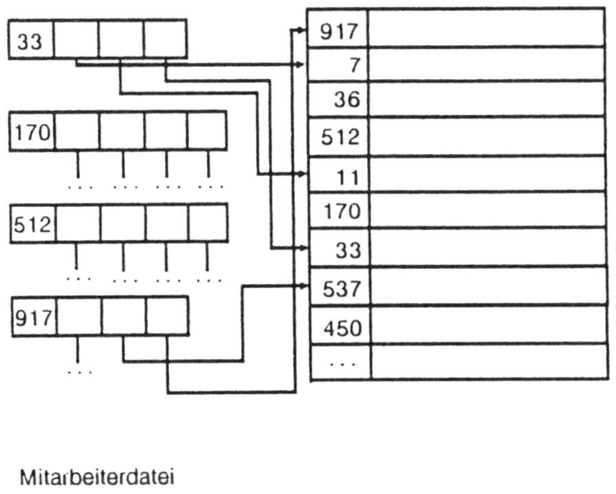

Bild 2-59: Mehrfacher Index

Aus obiger Abbildung wird deutlich, daß die Stammdaten nicht mehr sortiert sein müssen. Nachteilig ist, daß die Sätze im Index im allgemeinen unterschiedliche Satzlängen besitzen. Diesen Nachteil kann man aber mit Zeigerlisten zum nächsten Indexeintrag umgehen.

c) Mehrdimensionaler Index

Werden in einem Index - außer den Kettenspuren für eine Datei - auch noch die Kettenspuren für den Zugriff auf andere Dateien eingetragen, so nennt man dies einen mehrdimensionalen Index. Dieser kann auch wieder ein einfacher oder mehrfacher Index sein.

---

227 Vgl. dazu die Aussagen über einstufige Indizes.

In unserem Beispiel HANDELSBETRIEB existieren unter anderem folgende Dateien:

- KUNDEN(STAMMDATEI)
- MAHNUNGEN
- KUNDENRECHNUNGSKOPF

Auf alle drei Dateien erfolgt der Zugriff über den Schlüssel Kundennummer KNR.
Ein Satz des Index könnte demnach folgendes Aussehen haben:

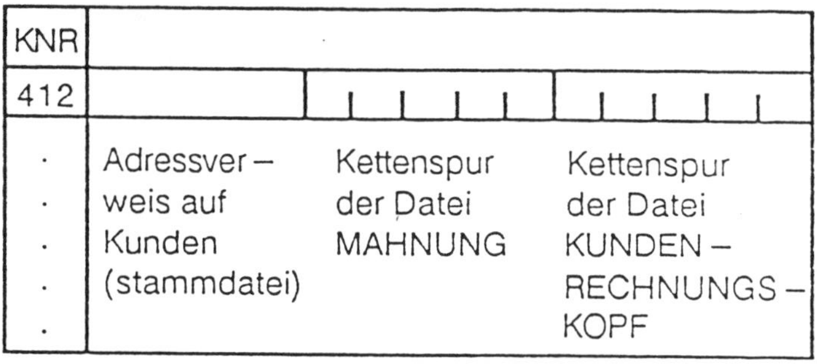

Bild 2-60: Mehrdimensionaler Index

Mit Hilfe eines Datensatzes im Index läßt sich so auf alle drei Dateien zugreifen.
Laufen alle geplanten Zugriffe einer Datenbank über einen mehrdimensionalen Index, so wird dieser auch als Strukturdatei bezeichnet.

d) Baumstrukturierte Indizes
Ein Index läßt sich auch baumartig aufbauen. Es kann zum Beispiel das sogenannte B-Baum Konzept Anwendung finden. Dabei wird die Indexmenge in Seiten (pages) eingeteilt, die entweder im Arbeitsspeicher geladen, oder im Hintergrund, auf einem Massenspeicher ausgelagert sind.
Ein Indexeintrag enthält einen Schlüsselwert s(i), einen Zeiger auf die nächste Hierarchiestufe des B-Baumes sowie einen Zeiger auf die Daten des Satzes mit Schlüssel s(i).

3. Invertierte Listen, Inverted-File-Konzept

Im Gegensatz zur Primärindizierung ist für die Invertierung charakteristisch, daß für das Suchargument Duplikate zugelassen sind, das heißt das Suchargument muß einen Datensatz nicht eindeutig qualifizieren.

Bei der Invertierung wird zunächst für die als Suchargumente definierten Datenfelder einer Datei eine Hilfs- beziehungsweise Sekundärdatei angelegt, die als Deskriptorenliste (Deskriptorwörterbuch) bezeichnet wird. Sie enthält genau einmal jedes in der Primärdatei vorkommende Attribut, nach dem eine invertierte Liste aufgebaut wird. Neben diesen Deskriptoren beinhaltet sie Adressverweise auf die zu jedem Deskriptor gehörenden Deskriptorwertlisten. Darin sind die verschiedenen Attributwerte des jeweiligen Deskriptors - in der Regel aufsteigend sortiert - sequentiell gespeichert. Dem einzelnen Attributwert folgt ein Feld, in dem die Anzahl der Datensätze, die diesen Wert in der Primärdatei haben, steht.
Den Deskriptorwertlisten sind Trefferlisten zugeordnet, welche die logischen Adressen (Satznummern) der primären Datensätze beinhalten, die den zutreffenden Deskriptorwert aufweisen.[228]
Am Beispiel des Datenbanksystems ADABAS der SOFTWARE AG, Darmstadt wird verdeutlicht, welche verschiedenen Deskriptortypen zum Aufbau von invertierten Listen herangezogen werden können.
Falls ein normales Datenfeld, ein sogenanntes Elementarfeld invertiert wird, handelt es sich um einen Normaldeskriptor.
Erfolgt die Invertierung nicht für das gesamte Feld, sondern nur über einen Teil davon, nennt man einen derartigen Deskriptor Subdeskriptor.
In ADABAS hat der Anwender weiterhin die Möglichkeit Super- und phonetische Deskriptoren anzulegen.
Bei manchen Anwendungen ist es sinnvoll, einen Deskriptor anzulegen, der für das Suchen zusammengesetzter Begriffe, zum Beispiel über mehrere Felder, Gültigkeit hat. Dazu werden jeweils einzelne Zeichen der festgelegten Felder zu einem Superdeskriptor zusammengefaßt. Ein Superdeskriptor ist somit ein Matchcode, für den festzulegen ist, welche Teile aus welchen Datenfeldern diesen bilden sollen.
Zur Behandlung gleichklingender Alpha-Bezeichnungen mit unterschiedlicher Sprechweise wird für das Speichern und Wiederfinden ein phonetischer Deskriptor verwendet, ohne daß der Anwender die exakte Schreibweise des Attributwertes kennen muß.[229]

---

[228] Vgl. **SOFTWARE AG:** ADABAS Einführung, ADA-410-000-D, Darmstadt 1983, S. 9/10.

[229] Mit Hilfe eines Phonetisierungsalgorithmus werden die Alpha-Bezeichnungen vor der Invertierung in einen numerischen Schlüssel umgewan-

ADABAS (Version V) bietet zudem die Möglichkeit sogenannte Hyperdeskriptoren zu definieren. Ein Hyperdeskriptor ist ein benutzerdefinierter Algorithmus.

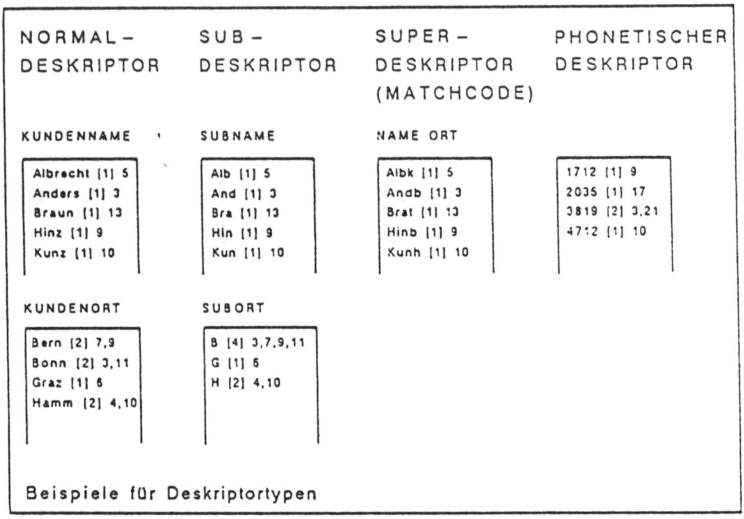

Bild 2-61: Deskriptoren in ADABAS[230]

---

delt, der sodann invertiert wird. Da gleiche oder stark ähnlich klingende Alpha-Bezeichnungen in dem gleichen numerischen Schlüssel resultieren, findet man mit einer Anfrage unter Angabe irgendeiner Schreibweise alle gleich oder ähnlich klingenden Attributwerte.
Vgl. **SOFTWARE AG:** ADABAS Einführung, a.a.O., S. 12.

230 **SOFTWARE AG:** ADABAS Einführung, a.a.O., Bild 7, S. 11.

Das Inverted-File-Konzept zeichnet sich durch folgende wesentliche Eigenschaften aus:

1) Die Deskriptoren- und die Deskriptorenwertliste können als mehrfacher Index mit ausgelagerten Kettenspuren angesehen werden.
2) Der Zugriffspfad (die Sekundärdaten), der dadurch realisiert wird, ist völlig getrennt von den Primärdaten.
3) Durch die Trennung von Primär- und Sekundärdaten lassen sich Änderungen in den Zugriffsstrukturen durchführen, ohne die Sätze im Speicher umzuorganisieren.
4) Als Zeiger verwendet man im allgemeinen logische Adressen (etwa Satznummern oder Primärschlüssel), um so bei Änderungen der Speicherung auf der physischen Satzebene die invertierten Listen nicht ändern zu müssen.
5) Invertiert man eine Datei nach allen bei der Anfrage verwendeten Attributen, so kann allein durch Bearbeitung der invertierten Listen festgestellt werden, welche Sätze vom externen Speicher zu lesen sind.[231]

Um auf die Datensätze mit bestimmten logischen Satznummern zugreifen zu können, wird ein Totalindex (Nachschlageprozedur) benötigt, der diese Satznummern in physische Adressen umsetzt.

2.2.4.3 Sortieren - Voraussetzung für das Suchen

Eine wichtige und wesentliche Tätigkeit der Datenverarbeitung ist das Sortieren einer gegebenen Menge an Objekten nach einer bestimmten Ordnung. Das Ziel des Sortierens liegt in der Vereinfachung der bereits ausführlich beschriebenen Operation "Suchen in einem Datenbestand". Damit ist das Vorhandensein entsprechender Sortierverfahren eine unabdingbare Voraussetzung für das Funktionieren eines Datenverwaltungssystems.[232]
In der Literatur befaßte man sich bereits seit Anfang der 60er Jahre ausführlich mit dieser Problematik und stellte eine Vielzahl an Suchalgorithmen vor.
Da eine ausführliche Behandlung dieser Thematik den Rahmen des Buches sprengen würde, führen wir hier lediglich einige bekannte Sortierprinzipien und -algorithmen auf und verweisen auf die entsprechende Literatur:

---

231 Vgl. **NIEDEREICHHOLZ, J.**: Datenbanksysteme, a.a.O.; S. 85-91.
232 Vgl. **WIRTH, N.**: Algorithmen, a.a.O., S. 88.

- Sortieren durch (direktes, binäres) Einfügen
- Sortieren durch Auswählen
- Sortieren durch Austauschen
- Sortieren durch Mischen[233]
- Sortieren mit Bäumen (HEAPSORT, 1964)[234]
- Sortieren durch Zerlegen (QUICKSORT, 1962)[235]

2.2.4.4 Dateiorganisationsformen

Mit dem Begriff Dateiorganisationsformen werden die vielfältigen Kombinationen von Speicherungsverfahren und Zugriffsmethoden bezeichnet.
Grundsätzlich können die Dateiorganisationsformen als herstellerspezifisch angesehen werden, da bei der Speicherung einer Datei auf externen Speichern auch gerätespezifische Parameter zu berücksichtigen sind.
In diesem Kapitel werden einige wesentliche herstellerunabhängige Standardformen zur Speicherung von Einzeldateien vorgestellt.
Die Dateiorganisationsform wird in Abhängigkeit vom Speichermedium, den zukünftig zu erwartenden Veränderungen des Datenbestandes und der Zugriffsmethode gewählt.

---

[233] Vgl. zu diesen Verfahren: **WIRTH, N.:** Algorithmen, a.a.O., S. 88-106; **WEDEKIND, H.:** Datenorganisation, a.a.O., S. 108-167; **MAURER, H.:** Datenstrukturen, a.a.O., S. 79-93.

[234] Vgl. **WILLIAMS, J.W.J.:** Heapsort, in: **CACM:** Vol. 7, 6/1964, S. 347-348.

[235] Vgl. **HOARE, C.A.R.:** Quicksort, in: **COMP. JOURN.:** Vol. 5, 1/1962, S. 10-15.

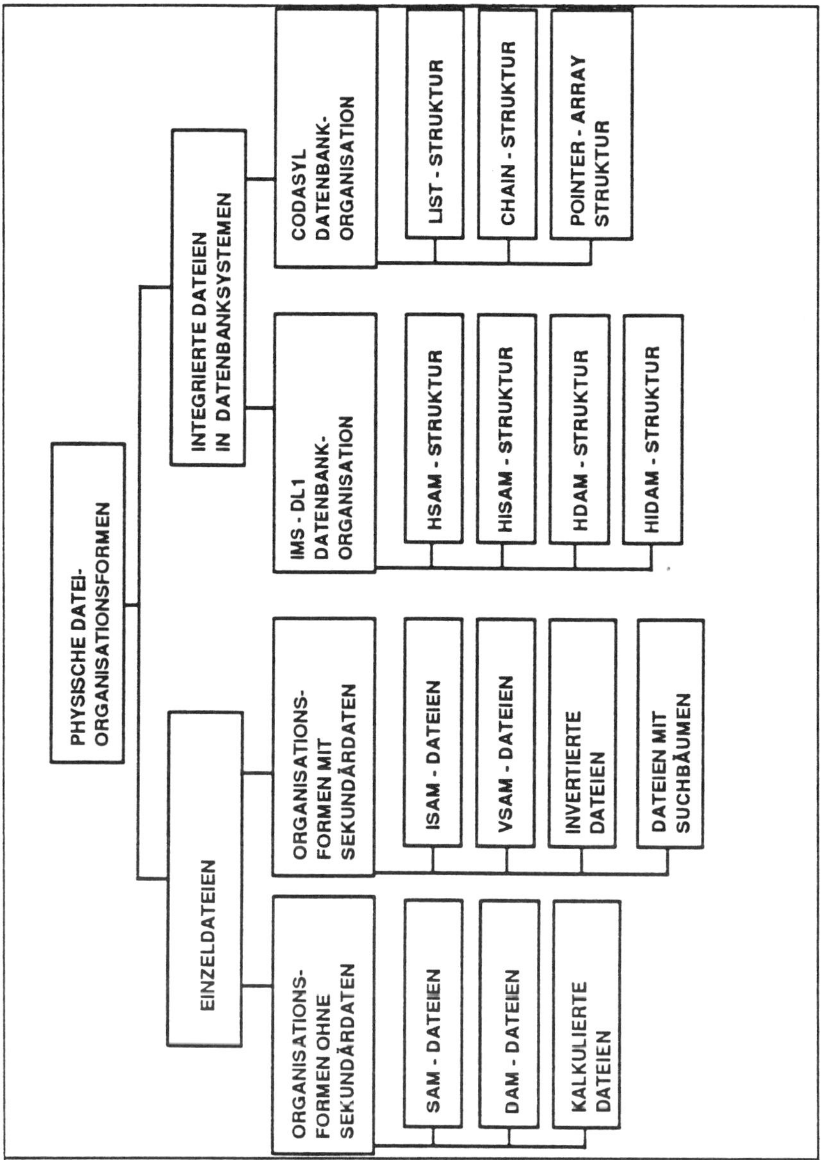

Bild 2-62: Dateiorganisationsformen - Überblick

Auf die Darstellung der Dateiorganisationsformen im rechten Teil der Abbildung wird verzichtet.

2.2.4.4.1 Dateiorganisationsformen ohne Sekundärdaten

Die in diesem Kapitel vorgestellten Formen der Dateiorganisation verzichten auf Suchhilfen, die nur über Hilfsdateien realisiert werden können.

1. SAM-Dateien

Die Abkürzung SAM steht für Sequential Access Method. Die Datensätze einer SAM-Datei werden also sequentiell gespeichert und sind nach dem Primärschlüssel sortiert. Einsetzbar sind sie für Anwendungen, die im Batch-Betrieb ablaufen; für den Online-Betrieb sind SAM-Dateien kaum sinnvoll einzusetzen, da aufgrund der sequentiellen Speicherung das Problem einer permanenten Verschiebung innerhalb der Datei beim Einfügen und Löschen von Datensätzen resultiert. Dieses Reorganisationsproblem kann zwar durch die zusätzliche Führung einer temporären Arbeitsdatei für neu einzufügende Datensätze abgeschwächt werden, die im Stapelbetrieb täglich mit der SAM-Datei gemischt wird. Der Nachteil der sequentiellen Suche bleibt jedoch bestehen, so daß für einen Dialogbetrieb mit häufigen Anfragen - wenn überhaupt - vom Umfang her nur sehr kleine SAM-Dateien in Frage kommen.[236]

2. DAM-Dateien

DAM steht für Direct Access Method. DAM-Dateien basieren auf der direkten Adressierung, das heißt der Primärschlüssel und die logische Adresse sind identisch, beziehungsweise sie müssen 1:1 transformiert werden.
Der Zugriff auf einen Datensatz über den Primärschlüssel ist bei DAM-Dateien sehr schnell. Sequentielle Suchverfahren sind hingegen einzusetzen, wenn über einen Sekundärschlüssel zugegriffen werden soll.
Das Reorganisationsproblem tritt bei DAM-Dateien in der Regel nicht auf, da die logische Folge der Speicherung erhalten bleibt und ein einmal gespeicherter Datensatz seinen zugewiesenen Platz in der Datei beibehält.
Diese Dateiorganisationsform ist für relativ statische Datenbestände, zum Beispiel Personalstammdateien oder Kostenstellendateien, die keinen häufigen Veränderungen im einmal festgelegten Wertebereich[237] des Primärschlüssels unterliegen, sinnvoll einsetzbar.

---

[236] Vgl. **WIEDERHOLD, G.**: File Organization, a.a.O., S. 118 ff.
[237] Vgl. **MICHELS, W.; STEINMETZ, G.; KAISER, W.**: Datenbanken, a.a.O., S. 48.

3. Kalkulierte Dateien

Kalkulierte Dateien basieren auf der indirekten Adressierung. Da bei dieser Dateiorganisationsform der Speicherbereich für die Wahl des Hash-Codes von Bedeutung und daher von vornherein festzulegen ist, kann man in diesem Fall von einem statischen Verfahren der Dateiorganisation sprechen.
Hat man bei kalkulierten Dateien das Problem der Mehrfachbelegungen durch eine geeignete Überlauforganisation im Griff, so entfällt eine häufige Reorganisation der Datei.
Von Zeit zu Zeit sollte eine kalkulierte Datei jedoch trotzdem reorganisiert werden, da sich das Antwortzeitverhalten des Systems durch zu viele Überläufer verschlechtert.
Das Löschen eines Datensatzes kann auf zwei Arten erfolgen:

1) Der Datensatz wird sofort physisch gelöscht. Dies kann unter Umständen mit Folgearbeiten wie Umketten von Sätzen in mehreren Ketten verbunden sein.
2) Ein zu löschender Datensatz wird zunächst nur logisch gelöscht, das heißt mit einer Löschmarke (flag) versehen. Die physische Löschung sowie die notwendige Änderung von Adressverweisen erfolgt erst im Rahmen der Reorganisation der Datei.[238]

2.2.4.4.2 Dateiorganisationsformen mit Sekundärdaten

Die folgenden Dateiorganisationsformen benutzen sekundäre Dateien als Suchhilfe.

1. ISAM-Dateien

Ausgehend von der Organisation von Datenbeständen mittels SAM-Dateien kann das Problem des gezielten Einstiegs in die Datei sowie das Reorganisationsproblem beim Einfügen neuer Datensätze durch die Erweiterung der sequentiellen Primärdatei um zwei Komponenten, nämlich einen Index und einen Überlaufbereich, vermindert werden.
Eine derartige Dateiorganisation nennt man ISAM (Index Sequential Access Method) oder indexsequentielle Speicherung.

---

[238] Vgl. **NIEDEREICHHOLZ, J.**: Datenbanksysteme, a.a.O., S. 59 sowie **MICHELS, W.; STEINMETZ, G.; KAISER, W.**: Datenbanken, a.a.O., S. 48.

Der Zugriff auf einen bestimmten Datensatz erfolgt über den Index. In diesem können entweder alle Schlüssel verzeichnet sein, er kann aber als unvollständiger Index auch nur auf die Spur oder auf den Zylinder mit diesem Datensatz verweisen.
Im zweiten Fall stehen die jeweils größten Schlüssel der Spuren beziehungsweise Zylinder im Index.[239]

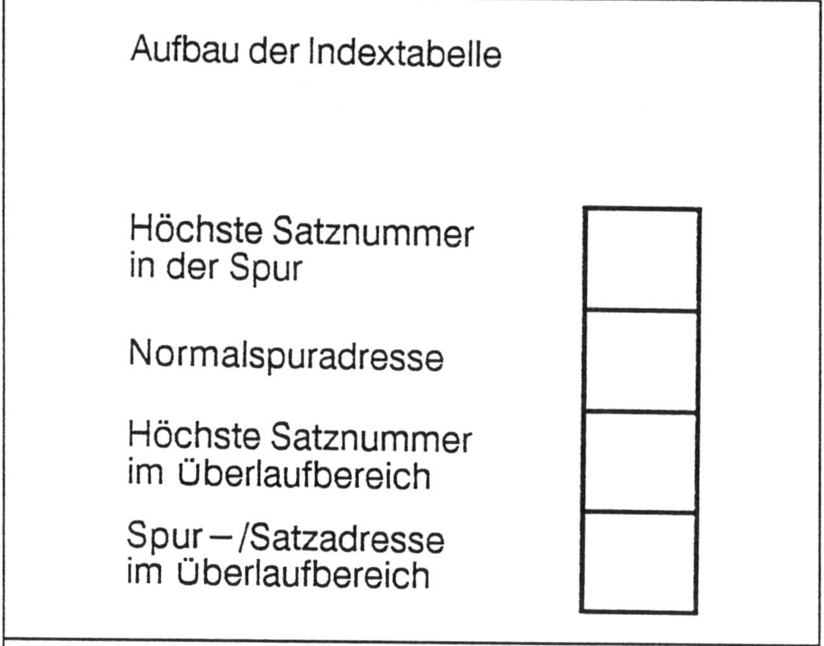

Bild 2-63: ISAM-Dateiorganisation: Aufbau der Indextabelle

Häufig verwendet man einen mehrstufigen Index: Neben einem Hauptindex mit Verweisen auf die Zylinder legt man für jeden Zylinder und innerhalb des Zylinders für jede Spur Indizes an.[240]
Die Datensätze in einer ISAM-Datei sind fortlaufend auf- oder absteigend sortiert gespeichert. Beim Einfügen eines neuen Satzes in die Datei nach dem Urladen wird dieser im Überlaufbereich abgelegt und entsprechend dem ISAM-Konzept mit dem Datenbereich verkettet, in den er ursprünglich gehört.[241]

---

239 Vgl. **NIEDEREICHHOLZ, J.:** Datenbanksysteme, a.a.O., S. 54 ff.

240 Vgl. **HÄRDER, T.:** Das Zugriffsverhalten von Relationalen Datenbanksystemen, Darmstadt 1975, S. 152 ff.

241 Vgl. **WEDEKIND, H.:** Datenorganisation, a.a.O., S. 67 ff.

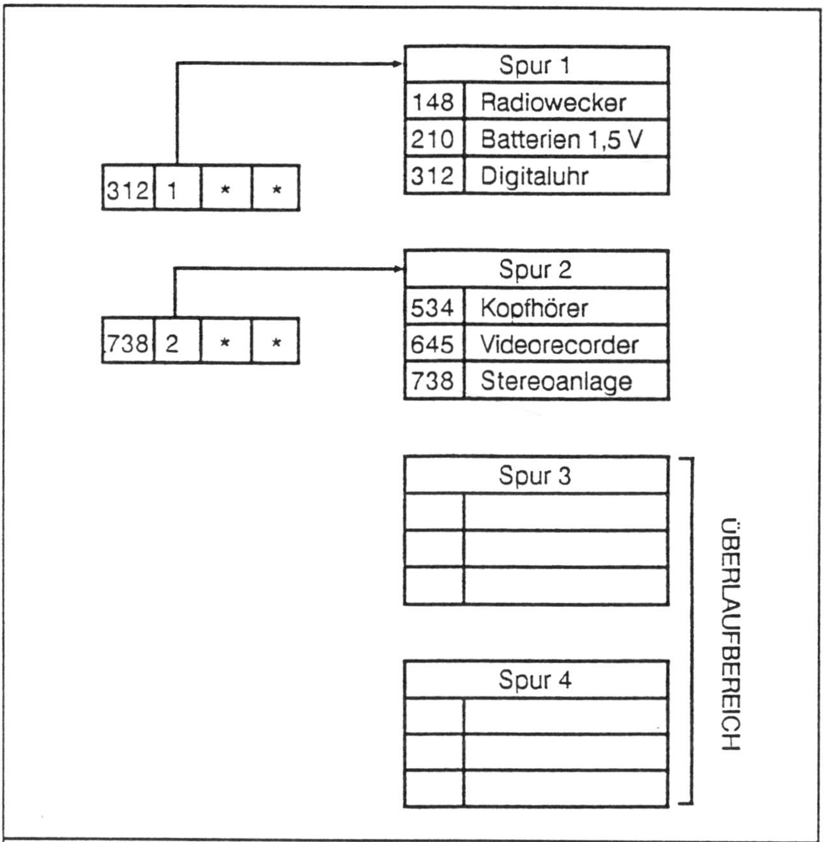

Bild 2-64: ISAM-Dateiorganisation nach Urladen der Datei - Beispiel PRODUKTDATEI

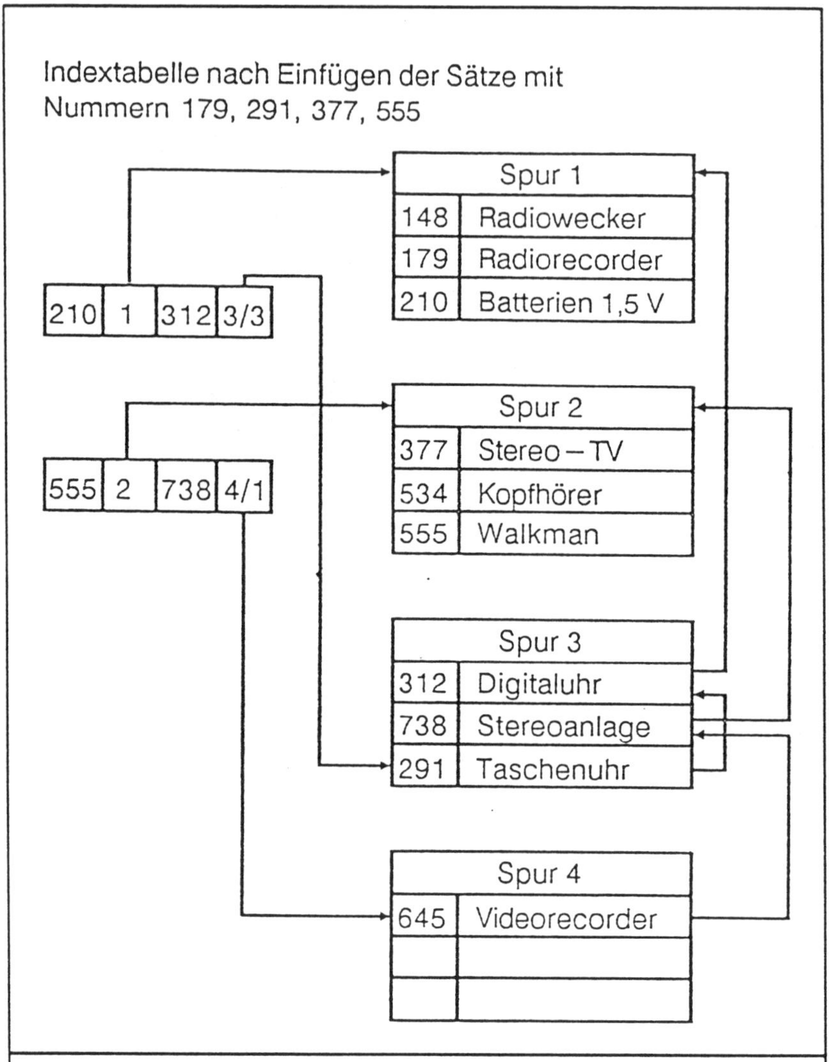

Bild 2-65: ISAM-Dateiorganisation, Situation nach Einfügen - Beispiel PRODUKTDATEI

Beim Löschen eines Satzes entsteht ebenso wie bei kalkulierten Dateien das Freispeicherproblem, welches im Rahmen der Reorganisation ähnlich einer garbage collection[242] gelöst wird.
Zur Vermeidung einer frühzeitigen Reorganisation kann man beim Urladen der Datei alle Primärdatenblöcke beispielsweise nur zu 80% belegen. Die ver-

242 Vgl. **WIEDERHOLD, G.:** File Organization, a.a.O., S. 105.

bleibenden 20% Freispeicher werden genutzt, um nicht sofort eine Überlaufverkettung vornehmen zu müssen.
Die Reorganisation von ISAM-Dateien erfolgt immer im Stapelbetrieb. Sie wird nötig, wenn der oder die Überlaufbereiche selbst fast überlaufen oder wenn durch logisches Löschen zuviele nicht mehr genutzte Plätze für Datensätze in der Datei existieren, so daß das Zugriffszeitverhalten sich drastisch verschlechtert.[243]

2. VSAM-Dateien

Eine Weiterentwicklung der ISAM-Technik ist die ebenfalls indexsequentielle Dateiorganisationsform VSAM aus dem Hause IBM.[244] VS steht dabei für Virtual Storage.
Die VSAM-Methode ist durch zwei Grundsätze gekennzeichnet:

1. Das Überlaufproblem wird nicht durch Kettung gelöst, sondern durch ein Splitten von Kontrollintervallen (Blöcken) verbessert.
2. Dies ermöglicht die sofortige Entfernung zu löschender Datensätze, da sie nicht mehr als Kettglieder für etwaige Überlaufsätze benötigt werden. Die dadurch entstehenden Lücken in der Datei werden zusammengeschoben und es existiert so ein kompakter Freibereich.[245]

Realisiert ist bei VSAM zum einen die sogenannte ESDS (Entry Sequenced Data Sets)-Organisationsform, mit serieller Speicherung der Sätze in den Kontrollintervallen, ohne Aufbau eines Index,[246] und zum anderen die KSDS (Key Sequenced Data Sets)-Organisation.
Von Bedeutung für die konventionelle Anwendung ist die KSDS-Organisation. Die Datensätze werden logisch nacheinander in den Kontrollintervallen, die darüberhinaus noch Verwaltungsinformationen beinhalten, gespeichert. Findet sich für einen neu einzufügenden Satz kein ausreichender Speicherplatz mehr im Kontrollintervall, so wird es in zwei neue gleichmäßig belegte Blöcke aufgeteilt. Dieses Blocksplitting findet während des Online-Verarbei-

---

243 Vgl. **MICHELS, W.; STEINMETZ, G.; KAISER, W.:** Datenbanken, a.a.O., S. 50.

244 VSAM löste bei IBM/370-Anlagen die ISAM-Technik der IBM/360-Anlagen ab.
Vgl. **NIEDEREICHHOLZ, J.:** Datenbanksysteme, a.a.O., S. 64.

245 Vgl. **NIEDEREICHHOLZ, J.:** Datenbanksysteme, a.a.O., S. 64.

246 ESDS organisierte VSAM-Dateien eignen sich besonders für die Erstellung von LOG-Files.
Vgl. **NIEDEREICHHOLZ, J.:** Datenbanksysteme, a.a.O., S. 67.

tungsprozesses statt. Die zugehörigen Indextabellen werden dabei gleichzeitig aktualisiert.[247]

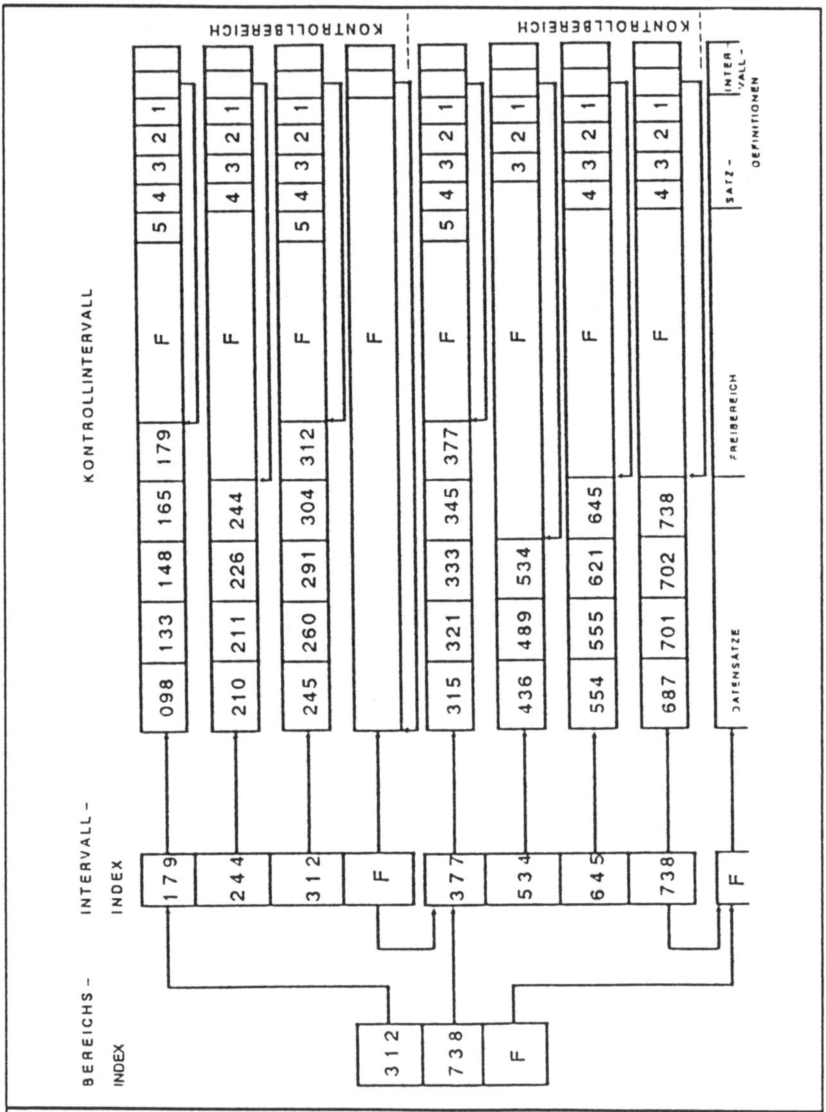

Bild 2-66: Prinzip der VSAM-KSDS-Dateiorganisation - Beispiel PRODUKTDATEI

[247] Vgl. **MICHELS, W.; STEINMETZ, G.; KAISER, W.**: Datenbanken, a.a.O., S. 51 und **NIEDEREICHHOLZ, J.**: Datenbanksysteme, a.a.O., S. 65/66.

Durch die VSAM-KSDS Dateiorganisation entfällt die Notwendigkeit der periodischen Reorganisation der Datei, die als ein Nachteil von ISAM-Dateien zu nennen ist. Allerdings ist zu bemerken, daß aufgrund eines im Rahmen von Update-Operationen notwendigen Teilungsprozesses eines Kontrollintervalls VSAM-KSDS langsamer als die ISAM-Technik sein kann.
Als Vorteil von VSAM ist aber die Möglichkeit des Anlegens von Sekundärindizes für beliebige Datenfelder zu sehen.

3. Invertierte Dateien

Generell können zwei Typen der Invertierung unterschieden werden:

1) die Vollinvertierung, das heißt zu jedem Attribut wird eine invertierte Liste erstellt
2) die Teilinvertierung, das heißt es werden nur für eine begrenzte Zahl von Attributen invertierte Listen erstellt[248]

Inverted-File-Systeme sind auskunftsorientiert und ermöglichen eine einfache Abfragesprache, etwa eine Sprache der 4. Generation. Die Benutzer benötigen relativ wenig Systemkenntnisse, um Anfragen zu stellen, da die Philosophie von Inverted-File-Systemen meist einfach und transparent ist. Vorteilhaft ist auch, daß neue Anfrageanforderungen leicht durch das Erstellen neuer invertierter Listen berücksichtigt werden können.

Nachteilig dagegen wirkt sich bei Inverted-File-Systemen das Einfügen beziehungsweise Löschen von Datensätzen im Primärdatenbestand aus; mit relativ großem Aufwand muß die Adresse eines solchen Datensatzes in alle betroffenen invertierten Listen eingetragen beziehungsweise in ihnen gelöscht werden.
Schwierigkeiten ergeben sich auch bei manchen Anwendungen, so zum Beispiel ist es sinnvoller, Stücklisten aufgrund ihrer Strukturgegebenheiten mittels Kettungstechniken zu organisieren.[249]

Ein abschließendes Beispiel zeigt noch einmal das Prinzip der Invertierung.

---

[248] Vgl. **NIEDEREICHHOLZ, J.**: Datenbanksysteme, a.a.O., S. 96.
[249] Vgl. **NIEDEREICHHOLZ, J.**: Datenbanksysteme, a.a.O., S. 96.

KENN	MARKE	TYP	FARBE	HALTER

KENN	=	Kennzeichen
MARKE	=	Markenbezeichnung des Kraftfahrzeugs
FARBE	=	Typenangabe des Kraftfahrzeugs
HALTER	=	Farbe des Kraftfahrzeugs
TYP	=	Halter des Kraftfahrzeugs

01	DA-A 200	MERC	350SL	ROT	MAIER
02	DA-K 108	BMW	V8	WEISS	KASTEN
03	DA-R 800	JAG	XJ6	BRAUN	DOEGER
04	DA-S 100	MERC	300SL	BLAU	STROH
05	DA-T 18	JAG	XJ12	BLAU	BAEUML
06	DA-X 13	MERC	450SL	SCHW	ASMUS
07	DA-Z 100	BMW	2000	WEISS	BAEUNL
08	F-A 120	JAG	3,8S	WEISS	CZECH
09	F-B 281	BMW	730	GRUEN	MALO
10	F-C 30	MERC	280S	BLAU	KOENIG
11	F-C 901	MERC	300SL	ROT	HOGL
12	F-D 800	JAG	MK2	ROT	STREHL
13	F-E 101	BMW	730	SCHW	HERGE
14	F-F 700	JAG	XJ12	WEISS	KREUTZER
15	F-H 113	BMW	V8	BLAU	SUPPER
16	F-J 718	MERC	280S	BRAUN	STREHL
17	F-K 981	BMW	2000	ROT	KOENIG
18	F-L 101	JAG	3,8S	BLAU	WAGNER
19	F-M 700	BMW	730	SCHW	DOEGE
20	F-M 901	MERC	350SL	BLAU	DOEGE
21	F-N 300	JAG	MK2	SCHW	EBEL
22	F-P 80	BMW	V8	BLAU	SUPPER
23	F-R 108	MERC	280S	ROT	ZUCCI
24	F-S 300	MERC	450SEL	BRAUN	HOGL
25	F-T 501	JAG	XJ6	ROT	SUPPER
26	F-Z 12	BMW	2000	BLAU	KREUTZER
27	WI-A 13	JAG	XJ6	ROT	MANN
28	WI-C 300	MERC	300SL	BLAU	ABEL
29	WI-D 308	JAG	MK2	WEISS	BRAUER
30	WI-E 30	BMW	730	ROT	ZORN
31	WI-R 318	MERC	350SL	BLAU	SMITH
32	WI-Z 809	JAG	XJ12	GRUEN	ABEL

Bild 2-67a: Inverted File Organisation[250]

[250] Diese Abbildung konnten wir dankenswerterweise entnehmen aus: **NIEDEREICHHOLZ, J.:** Datenbanksysteme, a.a.O., S. 86-89.

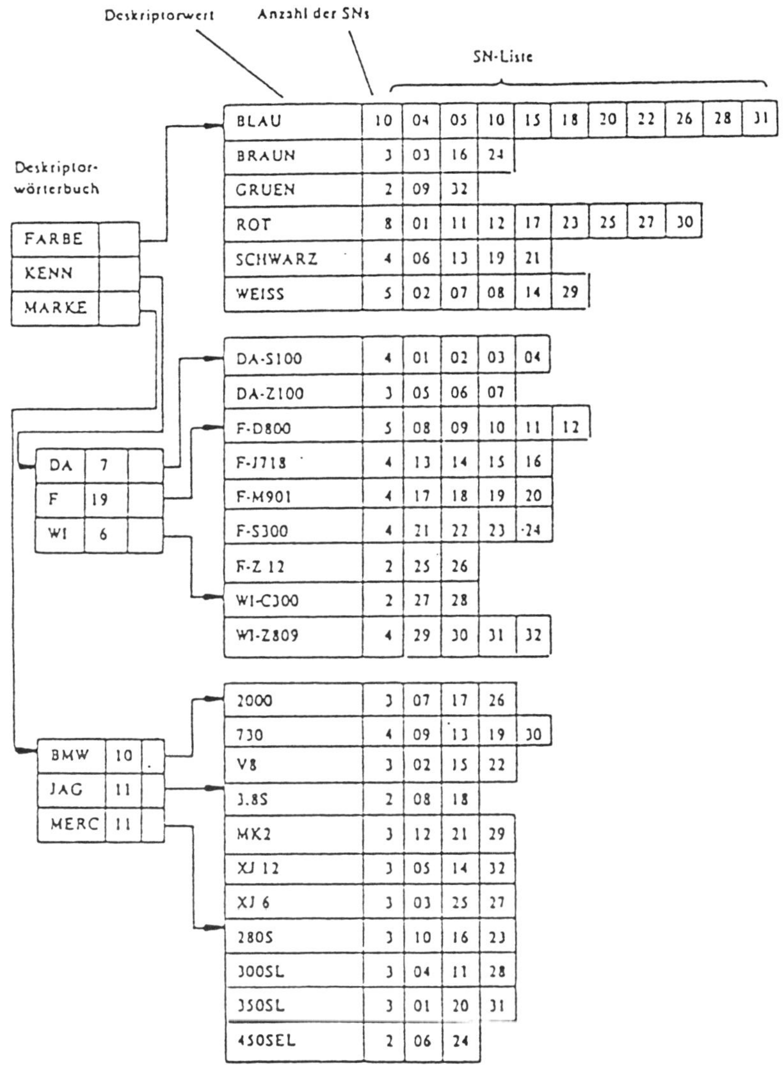

Bild 2-67b: Inverted File Organisation

4. Dateien mit Suchbäumen

Entsprechend den bereits vorgestellten grundsätzlichen Konzepten, den knoten- und blattorientierten Suchbäumen, wird an dieser Stelle lediglich auf praktikable, das heißt in der Praxis relevante Baum-Konzepte eingegangen.
Eine Weiterentwicklung des binären Suchens ist der Zugriff auf eine Datei durch binäre knotenorientierte Suchbäume.
Wie bereits beschrieben, ist es nicht sinnvoll, einen Baum vollständig ausgeglichen zu halten, da Einfüge- und Löschoperationen einen hohen Aufwand an Umstrukturierung innerhalb des Baumes erfordern.[251]
Das Konzept der AVL-Bäume ist daher für die Organisation von Dateien besser geeignet. So ist die mittlere Anzahl der Zugriffe auf mit $\log_2 (n+1)+a$ zwar um den konstanten Summanden a schlechter als bei vollständig ausgeglichenen Bäumen.[252] Man hat einen schnellen wahlfreien Zugriff im Arbeitsspeicher. Wird der Baum nicht im Hauptspeicher gehalten, so sind größenordnungsmäßig $O(\log_2 n)$ Zugriffe auf den Sekundärspeicher notwendig. Eine sequentielle Abarbeitung kann durch geeignetes Durchlaufen (Traversieren) des Baumes mit einem Zugriff pro Schlüssel erfolgen. Einfüge- und Löschoperationen können mit gegebenenfalls notwendigen Umstrukturierungen in $O(\log_2 n)$ Schritten durchgeführt werden.[253]

Bild 2-68 zeigt das Ausgleichen eines AVL-Baumes durch zwei Rotationen nach dem Löschen des Datensatzes mit dem Schlüssel 12:

[251] Vgl. **WIRTH, N.:** Algorithmen, a.a.O., S. 289.
[252] Vgl. **NIEVERGELT, J.:** Binary Search Trees, a.a.O., S. 204.
[253] Vgl. **MEHLHORN, K.:** Effiziente Algorithmen, a.a.O., S. 99 ff.

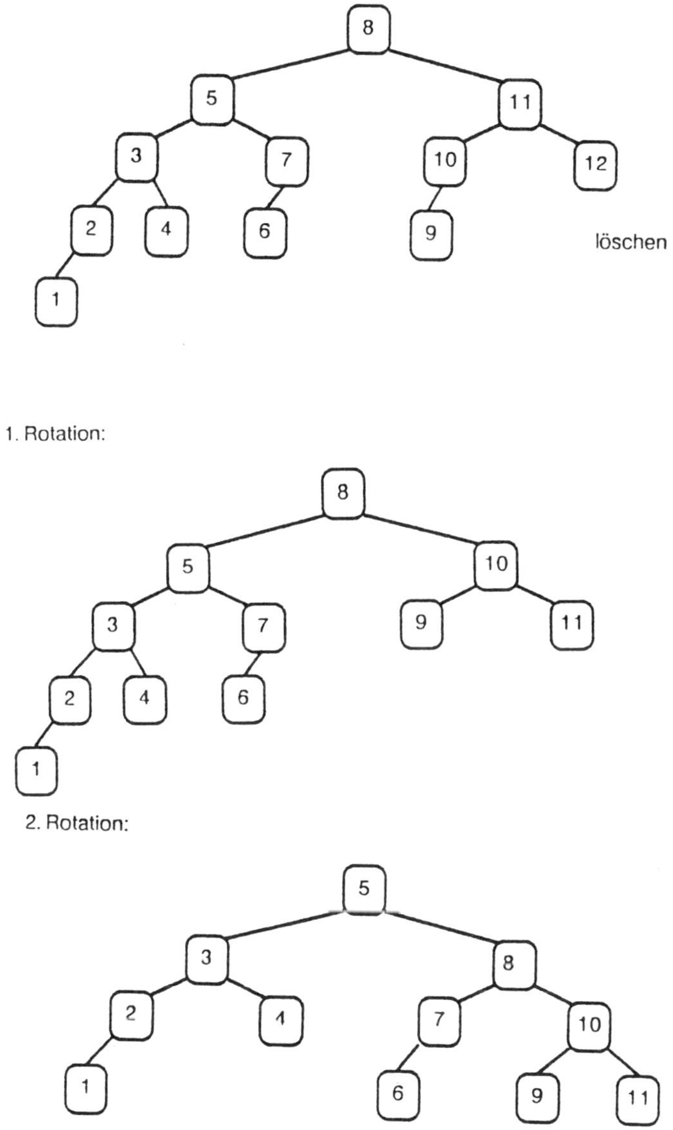

Bild 2-68: Löschen im AVL-Baum

Einfüge- und Löschoperationen sind bei B-Bäumen leichter durchzuführen als bei AVL-Bäumen. Beide Operationen benötigen pro Element O $(\log_k n)$ Lese- und Schreibzugriffe auf den externen Speicher.[254]
Zur Veranschaulichung soll das Einfügen in einen B-Baum der Ordnung k=2 durchgeführt werden.
Der Inhalt einer B-Baum-Seite ist allgemein wie folgt aufgebaut:

p_0	Key_1	p_1	Key_2	p_2	Key_3	p_3	...	p_{m-1}	Key_m	p_m

Bild 2-69: Aufbau einer B-Baum-Seite

p_i bezeichnet den Zeiger auf die i-te Nachfolgerseite (i = 0,...,m), mit $Key_i < X < Key_{i+1}$.
Key_j bezeichnet den Schlüssel von Datensatz j, $j \in \{1,...,m\}$.
Einzufügen sind Datensätze mit folgenden Schlüsseln Key_j:

21, 42, 11, 30, 16, 36, 8, 25, 4, 43

Das Einfügen der ersten 4 Elemente in einen leeren B-Baum führt zu folgender Wurzelseite:

·	11	·	21	·	30	·	42	·

Bild 2-70a: B-Baum nach Einfügen der Elemente 21, 42, 11, 30

Der nächste Datensatz (mit Key = 16) paßt nicht mehr auf diese Seite. Die sortierte Folge 11, 16, 21, 30, 42 mit 2k+1 Elementen wird aufgeteilt in zweimal je k Elemente und ein Element, das nach oben (auf die Wurzelseite) wandert.

[254] Die genauen Werte für die Sekundärspeicherzugriffe führt BAYER in einer "Table of costs for a single retrieval, insertion, or deletion of a key" auf. Vgl. **BAYER, R.; MCCREIGHT, E.:** Organization, a.a.O., S. 185.

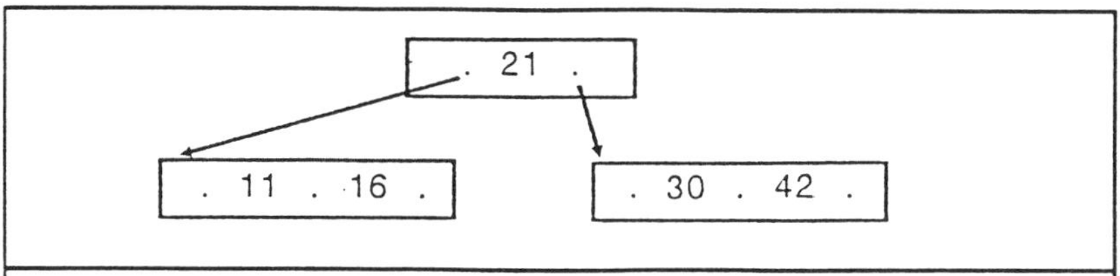

Bild 2-70b: B-Baum nach Einfügen des Elements 16

Den Einfügevorgang der Elemente 36, 8, 25 und 4 zeigt Bild 2-70c:

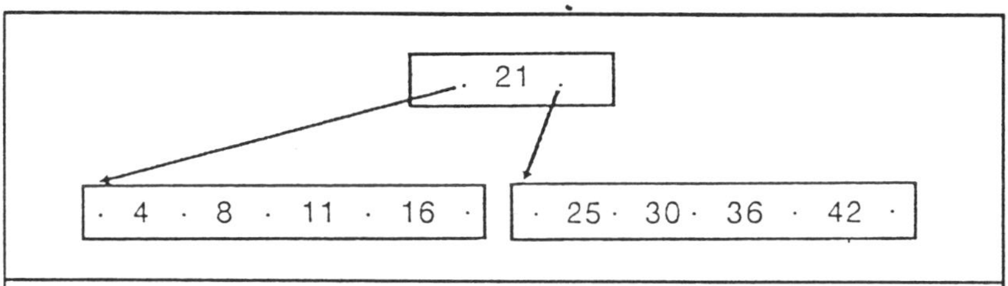

Bild 2-70c: B-Baum nach Einfügen der Elemente 36, 8, 25, 4

Das Einfügen des Schlüssels 43 führt zu einem erneuten Aufsplitten, da die Folge 25, 30, 36, 42, 43 nicht mehr auf eine Seite paßt.

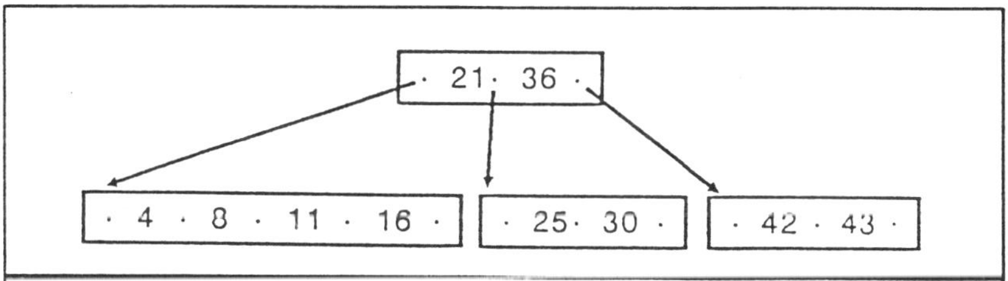

Bild 2-70d: B-Baum nach Einfügen des Elements 43

Anhand dieses kurzen Beispiels wird bereits deutlich, daß ein B-Baum von den Blättern zur Wurzel wächst.

Fügt man in einen Knoten, der bereits 2k, das heißt die maximale Anzahl Elemente enthält ein weiteres Element ein, so wandert das mittlere Element der sortierten Folge 2k+1 nach oben.

Um das Splitten eines vollen Knotens hinauszuschieben, können neue Eintragungen auch in einen benachbarten, nicht vollen Knoten überlaufen.

Gleichzeitig ist dabei jedoch eine Veränderung des die Knoten verbindenden Eintrags im Vaterknoten vorzunehmen. Dieses Vorgehen bezeichnet R. BAYER als OVERFLOW.[255]
Beim Löschvorgang können zwei Seiten, die zusammen weniger als 2k Elemente enthalten, unter Einschluß des sie verbindenden Elements in der Vaterseite, verschmolzen werden.[256]
Die Anzahl der Elemente einer B-Baum-Seite ist von Hardwarefaktoren abhängig. Nach SCHLAGETER sind übliche Seitengrößen 1, 2 oder 4 KBytes.[257]

B-Bäume eignen sich speziell für die Verwaltung großer Datenmengen auf Sekundärspeichern. Eingesetzt werden sie sowohl für das Organisieren von Dateien, als auch für das Verwalten von Indizes.
Durch sehr große Satzlängen verringert sich die Anzahl der Datensätze pro Seite. Das führt dazu, daß man in die zu einem Schlüssel gehörende Nutzinformation lediglich einen Zeiger auf den entsprechenden Datensatz einträgt. Die Datei mit den entsprechenden Sätzen braucht nicht geordnet zu sein; sie benötigt aber eine Freispeicherverwaltung beziehungsweise muß reorganisiert werden, um durch Löschen entstandene Lücken wieder zu füllen.[258]

Ausgehend vom Konzept des B-Baumes zur Verwaltung von Indizes erhält man eine Modifikation, indem man die Datensätze in den Baum einbezieht. Alle Datensätze werden dabei nur in den Blattseiten gespeichert, die übrigen Knoten des Baumes, bis zur Höhe h-1, enthalten den Zugriffspfad zu den Sätzen in Form eines Index.
Ein solcher blattorientierter Suchbaum heißt B^*-Baum.[259] "Für das Suchen, Einfügen und Löschen im B^*-Baum gelten gleichartige Algorithmen wie im B-Baum."[260]

---

[255] Vgl. **NIEDEREICHHOLZ, J.:** Datenbanksysteme, a.a.O., S. 71.
[256] Vgl. **BAYER, R.; McCREIGHT, E.:** Organization, a.a.O., S. 175 ff.
[257] Vgl. **SCHLAGETER, G.; STUCKY, W.:** Datenbanksysteme, a.a.O., S. 278.
[258] Vgl. **SCHLAGETER, G.; STUCKY, W.:** Datenbanksysteme, a.a.O., S. 270 ff.
[259] Vgl. **WEDEKIND, H.:** On the selection of access paths, a.a.O., S. 385-397.
[260] **SCHLAGETER, G.; STUCKY, W.:** Datenbanksysteme, a.a.O., S. 279.

2.2.4.5 Komprimierungstechniken

Komprimierungstechniken sind Techniken, die ursprünglich unter dem Gesichtspunkt der Platzeinsparung auf externen Speichern entwickelt wurden, um Daten zu "verdichten". Die Bedeutung der Kompression hat sich aber durch die Online-Datenverarbeitung dahingehend verändert, daß sich, je höher die Kompressionsrate ist, auch die Menge der im Puffer gehaltenen Daten vergrößert und damit gleichzeitig die Anzahl der physischen Ein-/Ausgabeoperationen verringert wird.[261]

Damit hat die Datenkompression auch wesentlichen Einfluß auf das Antwortzeitverhalten eines Systems. Bevor man Daten komprimiert, sollte man allerdings folgende Aspekte berücksichtigen:

1. Zum Komprimieren und Dekomprimieren (=Expandieren) benötigt man schnelle Rechenanlagen, da ansonsten die Vorteile der Kompression verlorengehen.[262]
2. Der Datenbestand sollte keinen allzu häufigen Update-Operationen unterworfen sein, da die Encode-/ Decode-Routinen gegebenenfalls sehr viel Zeit in Anspruch nehmen.[263]
3. Die Wirtschaftlichkeit der Datenkompression ist nach L.J. HEINRICH und P. BURGHOLZER dann gegeben, "...wenn die Kosten der Komprimierung und Dekomprimierung durch reduzierte Speicherkosten beziehungsweise Datenübertragungskosten mehr als kompensiert werden können."[264]

Aus Punkt 3. wird ersichtlich, daß Daten unter Umständen auch nur zum Zwecke der Chiffrierung, etwa bei der Datenübertragung oder der codierten Ablage, komprimiert werden.[265]

Die Effizienz einer Kompression ist hauptsächlich von der verwendeten Komprimierungsmethode und der Struktur der Daten abhängig.[266]

Die bekannten Komprimierungstechniken sind in zwei Klassen, die stringorientierten und die vertikalen, strukturorientierten Verfahren einteilbar.

---

261 Vgl. **SOFTWARE AG:** ADABAS Einführung, a.a.O., S. 28.

262 Vgl. **DITTMANN, E.L.:** Datenunabhängigkeit, a.a.O., S. 150.

263 Vgl. **NIEDEREICHHOLZ, J.:** Datenbanksysteme, a.a.O., S. 190.

264 **HEINRICH, L.J.; BURGHOLZER, P.:** Informationsmanagement, a.a.O., S. 144.

265 Vgl. **NIEDEREICHHOLZ, J.:** Datenbanksysteme, a.a.O., S. 190.

266 Tests im Hause Siemens haben unter nicht weiter genannten Voraussetzungen zu Reduzierungen des Datenvolumens um 75-80% geführt. Vgl. **O.V.:** Wann ist eine Datenkomprimierung sinnvoll?, in: **SIEMENS MAGAZIN COM:** 6/1986, S. 45.

Im folgenden werden einige in der Literatur genannte Techniken exemplarisch vorgestellt. Man unterscheidet dabei unter anderem

- die Feldverkürzung,
- das Aussparen nicht belegter Felder,
- die Lauf-Längen-Komprimierung,
- die Schubladentechnik,
- den Codewechsel und
- das Frankenstein-Lidzba-Verfahren (FLAM).

1. Feldverkürzung

Eine Feldverkürzung erreicht man durch

- das Weglassen führender Nullen in numerischen Feldern,
- das Weglassen nachfolgender Blanks in alphanumerischen Feldern sowie durch
- die Konvertierung aller ungepackten Zahlen in gepackt dezimales Format.[267]

06	Müller	statt	Müllerxxxxxxxxxxxxxxxxxx
18	Müller-Lüdenscheid	statt	Müller-Lüdenscheidxxxxxx

Bild 2-71: Feldverkürzung

[267] Vgl. **SOFTWARE AG:** ADABAS Einführung, a.a.O., S. 28 und **NIEDEREICHHOLZ, J.:** Datenbanksysteme, a.a.O., S. 184.

2. Aussparen nicht belegter Felder

Das Datenbanksystem ADABAS der Software AG, Darmstadt verwendet diese Technik, indem

- ein Feld bei leerem Inhalt unterdrückt wird,
- leere Felder am Satzende, am Ende eines multiplen Feldes sowie am Ende einer Periodengruppe weggelassen werden,
- leere Werte in der Mitte von multiplen Feldern unterdrückt werden.[268]

Dies geschieht über einen zusätzlichen vorgeschalteten Bitvektor zu jedem realisierten Datensatz, in dem angegeben wird, ob für eine Komponente ein Attribut vorhanden ist oder nicht.

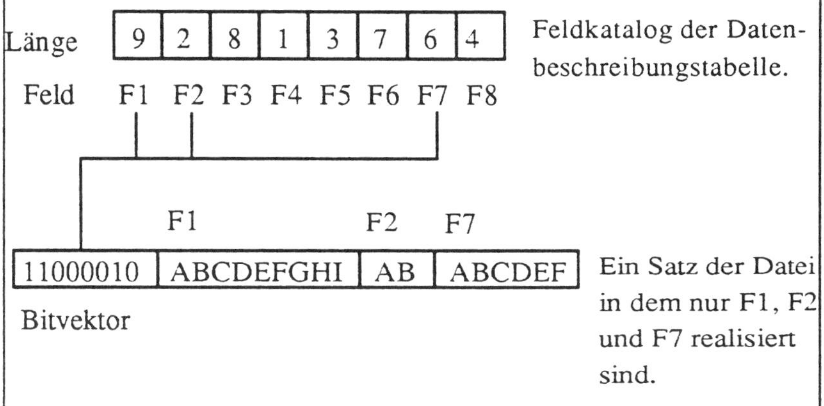

Bild 2-72: Aussparen nicht belegter Felder

3. Lauf-Längen-Komprimierung

In Datensätzen, die für konventionelle kommerzielle Anwendungen typisch sind, befinden sich oftmals Sequenzen, in denen das gleiche Zeichen in einer Folge häufig wiederholt wird. Das Lauf-Längen-Verfahren nutzt diese Tatsache zur Verdichtung derartiger Strings aus.[269]

---

[268] Vgl. **SOFTWARE AG:** ADABAS Anwenderschulung, Darmstadt, September 1981, Folie II-12.

[269] Vgl. **O.V.:** Wann ist eine Datenkomprimierung sinnvoll?, a.a.O., S. 45.

4. Schubladentechnik

Bei dieser Technik werden Silben von Wörtern, die häufig vorkommen, in einem eigenen Wörterbuch gespeichert und durch einen Schlüsselwert ersetzt.

Städtenamen (komprimiert)

HAM	5
HEIDEL	6
FRANK	4
SIGMAR	2
GÖTT	2
FLENS	5
DÜSSEL	1
NORT	7

Wörterbuch als Tabelle

1	DORF
2	INGEN
3	STADT
4	FURT
5	BURG
6	BERG
7	HEIM

Bild 2-73: Schubladentechnik[270]

5. Codewechsel

Im allgemeinen erfolgt die Codierung von Zeichen auf Großrechnern in einem 8-Bit-Code (zum Beispiel EBCDIC).
Durch die Wahl eines anderen Codes, etwa die Wahl einer alphabetischen Verschlüsselung in 5 Bits, lassen sich in diesem Fall Platzersparnisse von 37% erzielen.[271]
Besonders effizient verschlüsselt ein von E.A. HUFFMAN entwickelter Code jeden Text, unabhängig davon, ob es sich um ein Quellenprogramm, ein Objektmodul oder einen Bit-String handelt. Nach J. NIEDEREICHHOLZ kann die Komprimierung mittels des Huffman-Coding zu Platzersparnissen zwischen 50 und 80% führen.[272]

[270] Vgl. **NIEDEREICHHOLZ, J.:** Datenbanksysteme, a.a.O., S. 183/184.
[271] Vgl. **NIEDEREICHHOLZ, J.:** Datenbanksysteme, a.a.O., S. 184.
[272] Vgl. **NIEDEREICHHOLZ, J.:** Datenbanksysteme, a.a.O., S. 186.

6. FLAM - FRANKENSTEIN-LIDZBA-Verfahren

FLAM ist ein Softwareprodukt der Siemens AG, basierend auf dem FRANKENSTEIN-LIDZBA-Verfahren. Die Datenfolgen werden nicht nur satzseriell, das heißt Satz für Satz komprimiert, sondern auch einer Strukturanalyse unterworfen, die eine verbindende Charakteristik der Sätze erkennen soll. Dadurch lassen sich mit FLAM, einem sogenannten vertikal strukturorientiertem Verfahren, Datenbestände zusätzlich blockseriell verdichten. Bei strukturverwandten Daten, zum Beispiel hat jeder Kundenstammsatz die gleiche logische Struktur, erzielt man daher bessere Komprimierungseffekte als mit rein stringorientierten Kompressionstechniken.[273]

2.3 Die Funktion Datenbankdesign

Bekanntlich ist ohne eine gut organisierte Datenhaltung und -verwaltung als Basis des Datenmanagements eine wirtschaftliche Informationsverarbeitung in den Betrieben nicht möglich. Mit der Entwicklung von Datenbanksystemen sind dafür zentrale Erfassungs-, Verarbeitungs- und Verteilungseinheiten geschaffen worden.[274]

Basierend auf den Ergebnissen der Datenarchitektur und der Datenanalyse muß für die Haltung der Daten mit Hilfe eines ausgewählten Datenbanksystems und den dazugehörigen Endbenutzersprachen beim Datenbankdesign ein Entwurf für die physische Realisierung des Datenmodells entwickelt werden.

Bei der Implementierung des Datenmodells stehen heute weniger die technischen Aspekte der Datenorganisation, als eher die weitestgehende physische Umsetzung des Modells unter Beachtung der für Datenbanksysteme geltenden allgemeinen Anforderungen[275] im Vordergrund.

Zu beachten ist dabei allerdings, daß die Eigenschaften der auf dem Markt angebotenen Datenbanksysteme sehr stark variieren, ihre Zielsetzung in der Regel aber übereinstimmt.
Daher wird in diesem Kapitel keine allgemeingültige Vorgehensweise für das physische Design der Datenbank vorgestellt. Wir befassen uns hier mit den

---

[273] Vgl. **MARCOLINI, M.:** Komprimieren mit FLAM, in: **SIEMENS MAGAZIN COM:** 6/1986, S. 41 (41-42).
[274] Vgl. **WEDEKIND, H.:** Datenbanksysteme I, a.a.O., S. 26 ff.
[275] Vgl. dazu die Ausführungen in Kapitel 2.3.2.1.

Konzeptionen der Systeme zur Datenhaltung und -verwaltung sowie ihren Aufgaben.
Im ersten Teil (2.3.1) gehen wir kurz auf konventionelle Datenhaltungssysteme ein. Kapitel 2.3.2 behandelt ausführlich das Konzept der Datenbanksysteme; in Kapitel 2.3.3 werden die Grundlagen von Data Dictionaries dargestellt. Anschließend folgt eine Erläuterung der verteilten Datenbanken (2.3.4) und des Problems des Information Retrieval (2.3.5).

2.3.1 Dateiensysteme

Die einfachsten Datenverwaltungssysteme (simple-data-management-systems) sind in einfachen prozeduralen Programmiersprachen geschriebene Programme mit Zugriff auf sequentielle Dateien.[276] Beispielsweise werden sie zur persönlichen Adressenverwaltung eingesetzt. Sie sind jedoch in betrieblichen Bereichen von untergeordneter Bedeutung, da sie kaum Möglichkeiten zur Reorganisation der Daten bieten.

Etwas leistungsfähiger sind die sogenannten file management systems. Sie gewährleisten in der Regel ebenfalls nur sequentiellen Zugriff. Benutzern ohne DV-Kenntnisse ermöglichen sie aber eine einfache Handhabung durch Menütechniken, bieten begrenzte Reorganisationsmöglichkeiten der Datenbestände und sind für kleine Datenverwaltungsaufgaben sinnvoller einzusetzen als Datenbanksysteme, die eine Programmierung der Benutzeranwendungen voraussetzen.
Die besondere Bedeutung derartiger Systeme ist heute in ihrem Einsatz auf Mikrocomputern zu sehen, da damit erstmals auch die Kleinbetriebe die Automatisierungs- und Rationalisierungsvorteile computergestützter Datenverwaltungssysteme nutzen können.[277] In Betrieben mittlerer Größe hofft man, durch den Einsatz dieser Systeme DV-Kapazitäten in die Fachabteilungen verlagern zu können.[278]

---

276 Vgl. **RENNER, G.**: Entwicklungsstand und Einsatzmöglichkeiten mikrocomputergestützter Datenverwaltungssysteme, in: **WEBER, H.; OPPERMANN, H.H. (HRSG.)**: PC betriebliche Anwendung und Praxis, Braunschweig/Wiesbaden 1985, S. 129 (123-157).

277 Vgl. **MUCKSCH, H.**: Datenschutz und Datensicherung, a.a.O., S. 25/26.

278 Neben dem überwiegenden Einsatz als stand-alone-Konfigurationen sind mikrocomputergestützte Datenverwaltungssysteme besser in lokalen Netzwerkkonfigurationen als in Form von Mehrplatzsystemen dezentral einzusetzen. Vgl. **RENNER, G.**: Entwicklungsstand, a.a.O., S. 150/151.

2.3.2 Datenbanken und Datenbankverwaltungssysteme

Je nach Stand der Datenverarbeitung im Unternehmen faßt man gleichartige logisch zusammengehörige Datensätze zu einer Datei und diese entweder zu isoliert anzusehenden Dateisystemen oder zu Datenbanken zusammen. Es stellt sich hier die Frage, worin der Unterschied zwischen einem Dateiensystem und einer Datenbank besteht, da beide ähnliche Aufgaben zu bewältigen haben.
Die Datenbank unterscheidet sich zumindest durch zwei wesentliche Punkte vom herkömmlichen Datei- oder File-Konzept:

1. Datenunabhängigkeit
2. Zentralisierung

Das folgende Beispiel - dargestellt anhand zweier betrieblicher Funktionen F - verdeutlicht dies:

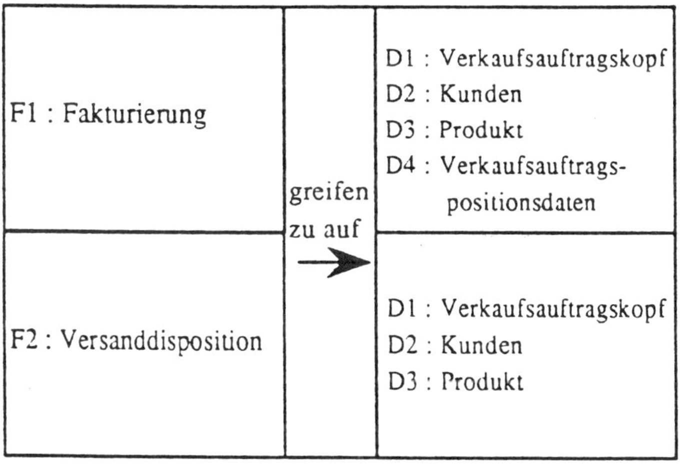

Bild 2-74: Dateizugriffe zweier betrieblicher Funktionen

Bild 2-75 gibt eine Veranschaulichung, wie die Zugriffe mit einem herkömmlichen File-Konzept organisiert sind.

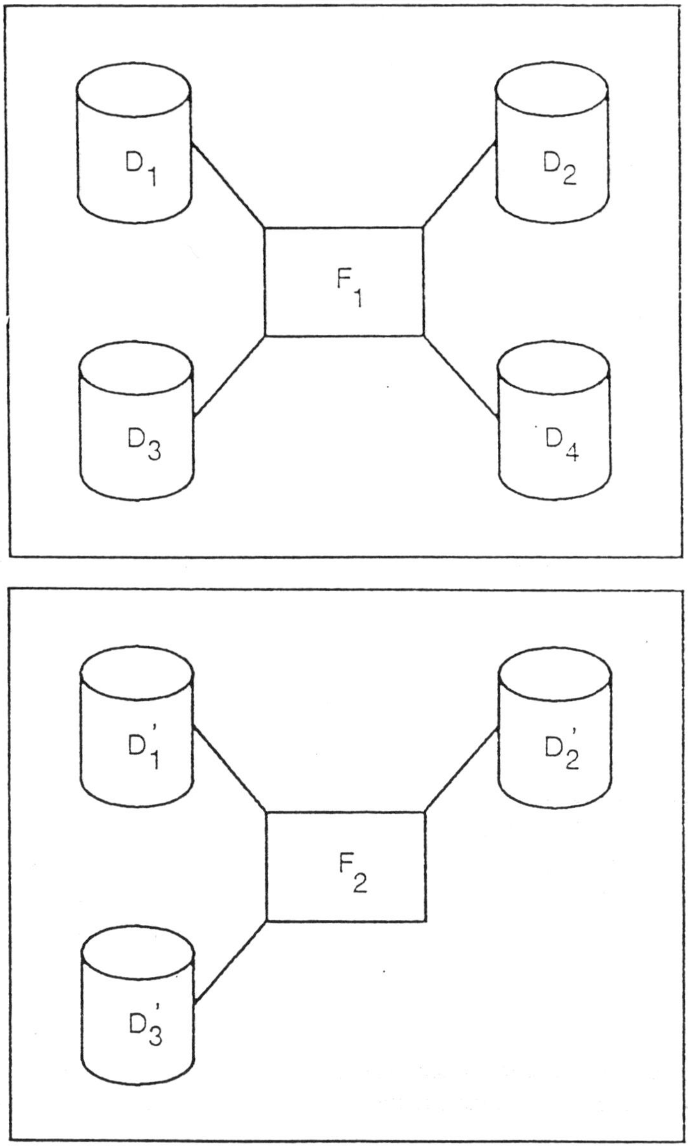

Bild 2-75: Zugriffe mittels File-Konzept

Man kann die Dateien zwar so anlegen, daß sie für jede Aufgabe geeignet sind, vielfach werden aber für die einzelnen Anwendungen unstrukturierte Kopien der Ausgangsdatei zur Verfügung gestellt.

Da für jedes Anwendungsprogramm im obigen Beispiel Duplikate der Dateien erstellt werden, ergibt sich ein großer Änderungsaufwand. Änderungen, zum Beispiel Schreibvorgänge, sind in ihrer Durchführung sehr problematisch. Beim herkömmlichen File-Konzept ist eine zentrale Kontrolle nötig, die dafür sorgt, daß eine Änderung auch in allen Kopien (Duplikaten) vorgenommen wird.
Absprachen über Datenformate, Speicherungsformen etc. sind im allgemeinen kaum zu realisieren. Für die Vorgehensweise ist typisch, daß sich jeder Programmierer seine Dateien selbst aufbaut, unabhängig von und vielleicht sogar ohne Kenntnis der Dateien anderer Programmierer. Der Dateiaufbau ist unmittelbar an die jeweilige Verarbeitung angepaßt, und die Datei ist in dieser Form auch physisch abgespeichert.
Zu den möglichen Folgen dieser konventionellen Vorgehensweise zählen:

- Redundanz der Daten,
- Konsistenzschwierigkeiten und
- starke Daten-Programm-Abhängigkeit, kurz: Datenabhängigkeit.

Ändert sich beispielsweise der Aufbau der Dateien, so müssen auch gleichzeitig alle darauf basierenden Programme geändert werden.[279]

Konsequenterweise faßt man die bislang isolierten Dateien zentral in einer Datenbank zusammen. Auf diese zentralisierten Dateien, zwischen denen logische Beziehungen bestehen und die unabhängig von den potentiellen Anwendungsprogrammen gehalten werden, wird nicht mehr direkt, sondern über die Datenbanksoftware zugegriffen.

---

[279] Vgl. dazu auch **BASTIAN, M.**: Datenbanksysteme, a.a.O., S. 3/4.

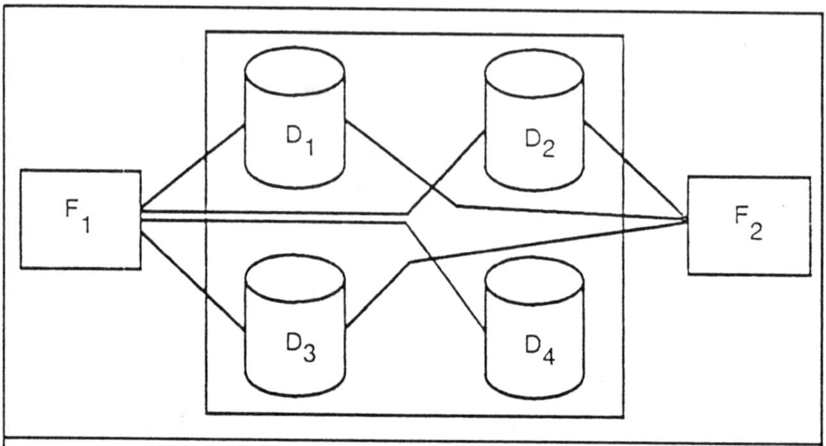

Bild 2-76: Zentralisierung der Dateien

Aufgrund der zentralisierten Datenverwaltung ergeben sich die im folgenden behandelten Anforderungen an ein Datenbanksystem.

2.3.2.1 Forderungen und Ziele bei der Gestaltung eines Datenbanksystems

Zum Teil beinhalten die hier behandelten Forderungen und Ziele gleichzeitig Einzelaufgaben und Funktionen, die ein Datenverwaltungssystem bereitzustellen hat.[280]
Da bei konventionellen Anwendungen oftmals die gleichen Daten in mehreren Dateien gehalten werden (Redundanz), soll ein Datenbanksystem den Zweck erfüllen, daß Daten möglichst nur einmal gespeichert werden.

1. Forderung: Weitestgehende Redundanzfreiheit durch einmalige Speicherung der Daten.[281]

Bei Änderungen in den Daten des Datenbanksystems sollen Programme nicht mehr umgeschrieben werden müssen. Dies bedeutet, daß die starke Programm-Daten-Abhängigkeit vollständig durch eine Isolierung der Daten von den Programmen aufzuheben ist.

---

280 Vgl. **STUCKY, W.; KRIEGER, R.:** Datenbanksysteme, a.a.O., S. 839.

281 Die volle Redundanzfreiheit der Daten ist aus Praktikabilitätsgründen auch in Datenbanksystemen nicht möglich.

2. Forderung: Datenunabhängigkeit

Es lassen sich, wie das folgende Bild zeigt, drei Datenunabhängigkeitsgrade unterscheiden:

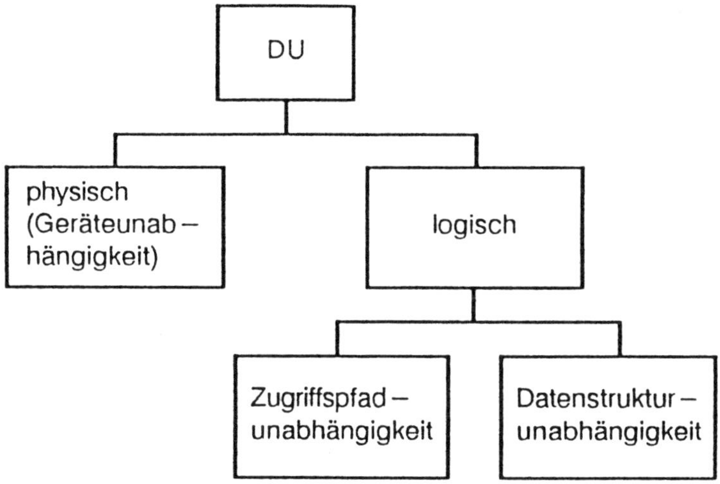

Bild 2-77: Begriff der Datenunabhängigkeit

a) Geräteunabhängigkeit (physisch)
Traditionelle Datenverarbeitungssysteme besitzen durch das Betriebssystem die volle Geräteunabhängigkeit. Beim Arbeiten mit einer Datenbank übernimmt das Datenbankmanagementsystem (DBMS) beispielsweise die Steuerung und Überwachung der Kanäle, das Blocken und Entblocken von Datensätzen; es erlaubt die symbolische Adressierung von Dateien und regelt die Freigabe und Belegung von Speicherraum.

b) Zugriffspfadunabhängigkeit (logisch)
Der Benutzer der Datenbank benötigt keine Kenntnisse über den Aufsuchprozeß bei der Datenhandhabung; das heißt für ihn ist es unerheblich, ob der Zugriffspfad zu einem bestimmten Datensatz über Indizes, Pointer oder Adressketten realisiert ist. Eine Änderung der Zugriffspfade läßt in jedem Fall die Benutzerprogramme unberührt.

c) Datenstrukturunabhängigkeit (logisch)
Datenstrukturunabhängigkeit liegt vor, wenn bei einer Benutzeranfrage an das Datenbanksystem keine Kenntnisse über die verwendeten Datenstrukturen (Datenzusammenstellungen, logische Verknüpfungen) nötig sind. Die Datenstrukturunabhängigkeit stellt die höchste Stufe der Datenunabhängigkeit dar. Allerdings existiert sie bislang nur annähernd in einigen relationalen Datenbanksystemen.[282]

3. Forderung: Möglichkeit des Vielfachzugriffes(multi access, multi using)

Eine Datenbank wird für viele Benutzer aufgebaut; folglich muß die Datenbanksoftware einen Vielfachzugriff ermöglichen. Diese Forderung folgt aus der Zentralisierung der Datenbestände.
Eine wesentliche Softwaretechnik zur Bewältigung des Vielfachzugriffes stellt das Reentrancy-Konzept dar. Die Routinen der Datenbanksoftware müssen daher 'reentrant', das heißt mehrfach benutzbar, geschrieben sein. Die Grundidee des Reentrancy-Konzeptes ist folgende: Code und Daten müssen getrennt werden. Mehrere Benutzerprogramme rufen den gleichen Code auf und arbeiten abwechselnd mit ihm. Jedes Programm erhält dabei seinen eigenen Datenbereich.[283]
Ein weiteres Problem, welches mit der Forderung nach Vielfachzugriff auftritt, sind die Störungen bei parallelen Prozessen auf gleiche Daten. Ansätze zur Lösung dieser Zugriffsproblematik werden zum Beispiel unter dem Stichwort Deadlock im Stoffgebiet Betriebssysteme[284] behandelt.

4. Forderung: Bereitstellung adäquater Sprachmöglichkeiten

Ein Datenbanksystem sollte Sprachmöglichkeiten zur Verfügung stellen, die den möglichen Benutzergruppen angepaßt sind. Diese Forderung beinhaltet daher die Berücksichtigung verschiedener Benutzergruppen eines Datenbanksystems.

---

282 Vgl. dazu auch **BASTIAN, M.:** Datenbanksysteme, a.a.O., S. 5/6, sowie **MARTIN, J.:** Datenbanktechnik, a.a.O., S. 45.

283 Vgl. **NIEDEREICHHOLZ, J.:** Datenbanksysteme, a.a.O., S. 12.

284 Vgl. **WETTSTEIN, H.:** Betriebssysteme, in: **KURBEL, K.; STRUNZ, H. (HRSG.):** Handbuch Wirtschaftsinformatik, Stuttgart 1990, S. 857-876.

Die möglichen Benutzer einer Datenbank lassen sich grob in drei Gruppen einteilen:[285]

a) Die erste Gruppe umfaßt die sogenannten Datenbankspezialisten, also das DB-Verwaltungs- und Betriebspersonal. Dazu zählen der DB-Administrator (DBA) und seine Mitarbeiter.

b) Diese Gruppe besteht aus Anwendungsprogrammierern, die Programme zur immer wiederkehrenden Benutzung entwickeln.

c) Alle weiteren Personen, die mit dem Datenbanksystem arbeiten, lassen sich der Gruppe der Nichtprogrammierer zuordnen.[286] Eine detailliertere Gliederung ist daher notwendig.[287]

c_1) Bei den sogenannten Parametrischen Benutzern (parametric users) handelt es sich um angelerntes Dienstpersonal. Man denke beispielsweise an das Schalterpersonal in Banken, das in vorgegebene Eingabemasken lediglich bestimmte Parameter zur Durchführung ihrer Datenbankanfrage eingibt.

c_2) Das charakterisierende Aufgabengebiet der Gelegentlichen Benutzer (casual users)[288] sind einmalig auftretende, unstrukturierte Probleme. Gerade für solche Anwender ist eine benutzerfreundliche Kommunikation mit einer Datenbank die Voraussetzung, um den Computer als Hilfsmittel zur Problemlösung überhaupt in Betracht zu ziehen.

c_3) Die letzte Gruppe der Nichtprogrammierer umfaßt die sogenannten Anspruchsvollen Laien (analysts, auditors and researchers), die Verständnis für Formalisierungen besitzen und sich mit komplizierten Anfragen an das Datenbanksystem wenden.

Zur Konversation (Kommunikation) der diversen Benutzer mit der Datenbank werden daher sowohl Datendefinitions- (DDL) als auch Datenmanipulationssprachen (DML) benötigt.[289]

---

285 Vgl. **BASTIAN, M.:** Datenbanksysteme, a.a.O., S. 10/11.

286 Vgl. **DITTMANN, E.L.:** Datenunabhängigkeit, a.a.O., S. 25/26.

287 Vgl. **CODD, E.F.; DATE, C.J.:** Interactive Support for Non-Programmers, IBM Research Report RJ 1400, San Jose, S. 7 f. sowie **DATE, C.J.:** Relational Database: Selected Writings, Reading, Massachusetts/Menlo Park, California 1986, S. 160.

288 E.F. CODD umschreibt die Gruppe der casual users, indem er ihr "managers and housewives" zuordnet. Vgl. **CODD, E.F.:** Seven Steps to Rendezvous with the Casual User, in: **KLIMBIE, J.W.; KOFFEMAN, K.L. (HRSG.):** Data Base Management, Amsterdam 1974, S. 179-200.

289 Vgl. **NIEDEREICHHOLZ, J.:** Datenbanksysteme, a.a.O., S. 13; **QUIEL, G.:** Datenbanksysteme - Grundlage von Informationssystemen, Köln-Braunsfeld 1981, S. 65 f. sowie **MARTIN, J.:** Datenbanktechnik, a.a.O., S. 159 f.

Bei Datenmanipulationssprachen unterscheidet man die folgenden beiden Konzepte:[290]

a) Selfcontained System
Die Abfragesprache, die auch als Query Language (QL) bezeichnet wird, ist eine eigenständige Sprache, die aufgrund ihrer einfachen Struktur mehr für EDV-Laien gedacht ist.

b) Host Language System
Die Datenhandhabung erfolgt innerhalb einer höheren Programmiersprache wie COBOL, PL1, FORTRAN, etc.; Programmierkenntnisse des Anwenders sind daher notwendig.
Einzelne spezielle DML-Befehle für das Arbeiten mit der Datenbank werden in die entsprechende Träger-(Wirts-)sprache eingebettet. Derartige Sprachen sind somit mehr für EDV-Spezialisten geeignet.

5. Forderung: Strukturflexibilität der Datenbank

"Die Struktur der Datenbank muß relativ leicht variierbar sein, falls eine existierende Struktur sich als unzweckmäßig oder verbesserungswürdig erweist."[291]
Auch Anpassungen an neue Anforderungen im Sinne von Erweiterungen der Datenbank dürfen keine großen Probleme aufwerfen.
Eine Methode zur schrittweisen Erweiterung eines konzeptionellen Schemas[292] einer Datenbank ist die kanonische Synthese. J. MARTIN bezeichnet ein "minimales" konzeptuelles Datenmodell, welches unabhängig von Anwendungen, Soft- und Hardware ist, als kanonisches Modell.[293]
Unter der Voraussetzung, daß sich das konzeptuelle (alte) Datenmodell und das für die hinzugekommenen Anwendungen neue Modell in der 3. Normalform befinden, werden beide mittels der kanonischen Synthese zum neuen konzeptuellen Datenmodell zusammengefaßt.[294] Folgendes Vorgehen ist dabei empfehlenswert:

---

[290] Vgl. **BASTIAN, M.:** Datenbanksysteme, a.a.O., S. 67.
[291] **NIEDEREICHHOLZ, J.:** Datenbanksysteme, a.a.O., S. 13.
[292] Im konzeptionellen Schema einer Datenbank wird das logische oder konzeptuelle Datenmodell (Kapitel 2.2.2.4) beschrieben. Die detailliertere Erläuterung dieses Begriffs folgt in Kapitel 2.3.2.2.
[293] Vgl. **MARTIN, J.:** Managing the Database Environment, Englewood Cliffs, New Jersey 1983, S. 235.
[294] Vgl. **YANNAKOUDAKIS, E.J.:** The Architectural Logic of Database Systems, London/Berlin/Heidelberg/New York/Paris/Tokyo 1988, S. 163.

Enthält eine neue Relation den gleichen Primärschlüssel wie eine bereits im Datenmodell existierende Relation, so werden die Attribute der neuen Relation in die bestehende integriert. Im anderen Fall wird das konzeptuelle Datenmodell um die neue Relation erweitert. Im Rahmen eines erneuten Normalisierungsprozesses eliminiert man anschließend dadurch entstandene Überschneidungen in den Daten sowie redundante Beziehungen.[295]

6. Forderung: Akzeptables Antwortzeitverhalten des Systems

Die Datenbankroutinen müssen ein akzeptables Antwortzeitverhalten bei normaler Belastung garantieren. Unterstützt wird diese Forderung durch eine entsprechende Organisation der Datenstrukturen im Hinblick auf die Verarbeitungsanforderungen und die Informationsbedürfnisse der Benutzer.[296]

7. Forderung: Korrektheit und Unversehrtheit der Daten in der Datenbank

Bei der Auswertung und Veränderung von umfangreichen Datenbeständen ist die Gefahr sehr groß, daß durch

- eine fehlerhafte Synchronisation parallel arbeitender Programme,
- Hardware- oder Systemsoftware-Fehler oder
- fehlerhafte Änderungen, die beabsichtigt oder unbeabsichtigt erfolgen,

die Korrektheit der Daten nicht mehr gewährleistet ist.[297] Es muß daher gesichert sein, daß die Daten in der Datenbank zu jedem Zeitpunkt konsistent oder korrekt sind.

Eng verbunden mit dieser Forderung sind die Begriffe Datenkonsistenz und Datenintegrität. Da beide Begriffe in der Literatur teils synonym[298], teils jedoch unterschiedlich verwendet werden, erfolgt hier eine kurze Begriffsklärung.
Die Datenkonsistenz beinhaltet nach C.A. ZEHNDER die Übereinstimmung des Datenbankinhalts mit der Datenbankbeschreibung sowie die innere

---

295 Einen entsprechenden Algorithmus zur kanonischen Synthese findet man in: **YANNAKOUDAKIS, E.J.:** The Architectural Logic, a.a.O., S. 177.
296 Vgl. **STUCKY, W.; KRIEGER, R.:** Datenbanksysteme, a.a.O., S. 839.
297 Vgl. **BASTIAN, M.:** Datenbanksysteme, a.a.O., S. 131.
298 Vgl. **SCHLAGETER, G.; STUCKY, W.:** Datenbanksysteme, a.a.O., S. 287.

Widerspruchsfreiheit der Daten.[299] Datenkonsistenz verlangt folglich die logische Richtigkeit der Daten, das heißt als logisch richtig wird das betrachtet, was beim Entwurf des konzeptionellen Schemas festgelegt wurde.[300] Damit steht die Frage nach der Bedeutung der Daten, also die Semantik, im Vordergrund. Der Begriff Datenkonsistenz wird daher gelegentlich mit dem der semantischen Datenintegrität gleichgesetzt.[301]
Datenintegrität könnte somit als Oberbegriff angesehen werden. Er umfaßt sowohl die korrekte Speicherung der Daten, die Widerspruchsfreiheit der abgespeicherten Informationen, die korrekte Repräsentation möglicher Zustände der Anwendung als auch die Zulässigkeit der Datenbankzustände aufgrund der in der Anwendung geltenden Normen.[302]
In Anlehnung an G. SCHLAGETER und W. STUCKY verwenden wir allerdings beide Begriffe synonym, da damit letztlich immer die Korrektheit der Daten in Bezug auf die Realwelt gemeint ist.[303]

Ein Datenbankverwaltungssystem muß, um der Forderung nach Datenintegrität und -konsistenz gerecht zu werden, folgende Aufgaben unterstützen beziehungsweise selbst erfüllen:[304]

a) Gewährleistung der semantischen Integrität

Semantische Integrität bedeutet die Übereinstimmung der gespeicherten Daten mit denen der realen Welt. Sie wird überwiegend durch falsche Eingabedaten verletzt, welche folgendermaßen entstehen können:

---

299 Vgl. **ZEHNDER, C.A.:** Informationssysteme und Datenbanken, 4., neubearbeitete und erweiterte Auflage, Stuttgart 1987, S. 178.

300 Vgl. **HEINRICH, L.J.; ROITHMAYR, F.:** Wirtschaftsinformatik-Lexikon, 3., überarbeitete und wesentlich erweiterte Auflage, München/Wien 1989, S. 134.

301 Vgl. **ZEHNDER, C.A.:** Informationssysteme und Datenbanken, a.a.O., S. 178 und **SCHLAGETER, G.; STUCKY, W.:** Datenbanksysteme, a.a.O., S. 287.

302 Vgl. **STEINBAUER, D.; WEDEKIND, H.:** Integritätsaspekte in Datenbanksystemen, in: **INF. SPEKT.:** 2/1985, S. 61 (60-68) sowie **WEDEKIND, H.; HÄRDER, T.:** Datenbanksysteme II, a.a.O., S. 75 f.

303 Vgl. **SCHLAGETER, G.; STUCKY, W.:** Datenbanksysteme, a.a.O., S. 287/288.

304 Vgl. **STUCKY, W.; KRIEGER, R.:** Datenbanksysteme, a.a.O., S. 839.

- Mit Absicht des Benutzers,
- durch Irrtum (zum Beispiel Tippfehler) des Benutzers oder
- durch Nichtwissen des Benutzers, das heißt der Anwender kennt die Bedeutung und den Zusammenhang der Daten nicht.

Derartige Fehleingaben müssen durch Integritätsbedingungen[305] abgefangen werden. Die Bedingungen sollen Informationen über erlaubte Werte oder Beziehungen zwischen Entities dergestalt liefern, daß das Datenbankmanagementsystem in die Lage versetzt wird, Fehler dieser Art zu erkennen und gegebenenfalls zu verhindern.

b) Synchronisation des Zugriffs mehrerer Benutzer auf den gleichen Datenbestand

Es muß gewährleistet sein, daß die mit einer Datenbank arbeitenden Benutzerprozesse so koordiniert (synchronisiert) werden, daß allein aufgrund der Parallelität der Prozesse die Korrektheit der Datenbank nicht verletzt wird.
Es ist zu verhindern, daß

- aufgrund gegenseitiger Störungen von Prozessen falsche Daten in der Datenbank gespeichert werden,
- einzelne Benutzer inkonsistente Daten sehen, das heißt Daten, die aus unterschiedlichen Zuständen der realen Welt stammen.[306]

c) Wahrung der operationalen Integrität

Unterschiedlichste technische Fehler können zu einer Inkorrektheit der Datenbank führen. Daten können verlorengehen beziehungsweise werden verfälscht. Ein Datenbanksystem muß daher Routinen beinhalten, die derartige Fehler erkennen und im Anschluß daran einen korrekten DB-Zustand wiederherstellen.[307] Die Wiederherstellung eines korrekten Zustandes nennt man Recovery.

---

305 Diese Integritätsbedingungen werden zusammen mit den Datendefinitionen im konzeptuellen Schema abgelegt. Vgl. zum Begriff konzeptuelles Schema Kapitel 2.3.2.2.

306 Vgl. **SCHLAGETER, G.; STUCKY, W.:** Datenbanksysteme, a.a.O., S. 287 sowie **WEDEKIND, H.; HÄRDER, T.:** Datenbanksysteme II, a.a.O., S. 75 f.

307 Vgl. **SCHLAGETER, G.; STUCKY, W.:** Datenbanksysteme, a.a.O., S. 325.

Dabei sollte die Datenbankintegrität zu wesentlichen Teilen vom DB-System selbst kontrolliert und erzwungen werden.

8. Forderung: Datenschutz und Datensicherheit

Die Daten in einer Datenbank sind im Sinne des Datenschutzes vor unberechtigtem Lesen, unberechtigter Änderung oder Zerstörung zu schützen. Es müssen gerade beim Arbeiten mit einem Datenbanksystem Möglichkeiten vorhanden sein, die Mindestanforderungen der Datensicherung nach der Anlage zu § 6, Abs. 1, Satz 1 Bundesdatenschutzgesetz (BDSG) zu erfüllen.

Im folgenden ist zu klären, inwieweit die bisher aufgestellten Forderungen an ein Datenbanksystem (insbesondere die Forderung nach Datenunabhängigkeit) erfüllt werden können. Dazu wird der allgemeine Aufbau eines Datenbanksystems vorgestellt.

2.3.2.2 Architektur von Datenbanksystemen

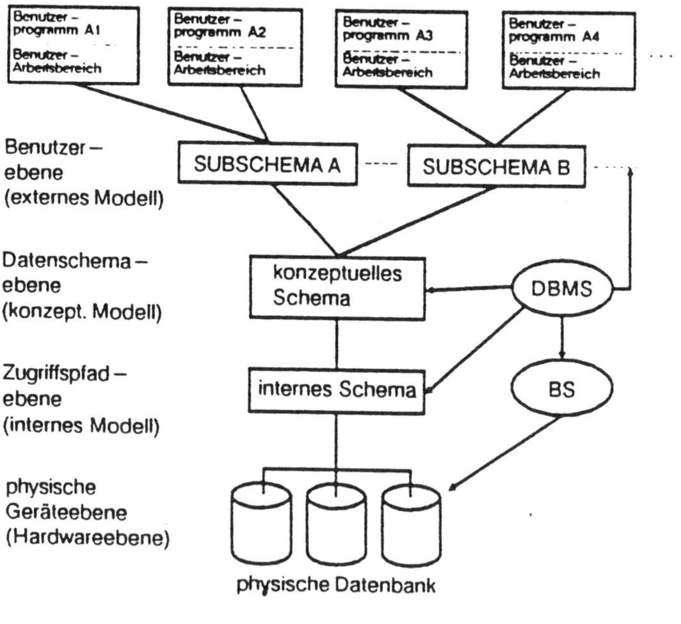

Bild 2-78: Architektur eines Datenbanksystems

Die obige Abbildung erläutert die prinzipielle Architektur eines DB-Systems[308], auf die im folgenden näher eingegangen wird:[309]

1. Benutzerebene - externe Sicht (externes Modell)

Die externe Sicht beschreibt die auf einen individuellen Benutzer oder ein Anwendungsprogramm zugeschnittene Datensicht. Die Festlegung der individuellen Benutzersichten auf die Datenbank erfolgt im Rahmen des logischen Designs der Anwendungen.[310] Die formale Beschreibung dieser Informationsstruktur wird als Datenteil- oder Subschema bezeichnet.
Auf dieser Ebene stehen den Anwendern verschiedene Benutzersprachen (DML) zur Verfügung. Desweiteren werden sogenannte Benutzer-Arbeitsbereiche (user working areas; UWA) - dies sind Kommunikations- oder Übertragungsbereiche - für die Konversation zwischen Benutzer und Datenbank eingerichtet.

2. Datenschemaebene - konzeptionelle Sicht (konzeptuelles Modell)

Auf der Datenschemaebene wird das konzeptuelle Datenmodell aus der Entwurfsphase beschrieben. Dies entspricht der 2. Abstraktionsebene des ERM von P.P.-S. CHEN.[311] Die Erstellung der konzeptionellen Sicht erfolgt mit Hilfe einer geeigneten Datendefinitions- oder Datenbeschreibungssprache (DDL = data definition language). Sie umfaßt die Beschreibung der gesamten in der Datenbank gespeicherten Daten aus unternehmensspezifischer Sicht, unabhängig von der Art des Zugriffs oder der Reihenfolge der Verarbeitung.[312]
Alle externen Sichten müssen aus dem konzeptuellen Modell ableitbar sein, das heißt die externen Sichten sind Teilmengen des konzeptuellen Modells.

---

[308] Eine ähnliche Darstellung zur Architektur eines Datenbanksystems wählen: **SCHLAGETER, G.; STUCKY, W.**: Datenbanksysteme, a.a.O., S. 27.

[309] Vgl. auch **VINEK, G.; RENNERT, P.F.; TJOA, A.**: Datenmodellierung, a.a.O., S. 26 f. und **QUIEL, G.**: Datenbanksysteme, a.a.O., S. 74-77.

[310] Vgl. dazu Kapitel 2.2.3.

[311] Vgl. auch Kapitel 2.2.2.2.1.

[312] Vgl. **STUCKY, W.; KRIEGER, R.**: Datenbanksysteme, a.a.O., S. 842.

Das konzeptionelle Schema beinhaltet auf jeden Fall

- die Beschreibung einzelner Datensätze auf Entity-Typebene mit den zugehörigen Attributen und
- die Beschreibung der logischen Beziehungen (Verknüpfungen) zwischen den Datensatztypen.

Neben dieser reinen Definition der Datenstrukturen können hier unter Umständen auch

- erlaubte Operationen,
- Zugriffsrechte und
- Integritätsbedingungen

festgelegt sein.[313]

3. Zugriffspfadebene - internes Schema (internes Modell)

Im internen Schema wird die gewählte physische Datenorganisation beschrieben. Es enthält alle Informationen über folgende Sachverhalte:

a) Der Aufbau der abgespeicherten Daten, wie zum Beispiel die Folge der Felder in einem Datenbanksatz, ihre Länge sowie die Positionen von Zeigern und Schlüsseln.
b) Die Speicherungsform der Dateien[314].
c) Die Zugriffspfade, die beispielsweise über Index- oder Kettungstechniken festgelegt sind.

Vom internen Schema, welches der Abstraktionsebene 4 des ERM entspricht, hängt wesentlich die Leistungsfähigkeit des Datenbanksystems ab. Aufgabe des internen Schemas ist es, eine Abbildung des logischen Datenmodells auf die physischen Speichermedien zu gewährleisten.

---

[313] Vgl. **QUIEL, G.**: Datenbanksysteme, a.a.O., S. 75.
[314] Vgl. dazu auch Kapitel 2.2.4.4.

4. Physische Geräteebene

Die physische Geräteebene wird durch

- physische Speichermedien,
- Kanäle und
- E/A-Einheiten

repräsentiert.

2.3.2.3 Realisierte Datenmodelle

Die in Kapitel 2.2.1.3 vorgestellten, unterschiedlichen, logischen Strukturtypen der linearen, hierarchischen, netzwerkartigen und tabellenartigen Datenstrukturen sind in Verbindung mit Datenbanksystemen in den folgenden Datenmodellen verwirklicht:

- relationales Datenmodell
- Netzwerkmodell
- hierarchisches Datenmodell

In Anlehnung an die historische Entwicklung von Datenbanksystemen werden die genannten Modelle allerdings in umgekehrter Reihenfolge vorgestellt. Dabei wird auf das hierarchische und das netzwerkartige Datenmodell nur kurz eingegangen, da beiden Modellen zukünftig nicht mehr die Bedeutung zukommen wird, die sie gegenwärtig noch besitzen.

Auf die Darstellung konkreter Datenbanksysteme und eng damit verbundener Tools wie Datenbanksprachen etc. wird in diesem Band verzichtet. Detaillierte Vorstellungen ausgewählter Tools erfolgen im Band 3, Toolmanagement.

2.3.2.3.1 Hierarchische Datenbanken

Das hierarchische Datenmodell ist das älteste der klassischen Modelle.[315] Es entstand aus konventionellen Dateisystemen, die zur Verwaltung von Datensätzen mit beliebig vielen Wiederholungsgruppen und einer variablen Anzahl

---

[315] Vgl. **STUCKY, W.; KRIEGER, R.:** Datenbanksysteme, a.a.O., S. 851/852.

von Wiederholungen in jeder Gruppe entwickelt wurden. Für jede Wiederholungsgruppe wird eine eigene sequentielle Datei gebildet. Innerhalb dieses dadurch entstandenen Dateiensystems wird nun eine Über- und Unterordnung der Dateien festgelegt, so daß letztlich eine hierarchische Struktur entsteht. Die Beziehungen zwischen den Hierarchiestufen werden durch Zeiger realisiert.[316]

Eine Datenbank oder genauer die betreffende Ebene der Datenbank basiert somit auf dem hierarchischen Datenmodell, wenn der Benutzer dieser Ebene die Datenbank als eine Ansammlung von Wurzelbäumen sieht. Die Wurzeln der Bäume stellen gleichzeitig die Einstiegspunkte in die hierarchische Datenbank dar. In einem hierarchischen Datenmodell bestehen folglich die Daten, die für eine Anwendung verarbeitet werden, aus den in den Einstiegspunkten gespeicherten Grundanwendungsdaten und von diesen abhängigen weiteren Daten.[317]

Der Entwurf einer Datenbank, die auf dem hierarchischen Datenmodell basiert, kann demnach nur funktionsorientiert erfolgen. Ein datenorientierter Entwurf, wie er in diesem Buch vorgestellt wird, ist nur sehr schwer in dieses Modell zu übertragen. So läßt sich ein mit dem Entity-Relationship-Modell dargestelltes Unternehmensdatenmodell nicht direkt in ein konzeptionelles Schema einer hierarchischen Datenbank transformieren. Zudem müssen bei komplexen, betrieblichen Datenmodellen einige Dateien in der Datenbank mehrfach gehalten werden, da lediglich hierarchische Beziehungen zugelassen sind. Eine n:m-Beziehung kann beispielsweise in einer Hierarchie nur in einer Richtung abgebildet werden; die Abbildung der m:n-Beziehung muß zu einer redundanten Speicherung der beteiligten Entities führen. Damit verliert eine hierarchische Datenbank sehr viel an Flexibilität hinsichtlich der Datenbankerweiterung. Durch die doppelte Haltung ein und derselben Datei kommt es außerdem zu den bereits erwähnten, möglichen Inkonsistenzen.[318]

---

[316] Vgl. **SCHLAGETER, G.; STUCKY, W.:** Datenbanksysteme, a.a.O., S. 71.

[317] Vgl. **QUIEL, G.:** Datenbanksysteme, a.a.O., S. 47.

[318] Vgl. beispielsweise **SCHLAGETER, G.; STUCKY, W.:** Datenbanksysteme, a.a.O., S. 71 ff.; **STUCKY, W.; KRIEGER, R.:** Datenbanksysteme, a.a.O., S. 851/852 und **WIEDERHOLD, G.:** Datenbanken II, a.a.O., S. 115.

2.3.2.3.2 Netzwerk-Datenbanken

Netzwerk-Datenbanken basieren auf den Vorschlägen der CODASYL-Data Base Task Group, daher werden sie auch als CODASYL-Systems oder DBTG-Datenbanken bezeichnet.[319]
Die Architektur der DBTG-Datenbanken entspricht weitestgehend der vorgestellten allgemeinen Datenbanksystemarchitektur. So steht für die Definition der drei Schemata, also das konzeptionelle, das externe und das interne Schema, jeweils eine eigene Sprache mit COBOL-ähnlicher Syntax zur Verfügung:[320]

- Schema-Datendefinitionssprache (Schema-DDL)
- Subschema-DDL
- Data Storage Definition Language (DSDL)

Für das konzeptionelle Schema einer netzorientierten oder netzwerkartigen Datenbank stehen als Strukturelemente Record-Typen (=Entity-Typen) und Set-Typen (=Beziehungs-Typen) zur Verfügung. Dabei ist ein Set-Typ ein bezeichneter, gerichteter Pfeil, der eine Beziehung zwischen zwei Record-Typen darstellt. Der Entity-Typ am Ausgangspunkt des Pfeils wird Owner genannt, der am Ende des Pfeils ist der sogenannte Member. Jeder Set-Typ charakterisiert eine Owner-Member Beziehung vom Typ 1:n. Zwei Record-Typen können auch durch mehrere Set-Typen - also durch parallele Pfeile, die aufgrund ihrer Benennung unterschieden werden - verbunden sein. Das konzeptionelle Schema kann man sich somit als einen gerichteten Graphen vorstellen. Zulässig ist jeder beliebige gerichtete Graph, das heißt ein Record-Typ kann sowohl Owner in einem Set-Typ als auch Member in einem anderen Set-Typ sein.[321]
Schwierigkeiten bereitet in einer CODASYL-Datenbank hingegen die Darstellung von n:m-Beziehungen. Gelöst wird dieses Problem durch das Einführen von sogenannten Kett-Entities. Dabei wird ein zusätzlicher, dritter Record-Typ definiert, dessen Primärschlüssel aus der Kombination der Schlüssel beider an der Beziehung beteiligter Entities zusammengesetzt wird. Ein Kett-Entity muß als Attribute mindestens die Primärschlüssel der zuge-

---

319 Vgl. **DATE, C.J.**: An Introduction to Database Systems, Band 1, 4. Auflage, Reading, Massachusetts/Menlo Park, California 1986, S. 541.

320 Vgl. **STUCKY, W.; KRIEGER, R.**: Datenbanksysteme, a.a.O., S. 850.

321 Vgl. **MARTIN, J.**: Datenbanktechnik, a.a.O., S. 185; **SCHLAGETER, G.; STUCKY, W.**: Datenbanksysteme, a.a.O., S. 92 ff.; **STUCKY, W.; KRIEGER, R.**: Datenbanksysteme, a.a.O., S. 850/851; **WIEDERHOLD, G.**: Datenbanken II, a.a.O., S. 125 ff. und **YANNAKOUDAKIS, E.J.**: The Architectural Logic, a.a.O., S. 45 f.

hörigen Record-Typen enthalten. Die Angabe weiterer Attribute, die dieser identifizierenden Attributkombination zuzuordnen sind, ist erlaubt.
Die Manipulation der Daten einer Netzwerk-Datenbank erfolgt satzorientiert. Befehle zum Einfügen, Suchen und Löschen einzelner Sätze eines Record- oder Set-Typs sind in der Regel in eine Wirtssprache eingebettet. Bedingt durch dieses satzorientierte Vorgehen spricht man bei Netzwerk-Datenbanken auch vom Navigieren im Netz.[322]

2.3.2.3.3 Relationale Datenbanken

Relationale Datenbanken basieren auf dem von E.F. CODD entwickelten Relationenmodell,[323] welches das zur Zeit wohl am häufigsten implementierte Datenmodell ist.[324] Die relationalen Datenbanken kommen im Gegensatz zu den bisher erläuterten Datenbanksystemen im wesentlichen mit zwei Strukturelementen aus, den Relationen und den Schlüsseln.
Die Datenanordnung in einer relationalen Datenbank kann man sich als eine Anordnung nichthierarchischer Tabellen (= Relationen) vorstellen, das heißt alle Relationen sind gleichberechtigt. Jede Relation ist dabei durch einen Namen und einen Primärschlüssel gekennzeichnet.[325]
In relationalen Datenbanken gibt es keine Unterscheidung zwischen Objekten und Beziehungen. Sie werden beide als Relationen dargestellt. Bei Beziehungen der Komplexität 1:n wird der Schlüssel des übergeordneten Objekttyps in der Tabelle des untergeordneten Objekttyps als Fremdschlüssel mit gespeichert. Komplexe Beziehungen (n:m) werden als eigener Relationstyp mit zusammengesetztem Schlüssel, dies sind die Schlüssel der an der Beziehung beteiligten beiden Relationen, dargestellt.[326]
In relationalen Datenbanken ist die 3-Ebenen Architektur für den Anwender nicht mehr sichtbar. Die relationale Datenbank besteht aus sogenannten Basisrelationen. In diesen sind die Unternehmensdaten entsprechend dem entwickelten Modell gespeichert. Jedem Anwender wird seine spezielle Sicht in Form einer View zur Verfügung gestellt, die wiederum aus Relationen besteht. Eine View kann dabei aus virtuellen Relationen bestehen.

---

322 Vgl. **BACHMAN, C.W.:** The Programmer as Navigator, in: **CACM:** Vol. 16, 11/1973, S. 653-658.

323 Vgl. **CODD, E.F.:** A relational model, a.a.O., S. 377-397.

324 Vgl. **STUCKY, W.; KRIEGER, R.:** Datenbanksysteme, a.a.O., S. 848.

325 Vgl. auch **WEDEKIND, H.:** Datenbanksysteme I, a.a.O., S. 180 ff.

326 Vgl. dazu auch die Ausführungen über relationale Strukturen in Kapitel 2.2.1.3.4.

Alle Operationen auf einer relationalen Datenbank sind - im Gegensatz zu hierarischen oder Netzwerk-Datenbanken - mengenorientiert. Als Ergebnis einer oder mehrerer Operationen erhält man keine Datensätze, sondern wiederum Relationen.

Sprachen für relationale Datenbanksysteme werden im allgemeinen in vier Klassen eingeteilt:[327]

- Sprachen auf der Grundlage der Relationenalgebra
- Sprachen auf der Grundlage des Relationenkalküls
- Abbildungsorientierte Sprachen
- Graphikorientierte Sprachen

Die folgenden Ausführungen beziehen sich zunächst auf Sprachen, die auf der Relationenalgebra basieren. Im Anschluß daran wird kurz auf die abbildungsorientierte Sprache SQL eingegangen, die aber auf der Relationenalgebra aufbaut. Auf die Darstellung der beiden anderen Sprachkonzepte wird hier verzichtet, da die meisten relationalen Datenbanksysteme eine Sprache der ersten beziehungsweise dritten Klasse zur Verfügung stellen.[328]
In der Relationenalgebra werden die Operationen der klassischen Mengenalgebra durch typisch relationale Operatoren ergänzt. Bei dieser Sprachkonzeption dienen ganze Relationen für relationale Operatoren als Operanden. Die Datendefinitions- und/oder -manipulationssprache muß dazu sowohl Operatoren zur Verknüpfung von Mengen, sogenannte vereinigungskompatible Relationen, als auch weitere spezielle relationale Operatoren, wie die Selektion (=Zeilenauswahl), die Projektion (=Spaltenauswahl) oder den Verbund zweier Relationen über Spalten gleicher Bedeutung (join) bereitstellen.[329]
Die wohl bekannteste, auf der Relationenalgebra aufbauende Sprache ist SQL. SQL steht für Structured Query Language und ist eine eigenständige Datenbanksprache. Hervorgegangen ist sie aus der im Hause IBM entwickelten Sprache SEQUEL.[330]

---

[327] Vgl. **WEDEKIND, H.:** Datenbanksysteme I, a.a.O., S. 227 und **SCHLAGETER, G.; STUCKY, W.:** Datenbanksysteme, a.a.O., S. 138 ff.

[328] Vgl. **STUCKY, W.; KRIEGER, R.:** Datenbanksysteme, a.a.O., S. 849.

[329] Vgl. **SCHLAGETER, G.; STUCKY, W.:** Datenbanksysteme, a.a.O., S. 139 und **STUCKY, W.; KRIEGER, R.:** Datenbanksysteme, a.a.O., S. 849.

[330] Vgl. **CHAMBERLIN, D.D. u.a.:** SEQUEL 2: A unified approach to data definition, manipulation, and control, in: **IBM JOURN. OF RES. AND DEV.:** Vol. 20, 6/1976, S. 560-575.

SQL kann als Datenbeschreibungs- oder Datendefinitionssprache, als Datenmanipulationssprache und zur Definition von Sicherheits- und Integritätsbedingungen verwendet werden. Die Sprache ist somit geeignet für die Aufgaben aller mit der Datenbank arbeitenden Benutzer, das heißt den Datenbankadministrator und seine Mitarbeiter, die Anwendungsprogrammierer sowie die Gruppe der Nichtprogrammierer.
SQL gilt als benutzerfreundlich, ist relational vollständig und setzt normalisierte Relationen voraus.

2.3.2.4 Datenbankverwaltungsaufgaben

In Kapitel 1.2.1 wurde bereits die Arbeitsweise eines Datenbankverwaltungssystems (DBMS) erläutert. In diesem Kapitel werden wir nun noch auf einige weitere Aspekte und Funktionen der Datenbankverwaltung eingehen. Die Anwendungsseite, das heißt die Funktionen Datendefinition und Datenmanipulation werden in Kapitel 2.3.2.4.2 kurz umrissen. In Kapitel 2.3.2.4.3 befassen wir uns mit den Problemen der Datenintegrität und -konsistenz, bevor in Kapitel 2.3.2.4.4 Fragen des Datenschutzes behandelt werden. Zuvor werden jedoch die Aspekte der Datenbankverwaltung anhand der Aufgaben eines Datenbankadministrators (DBA) vorgestellt.

2.3.2.4.1 Der Datenbankadministrator

Verantwortlich für die Implementierung, Verwaltung und Kontrolle des Datenbanksystems ist der Datenbankadministrator (DBA).
Ein Unternehmen kann aber durchaus mehrere Datenbanken in Betrieb haben; in diesem Fall ist zu prüfen, ob für jede ein eigener Datenbankverwalter zuständig sein soll oder ob ein Datenbankadministrator die Verantwortung für mehrere Datenbanken übernimmt und einen Teil seiner Aufgaben an Mitarbeiter delegiert.
Generell hat der Datenbankadministrator die Aufgabe, "...die Infrastruktur herzustellen und die Evolution der Datenbanksysteme im Unternehmen zu überwachen..."[331].
Im einzelnen übernimmt er - gegebenenfalls mit seinen Mitarbeitern - folgende Funktionen und Aufgaben:[332]

---

331 **MARTIN, J.:** Datenbanktechnik, a.a.O., S. 298.

332 Vgl. auch **MUCKSCH, H.:** Verschiebung und Ergänzung der Berufsbilder, a.a.O, S. 376.

1. Beteiligung an der Festlegung des logischen Datenbankdesigns, das heißt an der Erstellung des konzeptionellen Schemas in Zusammenarbeit mit anderen verantwortlichen Personen des Informationsmanagements und der Fachabteilungen.
2. Festlegung der individuellen Benutzersichten, Regelung der Zugriffsrechte sowie die Installierung von Datenschutz-, Datensicherungs- und Recovery-Prozeduren.
3. Erstellen des internen Schemas mit der physischen Beschreibung der Datenbank.
4. Gegebenenfalls Datenkonversion zum erstmaligen Einspeichern in die Datenbank.
5. Festlegung von Standards und Dokumentation des Datenbankinhaltes (mit Hilfe eines Data Dictionary Systems).
6. Beratung und Ausbildung der Datenbank-Endbenutzer.
7. Tägliche Kontrolle der Abläufe mit Hilfe von Datenbank-Reports.
8. Anpassen der Datenbank an veränderte Anforderungen, DB-Performance-Verbesserung und DB-Tuning.[333]
9. Kontaktpflege zum Hersteller/Anbieter des DBMS.

Die Wahrnehmung all dieser Aufgaben setzt bei einem Datenbankadministrator eine mehrjährige DV-Erfahrung voraus. Er benötigt darüber hinaus Kenntnisse im eingesetzten Datenbanksystem, im Betriebssystem, in der Anwendungsprogrammierung und in der Datenorganisation.[334]

2.3.2.4.2 Datendefinition und -manipulation in einem Datenbanksystem

Die Datendefinition erfolgt mit Hilfe der dem Datenbanksystem zur Verfügung stehenden Datendefinitionssprache. Sie muß Funktionen für den Aufbau (Building) einer Datenbank sowie das Einfügen externer Sichten und neuer Daten beinhalten.

Dies wird anhand der Sprache SQL für relationale Datenbanken am Beispiel AUFTRAGSWESEN vorgestellt.[335]

---

[333] Vgl. auch **MARTIN, J.:** Datenbanktechnik, a.a.O., S. 302.

[334] Vgl. **BIETHAHN, J.; MUCKSCH, H.; RUF, W.:** Ganzheitliches Informationsmanagement, Band 1, a.a.O., S. 100.

[335] Die Sprache SQL wird hier nicht vollständig erläutert. Wir beschränken uns lediglich auf einige wesentliche Befehle. Vgl. zur Sprache SQL: **VOSSEN, G.; WITT, K.-U.:** Das SQL/DS-Handbuch, a.a.O. und **LUSARDI, F.:** SQL - Programmieren in Datenbanken, Hamburg/New York/St. Louis 1989.

Die Tabellendefinition für das konzeptionelle Schema erfolgt in SQL mit dem CREATE-Befehl. Um eine neue Relation zu erzeugen, müssen der Relationenname, die Attributnamen und die Datentypen definiert werden:

```
CREATE TABLE Produkt
        (Produktident INTEGER NOT NULL,
        Produktname VARCHAR(30))
```

Basisrelationen können mit dem Befehl EXPAND TABLE um Attribute erweitert und mittels INSERT INTO würde man die zugehörigen Attributwerte einfügen. Mit dem Befehl DROP TABLE werden Relationen wieder gelöscht; das Löschen von Attributwerten erfolgt mit dem DELETE-Befehl .

Das Konzept der externen Sichten erlaubt die Bildung zugeschnittener Datenstrukturen zur Erhöhung der Benutzerfreundlichkeit. Eine Sicht (VIEW) ist eine virtuelle Relation, die sich in vorgeschriebener Weise aus anderen Relationen herleiten läßt. Dabei können Aggregationen, Konversionen und Untermengenbildungen vorgenommen werden. Zudem kann eine VIEW wiederum Ausgangspunkt weiterer Sichten sein. SQL enthält dazu den Befehl CREATE VIEW.
Damit könnte man aus den Basisrelationen KUNDE und KUNDEN-UMSATZ eine View GROSSKUNDE ableiten:

```
CREATE VIEW Grosskunde (Kundennummer, Name, Umsatz)
        AS SELECT Kundennummer, Kundenname, Jahresumsatz
          FROM Kunde, Kunden-Umsatz
          WHERE Kunden-Umsatz > '100000'
```

Ein entsprechender DROP-Befehl eliminiert externe Benutzersichten.
Im obigen Beispiel enthält das CREATE VIEW-Statement die beim Arbeiten mit SQL wohl am häufigsten benötigte SELECT-Anweisung, die gleichzeitig für alle interaktiven Anfragen an die Datenbank benötigt wird.
SQL ist damit nicht nur zur Datendefinition sondern auch für die Datenmanipulation geeignet. Anfragen, das heißt das Suchen und das Finden gespeicherter Daten (Retrieval), haben in SQL die einfache syntaktische Form:

```
SELECT <Zielattribute>
FROM <Relation>
WHERE <Bedingung(en) über Attribute>
```

Dabei kann eine Bedingung selbst wieder ein SELECT-Ausdruck sein, was folgendes Beispiel zeigt:

```
SELECT Kundennummer, Name
FROM Kunde
WHERE Kundennummer =
        SELECT Kundennummer
        FROM Umsatz
        WHERE Umsatz = '1000000'
```

Diese Anfrage kann man mit SQL zwar noch einfacher formulieren, jedoch soll hier nicht der volle Sprachumfang vorgestellt werden.

Da die Sprache SQL relational vollständig ist, lassen sich alle Operationen der Relationenalgebra damit abbilden.[336]
Zur genauen Spezifikation einer Bedingung bietet SQL, eine Reihe von Operatoren an, beispielsweise AND, OR, GROUP BY, ORDER BY, HAVING COUNT, MAX, MIN, AVG, ASC, DSC, etc.[337]
Selbstverständlich können mit SQL auch Änderungen bereits gespeicherter Daten (UPDATE) sowie die Vergabe (GRANT) und der Entzug von Zugriffsrechten (REVOKE) vorgenommen werden.[338] Weiterhin gibt es Möglichkeiten der Integritätskontrolle, in dem man durch sogenannte Zusicherungen (ASSERTIONS) dem DBMS mitteilt, welche Daten als gültig akzeptiert und welche zurückgewiesen werden sollen.

2.3.2.4.3 Gewährleistung der Datenintegrität

Datenintegrität bedeutet die Korrektheit und Unversehrtheit der in einer Datenbank gespeicherten Daten. Dazu ist zunächst einmal das richtige Arbeiten des Datenbanksystems vorauszusetzen.
Der Grundgedanke ist dabei die korrekte Datenabbildung eines Datenbankzustandes aus der Sicht des Benutzers bis hin zum Speicherzustand. Im Idealfall werden die vom Benutzer eingegebenen Daten korrekt, das heißt unter Berücksichtigung der eingegebenen Werte und gemäß den Spezifikationen des Datenmodells, in der Datenbank gespeichert und vom Datenbankverwal-

---

336 Vgl. die diesbezüglichen Ausführungen in Kapitel 2.3.2.3.3.

337 Eine vollständige Liste der SQL-Operationen und Operanden findet man in: **VOSSEN, G.; WITT, K.-U.**: Das SQL/DS-Handbuch, a.a.O., S. 275-277.

338 Vgl. dazu Kapitel 2.3.2.4.4.

tungssystem ebenfalls korrekt wieder ausgegeben.[339] Jedem Zustand der Datenbank wird ein Zustand des Speichers eindeutig zugeordnet.
Diese korrekte Überführung eines Zustandes in einen anderen bezeichnet man als technische oder physische Datenintegrität. Auch im Falle auftretender Fehler ist es Aufgabe der physischen Datenintegrität, die Abbildung aufrechtzuerhalten beziehungsweise wiederherzustellen.
Neben der physischen Datenintegrität ist die Gewährleistung der logischen Datenintegrität eine wichtige Verwaltungsaufgabe in einem Datenbanksystem. In der Literatur wird dabei nicht ausdrücklich zwischen der strukturellen und der semantischen Datenintegrität unterschieden.
Die Anforderungen struktureller Datenintegrität ergeben sich aus dem jeweils verwendeten Datenmodell; sie sind somit datenmodell-spezifisch. Da die reale Miniwelt in bestimmten Strukturen dargestellt wird, die abhängig vom verwendeten Datenmodell sind, ergeben sich Einschränkungen in der Form der Darstellung.
Während beispielsweise im relationalen Datenmodell die Anforderungen durch den Aufbau der Relationen und die Normalformlehre explizit vorgegeben sind, bleiben die Strukturen in hierarchischen und Netzwerkmodellen implizit in den logischen Zugriffspfaden verborgen.[340] Die relationalen Systeme sind aufgrund ihrer expliziten Struktur allgemein gültig, so daß Aussagen für hierarchische Modelle und Netzwerkmodelle daraus abgeleitet werden können.

Ein Teil der Semantik der Daten wird in sogenannten Integritätsbedingungen ausgedrückt, denn die Daten sollen den Abhängigkeiten und Bedingungen gehorchen, denen die realen Objekte unterworfen sind. Diese Restriktionen können einerseits Bedingungen entsprechen, denen die durch die Daten dargestellte reale Welt unterliegt, oder aber andererseits Bedingungen, denen sie kraft einer normativen Regelung unterliegen sollen. Daher unterscheidet F. GEBHARDT neben der semantischen die pragmatische Datenintegrität.[341]
Die semantischen Integritätsbedingungen basieren auf den Naturgesetzen, wohingegen zu den pragmatischen Bedingungen Gesetzesnormen oder organisatorische Vorschriften gehören, die als globale Handlungsanweisungen vorgegeben sind.
Die semantische Datenintegrität hat die Aufgabe, unmögliche oder sinnlose Zustände auszuschließen. Im Gegensatz dazu ist es Aufgabe der pragma-

---

339 Vgl. **GEBHARDT, F.:** Semantisches Wissen in Datenbanken - Ein Literaturbericht, in: **INF. SPEKT.:** 2/1987, S. 87 (79-98).

340 Vgl. **STEINBAUER, D.; WEDEKIND, H.:** Integritätsaspekte in Datenbanksystemen, a.a.O., S. 61.

341 Vgl. **GEBHARDT, F.:** Semantisches Wissen in Datenbanken, a.a.O., S. 87.

tischen Integrität, unzulässige Zustände zu vermeiden, da sie zwar auftreten können, aber verboten sind. Die in einer Anwendung unzulässigen Zustände sind in Gesetzesnormen oder Vorschriften festgelegt.[342]
Die Unterscheidung zwischen sinnlosen und unzulässigen Zuständen ist für den Einsatz von Datenbanksystemen sehr wichtig, denn unzulässige Zustände können zwar durchaus sinnvoll sein, sie müssen jedoch nicht mit den Gesetzesnormen übereinstimmen.
Um semantische Integrität gewährleisten zu können, dürfen, wie bereits erwähnt, nur zulässige und sinnvolle Änderungen in der Datenbank ausgeführt werden. Da zulässig und sinnvoll unscharfe Begriffe sind, werden im folgenden vier Unterscheidungen hinsichtlich der Integritätsbedingungen getroffen.
Die Integritätsbedingungen unterscheidet A. REUTER nach

- ihrer Reichweite,
- dem Zeitpunkt ihrer Überprüfbarkeit,
- der Art ihrer Überprüfbarkeit und
- dem Anlaß für ihre Überprüfung.[343]

Das Kriterium der Reichweite einer Integritätsbedingung dient zur Unterscheidung der Art und Anzahl der von ihr umfaßten Objekte. Dabei ist es möglich, daß die Bedingung ein Attribut, mehrere Attribute einer Satzausprägung, mehrere Ausprägungen derselben Relation oder mehrere Ausprägungen aus verschiedenen Relationen betrifft. Je geringer die Reichweite einer Bedingung ist, um so einfacher ist ihre Überprüfung und desto leichter kann ihre Einhaltung vom Datenbanksystem selbst erzwungen werden.[344]

Die Festlegung der Überprüfungszeitpunkte von Integritätsbedingungen ist sehr wichtig. Man unterscheidet zwischen unverzögerten und verzögerten Bedingungen. Unverzögerte Bedingungen wie "DIE KUNDENNUMMER DARF NUR AUS 8-STELLIGEN ZAHLEN BESTEHEN" werden immer sofort nach dem Erscheinen des Objektes auf die Richtigkeit überprüft.

---

342 Vgl. **STEINBAUER, D.; WEDEKIND, H.**: Integritätsaspekte in Datenbanksystemen, a.a.O., S. 65.

343 Vgl. **REUTER, A.**: Maßnahmen zur Wahrung von Sicherheits- und Integritätsbedingungen, in: **LOCKEMANN, P.C.; SCHMIDT, J.W. (HRSG.)**: Datenbank-Handbuch, Berlin/Heidelberg/New York/London/ Paris/Tokyo 1987, S. 381-383 (337-479) sowie **HÄRDER, T.**: Implementierung von Datenbanksystemen, a.a.O., S. 167-173.

344 Vgl. **REUTER, A.**: Wahrung von Sicherheits- und Integritätsbedingungen, a.a.O., S. 381.

Verzögerte Bedingungen liegen dagegen dann vor, wenn sie erst nach der vollständigen Erledigung aller Änderungen eines Änderungsvorganges wieder erfüllt sein müssen.
Updates einzelner Ausprägungen, zum Beispiel eine tarifliche Gehaltserhöhung aller Mitarbeiter um 2,8 %, ziehen oft Folgeänderungen in anderen Objekten der Datenbank nach sich. Damit beispielsweise die verzögerte Integritätsbedingung "DIE GEHÄLTER ALLER MITARBEITER EINER ABTEILUNG MÜSSEN GLEICH DER GEHALTSSUMME EINER ABTEILUNG SEIN" weiterhin erfüllt ist, muß nach den Änderungen in den einzelnen MITARBEITER-Datensätzen noch das Attribut GEHALTSSUMME in jedem Entity vom Typ ABTEILUNG verändert werden.
Vor Abschluß des beschriebenen kompletten Änderungsvorgangs bestehen daher zwischenzeitlich Verletzungen der Integrität.

Die Überprüfung von Integritätsbedingungen kann auf zwei Wegen erfolgen. Einerseits gibt es Bedingungen, die Einschränkungen der Art und der Richtung von Werteänderungen festlegen, zum Beispiel darf sich das Gehalt der Mitarbeiter im Zeitverlauf nicht verringern. Derartige Bedingungen können nur beim Übergang von einem in den anderen Zustand überprüft werden beziehungsweise es muß ein Vergleich zweier Datenbankversionen erfolgen. Andererseits besteht für reine Zustandsbedingungen die Möglichkeit, diese nach bestimmten, festgelegten Zeitabschnitten mit Hilfe von Prüfprogrammen zu kontrollieren, da deren Überwachung im laufenden Betrieb nicht möglich oder sinnvoll ist.

Da Integritätsverletzungen in unmittelbarem Zusammenhang mit Änderungsvorgängen zu sehen sind, ist der Änderungsvorgang selbst auf jeden Fall Anlaß für die Überprüfung aller betroffenen Integritätsbedingungen. Inwieweit semantische und pragmatische Integritätsbedingungen in einem Datenbanksystem realisiert werden müssen, hängt allein vom logischen Datenbankentwurf ab.

Die Implementierung von Integritätsbedingungen wirkt sich immer auf das Leistungsverhalten des Datenbanksystems aus, das heißt je mehr Integritätsbedingungen vorhanden beziehungsweise zu prüfen sind, desto schlechter wird das Antwortzeitverhalten des Systems. Die Möglichkeiten zur Kontrolle der Datenbankintegrität können aufgrund von Performance-Aspekten in der Praxis stark beeinträchtigt werden.

Ein weiterer Problembereich bei der Verwaltung einer Datenbank ist die Koordination des Zugriffs mehrerer Benutzer auf dieselben Daten. Die

einzelnen Anwender arbeiten in der Regel völlig unabhängig und ohne Wissen voneinander. Erfolgt der Zugriff durch die diversen Benutzerprogramme sequentiell nacheinander, so kann man einen konsistenten Übergang von einem zum anderen Programm voraussetzen. Bei parallel ablaufenden Benutzerprogrammen muß hingegen verhindert werden, daß aufgrund von gegenseitigen Störungen dieser Prozesse falsche Daten in der Datenbank gespeichert werden oder daß einzelne Anwender während ihrer Arbeit auf inkonsistente Daten, die von noch nicht abgeschlossenen Programmen anderer Anwender stammen, zugreifen.[345] Das Datenbankverwaltungssystem muß daher Schutzmaßnahmen gegen die fehlerhafte Synchronisation zeitparallel gestellter Anfragen an ein Datenbanksystem vorsehen.[346]
Mit der Datenkonsistenz ist der Begriff der Transaktion eng verbunden. Eine Transaktion ist eine atomare konsistenzerhaltende Operation auf einer Datenbank, das heißt sie läßt die Datenbank in konsistentem Zustand zurück, wenn diese vor Beginn der Transaktion schon konsistent war.
Neben der bereits genannten Unteilbarkeit (atomicity) hat eine Transaktion folgende Eigenschaften:[347]

- Konsistenz: Das Resultat einer erfolgreich abgeschlossenen Transaktion hinterläßt in der Datenbank einen konsistenten Zustand.
- Isolation: Die Auswirkungen einer Transaktion müssen den anderen Benutzern der Datenbank bis zu ihrem erfolgreichen Ende verborgen bleiben. Ohne diese Eigenschaft würden unter Umständen bereits Ergebnisse einer nicht beendeten Transaktion weiter verarbeitet. Im Fehlerfall existierten damit inkonsistente Zustände in der Datenbank.
- Beständigkeit: Die Auswirkungen einer beendeten Transaktion müssen jeden Fehlerfall wie den eines Systemzusammenbruchs überstehen. Die Daten dürfen nur durch neue Transaktionen weiter verarbeitet werden.

Als Transaktion in diesem Sinne werden Funktionen wie "Auftrag annehmen", "Rechnung schreiben", etc. verstanden, die in direktem Zusammenhang mit der Tätigkeit des Benutzers stehen.[348]
Eine konsistente Datenbasis darf also nur mit Transaktionen bearbeitet werden. Man unterscheidet sowohl explizite Transaktionen, bei denen der

345 Vgl. **SCHLAGETER, G.; STUCKY, W.**: Datenbanksysteme, a.a.O. S. 294.
346 Vgl. **SCHLAGETER, G.; STUCKY, W.**: Datenbanksysteme, a.a.O. S. 287.
347 Vgl. **MEYER-WEGENER, K.**: Transaktionssysteme, Stuttgart 1988, S. 47/48.
348 Vgl. **MEYER-WEGENER, K.**: TP-Monitor, in: **INF. SPEKT.**: 2/1985, S. 93 (92-94).

Benutzer mit Hilfe einer TRANSACTION-Anweisung den Beginn (BEGIN-TRANSACTION) und das Ende einer Transaktion (END-TRANSACTION) formuliert, als auch implizite Transaktionen, bei denen das Datenbanksystem automatisch beim ersten Online-Zugriff auf die Datenbank die TRANSACTION-Anweisung am Beginn und Ende setzt.[349]
Die bereits erwähnte Prämisse der atomicity besagt, daß eine abgeschlossene Transaktion die Datenbank von einem konsistenten Zustand in einen neuen konsistenten Zustand überführt hat. So muß das Datenbanksystem also gewährleisten, daß eine Transaktion atomar ist, das heißt die Transaktion muß entweder ganz oder gar nicht ausgeführt werden und unvollständige Transaktionen dürfen nicht in eine Datenbank gelangen. Kann eine Transaktion nicht vollständig zu Ende geführt werden (BACKOUT-TRANSACTION), so muß das Datenbanksystem alle Änderungen, die diese Transaktion bewirkt hat, wieder vollständig rückgängig machen.[350] Hiermit ist das Zurücksetzen (Rollback) einer Transaktion gemeint. Um eine Transaktion zurücksetzen zu können, benötigt das Datenbanksystem zuverlässige Informationen über den Zustand der Objekte vor der Veränderung durch die Transaktion. Diese Informationen können auf zwei Arten im System gehalten werden:[351]

1. Führen eines Logfiles
Bevor eine Objektänderung stattfindet, wird eine Kopie des jeweiligen Objektes (Before-Image) in ein Logfile eingetragen. Da einer Transaktion damit nun jede alte Operation bekannt ist, wird im Falle eines Rollback das Logfile rückwärts gelesen und für jedes veränderte Objekt die alte Operation zurückgeschrieben.

2. Update auf Kopien
Die Transaktionen ändern die Daten nicht direkt in der Datenbank, sondern auf einer Kopie. Die Änderungen werden erst dann in die Datenbank eingebracht, wenn das reguläre Transaktionsende erreicht ist.

Wenn die Transaktion nun einen unentdeckten Fehler beinhaltet und daher die obige Prämisse nicht erfüllt ist, müssen spezielle Maßnahmen durchgeführt werden, wie zum Beispiel das Ausführen von Reparatur-Programmen (salvation programs), das Zurücksetzen von bereits abgeschlossenen Trans-

---

[349] Vgl. **FAHRION, R.:** Wirtschaftsinformatik: Grundlagen und Anwendungen, Heidelberg 1989, S. 364.
[350] Vgl. **WEDEKIND, H.:** Datenbanksysteme I, a.a.O., S. 130-131.
[351] Vgl. **SCHLAGETER, G.; STUCKY, W.:** Datenbanksysteme, a.a.O., S. 327.

aktionen oder sogar der gesamten Datenbank in einen früheren konsistenten Zustand (Backup).[352]
Dieselben, eben erläuterten Maßnahmen, die bei Transaktionsfehlern eingesetzt werden, dienen auch der korrekten Wiederherstellung eines korrekten Datenbankzustandes bei System- und Speicherfehlern.
Als Systemfehler bezeichnen wir alle Fehler im Datenbankverwaltungssystem, im Betriebssystem oder in der Hardware, die das Datenbanksystem funktionsunfähig machen. Die Massenspeicher sind von diesen Fehlern nicht betroffen, jedoch gehen dabei die Arbeitsspeicherinhalte verloren. Speicherfehler betreffen die Unlesbarkeit der Daten auf den Massenspeichern, beispielsweise verursacht durch einen Head-Crash auf den Plattenstapeln.[353]
Im ungünstigsten Fall führen Systemfehler zum Systemneustart (Restart). Damit keine Inkonsistenzen, die durch während des Fehlers noch nicht abgeschlossene Transaktionen erzeugt werden, auftreten, sind von Zeit zu Zeit sogenannte Checkpoints in das Logfile zu schreiben. Ein Checkpoint gibt dabei an, welche Transaktionen zu diesem Zeitpunkt aktiv waren. Beim Neustart müssen dann nicht alle Transaktionen neu eingespielt werden, sondern nur die, die während oder nach dem letzten Checkpoint aktiv waren. Bei diesem Recovery können sodann diese Transaktionen mit Hilfe der After-Images - dies sind die Objektwerte nach jeder erzeugten Veränderung - vom Logfile wiederholt und ein Rollbackdurchgeführt werden.
Zur Rekonstruktion der Datenbank nach einem Speicherfehler wird der korrekte Datenbankzustand mit Hilfe der letzten gezogenen Kopie vom Magnetband (Dump) wiederhergestellt. Im Anschluß daran müssen alle nach dem Dump ausgeführten Transaktionen mit Hilfe der After-Images wiederholt werden.[354]

Normalerweise verfügt zu einem bestimmten Zeitpunkt nur ein Benutzer mit seiner Transaktion über das Datenbanksystem. Greifen jedoch mehrere Benutzer zur selben Zeit auf dieselben Daten in einer Datenbank zu, so kann dieser parallele Zugriff zu weiteren Konsistenzproblemen führen. Falls keine Verarbeitungsreihenfolge für die Transaktionen vorgegeben ist, so können

---

352 Vgl. **DADAM, P.:** Einführung in die Synchronisation in Datenbank-Systemen, in: **ELEKTRONISCHE RECHENANLAGEN:** 23. Jg., 1/1981, S. 5 (4-12).

353 Vgl. zu den Ausführungen zum Recovery: **HÄRDER, T.:** Implementierung, a.a.O., S.111 ff.; **SCHLAGETER, G.; STUCKY, W.:** Datenbanksysteme, a.a.O., S. 325-334 sowie **DATE, C.J.:** An Introduction, Band 1, a.a.O., S. 413 ff.

354 Eine konkrete Darstellung dieser Maßnahmen nehmen wir in Band 3, Toolmanagement anhand des Datenbanksystems ADABAS der Software AG, Darmstadt vor.

sich diese sogenannten wechselseitig unabhängigen Transaktionen durch die Vergabe von Sperren auf gegenseitig benötigte Daten wechselseitig blockieren (Deadlock) oder es tritt der Fall ein, daß eine Transaktion durch die Sperraktivitäten anderer Transaktionen nie zum Zuge kommt (Livelock).

Zur Vermeidung von Dead- und Livelocks gibt es unterschiedliche Möglichkeiten, Transaktionen geordnet auszuführen:[355]

- Serielle Ausführung, bei der zuerst alle Aktionen[356] der einen Transaktion verarbeitet werden, bevor dann alle Aktionen der anderen Transaktion abgewickelt werden. Die Transaktion ist abgeschlossen, wenn ihre letzte Aktion ausgeführt wurde.
- Parallele Ausführung, bei der abwechselnd Aktionen von verschiedenen Transaktionen ausgeführt werden. Die Ausführungsreihenfolge bezeichnet man als Schedule.

Ein Problem besteht darin, daß nicht alle möglichen Schedules die Konsistenz der Datenbank gewährleisten, und so ist es Aufgabe des Synchronisationsverfahrens, nur Schedules, die die Konsistenz gewährleisten, zu erzeugen. Oft kann man für eine gegebene Situation nicht alle möglichen Schedules berechnen, dabei prüfen, welche konsistent und welche nicht konsistent sind, und von den konsistenten eine geeignete auswählen. Als Entscheidungskriterium für einen konsistenten Ablauf dient die Serialisierbarkeit der Transaktionen.[357] Ein paralleles System von Transaktionen ist dann korrekt synchronisiert, wenn es serialisierbar ist, das heißt wenn es mindestens eine serielle Ausführung derselben Transaktionen gibt, die denselben Datenbankzustand und dieselben Ausgabedaten der Transaktionen liefert.[358]

---

355 Vgl. **WEDEKIND, H.; HÄRDER, T.:** Datenbanksysteme II, a.a.O., S. 86.

356 Unter Aktionen einer Transaktion sind aus der Sicht des Datenbanksystems die kleinsten ausführbaren Einheiten zu verstehen, deren korrekte Ausführung dem Betriebssystem obliegt.

357 Vgl. **KRATZER, K.:** Transaktion, in: **MERTENS, P. (HAUPTHRSG.):** Lexikon der Wirtschaftsinformatik, Berlin/Heidelberg/New York/ London/Paris/Tokyo 1987, S. 344/345.

358 Vgl. **SCHLAGETER, G.:** Synchronisation durch Locking in verteilten Datenbanken, in: **STUCKY, W.; HOLLER, E. (HRSG.):** Datenbanken in Rechnernetzen mit Kleinrechnern, Fachtagung der GI, Karlsruhe 1978, IFB-Nr. 14, Berlin/Heidelberg/New York 1978, S. 96 (93-110).

Die Steuerung und Koordination von Transaktionsprogrammen erfolgt durch sogenannte TP-Monitore.[359] Ein TP-Monitor - auch DC-System genannt[360] - ist ein Tool, das die Aufgabe hat, die Abfragen mehrerer Terminals und Dialogschritte zu verwalten. Ein TP-Monitor steuert die von vielen Benutzern gleichzeitg eingehenden Anfragen derart, daß jeder Terminal-Arbeitsplatz schnell Antworten erhält und gewährleistet, daß Anwendungsprogramme ohne die für den Transaktionsablauf notwendigen Dialogfunktionen entwickelt werden können.[361] Charakteristisch für den Einsatz von TP-Monitoren sind eine große Anzahl zu verwaltender Terminals und ein nur geringer Umfang an Operationen.[362] In den meisten Fällen werden Datenbanksysteme daher in Verbindung mit derartigen Kommunikationssystemen eingesetzt. Man spricht daher auch sehr häufig von DB/DC-Systemen.[363]

2.3.2.4.4 Mechanismen zur Einhaltung der Datenschutzvorschriften

Die Vorschriften zum Datenschutz legen fest, welche Informationen aus ethischen, sozialen oder wirtschaftlichen Gründen nicht jederman zugänglich sein sollten. Im Hinblick auf das ganzheitliche Informationsmanagement haben diese Vorschriften a-priori Charakter, das heißt sie werden als gegeben vorausgesetzt. Bei der Implementierung eines Datenbanksystems muß daher auf ihre Einhaltung geachtet werden.[364]
Unter dem Begriff Datensicherung sind alle Maßnahmen zusammengefaßt, die getroffen werden müssen, um die Vorschriften des Datenschutzes zu erfüllen. Die Maßnahmen zur Datensicherung werden untergliedert in

---

359 TP-Monitor steht für teleprocessing- beziehungsweise transaction-processing monitor. Vgl. **HANSEN, H.R.**: Wirtschaftsinformatik I, a.a.O., S. 512 und **MEYER-WEGENER, K.**: Transaktionssysteme, a.a.O., S. 21.

360 Die Abkürzung DC-System steht für Data Communication System.

361 Vgl. **SOFTWARE AG**: COM-PLETE, Introduction Manual, Darmstadt, o.Jahr, S. 3.

362 Vgl. **WECK, G.**: Prinzipien und Realisierung von Betriebssystemen, Stuttgart 1985, S. 31.

363 Ausführlicher werden wir die DC-Systeme in Band 3, Toolmanagement behandeln.

364 Vgl. zu dieser Thematik auch: **MUCKSCH, H.**: Datenschutz und Datensicherung, a.a.O., S. 94 ff.

- Organisatorische Maßnahmen
- Technische Maßnahmen
    * Hardware-technische Maßnahmen
    * Software-technische Maßnahmen
- Personelle Maßnahmen
- Schulungsmaßnahmen
- Baulich/räumliche Maßnahmen
- Versicherungstechnische Maßnahmen.[365]

Da davon auszugehen ist, daß ein Unternehmen bereits aus Eigeninteresse die vom Gesetzgeber im Anhang zu § 6, Abs. 1, Satz 1 BDSG festgelegten Mindestanforderungen der Datensicherung erfüllt, werden wir nur kurz einige Datenbank-spezifische Maßnahmen ansprechen.

Der Zugriff zur Datenbank sollte durch geeignete Identifikations- und Autorisierungsverfahren abgesichert sein. Die Identifikation eines Benutzers kann beispielsweise durch Paßwortverfahren erfolgen. Nach erfolgreicher Identifizierung eines zugelassenen Anwenders muß vom DBMS sichergestellt werden, daß dieser nicht jedes gespeicherte Datenelement lesen, verändern oder löschen darf (Autorisierung).[366] Diesbezüglich sind für jeden Datenbankbenutzer Zugriffsrechte wie READ, MODIFY, UPDATE, INSERT und DELETE auf Dateien, Datensätze oder auch nur bestimmte Attribute zu vergeben. Die Zugriffsrechte können beispielsweise in Form einer dünn besetzten Matrix, der sogenannten Berechtigungsmatrix[367], oder in drei kleineren Tabellen,

- der Benutzertabelle für den normalen Zugriff,
- der Zugriffsniveautabelle und
- der Tabelle der Feldbeschreibungen

gespeichert sein.
Vielfach werden Zugriffsschutzfunktionen für Datenbanken von entsprechenden Systemsoftwareprodukten, wie RACF[368] oder Tools wie NATURAL SECURITY[369] übernommen.

---

365 Vgl. **MUCKSCH, H.:** Datenschutz und Datensicherung, a.a.O., S. 114.
366 Vgl. **WEDEKIND, H.; HÄRDER, T.:** Datenbanksysteme II, a.a.O., S. 26-32.
367 Vgl. **ZEHNDER, C.A.:** Informationssysteme und Datenbanken, 3. Auflage, a.a.O., S. 189.
368 RACF (Resource Access Control Facility) ist ein Produkt des Hauses IBM.
369 NATURAL SECURITY ist ein Produkt der SOFTWARE AG, Darmstadt.

2.3.3 Data Dictionaries - Systeme zur Dokumentation und Verwaltung von Meta-Informationen

Bei einem Volumen von 2.000 bis 5.000 Dateien und 500 bis 800 Programmen im unteren Leistungsbereich der Datenverarbeitung eines größeren Unternehmens ist die Vermeidung negativer Auswirkungen hinsichtlich der korrekten, das heißt konsistenten Datenhaltung[370] ohne ein genaues Wissen über Format, Inhalt[371], Verwendung und Speicherungsform der Daten nicht mehr möglich. Gleichartige Daten können bekannterweise an unterschiedlichen Stellen des Unternehmens anfallen. Man denke beispielsweise an den Verbrauch gleicher Rohstoffe in verschiedenen Produktionsbereichen. Das Gedächtnis der Mitarbeiter allein kann ohne maschinengestützte Dokumentation der Änderungsaufgabe der DV-Abteilung zur Erhaltung der Konsistenz der Daten und zur Anpassung an geänderte Benutzeranforderungen kaum gerecht werden. Die als Folge davon auftretenden Versäumnisse notwendiger Änderungen von Programmen und Datendefinitionen können leicht zu einer redundanten Speicherung von Daten und zu deren Inkonsistenz führen.[372]
Die Koordination des Datensystems einer Unternehmung kann mit Hilfe eines Data Dictionary (DD) - auch Data Dictionary System (DDS) genannt - erfolgen.[373] Ein solches System enthält die benötigten Informationen, um ein identisches Verständnis der Daten in den einzelnen Abteilungen zu erreichen. Durch die einheitliche Bezeichnung der Daten können auch existierende Kommunikationsschwierigkeiten überwunden werden.[374]

---

370 Vgl. **QUIEL, G.:** Datenbanksysteme, a.a.O., S. 23.

371 Im Laufe der Zeit können beispielsweise völlig unterschiedliche Datentypen mit dem gleichen Namen bezeichnet werden, also Homonyme entstehen. Vgl. **MARTIN, J.:** Einführung, a.a.O., S. 247.

372 Vgl. **WEICHSELBAUMER, C.; BLANK, K.; SCHMID, M.:** Data Dictionaries: Der Wirtschaftlichkeitsbeweis steht noch aus, in: **CW:** 10.Jg, Nr. 26 vom 24.6.1983, S. 5.

373 Vgl. **ZAHRAN, F.S.:** A Universal Data Model Holder for Data Dictionary Systems, in: **COMP. JOURN.:** Vol. 24, 3/1981, S. 193 (193-199).

374 Vgl. **MAYNE, A.:** The Central Role of Dictionary Systems in Information Resource Management, in: **STATE OF THE ART REPORT:** Data Base - The 2nd Generation, Series 10, 7/1982, S. 527 (521-533) und **ZAHRAN, F.S.:** A Universal Data Model Holder, a.a.O., S. 193.

Ein Data Dictionary System besteht aus zwei Komponenten, der Data Dictionary Data Base (DDDB) und dem Data Dictionary Management System (DDMS). Letzeres steuert den Zugriff auf die DDDB und verwaltet ihren Inhalt.[375]
Zu Beginn der Entwicklung von Data Dictionary Systemen war die DDDB ein reines Verzeichnis von Datendefinitionen sowie der Speicherungsart und -form der in einer Datenbank oder Datei vorhandenen Daten.[376] Es handelte sich bei diesen Data Dictionaries lediglich um Systeme mit Datendokumentationsaufgaben. Die neueren DDS enthalten in ihrer DDDB nicht mehr nur diese Informationen, sondern können zusätzlich alle in der "DV-Welt" des Unternehmens agierenden Objekte wie Programme, Module, Datensätze, Datenfelder, etc. und deren Beziehungen zueinander dokumentieren und verwalten.[377]
Ein Data Dictionary ist somit ein Verzeichnis, in dem die Daten logisch zentralisiert beschrieben werden.[378] Dieses Verzeichnis gibt Auskunft[379] über folgende Sachverhalte:

1. Die Dateien des Informationssystems.

2. Die Struktur der vorhandenen Datenarten, Datengruppen und Datenfelder.
   Wie sind die Daten und Dateien logisch aufgebaut und gegliedert?
   In welche größere Strukturen sind sie eingefügt?
   Von welcher Stelle wurden die Strukturen festgelegt?
   Welche Instanz darf die Struktur ändern?
   Ist die Gültigkeit der Daten unter Umständen auf Teilgebiete beschränkt?

---

375 Vgl. **ZAHRAN, F.S.:** A Universal Data Model Holder, a.a.O., S. 193.

376 Vgl. **GRADWELL, D.J.:** Integrating Data Dictionary Systems with DBMS, in: **STATE OF THE ART REPORT:** Data Base - The 2nd Generation, Series 10, 7/1982, S. 446 (445-460) und **BRATHWAITE, K.S.:** Analysis, Design, & Implementation of Data Dictionaries, New York/St. Louis/San Francisco 1988, S. 3.

377 Vgl. **SOKOLOVSKY, Z.:** Bemerkungen zu Data-Dictionary-Systemen, in: **AI:** 3/1981, S. 122-130.

378 Vgl. **SCHREIER, U.:** Data Dictionary, in: **MERTENS, P. (HAUPTHRSG.):** Lexikon der Wirtschaftsinformatik, Berlin/Heidelberg/New York/London/Paris/Tokyo 1987, S. 91 (91/92).

379 Vgl. **MÜLLER, P.; LÖBEL, G.; SCHMID, H.:** Lexikon der Datenverarbeitung, 10. Auflage, Landsberg am Lech 1988, S. 149 sowie **REUSCH, P.J.A.:** Informationssysteme, Dokumentationssprachen, Data Dictionaries, Mannheim/Wien/Zürich 1980, Abb. 6.2, S. 171.

3. Vorhandene Definitionen.
   Ein Data Dictionary ermöglicht die Schaffung einheitlicher Bezeichnungen sowie die Aufdeckung bestehender Synonyme und Homonyme, also die unterschiedliche Benennung gleicher Datentypen beziehungsweise die gleiche Benennung unterschiedlicher Datentypen.[380] Außerdem wird dargestellt, unter welchen Fragekriterien (Deskriptoren) Bezeichnungen zu erreichen sind.

4. Die Quellen der Daten.
   Wann, wo und unter welchen Bezeichnungen werden Daten in das System eingegeben?
   Im Verlauf welcher Programme entstehen die Daten?

5. Die Datenhaltung.
   In welchen Datenbanken, Dateien usw. werden welche Datenarten geführt?
   Von wo nach wo werden die Daten übertragen?

6. Die Verwendung der Daten.
   Von welchen Programmen werden welche Daten verwendet?
   In welchen Fällen gelten Einschränkungen (zum Beispiel durch notwendige Zugriffsschutzmaßnahmen) für die Verwendung der Daten?

7. Die Änderung der Daten.
   Von welchen Programmen und auf wessen Veranlassung können Daten, die im System enthalten sind, verändert werden?
   Welche Voraussetzungen bestehen für die Änderung der Daten? (Als Änderung wird an dieser Stelle die Aktualisierung, Korrektur und Löschung von Daten verstanden.)
   Welche Voraussetzungen bestehen für die Änderung der logischen Beziehungen innerhalb des Informationssystems?

Außerdem obliegt dem Data Dictionary die Integritäts- und Redundanzkontrolle.

2.3.3.1 Begriffsabgrenzungen

Die aus der englischen Sprache übernommene Bezeichnung Data Dictionary (DD) beschreibt eine Datenbank über Entitäten, die sich auf den gesamten Unternehmensbereich beziehen können. Sie beinhaltet Daten über Daten,

---

[380] Vgl. **MARTIN, J.**: Einführung, a.a.O., S. 247.

Daten über Prozesse und Daten über die Systemumgebung. Man bezeichnet derartige Daten auch als Meta-Daten.[381] Das Informations- oder Metainformations-System[382] zum Speichern, Verwalten und Wiederauffinden dieser Meta-Daten wird Data Dictionary System (DDS) genannt[383].

In der Terminologie der Informationssysteme versteht man unter dem Begriff Daten Informationen, die die Situation eines Unternehmens zu einem bestimmten Zeitpunkt widerspiegeln (statische Betrachtung). Die Kategorie 'Daten über Daten' umfaßt die Beschreibungen der Schemata, Subschemata, Sets, Dateien, Areas, Datensätze, Datengruppen, Datenelemente und deren Beziehungen zueinander.
Der Begriff Prozeß beschreibt Aktionen, die die Daten abrufen und gegebenenfalls modifizieren. Ein Prozeß stellt somit die Veränderung des Unternehmens über die Zeit dar (dynamische Betrachtung). Die Prozesse werden durch externe und interne Einflüsse, zum Beispiel Auftragseingang, Versand von Gütern, etc. ausgelöst.[384]

---

381 Vgl. **HEINRICH, L.J.; BURGHOLZER, P.:** Informationsmanagement, a.a.O., S. 303.

382 Vgl. **REUSCH, P.J.A.:** Aufbau und Einsatz betrieblicher Informationssysteme, Mannheim/Wien/Zürich 1984, S. 7-3.

383 Vgl. **SCHEUERNSTUHL, G.:** Data Dictionary, in: **SCHNEIDER, H.-J. (HRSG.):** Lexikon der Informatik und Datenverarbeitung, 2., verbesserte und erweiterte Auflage, München/Wien 1986, S. 130. Andere Autoren unterscheiden nicht zwischen dem Data Dictionary und dem Data Dictionary System, sondern sehen das Data Dictionary selbst als Informationssystem an. Vgl. zum Beispiel **REUSCH, P.J.A.:** Informationssysteme, a.a.O., S. 177.

384 Vgl. **MAYNE, A.:** The Central Role, a.a.O., S. 524.

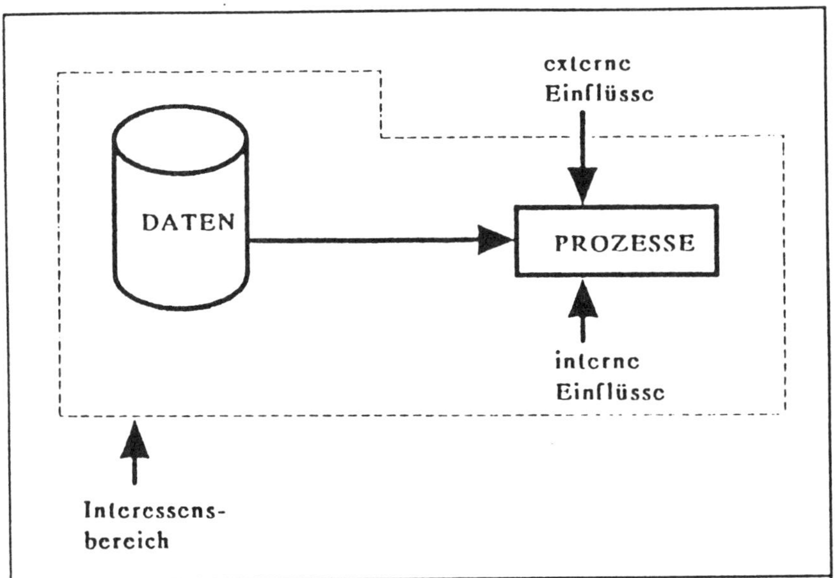

Bild 2-79: Einfaches Modell eines Informationssystems

Die Kategorie 'Daten über Prozesse' enthält eine Beschreibung aller Anwendungssysteme, Programme, Module, etc. sowie deren Beziehungen zueinander.
In der Kategorie 'Daten über die Systemumgebung' werden Zugriffsberechtigungen, Benutzer, Benutzergruppen und sonstige notwendige organisatorische Aspekte beschrieben.[385]

Darüber hinaus werden auch die Beziehungen zwischen einzelnen Komponenten der drei Kategorien festgelegt. In Bild 2-80 zeigen wir dies für den Daten- und Prozessbereich. Dabei stellen die Rechtecke Subkategorien und die Verbindungslinien die möglichen Beziehungen der Subkategorien zueinander dar.[386]

---

[385] Vgl. **BRATHWAITE, K.S.:** Analysis, a.a.O., S. 5.

[386] Vgl. dazu **BROWN, A.P.G.:** The next five years of Data Base - A Vendor's Viewpoint, in: **STATE OF THE ART REPORT:** Data Base Technology, Vol. 2/1978, S. 46 (39-51).

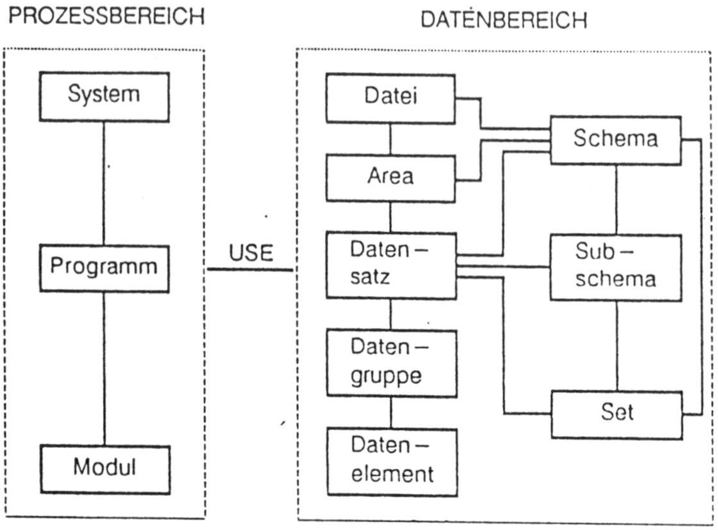

Bild 2-80: Inhalte eines Data Dictionaries - Daten und Prozesse[387]

Legt man das allgemeine Architekturmodell einer Datenbank zugrunde, so bedeutet dies, daß in einem Data Dictionary, das konzeptuelle, interne und teilweise die externen Modelle gespeichert sind.[388] D.J. GRADWELL hält daher den Begriff System Enzyklopädie für geeigneter als die in der Praxis gängige Bezeichnung Data Dictionary.[389]

In der Literatur wird der Begriff Data Dictionary synonym mit den Übersetzungen Datenlexikon und Diktionär verwendet. Einige Autoren bezeichnen das Data Dictionary System (DDS) explizit als ein Softwaresystem zum Speichern, Verwalten und Wiederauffinden der Informationen eines Data Dictionary.[390]

Weiterhin wird das Data Directory (Datenkatalog) als ein Ort verstanden, an dem Informationen über die logische und/oder physische Adresse von Daten

---

[387] Vgl. zur Beschreibung der Inhalte eines Data Dicionaries: **SOKOLOVSKY, Z.**: Bemerkungen, a.a.O., S. 123/124.

[388] Vgl. **QUIEL, G.**: Datenbanksysteme, a.a.O., S. 74-75 und **SOKOLOVSKY, Z.**: Bemerkungen, a.a.O., S. 125.

[389] Vgl. **GRADWELL, D.J.**: Objectives and Scope of a Data Dictionary System, in: **COMP. BULLETIN**: Series 2, Nr. 18/1978, S. 4 (4/5 und 9).

[390] Vgl. **SCHEUERNSTUHL, G.**: Data Dictionary, a.a.O., S. 131.

gespeichert sind. So gelangt man schließlich zu dem Begriff Data Dictionary/Directory System (Datenkatalog-System; DD/DS). Teilweise sind hierbei die Directory-Metadaten von den Dictionary-Metadaten unabhängig; sie können sich aber auch zum Teil überschneiden.[391]

2.3.3.2 Die Benutzereines Data Dictionary Systems

Ein Data Dictionary als zentraler Ort eines einheitlichen, für alle Mitarbeiter eines Unternehmens verbindlichen Informations- und Dokumentationsstandes stellt eine bereichsübergreifende Kommunikations- und Standardisierungshilfe dar.[392] Ein Data Dictionary wird von folgenden Benutzerkreisen beziehungsweise Abteilungen eines Unternehmens benötigt:[393]

a) Informations- und DV-Management
b) Revision
c) Daten(bank-)administration
d) Systemanalyse und Systementwicklung
e) Programmierung
f) Arbeitsvorbereitungund Maschinenbedienung
g) betrieblicher Datenschutzbeauftragter
h) parametrischen Endbenutzern[394]

Auf diese wird im folgenden näher eingegangen.

a) Informations- und DV-Management
Der Unternehmenserfolg hängt in großem Maß von einem effektiven Management ab, welches unter anderem durch den Wert der vorhandenen Datenbestände als Unternehmensressource begründet wird.[395] Informationen aus dem Data Dictionary bilden die Grundlage für die Planung, Organisation und andere Entscheidungsprozesse.[396] Das Informationsmanagement kann

---

391 Vgl. **LEONG-HONG, B.W.; PLAGMANN, B.K.**: Data Dictionary/Directory Systems, New York 1982, S. 18 ff.

392 Vgl. **GIRNDT, D.**: Data Dictionary - Mehr als ein Wörterbuch für die EDV, in: **HEILMANN, W.; REUSCH, G. (HRSG.)**: Datensicherheit und Datenschutz, Wiesbaden 1984, S. 139 (125-146).

393 Vgl. **VAN DUYN, J.**: Developing a Data Dictionary System, Englewood Cliffs 1982, S. 26 f.

394 Vgl. **GIRNDT, D.**: Data Dictionary, a.a.O., S. 138 ff.

395 Vgl. **VAN DUYN, J.**: Developing, a.a.O., S. 26 f.

396 Vgl. **HEINRICH, L.J.; BURGHOLZER, P.**: Informationsmanagement, a.a.O., S. 306.

beispielsweise aus dem Inhalt des DDS detaillierte Berichte über das Zusammenwirken von Daten und Programmen sowie über die Auswirkungen von Datendefinitionsänderungen erhalten.[397] Anhand einer Dokumentation der eingesetzten Hard- und Software ließe sich auch eine Kosten-Nutzen- oder Bedarfsanalyse erstellen.[398]

b) Revision
Ein System für die Revision eines Unternehmens muß in erster Linie effektiv, verläßlich und zeitsparend konstruiert sein. Die Möglichkeit der Online-Abfrage in einem Data Dictionary als zentrales Medium jeglicher Unternehmensinformation stellt ein schnelles und effektives Werkzeug dar, um alle erforderlichen Unternehmensaktivitäten zu verfolgen und zu prüfen.[399] Die Revisions-Abteilung kann mittels des DDS beispielsweise die Datenbeschreibungen untersuchen, die in den Anwendungsprogrammen des Rechnungswesens Verwendung finden.[400]

c) Daten(bank)administration
Der Datenbankadministrator benutzt das DD als "...Verzeichnis der Dateien und Datenfelder des Systems mit Angaben über Herkunft und Verwendung der Daten..."[401], um mit diesen Informationen Datenbanken neu zu entwerfen, diese zu kontrollieren und gegebenenfalls den Benutzeranforderungen gemäß umzugestalten.[402]
Der Daten(bank)administration obliegt damit auch die Aufgabe, die Datendefinitionen und ihren Gebrauch in allen Applikationen zu kontrollieren, um die Konsistenz des Datenbestandes zu gewährleisten. Ein Data Dictionary kann den DBA durch das detaillierte Anzeigen von durchgeführten und vorgeschlagenen Änderungsdiensten unterstützen und somit bestehende Inkonsistenzen aufdecken.[403] Weiterhin hat sich die Daten(bank)administration um die Datensicherheit zu kümmern, zum Beispiel um die Gewährung und Einhaltung von Zugriffsrechten. Auch in diesem Bereich stellt ein Dictionary eine wichtige Hilfe dar.

---

397 Vgl. **LOOMIS, M.; MANNINO, M.; ALLEN, F.:** Fundamentals of Integrated Dictionary/Directory Systems, in: **INFORMATION & MANAGEMENT:** 12/1981, S. 289 (287-295).

398 Vgl. **GIRNDT, D.:** Data Dictionary, a.a.O., S. 140.

399 Vgl. **VAN DUYN, J.:** Developing, a.a.O., S. 27.

400 Vgl. **LOOMIS, M.; MANNINO, M.; ALLEN, F.:** Fundamentals, a.a.O., S. 289.

401 **REUSCH, P.J.A.:** Informationssysteme, a.a.O., S. 170.

402 Vgl. **LOOMIS, M.; MANNINO, M.; ALLEN, F.:** Fundamentals, a.a.O., S. 289.

403 Vgl. **VAN DUYN, J.:** Developing, a.a.O., S.27 ff.

d) Systemanalyse und Systementwicklung
Die Aufgaben dieser Abteilung können in allen Phasen des Entwicklungsprozesses durch Hilfestellung bei der Dokumentation, durch Designhilfe, Generierung von Metadaten und Aufbau von Spezifikationsdaten, Erleichterung der Testläufe sowie durch die notwendigen Kontrollen, zum Beispiel auf Vollständigkeit und Integrität eines zu entwickelnden Systems, unterstützt werden. Im Rahmen der Informationsbedarfsanalyse gibt das DDS den Entwicklern einen Überblick über bereits vorhandene Daten und Programme, die sie in das neue System integrieren können. Auf diese Art und Weise werden ungewollte Redundanzen vermieden. Auch können die Ergebnisse der Datenanalyse, die eine Grundlage für den Normalisierungsprozeß bilden, im Data Dictionary abgelegt werden, um im logischen Design der Anwendungen daraus Userviews zu erstellen.[404] Weitere Erleichterungen seitens des Data Dictionaries bestehen in der Realisierungsphase eines Anwendungssystems durch verschiedene Möglichkeiten der Dokumentation.
Desweiteren kann auf der Basis des DD eine Analyse von Systemänderungen durchgeführt werden und letztlich fungiert das Data Dictionary bei der Aufnahme neuer Datenbestände als Kontrollinstrument.[405]

e) Programmierung
Die Programmierung verwendet das DDS zur Ableitung der Datendefinitionen für Anwendungsprogramme.[406]
Durch die Generierungsmöglichkeiten von Datenstrukturen, Prüfbedingungen und Testdaten, die Fehlerfreiheit gewährleisten, sowie durch die Hilfe bei der Dokumentation und Erstellung von Reports kann sich die Programmierung auf die problemorientierte Verarbeitungslogik konzentrieren. Auch der Wartungsaufwand für die erstellten Anwendungssysteme wird durch ein Data Dictionary erheblich reduziert, weil Änderungsdienste im Datendefinitionsbereich exakt abgegrenzt und automatisch ausgeführt werden können.[407]

---

404 Vgl. **GIRNDT, D.**: Data Dictionary, a.a.O., S. 141.

405 Vgl. **REUSCH, P.J.A.**: Informationssysteme, a.a.O., S. 170 und **LOOMIS, M.; MANNINO, M.; ALLEN, F.**: Fundamentals, a.a.O., S. 289.

406 Vgl. **REUSCH, P.J.A.**: Informationssysteme, a.a.O., S. 170.

407 Vgl. **CONRAD, G.**: Data Dictionary, Integrationsbasis für Datenstrukturen und Programmgeneratoren, in: **NIEDEREICHHOLZ, J. (HRSG.)**: Datenbanktechnologie: Einsatz großer, verteilter und intelligenter Datenbanken, Stuttgart 1979, S. 50 ff. (43-61).

f) Arbeitsvorbereitung und Maschinenbedienung
Die Arbeitsvorbereitung hat die Aufgabe, Anwendungen (Jobs) vorzubereiten, zu überwachen und zu steuern. Das Data Dictionary verfügt über Informationen bezüglich der Daten, Dateien und Jobs sowie über Beziehungen zwischen Programmen und Datenstrukturen, aus denen der Operator Pläne zur Jobablaufsteuerung erstellt.[408] Im Fall eines Programmabbruchs können die im Data Dictionary System dokumentierten Wiederanlaufanweisungen helfen, die Verarbeitung ordnungsgemäß zu beenden. Bei Systemumstellungen dient das DD dazu, die betroffenen Elemente des Informationsystems ausfindig zu machen.[409]

g) betrieblicher Datenschutzbeauftragter
Für den betrieblichen Datenschutzbeauftragten fungiert das DDS als Überwachungsinstrument. Er kann anhand des DDS feststellen, wer auf welche Daten welche Zugriffsmöglichkeiten besitzt und davon Gebrauch macht.[410]

h) parametrische Endbenutzer
Die zunehmende Integration der EDV in die Fachbereiche ermöglicht eine Verantwortungsübertragung der richtigen Verarbeitung der Daten auf den Endbenutzer. Ein Data Dictionary verschafft ihm eine größere Nutzung seiner Daten, indem er seinen Informationsbedarf mit geeigneten Abfragen decken, sich verschiedene Anwendungssichten seiner Daten zusammenstellen und neue benutzerspezifizierte Elemente definieren kann. Parametrische Endbenutzer besitzen allerdings keine Rechte, den sonstigen Inhalt des DDS zu erweitern oder zu modifizieren.[411] Ein DD befreit die Anwender somit von Routinearbeiten und garantiert die Fehlerfreiheit ihrer Informationen.[412]

---

408 Vgl. **GIRNDT, D.:** Data Dictionary, a.a.O., S. 140 und **VAN DUYN, J.:** Developing, a.a.O., S. 32 ff.

409 Vgl. **GIRNDT, D.:** Data Dictionary, a.a.O., S. 140.

410 Vgl. **MALINOWSKI, K.:** Data Dictionary - Derzeitige Möglichkeiten und Entwicklungstendenzen, in: **DATASCOPE:** 11.Jg., 32/1980, S. 45 (43-50).

411 Vgl. **LOOMIS, M.; MANNINO, M.; ALLEN, F.:** Fundamentals, a.a.O., S. 289 und **MALINOWSKI, K.:** Data Dictionary, a.a.O., S.45.

412 Vgl. **GIRNDT, D.:** Data Dictionary, a.a.O., S. 144 f.

2.3.3.3 Anforderungen an ein Data Dictionary System

Um den Bedürfnissen der verschiedenen Benutzer und Benutzergruppen gerecht zu werden, muß ein Data Dictionary folgende Anforderungen erfüllen:

1. Es muß eine vollständige Darstellung aller Objekte, die das Datenmanagement für die Datenverwaltung eines Unternehmens benötigt, beinhalten. Dahinter steht die Forderung nach Vollständigkeit und ausreichender Beschreibungsmöglichkeit hinsichtlich

   a) der Erfassung aller Objekte,
   b) des Aufbaus aller Objekte (Definitionen),
   c) der Speicherung aller Objekte (Directory Funktion) sowie
   d) der logischen Beziehungen und der Abhängigkeiten zwischen den Objekten und damit der Herkunft und Verwendung von Daten[413].

2. Die Integrität und die Redundanzfreiheit des Inhaltes eines DDS muß gewährleistet sein.[414]

Die Forderung nach ausreichender Beschreibungsmöglichkeit erfordert die "Ausdehnbarkeit" des DDS. Nach C. SEAGREN und J. EVERETT muß der Benutzer eigene Objekttypen, Eigenschaften von Objekten sowie Beziehungen zwischen Objekten definieren können.[415]

---

413 Vgl. **REUSCH, P.J.A.:** Informationssysteme, a.a.O., S. 171 und **LOOMIS, M.; MANNINO, M.; ALLEN, F.:** Fundamentals, a.a.O., S. 289.

414 Vgl. **REUSCH, P.J.A.:** Informationssysteme, a.a.O., S. 171.

415 Vgl. **SEAGREN, C.; EVERETT, J.:** Report gives Guidelines toward Defining a DDS, in: **COMPUTERWORLD:** Vol. 16, 26/1982, S. SR18 (SR18/SR20).

2.3.3.4 Bestandteile eines Data Dictionary Systems

Bei der Betrachtung eines Data Dictionary Systems sind drei Aspekte von Bedeutung. So ist zu klären,

- aus welchen Komponenten ein DDS besteht und welche Inhalte diese im Einzelnen enthalten,
- welche Grundfunktionen zur Verarbeitung der Inhalte benötigt werden,
- welche Schnittstellen einem DDS zu welchen anderen Tools zur Verfügung stehen sollten.

In den folgenden Ausführungen werden wir diese Fragen - ohne uns auf ein konkretes Tool zu beziehen - allgemein behandeln.

2.3.3.4.1 Die Komponenten eines Data Dictionary Systems

Ein DDS besteht aus folgenden Komponenten:

1. der Meta-Datenbank
2. der Programm- und Methodenbank
3. der Umgebung des Data Dictionary
4. dem Data Directory.

1. Die Metadatenbank

Entsprechend dem Zweck des Data Dictionary, Auskunft über Daten, Prozesse und die Umgebung des betrieblichen Informationssystems zu geben, müssen die Zusammenhänge zwischen diesen Objekten in Form von Meta-Informationen dargestellt werden. Dazu wird eine gesonderte Datenbank, die Metadatenbank oder Metabank, eingerichtet. Die Metabank enthält das Data Dictionary und ist auf die zugrundeliegenden anwendungsorientierten Systeme bezogen. In der Metabank sind die Spezifikationsdaten der Anwendungssysteme zu finden;[416] sie ist auf die Systemdokumentation und -verarbeitung ausgerichtet. Als Systembank erteilt die Metabank somit Auskunft über die Struktur und die Verwendung der Daten, die von den Anwendungsbanken verwaltet werden.
Anfänglich wurden Systeme mit vordefinierten, festen Strukturen entwickelt. Ende der siebziger Jahre gelang es jedoch, die Metadaten selbst variabel zu

---

[416] Vgl. **REUSCH, P.J.A.:** Aufbau, a.a.O., S. 7-3.

beschreiben (Meta-Meta-Daten), um daraus die gewünschten Strukturen (Meta-Beziehungen) generieren zu können.[417] Dies trug wesentlich zum Erfolg der Data Dictionary Systeme bei.
Die gesamte Informationsstruktur eines Unternehmens sollte bekanntlich mit Hilfe eines ER-Modells beschrieben werden. Im Data Dictionary sind nun Informationen über dieses ER-Modell in der Metadatenbank gespeichert. Auf diese Art und Weise entstehen Meta-Entitäten, die, in logische Klassen eingeteilt, jeweils unterschiedliche Objekte enthalten können, von denen hier die gebräuchlichsten aufgelistet werden:[418]

Daten-Entitäten:
- Element
- Datenstruktur
- Datensatz
- Datei
- Datenbank
- Report

Prozeß-Entitäten:
- Modul
- Programm
- System
- Transaktion

Umgebungs-Entitäten:
- Benutzer
- Kommunikationsleitungen
- Terminals
- Hardware-Komponenten

Ausweitungs-Entitäten: Benutzerdefinierte Entitäten.

---

[417] Vgl. **HEINRICH, L.J.; BURGHOLZER, P.:** Informationsmanagement, a.a.O., S. 305.

[418] Vgl. **LEONG-HONG, B.W.; PLAGMANN, B.K.:** Data Dictionary, a.a.O., S. 66 ff und S. 77 ff.

Die Charakteristika und die logischen Zugehörigkeiten dieser Meta-Entitäten werden durch Attribute beschrieben. Dabei unterscheidet man:

Identifikations-Attribute:
- Name im DD/DS
- Synonyme: Benutzerdefinierte Stellvertreter-Namen
- Alias-Namen: Systemorientierte oder zur eindeutigen Identifikation verwendete alternative Namen
- Programmiersprachen-Name: Zum Beispiel COBOL-Name
- Beschreibung: Verwendung und Charakteristik der Entität

Repräsentationsattribute:
- Typ: Typ des Datenelements, zum Beispiel alphanumerisch
- Quelle: Verwendung eines Elements, zum Beispiel in diversen Programmen
- Länge: Länge eines Datenelements
- Programmiersprache: Sprache des Programmes
- Programmgröße: Lines of Code
- Prozeßtyp: Batch- oder Online-Programm
- Parameter: Anzahl und Typ der in einem Programm verwendeten Parameter

Relations-Attribute:
- Keyword: Beschreibt und identifiziert zwei oder mehrere Meta-Entitäten für eine Analyse oder einen Report
- Link: Verbindungspfad zwischen zwei Meta-Entitäten auf der Ebene der System-Architektur
- Usage: Beschreibt, wie eine Entität von einer anderen verwendet wird
- Calls: Unter- oder Dienstprogramme, die ein Programm aufruft
- Zugriffspfad: Pfad zum Auffinden von Datenstrukturen zwischen Meta-Entitäten
- Set: Relation zwischen zwei Datensätzen (CODASYL-Ausdruck)
- Mapping: Relation zwischen einer Daten- und einer Prozeß-Entität

Statistische Attribute:
- Häufigkeit: Durchschnittliche Zugriffshäufigkeit auf eine Entität
- Antwort: Antwortzeit der Prozeß-Entität
- Log Information: Statistik über das Datum, den Benutzer und die ausgeführten Operationen bei Zugriff auf eine Entität
- Verwendungsstatistik: Übersicht über die Verwendung von Daten
- Performance-Statistik: Übersicht über die Performance einer Prozeß-Entität
- Geschätzte Lebensdauer: Stabilität einer Entität, Häufigkeit seiner Änderung

Kontroll-Attribute:
- Autorität: Operationen, die ein Benutzer ausführen darf
- Password: Passwordcode in Verbindung mit der Autorität eines Benutzers
- Zugehörigkeit: Ausschließliche Verwendung einer Entität von einem bestimmtem Benutzer
- Status: Operationaler Zustand einer Entität: Test, Produktion oder Archiv
- Version: Zugehörigkeit einer Entität zu einer bestimmten Version
- Sicherheits-Level: Verwendung einer Entität wird für Benutzer mit zu geringer Autorität ausgeschlossen
- Datenfluß: Herkunft und Ziel einer Entität, zum Beispiel bestimmte Programme oder Dateien
- Ausgabeformat und Plausibilitätsprüfungen: Gültige Wertebereiche und Darstellungsformen einer Entität

Physische Attribute:
- Speichermedium: Information über die Speicherungsform von Entitäten
- Speicherbedarf: Speicherbedarf für Daten-, System- oder Prozeß-Entitäten
- CPU: Name und Größe des Zentralprozessors, den die Prozeß-Entität verlangt
- Terminals: Art des Terminals, das die Prozeß-Entität verlangt
- Betriebssystem: Version und Level des Betriebssystems, das die Prozeß-Entität verlangt

Benutzerdefinierte Attribute

2. Die Programm- und Methodenbank

Die Programm- und Methodenbank des Data Dictionaries beschreibt die Verarbeitungskomponente des Informationssystems. Im Unterschied zu den Anwendungsinformationssystemen, die Anwendungsroutinen enthalten, beinhaltet das Data Dictionary System die erforderlichen Spezifikations- und Dokumentationsroutinen der Anwendungssysteme.[419] Dadurch werden die Programme mit ihren Zugriffspfaden beschrieben. Zugleich wird festgelegt, welche Daten von den einzelnen Anwendungsprogrammen verarbeitet werden und ob gegebenenfalls Einschränkungen bei der Verarbeitung bestehen.
Die Programm- und Methodenbank ermöglicht, insbesondere in Verbindung mit der Metabank, eine konzentrierte Bearbeitung, bei der Redundanzen, Homonyme sowie nicht konsistente Daten vermieden werden.

---

[419] Vgl. **REUSCH, P.J.A.:** Aufbau, a.a.O., S. 7-4.

3. Die Umgebung des Data Dictionary

Die dritte Komponente enthält Informationen über die interne und die externe Umgebung des Systems.
Die interne Umgebung beschreibt das gesamte Informationssystem mit seinen Elementen einschließlich der Eingabe- und Ausgabemedien. Dazu gehört auch die Darstellung des Rechnersystems, also welche Rechnertypen, Betriebssysteme und DC-Systeme unterstützt werden.[420]
Im DDS sind den Programmen aus technischen Gründen nur logische Dateinamen zugänglich, das heißt nur über die logischen Dateinamen können die physischen Dateien und damit die Ausgabemedien wie Magnetspeicher, -bänder oder etwa Listen von den Programmen erreicht werden.[421] Daher werden auch diese Elemente in der internen Darstellung der Umgebung des Data Dictionary Systems abgebildet.
Neben der Aufzeichnung der internen Umgebung enthält das Data Dictionary System auch Hinweise zur externen Umgebung des Systems. Als extern werden beispielsweise die Zugriffslegitimationen der Benutzer des Systems angesehen.
Die Darstellung der gesamten Umgebung des Data Dictionary dient zusammen mit den Beschreibungen der Zugriffspfade in der Programm- und Methodenbank dem Schutz vor unautorisiertem Zugriff.

4. Das Data Directory

Als vierte Komponente eines DDS ist das Data Directory zu nennen. Durch dieses Directory werden häufig nur wenige Elementtypen beschrieben, dazu gehören Datenfelder, Datensätze und Datenbanksegmente, aber auch Dateien und Datenbanken.[422]
Das Data Directory gibt Auskunft über die physische Lage der gespeicherten Dateien und über mögliche Zugriffsformen. Das Data Directory ermöglicht die (aktive) Spezifikation und Steuerung durch das Metasystem; ohne das Data Directory verbleibt dem Data Dictionary System die (mehr passive) Dokumentationskomponente.[423]

---

[420] Vgl. **REUSCH, P.J.A.:** Aufbau, a.a.O., S. 7-17.
[421] Vgl. **GIRNDT, D.:** Data Dictionary, a.a.O.,S. 129 f.
[422] Vgl. **GIRNDT, D.:** Data Dictionary, a.a.O., S. 125 ff.
[423] Vgl. **REUSCH, P.J.A.:** Aufbau, a.a.O., S. 7-24

2.3.3.4.2 Die Grundfunktionen des Data Dictionary Systems

Die nachfolgend aufgeführten Funktionen werden nicht von allen DDS im gleichen Umfang angeboten:

1. Datendefinitions- und -verwaltungsfunktion

Diese Funktion übernimmt die Zuordnung von Objekten, Attributen und Beziehungen innerhalb der standardmäßigen Subkategorien sowie das Ändern und Löschen von Objekten, Attributen und Beziehungen innerhalb aller Subkategorien.[424]

2. Erweiterungsfunktion

Mit Hilfe dieser Funktion wird das Definieren von benutzereigenen Subkategorien, Objekten, Attributen und Beziehungen möglich.[425]

3. Datendeklarations-Generierungsfunktion

Damit können Datendeklarationen, Datenbankstrukturen und Anwenderprogrammtabellen für Quellen-Anwendungsprogramme automatisch generiert werden. Die Angaben dazu werden den Entity-Strukturbeschreibungen entnommen und in entsprechenden Bibliotheken oder Dateien gespeichert. Dadurch wird gewährleistet, daß Änderungen der Entity- und Relationship-Definitionen in allen Bereichen des Metainformationssystems durchgeführt werden.[426]

4. Datenauswertungs- und Berichtsfunktion

Es ist oft wichtig zu erfahren, in welcher Weise ein Entity einem anderen über- oder untergeordnet ist, ob als Eingabedatei, Call-Aufruf, Sortierfeld u.a.[427]

---

[424] Vgl. **SOKOLOVSKY, Z.**: Bemerkungen, a.a.O., S. 125.
[425] Vgl. **LOOMIS, M.; MANNINO, M.; ALLEN, F.**: Fundamentals, a.a.O., S. 291.
[426] Vgl. **SOKOLOVSKY, Z.**: Funktionsmächtigkeit künftiger Data-Dictionary-Systeme, in: **AI**: 7/1981, S. 286 f (286-291).
[427] Vgl. **STÜLPNAGEL, A. von**: Data Dictionary, in: **HMD**: 118/1984, S. 60 (59-70).

Die Datenauswertungs- und Berichtsfunktion eines Data Dictionary ist generell dazu in der Lage, beliebige, gegebenenfalls selektierte Datenbeschreibungen zu visualisieren, das heißt Entity-Kataloge auszugeben.[428]
Häufig werden die Auswertungsmöglichkeiten eines Data Dictionaries mit Stücklisten und Verwendungsnachweisen verglichen. Bezüglich des Stücklistenaspektes kann man mittels einer Auflösung, auch als Explosion bezeichnet, alle untergeordneten Entitäten ermitteln, die von einem übergeordneten Entity angesprochen werden. Diese Auflösung kann ein- oder mehrstufig erfolgen, wobei die mehrstufige Auflösung die ermittelten untergeordneten Entitäten ihrerseits auflöst.
Bei einem Verwendungsnachweis, auch Implosion genannt, werden im Gegensatz zur Stückliste die übergeordneten Entitäten ermittelt, die ein vorgegebenes untergeordnetes Entity enthalten. Diese Implosion kann ebenfalls ein- oder mehrstufig erfolgen.[429]
Mit Hilfe der Verwendungsnachweise lassen sich auch diejenigen Entities ermitteln, die von der Änderung eines untergeordneten Objektes betroffen sind. Zu den Verwendungsnachweisen gehören weiterhin Security-Nachweise, zum Beispiel Manipulationsversuche der Sicherheitsvorkehrungen, sowie Statistiken über die Häufigkeit der Verwendung von gespeicherten Informationen, Kontrollisten usw.[430]

5. Versionsverwaltungsfunktion

Die Versionsverwaltungsfunktion eines DDS ermöglicht es, Entity-Strukturen verschiedener Entwicklungsstadien zu verwalten. Diese Versionen, auch Status des Objektes genannt, können nach C. SEAGREN und J. EVERETT folgende Ausprägungen besitzen:

a) NEW
Diesen Status erhalten alle Objekte, die neu in das Data Dictionary aufgenommen werden, noch nicht komplett sind und daher nur für die Datendefinitions und -verwaltungsfunktion von Interesse sind.

b) TEST
Die Objekte dieses Status sind vollständig definiert aber lediglich für den nicht-produktiven Gebrauch geeignet, das heißt sie können auf ihre Eignung getestet werden. Möglicherweise existieren auch verschiedene Testversionen eines Objektes.

---

428 Vgl. **SOKOLOVSKY, Z.:** Funktionsmächtigkeit, a.a.O., S. 289, S. 291.
429 Vgl. **VETTER, M.:** Aufbau, a.a.O., S. 356 f.
430 Vgl. **SOKOLOVSKY, Z.:** Funktionsmächtigkeit, a.a.O., S. 289.

c) PRODUCTION
Objekte mit diesem Status sind formal einwandfrei, das heißt sie sind komplett definiert, getestet und stehen dem Endbenutzer zur Verfügung. Es existiert immer nur eine Produktionsversion eines Objektes.

d) ARCHIVE
Alle "alten" Test- und Produktionsversionen eines Objektes werden unter diesem Status abgelegt. Falls mehrere Archiv-Versionen vorhanden sind, werden sie durch eine Level-Nummer identifiziert.

Die Beziehungen zwischen den Versionen verdeutlicht Bild 2-81.[431]

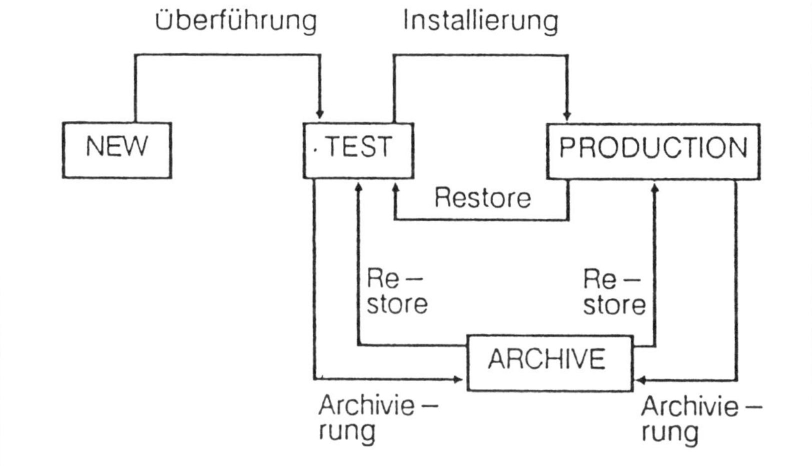

Bild 2-81: Beziehungen zwischen den Versionen

6. Nachdokumentationsfunktion

Die Nachdokumentationsfunktion dient dazu, Datenbeschreibungen und weitere erforderliche Informationen aus bestehenden Anwendungsprogrammen und Datenbanken automatisch zu erstellen und in die jeweilige Data-Dictionary-Syntax umzusetzen. Diese Funktion erleichtert die Einführung eines Datenbank-Management-Systems.[432] Außerdem hilft diese automatische Umwandlungsmöglichkeit einige der Probleme zu lösen, die bei der

---

[431] Vgl. **SEAGREN, C.; EVERETT, J.**: Report, a.a.O., SR 18.
[432] Vgl. **SOKOLOVSKY, Z.**: Funktionsmächtigkeit, a.a.O., S. 288.

anfänglichen Speicherung des DD-Inhaltes aufgrund der Vielfalt der in der Unternehmung existierenden Quellen für Meta-Daten auftauchen.[433]

7. Zugriffsverwaltungsfunktion

Mittels dieser Funktion wird überprüft, ob ein Benutzer berechtigt ist, Daten des DDS zu ändern, zu lesen oder neue Daten einzufügen.[434] Der Anwender wird dabei als Entity-Typ DDS-Benutzer definiert. Die Autorisierung ist pyramidenförmig aufgebaut, wobei dem Administrator als höchste Instanz des Systems die umfassendste Zugriffsberechtigung zukommt.
Die Zugriffsberechtigung der Anwender für eine Hierarchieebene schließt die für die jeweils niedrigeren Ebenen ein. Mit dieser Funktion lassen sich gleichzeitig statistische Angaben über den Zugriff auf die Datenbestände sammeln, um gegebenenfalls ein notwendiges Tuning des Systems vornehmen zu können.[435]

8. Datenprüf- oder Plausibilitätsprüfungsfunktion

Durch die Prüfattribute der Objekte kann die Plausibilität von Daten überprüft werden. Die Prüfkriterien können als ein fester Bestandteil der Programme generiert werden, oder sie werden dem Programm bei der Ausführung interaktiv zur Verfügung gestellt. Im ersten Fall ist eine automatische Anpassung von Änderungen der Strukturbeschreibungen und Prüfbedingungen möglich, im zweiten Fall kann der Änderungsdienst entfallen. Die Anpassung wird dann automatisch mit einem Listengenerator dynamisch in einem interaktiven Prozeß durchgeführt.[436]
Die Festlegung von Standards, insbesondere von Namenskonventionen kann Redundanzen und Dateninkonsistenzen auffangen, bevor sie in die Datenbank gelangen, und die Kommunikation zwischen den Benutzern fördern. Zudem gewährleisten Standards für alle Benutzer einen klaren eindeutigen Datenbestand und werden somit zu einer mächtigen Produktivitätstechnik.[437] Als Beispiele für gebräuchliche Standards sind Namenskonventionen, standardisierte Keywords, Abkürzungen und Definitionen, Integration der System-

---

[433] Vgl. **LOOMIS, M.; MANNINO, M.; ALLEN, F.:** Fundamentals, a.a.O., S. 290.

[434] Vgl. **STATE OF THE ART REPORT:** Data Base, Series 9, No. 8, 1981, S. 173.

[435] Vgl. **SOKOLOVSKY, Z.:** Funktionsmächtigkeit, a.a.O., S. 288.

[436] Vgl. **SOKOLOVSKY, Z.:** Funktionsmächtigkeit, a.a.O., S. 289 ff.

[437] Vgl. **BRATHWAITE, K.S.:** Analysis, a.a.O., S. 28 f.

wicklungsmethoden in die Wartung des Dictionary und die Wartung der Source-Bibliotheken zu nennen. Weiterhin können bestimmte Prozeduren wie die Wartung des Diktionärs, Löschvorgänge, Reorganisation, Speicherplatzverwaltung, Report-Anforderungen, Migrationen, Statusübergänge, Konsistenzprüfungen, Korrekturen der Metadaten, Änderungen der Betriebssystemebene, Eingabeformate und Checklisten standardisiert werden.[438]

2.3.3.4.3 Schnittstellen eines Data Dictionary Management Systems

Zur Erfüllung seiner Aufgaben muß ein DDS auch Verbindungen zu anderen Softwarepaketen aufnehmen können. Grundsätzlich sind dabei zwei Verbindungsmöglichkeiten zu unterscheiden:

1. die statische Verbindung
2. die dynamische Verbindung

1. Statische Verbindung

Falls ein Softwarepaket indirekt über die Existenz von intermediate files[439] mit dem DDS verbunden wird, nennt man diese Verbindung statisch.
Über einen DD-Generator, der die Funktion hat, Datenstrukturen, DB-Strukturen, Testdaten, Routinen, Module und Programme zu generieren,[440] werden die Ergebnisse (Definitionen) auf intermediate files abgelegt. Zu ihrer Ausführungszeit verwenden die Softwarepakete die entsprechenden intermediate files, zur Lösung ihrer Aufgaben, das heißt während der run-time besteht keine Verbindung zum DDS.
Bei einer Änderung der Datendefinitionen im DDS müssen dieselben Änderungen auch in den intermediate files vorgenommen werden (===> statische Verbindung).
Nachteilig wirkt sich bei statischen Verbindungen aus, daß ein Benutzer nicht nur das Konzept des DDS, sondern auch das der verbundenen Software, zum Beispiel des Betriebssystems oder des DBMS, kennen muß.[441]

---

[438] Vgl. **WERTZ, C.J.:** The Data Dictionary - Concepts and Uses, Wellesley, Massachusetts 1986, S. 274/275.
[439] Vgl. **GRADWELL, D.J.:** Integrating, a.a.O., S. 450.
[440] Vgl. **SOKOLOVSKY, Z.:** Bemerkungen, a.a.O., S. 126/127.
[441] Vgl. **GRADWELL, D.J.:** Integrating, a.a.O., S. 447.

2. Dynamische Verbindung

Bei der dynamischen Verbindung zwischen Data Dictionary und verschiedenen Softwarepaketen besitzen letztere während ihrer Ausführungszeit direkten Zugriff auf das DDS.
Die dynamische Verbindung funktioniert mittels Schnittstellen-Kommandos, die die standardmäßigen DDS-Funktionen aufrufen.
Da die Änderungen der DD-Definitionen bei der nächsten Ausführung eines Programms automatisch mit berücksichtigt werden und dabei keine intermediate files zu ändern sind, nennt man diese Verbindung dynamisch. Ein weiterer Gegensatz zur statischen Verbindung besteht darin, daß die Softwarepakete nicht nur direkt die DD-Inhalte abrufen, sondern diese auch modifizieren können.
Nachteilig an dieser Verbindung ist, daß es aufgrund der dauernd geforderten Zugriffsverwaltungs- und Plausibilitätsprüfungsfunktionen zu Engpässen in der Verarbeitung kommen kann.[442]

Bild 2-82 stellt zusammenfassend die Unterschiede zwischen statischen und dynamischen Verbindungen von DDS und ihren wichtigsten Software-Komponenten dar.

---

[442] Vgl. LOOMIS, M.; MANNINO, M.; ALLEN, F.: Fundamentals, a.a.O., S. 293.

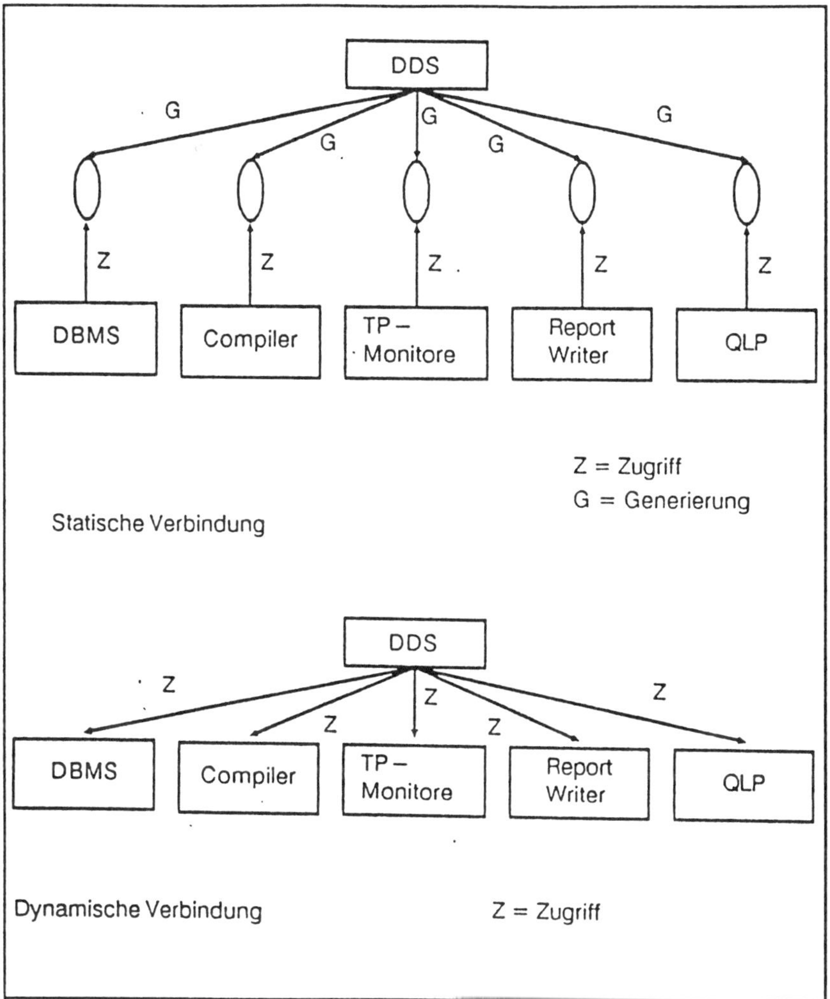

Bild 2-82: Verbindungsmöglichkeiten eines DDS mit weiteren Tools[443]

---

[443] Vgl. **GRADWELL, D.J.**: Integrating, a.a.O., S. 450/451.

Als die wichtigsten Softwaresysteme, die in einer Verbindung zum DDS stehen, sind zu nennen:

- DBMS
- Compiler
- TP-Monitore
- Report-Writer
- Query Language Processor (QLP)

In Abhängigkeit von den im DDS enthaltenen Beschreibungen kann es je nach Art der Verbindung direkt oder indirekt vom DBMS als Directory benutzt werden.
Die Verbindung zwischen den vorhandenen Compilern und dem DDS ermöglicht die Generierung von Datendefinitionen in verschiedenen Programmiersprachen, die sodann in das einheitlich definierte Datenmodell im DDS abgespeichert werden.
Die Verbindung des DDS mit einem TP-Monitor ermöglicht es, Definitionen und Masken zu generieren.[444]
Für Benutzer, die das DDS als Auskunft-Tool nutzen, stehen Report-Writer und QLP zur Verfügung.
Eine Query Language ist bekanntlich eine interaktive, der natürlichen Sprache angelehnte Abfragesprache, die auch als Sprache der 4. Generation bezeichnet wird. Mit dem Query Language Processor kann der Anwender also interaktiv, je nach seiner Zugriffsberechtigung, mittels des DDS dessen Inhalt einsehen, verändern oder löschen.
Über den Report-Writer werden dem Benutzer verschiedene Arten von Berichten zur Verfügung gestellt, zum Beispiel

- eine vollständige oder namentliche Auflistung von Objektbeschreibungen nach Schlüsselworten,
- Informationen über Verknüpfungen von Objekten,
- Matrix-Reporte über die Art des Zugriffs auf die Dateien durch ein bestimmtes Programm sowie
- graphische Reporte, zum Beispiel die Aufzeichnung des hierarchischen Aufbaus eines Teildatenmodells oder eines Programms.[445]

---

[444] Vgl. **BAUER, M.:** Rund ums Data Dictionary, Kapitel IX, Teile 1, 2 und 6, in: **CW:** 10. Jg., Nr. 16 vom 15.4.1983, S. 7; Nr. 17 vom 22.4.1983, S. 6 sowie Nr. 21 vom 20.5.1983, S. 6.

[445] Vgl. **LOOMIS, M.; MANNINO, M.; ALLEN, F.:** Fundamentals, a.a.O., S. 290.

Zusammenfassend verdeutlicht Bild 2-83 noch einmal das Konzept des Data Dictionary Systems.

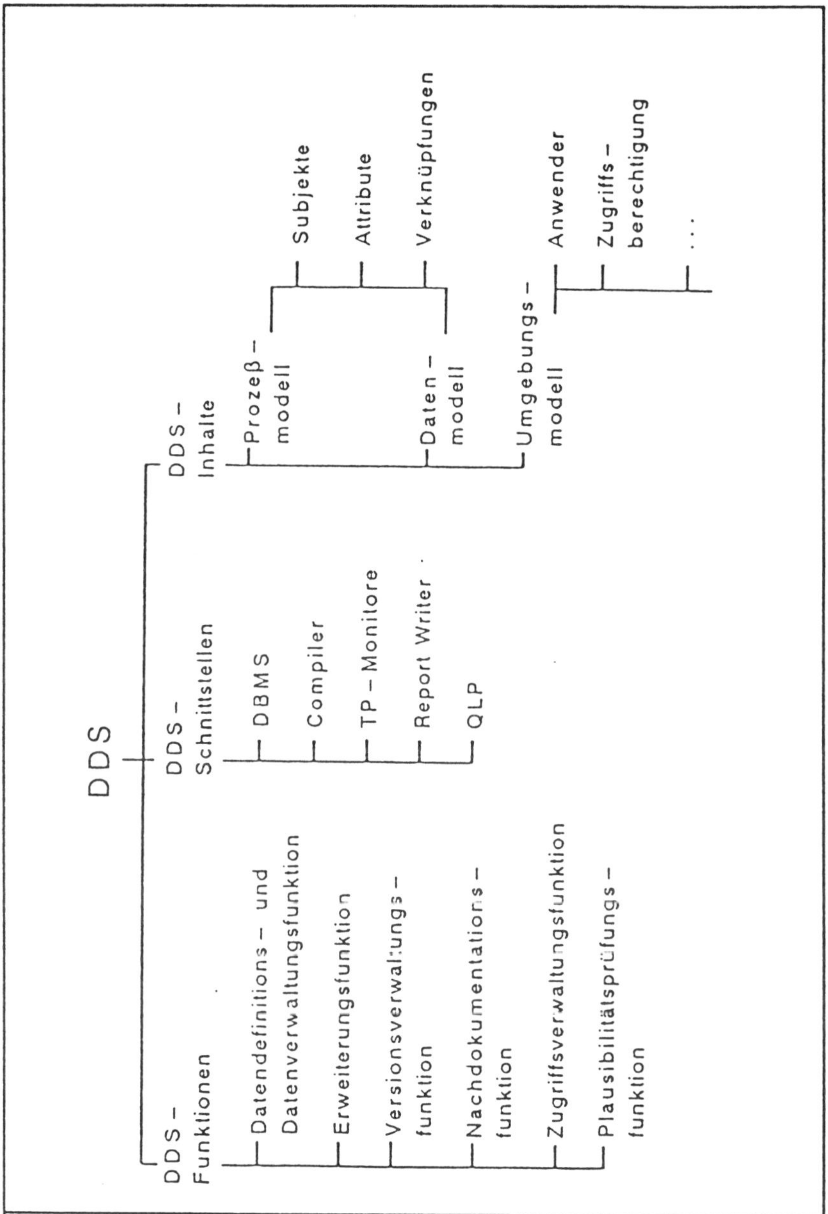

Bild 2-83: Konzept des DDS

2.3.3.5 Klassifikationsmöglichkeiten von Data Dictionaries

Nach ihrer Funktionsmöglichkeit unterteilt man Data Dictionaries in aktive und passive Systeme. Ein passives Data Dictionary hat ausschließlich die Aufgabe, einen zentralen Datenstruktur- und -verwendungsnachweis zu führen; es stellt somit ein reines Nachdokumentationssystem dar. Ein Data Dictionary wird hingegen als aktiv bezeichnet, wenn seine Metadaten für die Spezifikation von Konsistenzbedingungen, Dateien, Programmen und Benutzeranwendungen verwendet werden[446] und es als zentrales Medium den Änderungsdienst für Datenstrukturen und Verwendungsnachweise ausführt.[447] Trotz dieser wesentlichen Vorteile weisen aktive Data Dictionaries häufig Performanceprobleme auf, da eine große Anzahl an Kontroll- und Zugriffsmechanismen koordiniert werden muß und sie daher in bezug auf ihre Organisation und Implementierung wenig flexibel sind.[448]
Werden weiterhin die Spezifikationsdaten in den Meta-Datenbanken dazu verwendet, das Anwendungssystem zu steuern, so daß Update-Prozesse unmittelbar wirksam werden, bezeichnet man das Data Dictionary als voll aktiv. Es stellt dann den Funktionsumfang eines Data Directory dar.[449] Auf diese Art und Weise entsteht bezüglich der Systemführung und Datenredundanz ein ideales Konzept, welches jedoch nur für das Basisinformationssystem und nicht für weitere Informationssysteme eines Unternehmens geeignet ist und somit nicht das Ziel verfolgt, sämtliche Unternehmensdaten zu verwalten.

Hinsichtlich der Verflechtung von Data Dictionary Systemen und Datenbanksystemen unterscheidet man zwischen abhängigen und unabhängigen Systemen. Bei einem abhängigen Diktionär führt das Datenbanksystem neben der Anwendungsdatenbank auch die Metadatenbank, deren Spezifikationsdaten vom Dictionary eingebracht, ausgewertet und für das Anwendungssystem sofort wirksam werden.[450] Diese Abhängigkeit ist häufig bei aktiven Data Dictionaries zu bemerken.
Im Gegensatz dazu verwalten unabhängige Data Dictionary Systeme ihre Metadatenbank selbst mit einem datenbankähnlichen System und sind somit bei ihrem Einsatz nicht auf spezielle universelle Datenbanksysteme angewiesen.[451]

---

446 Vgl. **REUSCH, P.J.A.:** Aufbau, a.a.O., S. 7-9.
447 Vgl. **REUSCH, P.J.A.:** Informationssysteme, a.a.O., S. 187.
448 Vgl. **NARAYAN, R.:** Data Dictionary - Implementation, Use and Maintenance, Englewood Cliffs 1988, S. 49 f.
449 Vgl. **REUSCH, P.J.A.:** Aufbau, a.a.O., S. 7-24.
450 Vgl. **REUSCH, P.J.A.:** Aufbau, a.a.O., S. 7-25 f.
451 Vgl. **REUSCH, P.J.A.:** Aufbau, a.a.O., S. 7-25 f.

Ein weiteres Klassifikationsmerkmal von Data Dictionaries liegt in der Zentralisierung oder Dezentralisierung der Spezifikationsdaten. Zentralisierung bedeutet, daß die Spezifikationsdaten nur einmal im System vorhanden sind, wie es zwangsläufig bei voll aktiven Data Dictionary Systemen der Fall ist. Die Auswertung der Spezifikationsdaten erfolgt dabei zur Laufzeit.
Bei dezentraler Führung liegen mehrere Ausprägungen der Spezifikationsdaten vor, die von Programmen zu unterschiedlichen Zeitpunkten genutzt werden, etwa zum Zeitpunkt der Kompilierung, der Bindung oder zur Laufzeit.
Bei unabhängigen Data Dictionaries liegt häufig Dezentralisierung vor. Allerdings kann bei diesem Prinzip Datenredundanz nicht ausgeschlossen werden, da sich bei früher Bindung der Spezifikationsdaten an die Programme Änderungsdienste nur sehr schwer durchführen lassen.[452]

Metainformationssysteme können also auf unterschiedliche Art und Weise mit einem datenbankorganisierten Basisinformationssystem und den Anwendungssystemen eines Unternehmens integriert sein.
Zunächst ist das eigenständige Data Dictionary, auch als "stand-alone" bezeichnet, zu nennen, das seine Struktur- und Verwendungsnachweise außerhalb der vorhandenen Informationssysteme führt. Es kann jedoch für verschiedene Informationssysteme eines Unternehmens Meta-Dateien verwalten, wobei es keine Rolle spielt, ob diese von einem Datenbanksystem unterstützt werden oder nicht.[453]
Als ein Vorteil dieser Alternative ist die Möglichkeit anzusehen, daß mit einem DDS mehrere Datenbankanwendungen verschiedener Hersteller in bezug auf eine gemeinsame Datendefinition kontrolliert werden können.[454] Diese Art der Verwaltung der Data Dictionary Data Base besitzt daher sehr gute Dictionary-Möglichkeiten.
Nachteilig wirkt sich allerdings aus, daß die Schnittstellen zu den verschiedenen (unterschiedlichen) DBMS die eigentlichen Schwachstellen darstellen.[455] Da die Inhalte des Data Dictionary Systems "...in keinem zwingenden Zusammenhang mit anderen Softwaresystemen stehen..."[456] ist das System passiv; es kann während der Laufzeit also nicht von der Datenbank des Basisinformationssystems abgefragt werden.[457]

---

452 Vgl. **REUSCH, P.J.A.**: Aufbau, a.a.O., S. 7-27.
453 Vgl. **REUSCH, P.J.A.**: Informationssysteme, a.a.O., S. 177 ff.
454 Vgl. **LOOMIS, M.; MANNINO, M.; ALLEN, F.**: Fundamentals, a.a.O., S. 292.
455 Vgl. **GRADWELL, D.J.**: Integrating, a.a.O., S. 445.
456 **HEINRICH, L.J.; BURGHOLZER, P.**: Informationsmanagement, a.a.O., S. 304.
457 Vgl. **BAUER, M.**: Rund ums Data Dictionary, Teil 6, a.a.O., S. 6.

Die Aufgabe eines solchen, passiven Data Dictionary Systems besteht somit lediglich darin, durch Benutzerinformation über Datenstrukturen und Verwendungsverweise das zentrale Medium für den Struktur- und Verwendungsnachweis zu bilden. Von diesem Zentrum aus muß dann der nicht automatisierte Änderungsdienst durchgreifend über alle Systeme geführt werden.[458]

Dieser Nachteil wird von integrierten Data Dictionaries behoben, die eine homogene redundanzfreie Datenführung ermöglichen.[459] Ein DDS heißt integriert, wenn es auf ein bestimmtes DBS "aufgesetzt" wurde; ein solches DDS benutzt die DBS-Möglichkeiten zum Verwalten seiner Metadaten.[460] Das Data Dictionary System ist damit (in-line)[461] Teil des Basisinformationssystems.

Voraussetzung für die Integrierung der Systeme ist, daß das bestehende DBS über Komponenten verfügt, die die Funktionen des Data Dictionary Systems übernehmen können. Dies ist vor allem dann möglich, wenn das Basissystem neben den fachspezifischen Dateien über eine Metadatenbank verfügt, aus der die Datendefinitionen für die Dateien des Informationssystems hervorgehen. Dem Data Dictionary System verbleibt in diesem Fall die Aufgabe, den Struktur- und Verwendungsnachweis sowie die Spezifikation aller Anwendungsdateien zu führen, das heißt es hält logische Datenbankdefinitionen sowie physische Datendefinitionen bereit. Darüber hinaus enthält es die Definition von Teildatenbanken sowie die Datendefinition für Anwendungsprogramme. Schließlich bildet das Data Dictionary System die Basis für Abfragesprachen.[462]

Im aktiven Modus bringt das Data Dictionary System die Verarbeitungsdaten in das Datenbanksystem ein und wertet sie aus. Dadurch werden die Daten für das Anwendungssystem wirksam.

Alle Spezifikationsdaten sind in diesem System zentralisiert. Sie besitzen somit nur eine Ausprägung und zwar unabhängig davon, ob sie der Datendefinition, der Programmdefinition, der Dokumentation oder weiteren Aufgaben dienen. Änderungen der Metadaten werden im aktiven Modus automatisch durchgeführt.

---

458 Vgl. **REUSCH, P.J.A.:** Informationssysteme, a.a.O., S. 187.

459 Vgl. **HEINRICH, L.J.; BURGHOLZER, P.:** Informationsmanagement, a.a.O., S. 304 und **REUSCH, P.J.A.:** Informationssysteme, a.a.O., S. 180.

460 Vgl. **HEINRICH, L.J.; BURGHOLZER, P.:** Informationsmanagement, a.a.O., S. 180 f. sowie **SCHEUERNSTUHL, G.:** Data Dictionary System, a.a.O., S. 118.

461 Vgl. zum Begriff in-line **HEINRICH, L.J.; ROITHMAYR, F.:** Wirtschaftinformatik-Lexikon, a.a.O., S. 133.

462 Vgl. **REUSCH, P.J.A.:** Informationssysteme, a.a.O., S. 173.

Die Führung lediglich einer Datei weist enorme Vorteile auf: So besteht im Informationssystem eine einzige Definition; Konsistenz ist also automatisch gegeben, zudem wird weniger Speicherplatz beansprucht. Im aktiven Modus können Data Dictionary Systeme im übrigen auch dazu verwendet werden, die Daten nur an autorisierte Benutzer auszugeben.

Sofern im Unternehmen oder der Verwaltung weitere Informationssysteme und kleinere DV-Anwendungen bestehen, müssen diese ebenfalls mit dem Data Dictonary System verbunden werden, um dem Ziel eines derartigen Systems, nämlich für alle Daten der Organisation den Struktur- und Verwendungsnachweis zu führen, gerecht zu werden. In einem solchen Falle werden die Nachweise der Systeme ohne eigene Metadatenbank durch das Data Dictionary System verwaltet. Die erforderlichen Informationen werden von den Systemen ohne Metadatenbank in das DDS eingebracht.
Auf diese Weise entsteht ein erweitertes integriertes Data Dictionary System, das selbst in das Basisinformationssystem mit der Metadatenbank integriert bleibt.

Die Konzeption des erweiterten integrierten Data Dictionary Systems erfüllt zwar die Aufgabe des konsistenten Struktur- und Verwendungsnachweises für alle Informationssysteme, ist aber recht komplex.[463] Diese Komplexität ist ein entscheidender Nachteil, der eine umfassende Verwendung in der Praxis beeinträchtigt. Für den praktischen Einsatz wurde daher eine Alternative entwickelt: das halbintegrierte Data Dictionary System.
Das halbintegrierte Data Dictionary System steht wie das eigenständige, stand-alone Data Dictionary System neben dem Basisinformationssystem. Es verfügt über eine eigene Datenverwaltung und ist damit unabhängig von einem Datenbanksystem verwendbar.
Der entscheidende Unterschied zu einem eigenständigen DDS liegt in der Synchronisierung der Veränderung von Daten im Basis- und im Metainformationssystem.[464] Der Synchronisationsprozeß ist besonders einfach, wenn die Dateien des Basis- und des Metainformationssystems von einem Datenbanksystem verwaltet werden, denn dann kann die Aktualisierung der Daten im Basisinformationssystem z.T. automatisch vom Data Dictionary System übernommen werden und umgekehrt.

Schwieriger ist eine einheitliche Dateiführung allerdings, wenn das Metainformationssystem mit mehreren Informationssystemen verbunden ist und diese auf unterschiedlichen Softwarebasen beruhen. Sofern eine automatische Synchronisation der Daten nicht möglich ist, obliegt dem

---

[463] Vgl. **REUSCH, P.J.A.**: Informationssysteme, a.a.O., S. 182.
[464] Vgl. **REUSCH, P.J.A.**: Informationssysteme, a.a.O., S. 184.

Daten(bank)administrator die Aufgabe, eine Übereinstimmung in der Weise herbeizuführen, daß Datendefinitionen aus den Informationssystemen in den Strukturnachweis und Programmangaben in den Verwendungsnachweis des Data Dictionary Systems übertragen werden.
Durch den zentralen Struktur- und Verwendungsnachweis mittels der Synchronisation wird Datenredundanz vermieden und Datenkonsistenz gewährleistet. Aus diesem Grund ist das halbintegrierte dem eigenständigen Data Dictionary System überlegen.
Im Vergleich zum integrierten Data Dictionary System ist die nicht voll automatische und teilweise sogar schwierige Synchronisation von Nachteil. Dieser Nachteil wird in der Praxis aber in Kauf genommen, weil das halbintegrierte System infolge der geringeren Verflechtung einfacher zu handhaben ist, als das integrierte.[465]

Über die genannten Klassifizierungsmerkmale hinaus wird das aktive integrierte Dictionary PREDICT als operativ bezeichnet.[466] Ein operatives Data Dictionary hat die Aufgabe, operative Daten in Anlehnung an den Software-Lebenszyklus zentral zu verwalten. Diese Daten werden seitens der Software AG in fünf Klassen aufgeteilt:

- Informationsressourcen-Management
- Software-Management
- Management von Anwendungen
- Dokumentationsmanagement
- System-Automation

Zum Informationsressourcen-Management zählt in bezug auf operative Daten die vollständige Abbildung der Informationsstruktur eines Unternehmens. Unter Software-Management versteht man in diesem Zusammenhang die ständige Anpassung der Daten an veränderte technische und wirtschaftliche Rahmenbedingungen. Die zentrale und eindeutige Definition der Übergänge von Daten in andere Zustände des Anwendungs-Lebenszyklus wird durch das Management von Anwendungen ausgedrückt. Das Dokumentationsmanagement legt fest, daß benutzerdefinierte Objekttypen als individuelle Informationsstrukturen definiert werden können. Im Rahmen der System-Automation werden schließlich solche Daten beschrieben, die aufgrund von Vernetzung und Automation zu verwalten sind.

---

465 Vgl. **REUSCH, P.J.A.:** Informationssysteme, a.a.O., S. 184 ff.

466 Vgl. **HÖPKER, H.-C.; KILLER, B.:** Die Rolle des operativen Diktionärs, Vortrag im Rahmen der Jahrestagung der Software AG-Benutzergruppe, Mainz, 5.Oktober 1989; **SOFTWARE AG:** PREDICT - Concepts and Facilities, PRD-312-006, Darmstadt 1990, S. 2-1.

Ein Data Dictionary System kann somit in fast allen Bereichen der Datenverarbeitung Verwendung finden. Hervorzuheben sind besonders:

- Die Datenhaltung in Dateien und Datenbanken,
- die Phasen der Analyse und Entwicklung von Anwendungssystemen sowie
- im Zusammenhang mit Datenschutz- und -sicherungsaspekten.

Generell kann das Data Dictionary System daher als die zentrale Komponente im Rahmen des Datenmanagements des Unternehmens angesehen werden.

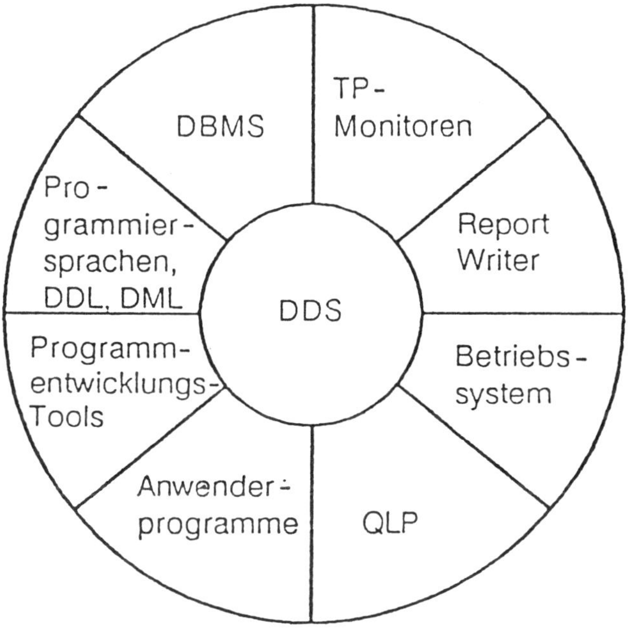

Bild 2-84: Zentrale Stellung des DDS

2.3.4 Verteilte Datenbanken

Bereits in Kapitel 1.3.2 wurde im Rahmen der Datenbereitstellungsplanung auf die Notwendigkeit hingewiesen, daß die falsche Allokation der Daten den Informationsfluß im Unternehmen erheblich stören kann.

Der Einsatz verteilter Datenbanksysteme sollte immer dann in Betracht gezogen werden, "...wenn Daten an verschiedenen Orten entstehen und zugänglich sein sollen (Zum Beispiel bei Geldtransaktionen zwischen Bankfilialen, bei der Lagerhaltung in verteilten Auslieferungslagern und für unternehmensweite Managementinformationssysteme)."[467] Dabei wird ein logisch integrierter Datenbestand physisch auf mehreren unabhängig voneinander operierenden Rechnern verteilt gespeichert.[468] Darüber hinaus sind auch die Datenstrukturen, die Integritätsbedingungen und die Schutzmechanismen auf die lokalen Datenbanken in einem Rechnernetz verteilt.[469] Jeder Rechner hat über das Netzwerk Zugriff auf den gesamten Datenbestand.

Für den Anwender ist die Verteilung in der Regel nicht erkennbar; er arbeitet über das Managementsystem einer verteilten Datenbank (D-DBMS: Distributed Data Base Management System)[470] wie mit einem zentralen Datenbanksystem.[471]

Aus der Sicht des Unternehmens bietet dieses Konzept eine Reihe an Vorteilen:[472]

- Anpassung an die Organisationsstruktur des Unternehmens
  Sowohl die Rechnerleistung als auch die Daten liegen bei den Organisationseinheiten, die die Daten auch verarbeiten.

---

467 **BLASER, A.:** Datenbanksysteme aus Benutzersicht - Stand und Entwicklungstendenzen, in: **SCHULZ, A. (HRSG.):** Die Zukunft der Informationssysteme, Lehren der 80er Jahre, Berlin/Heidelberg/New York/London/Paris/Tokyo 1986, S. 22 (2-37).

468 Vgl. **BAYER, R.; ELHARDT, K.; KIEßLING, W.; KILLAR, D.:** Verteilte Datenbanksysteme, in: **INF. SPEKT.:** 1/1984, S. 1 (1-19).

469 Vgl. **WEY, P.:** Verteilte Datenbanksysteme - Technologie und Produkte, in: **ZORN, W. (HRSG.):** TOOL 90, Tagungsband, Karlsruhe 1990, S. 350 (349-359).

470 Vgl. **BASTIAN, M.:** Datenbanksysteme, a.a.O., S. 167.

471 Vgl. **OßWALD, R.:** Verteilte Datenbanken, Informatik-Informationen-Reporte, Berlin (Ost) 11/1986, S. 6.

472 Vgl. **BAYER, R.; ELHARDT, K.; KIEßLING, W.; KILLAR, D.:** Verteilte Datenbanksysteme, a.a.O., S. 2, **BLASER, A.:** Datenbanksysteme, a.a.O., S. 22 und **WEY, P.:** Verteilte Datenbanksysteme, a.a.O., S. 350.

- Lokale Autonomie
  Dieser Begriff wird in mehreren Bedeutungen verwendet:
    - Die Organisationseinheiten besitzen die freie Entscheidung bezüglich der Auswahl des DV-Systems.
    - Lokale Autonomie bedeutet weiterhin die Unabhängigkeit hinsichtlich der Anwendungen auf den lokalen Daten.
    - Letztendlich versteht man darunter auch den Spielraum bezüglich der Feinheit und Vielfalt der Datendefinitionen für spezielle Zwecke. Dieser Aspekt steht im Gegensatz zu der sehr starken Vereinheitlichung der Daten in einem zentralen DBS.

- Flexibilität und Erweiterbarkeit
  Durch die Dezentralisierung entstehen keine zu großen Systeme. Im Hinblick auf steigende Anforderungen an Kapazität und Funktionalität besitzen kleine Systeme eine größere Flexibilität. Auch der Anschluß eines weiteren (lokalen) Knotens an das verteilte Datenbanksystem dürfte einfacher sein als die funktionelle oder quantitative Erweiterung einer zentralen Datenbank.

- Zuverlässigkeit und Verfügbarkeit
  Die DV-Anwendungen sind nicht mehr nur von der Verfügbarkeit eines einzigen DV-Systems abhängig. Die Verteilung der Datenbestände auf mehrere Rechner ermöglicht bei sorgfältig durchdachter Planung des Gesamtsystems ein fehlertolerantes Verhalten desselben.

- Leistungssteigerung
  Durch die Verteilung der Anwendungen steigt die Leistung des Gesamtsystems durch die Ausnutzung der höheren Gesamtkapazität. Zudem kann durch die Parallelarbeit mehrerer Knoten die Antwortzeit verringert werden, sofern nur ein geringer Kommunikationsaufwand für die Transaktionen erforderlich ist.

Entsprechend diesen allgemeinen Erläuterungen ist eine Vielzahl verschiedenartiger Formen verteilter Datenbanken denkbar.
Zunächst ist zu unterscheiden, ob es sich um eine lokal oder eine geographisch verteilte Datenbank handelt. Die sich daraus ergebenden Unterschiede bezüglich der Rechnerverteilung und der Netzwerkeigenschaften haben wesentlichen Einfluß auf die Datenbankadministration und die Daten-

verteilung. Auch an die Transaktionssteuerung sind in beiden Fällen unterschiedliche Anforderungen zu stellen.[473]
Eine besondere Form der verteilten Struktur innerhalb eines Gebäudekomplexes ist das Client-Server-Modell. Dabei sind mehrere Personal Computer (Klienten) mit einer Datenbank-Servicemaschine (Archiv) über ein lokales Netz verbunden. Die Anwender kopieren sich Extrakte der Archivdaten vom Server und bearbeiten diese Daten im Datenbanksystem ihres PC's. Ein gegebenenfalls notwendiges Zurückschreiben der veränderten Extrakte auf den Server kann unter Umständen zu schwierigen Synchronisations- und Konsistenzproblemen führen.[474]
Eine weitere Unterscheidung kann bei geographisch verteilten Datenbanken vorgenommen werden. So können beispielsweise in allen Netzknoten gleichartige DBS eingesetzt werden; man spricht in diesem Zusammenhang von homogenen, verteilten Datenbankmanagementsystemen.[475] Handelt es sich dagegen um unterschiedliche DBS mit gegebenenfalls sogar verschiedenen (hierarchischen, netzwerkartigen oder relationalen) Datenmodellen, so liegt ein heterogenes verteiltes DBS vor.[476]
Bislang werden die kommerziell verfügbaren verteilten Datenbanksysteme noch nicht allen Anforderungen gerecht. Eine Untersuchung von P. WEY zeigt, daß die verfügbaren Systeme noch Schwächen hinsichtlich ihrer Integration in eine heterogene Systemwelt, der Synchronisationsproblematik, der Fehlerbehandlung durch Logging und Recovery sowie der Anfrageoptimierung aufweisen.[477]

---

[473] Vgl. dazu **BENDER, H.**: Korrekte Zugriffe zu verteilten Daten, Berlin/Heidelberg/New York/Tokyo 1983, S. 20 ff.; **DADAM, P.**: Einführung in die Synchronisation, a.a.O., S. 4-12 und **DADAM, P.**: Synchronisation in verteilten Datenbanken, Teil 1, in: **INF. SPEKT.**: 3/1981, S. 175-184.

[474] Vgl. **BLASER, A.**: Datenbanksysteme, a.a.O., S. 23-27.

[475] Vgl. **DADAM, P.**: Forschung und Entwicklung im Datenbank-Management-System-Bereich, in: **HOMMEL, G.; SCHINDLER, S. (HRSG.)**: GI - 16. Jahrestagung, Band 1, IFB-Nr. 126, Berlin/Heidelberg/New York/London/Paris/Tokyo 1986, S. 68 (63-89).

[476] Vgl. **BAYER, R.; ELHARDT, K.; KIEßLING, W.; KILLAR, D.**: Verteilte Datenbanksysteme, a.a.O., S. 4.

[477] Vgl. **WEY, P.**: Verteilte Datenbanksysteme, a.a.O., S. 357.

2.3.5 Information Retrieval Systeme (IRS) - Spezialfall einer Datenbank

Am Beispiel eines Informationssystems "Bibliothek" soll abschließend die Problematik des Information Retrieval verdeutlicht werden:

Zur Erleichterung der Informationssuche benötigen Bibliotheken eine Vielzahl an Hilfsmitteln. Zunächst muß jedes eingehende Objekt (Buch, Forschungsbericht, etc.) inhaltlich erschlossen und mit entsprechenden Schlagworten versehen werden. Sodann ist ein solches Objekt nach bestimmten Regeln beziehungsweise einer Systematik zu klassifizieren; das heißt es wird mit einer eindeutigen Signatur, gegebenenfalls unter Einbeziehung einer Inventarnummer, versehen. Abschließend wird das Objekt in die bestehende Informationssammlung integriert.
Allein die Klassifizierung der Objekte beinhaltet eine Vielzahl von Problemen. Unglücklicherweise wird oftmals dieselbe Signatur auch für verwandte Sachgebiete verwendet, oder es werden Bücher interdisziplinärer Gebiete, zu denen beispielsweise die Systemanalyse zählt, mit unterschiedlichen Signaturen versehen.
Bei der Suche nach bestimmten Informationen über die Signaturen ist aus diesen Gründen der Bibliothekar, der die klassifikatorische Zuordnung vorgenommen hat, die letzte Hoffnung eines verzweifelten Informationssuchenden.
Zur Umgehung dieses Problembereiches bietet es sich an, über die physikalische Organisation der Objekte eine logische Organisation zu setzen.
Die am häufigsten verwendete logische Organisation ist die Einrichtung eines Schlagwortkataloges, aber auch bei einem solchen Katalog besteht die Schwierigkeit zunächst darin, den korrekten Begriff zu finden.[478] Hat man das Schlagwort oder die Schlagwortkombination gefunden, verweisen die entsprechenden Karteikarten auf die gesuchten Objekte, unabhängig unter welcher Signatur sie in der Bibliothek eingestellt wurden.
Vorteilhaft an einem Schlagwortkatalog ist zudem die Tatsache, daß zu jedem Objekt mehrere Schlagworte vergeben werden können, so daß logische Reorganisationen des Systems weitestgehend ohne physische Veränderungen durchführbar sind.
Einzelne Objekte lassen sich auch nach weiteren logischen Kriterien, zum Beispiel dem Autor, dem Veröffentlichungsdatum, dem Erwerbsdatum, usw.,

---

[478] Statt des Schlagwortes "Information Retrieval" könnte der korrekte Begriff auch "computergestütztes Information Retrieval" oder "Informationssysteme, Retrieval" lauten.
Vgl. **SALTON, G.; MCGILL, M.J.**: Information Retrieval, a.a.O., S. 3.

einordnen. Die logische Organisation nach einem der genannten Kriterien entspräche dann einem eigenem Katalog mit den jeweiligen Katalogkarten.[479]
Aufgrund der hier beschriebenen Organisation im Informationssystem "Bibliothek" existieren somit genau festgelegte Regeln, wie Anfragen an das System formuliert sein müssen, um bestimmte Informationen zu erhalten. Diese Anfragen beziehungsweise die Suche nach bestimmten Informationen müssen nach ebenso festgelegten Regeln mit den gespeicherten Informationen, in unserem Beispiel mit den physischen Bibliotheksbeständen, abgeglichen werden. Erst der Abgleich entscheidet über eine erfolgreiche Suche. Letztendlich sorgt ein Retrieval- und Verteilmechanismus für das Bereitstellen der gewünschten Informationen.

Anhand dieses Beispiels ist das Prinzip des Information Retrieval leicht zu verstehen. "Gegenstand des Information Retrieval (IR) ist die Repräsentation, Speicherung und Organisation von Informationen und der Zugriff zu Informationen."[480] Grundsätzlich gibt es dabei keine Einschränkungen in der Art der Informationen, die in Retrievalsystemen gespeichert werden können. Im Regelfall bestehen die in Retrievalsystemen gespeicherten Informationen aus Texten, auch Dokumente genannt. Dies können Briefe oder alle anderen Arten von Schriftgut, wie Zeitungsartikel, Bücher, medizinische Berichte, Forschungsberichte usw. sein.
Richtet man an ein Retrievalsystem eine Anfrage erhält man mittels eines "Mechanismus "ÄHNLICH"[481], der die für die Suchanfrage relevanten Dokumente bestimmt"[482], eine Liste von Referenzen, die den Benutzer auf potentiell in Frage kommende Dokumente verweisen.
Derartige Systeme sind in den unterschiedlichsten Arbeitsgebieten und Bereichen einsetzbar, das heißt ihre Benutzer sind überwiegend Endbenutzer, die mit den Retrievalsystemen aus unterschiedlichsten Beweggründen arbeiten.

Bei Retrievalsystemen handelt es sich um einen speziellen Fall einer Datenbank.[483] Diese besitzt nur einen Wertebereich (Domäne), bestehend aus einer Menge von Deskriptoren (zum Beispiel Begriffe, Worte usw.). Die Objekte der Datenbank sind Teilmengen dieser Domäne und stellen Dokumente (zum

---

[479] Vgl. SALTON, G.; MCGILL, M.J.: Information Retrieval, a.a.O., S. 3.
[480] SALTON, G.; MCGILL, M.J.: Information Retrieval, a.a.O., S. 1.
[481] "ÄHNLICH" ist ein Vergleichsoperator, der die Ähnlichkeit zwischen einzelnen Dokumenten und der Suchanfrage berechnet. Er ist Bestandteil einer Dokumentations- oder Indexierungssprache.
Vgl. SALTON, G.; MCGILL, M.J.: Information Retrieval, a.a.O., S. 12.
[482] SALTON, G.; MCGILL, M.J.: Information Retrieval, a.a.O., S. 11.
[483] Vgl. MUCKSCH, H.: Datenbanken - Datenbanksysteme, St.Augustin 1983, S.116.

Beispiel Patente, Rezepte, Textbeschreibungen, etc.) dar. Für jedes Objekt wird zu Identifikationszwecken ein Primärschlüssel - auch Kopfsegment (zum Beispiel Name, Inventarnummer, o.ä.) genannt - benötigt.

Das Basisproblem des Information Retrieval kann nun wie folgt beschrieben werden:
Anhand einer Teilmenge von Deskriptoren sind alle Dokumente der Datei, die den/die Deskriptor(en) aufweisen, zu bestimmen und auszugeben.

2.4 Funktionen des Datenmanagements in der Ausführungsphase

2.4.1 Copy- und Extraktmanagement

Nach dem Entwurf und dem Test der Datenbank wird sie bekanntlich geladen und den Benutzern zugänglich gemacht. Zu den operationalen Aufgaben des Datenmanagements in der Ausführungsphase gehört das Wiederauffinden und Bereitstellen von Daten für die Endbenutzer, das heißt es ist dafür zu sorgen, daß jeweils die richtige Information zur richtigen Zeit am richtigen Arbeitsplatz zur Verfügung steht.
Zur Unterstützung der Endbenutzer bei ihren Datenbankoperationen oder der Weiterverwendung der Daten mit Endbenutzertools kann es notwendig sein, Kopien oder Extrakte[484] von Dateien anzufertigen, um die Produktivität beim Betrieb der physischen Datenbank aufrechtzuerhalten. Die Leistungen eines Datenbanksystems würden zudem bei direkten Abfragen in der physischen Datenbasis stark beeinträchtigt. Dies liegt im wesentlichen daran, daß Zugriffe auf Datenbanksysteme gezielt über Primärschlüssel, das heißt fest definierte Einstiege erfolgen. Aus Performancegründen verzichtet man üblicherweise auf weitere Einstiegsmöglichkeiten, wie sie beispielsweise Sekundärindizes bieten. Noch problematischer sind ungezielte Zugriffe auf die Datenbasis von Endbenutzern anzusehen, die von diesen unter Umständen aber im Rahmen ihrer Aufgabenstellung notwendig werden.[485]

---

[484] Extrahieren von Daten bedeutet, daß Verdichtungen oder Manipulationen der gespeicherten Daten vorgenommen oder die Menge dieser Daten für die Bedürfnisse des Endbenutzers reduziert werden.
Vgl. **BIETHAHN, J.; ROHRIG, N.:** Datenmanagement, a.a.O., S. 745.

[485] Vgl. **ROHRIG, N.:** Copy- und Extrakt-Management als Voraussetzung für erfolgreiche Endbenutzersysteme, in: **INFORMATION MANAGEMENT:** 3/1987, S. 51 (49-55).

Für den Endbenutzer ist eine einfache Sicht der Daten erforderlich. Er hat kein Interesse, sich mit der in großen Datenbasen notwendigen starken Strukturierung der Daten und den Zugriffspfaden zu einzelnen Segmenten zu belasten. Vielfach fehlen ihm auch die Kenntnisse im Umgang mit einem Datenbanksystem.
Die Funktion den Endbenutzer mit "seinen Daten" zu versorgen, übernimmt das Copy- und Extraktmanagement. Es schafft damit unter anderem auch die Voraussetzung für die Individuelle Datenverarbeitung, zum Beispiel auf Personal Computern.[486]

2.4.2 Benutzerservice

Zur Unterstützung der Endbenutzer, die in den meisten Fällen lediglich Datenverarbeitungsgrundkenntnisse besitzen, und aufgrund der erhöhten Transparenz zwischen den Funktionsstellen des Unternehmens durch die unternehmensweite Datenarchitektur muß das Datenmanagement einen zentralen Benutzerservice über die Daten aufbauen.
Nach J. BIETHAHN und N. ROHRIG bestehen die Hauptaufgaben dieser Komponente des Datenmanagements in:

- der Hilfestellung für Endbenutzer, wenn diese Verständnisprobleme im Umgang mit den Daten haben
- dem Aufbau von Tools für Analysen
- der Schulung der Benutzer im Umgang mit den Tools
- dem Aufbau und der Verwaltung von Datenschutzmechanismen
- der Entwicklung und dem Aufbau von Extraktionsverfahren[487]

Der Benutzerservice ist daher verantwortlich für die Förderung des Einsatzes von Werkzeugen und Techniken zur Steigerung der Produktivität innerhalb des Informationssystem-Bereichs.[488]

---

[486] Vgl. **HEINRICH, L.J.; BURGHOLZER, P.:** Informationsmanagement, a.a.O., S. 146.
[487] Vgl. **BIETHAHN, J.; ROHRIG, N.:** Datenmanagement, a.a.O., S. 746.
[488] Vgl. **IBM DEUTSCHLAND GMBH, (HRSG.):** Daten-Management, a.a.O., S. 19.

3. Entwicklungsmanagement

Nachdem bisher die Daten und deren zielbezogene Gestaltung im Vordergrund standen, werden wir uns nunmehr der Entwicklung der Programmsysteme in Verbindung mit dem Datenmanagement zuwenden. Hierzu werden wir im ersten Teil dieses Kapitels zeigen, welche Bedeutung das Entwicklungsmanagement für ein ganzheitliches Informationssystem hat. Die dafür erforderlichen Grundlagen werden daran anschließend in Kapitel 3.2 und 3.3 gelegt und vertieft. Der Darstellung der dazu erforderlichen Strategien, Techniken, Methoden und Verfahren dient Kapitel 3.4. Den Abschluß bildet Kapitel 3.5, in dem auf die Qualitätssicherung eingegangen wird.

3.1 Die Bedeutung des Entwicklungsmanagements für das ganzheitliche Informationsmanagement

Die Notwendigkeit des ganzheitlichen Ansatzes wurde schon mehrfach herausgearbeitet. Wie dieser aber über ein ganzheitliches Entwicklungsmanagement realisiert werden kann, ist Gegenstand dieses Kapitels. Hierzu werden wir zunächst ausgehend von Begriffsabgrenzungen und Zielen die Aufgaben des Entwicklungsmanagements erläutern.

3.1.1 Ziele und Begriffe des Entwicklungsmanagements

Das generelle Ziel des Entwicklungsmanagements[1] ist es, festzulegen, wie ganzheitliche Informationssysteme entwickelt werden müssen, damit die Vorgaben des Informationsmanagements erreicht werden. Heute gibt es eine sehr große Fülle von unterschiedlichen Möglichkeiten, Software zu entwickeln. Aus wissenschaftlicher Sicht beschäftigt man sich im Rahmen des Software-Engineerings mit diesen Fragestellungen.
Der Begriff "Software-Engineering" ist relativ jung. Er wurde erstmals auf den NATO-Tagungen in Garmisch 1968 und in Rom 1969 verwendet. In Anlehnung an P. SCHMITZ soll Software-Engineering definiert werden als:
"... Wissenschaft der Konzipierung und gezielten Anwendung von Prinzipien, Methoden, Verfahren und Werkzeugen zur Lösung technischer, ökonomischer

[1] Vgl. **RUF, W.**: Ein Software-Entwicklungs-System, a.a.O., S. 7 ff.

und organisatorischer Probleme bei der Entwicklung, Nutzung und Wartung von Software-Produkten ...".[2]
Durch diese Definition wird ausgedrückt, daß heute ein Denkansatz, wie es in den Ingenieurwissenschaften üblich ist, im Vordergrund steht und man weniger die Softwareentwicklung als eine Kunst betrachtet, bei der es darum geht, durch "Genialität" und "Tricks" die letzten Feinheiten einer vorgegebenen Hardware auszunutzen.

Bevor man sich Detailfragen der Zielsetzungen zuwenden kann, werden nachfolgend zuerst die wesentlichen Grundlagen dargestellt, auf deren Basis ein effektives Software-Engineering realisiert werden kann. Erst darauf aufbauend werden die wesentlichen Aufgaben hergeleitet.

Entsprechend der oben angeführten Definition von Software-Engineering unterscheidet man zwischen Prinzipien, Methoden, Verfahren und Tools. Weiterhin spielen in diesem Zusammenhang Strategien, Konzepte und Techniken der Softwareentwicklung, mit denen eine weitere Unterteilung vorgenommen wird, eine bedeutende Rolle. Eine zusammenfassende Darstellung der im Software-Engineering verwendeten Hilfsmittel und die Beziehungen zu den Ausgangsproblemen und Zielen zeigt Bild 3-1.

---

[2] **SCHMITZ, P.:** Methoden, Verfahren und Werkzeuge zur Gestaltung rechnergestützter betrieblicher Informationssysteme (RBIS), in: **AI:** 2/1982, S. 73 (72-79).
Diese Definition scheint sich zunehmend durchzusetzen. In die gleiche Richtung gehende Definitionen findet man zum Beispiel bei:
STAHLKNECHT, P.: Einführung, a.a.O., S. 221,
SCHULZ, A.: Software-Entwurf, München/Wien 1988, S. 14,
GEWALD, K.; HAAKE, G.; PFADLER, W.: Software Engineering, Grundlagen und Technik rationeller Programmentwicklung, 4. Auflage, München/Wien 1985, S. 26 (Hier wird auch ein Überblick über weitere Definitionen gegeben. S. 18 ff).

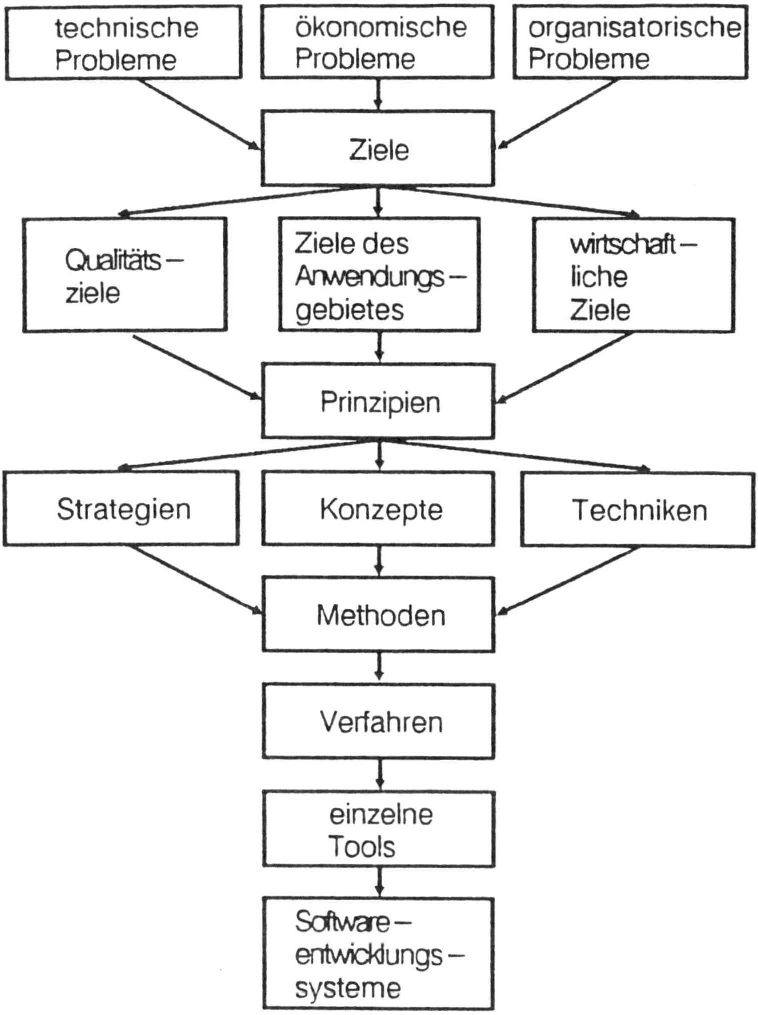

Bild 3-1: Hilfsmittel des Software-Engineerings

Die aufgeführten Begriffe sollen im folgenden näher erläutert werden:
Zu den Prinzipien zählen

"... Grundsätze, die man seinem Handeln zugrundelegt. Sie sind allgemeingültig, abstrakt, allgemeinster Art. Prinzipien bilden eine theoretische Grundlage."[3]
Prinzipien geben grundsätzliche Richtlinien an, mit denen man aus der Erfahrung her Ziele erreicht und stellen allgemeingültige Grundsätze im Sinne einer Norm dar. Sie beinhalten aber keine Vorschriften oder Regeln für die Zielerreichung. Auf das Software-Engineering bezogen, stellen sie die Grundlage für Methoden, Verfahren und Werkzeuge dar.[4]
Beispiele für Prinzipien der Softwareentwicklung, die in Kapitel 3.2.1 noch näher betrachtet werden, sind:
- das Prinzip der Abstraktion,
- das Prinzip der Modularisierung oder
- das Prinzip des "Information Hiding".

Die meisten dieser Prinzipien wurden in den Jahren 1968 - 1974 erarbeitet[5]. Auch noch heute kommen, aufgrund neuer oder geänderter Aufgabenstellungen, weitere hinzu.

Methoden stellen "... planmäßig angewandte, begründete Vorgehensweisen zur Erreichung von festgelegten Zielen"[6] dar.
Sie beinhalten Vorschriften, die bei der Lösung bestimmter Aufgabenklassen anzuwenden sind, ohne dabei den Lösungsweg bis ins letzte Detail vorzuschreiben.[7]
Methoden bauen meist auf Prinzipien auf, oder sind so angelegt, daß nicht gegen bestimmte Prinzipien verstoßen wird. Mit ihnen wird versucht, festgelegte Ziele durch Vorgabe von Regeln und Arbeitsschritten (Vorgehensweisen) zu erreichen. Methoden haben einen universellen Charakter. Durch sie wird die Einhaltung der allgemein formulierten Prinzipien erleichtert.

---

[3] **BALZERT, H.:** Allgemeine Prinzipien des Software Engineering, in: **AI:** 1/1985, S. 2 (1-8).

[4] Vgl. **TRUÖL, K.; VIEBEG, U.:** Strukturierter Programmentwurf - die datenorientierte Methode, GMD-Bericht Nr. 150, München/Wien 1985, S. 14.

[5] Vgl. **SCHULZ, A.:** Ein Klassifizierungs- und Bewertungsschema für Software-Engineering-Werkeuge, insbesondere CAS-Systeme, in: **AI:** 5/1986, S. 192 (191-197).

[6] **BALZERT, H.:** Die Entwicklung von Software-Systemen: Prinzipien, Methoden, Sprachen, Werkzeuge, Mannheim/Wien/Zürich 1982 (Nachdruck 1986), S. 22.

[7] Vgl. **HEILMANN, H.:** Softwareentwurfsmethodik - Definition und Klassifizierung, in: **HMD:** 110/1983, S. 5 (3-15).

Beispiele für Methoden sind: Strukturierte Programmentwicklung, HIPO (Hierarchy of Input-Process-Output), SADT (Structured Analysis and Design Technique).

Verfahren sind nach P. STAHLKNECHT Anweisungen zum gezielten Einsatz von (einzelnen oder mehreren) Methoden, in der Regel also vollständig determinierte Methoden.[8] Je nach übergeordnetem Gesichtspunkt kann ein Verfahren auch als Methode in das übergeordnete Verfahren integriert werden.
Im Gegensatz zu den Methoden stehen hier konkrete, anwendbare Regeln im Vordergrund. Diese können den Inhalt von Standards und Normen bilden. Beispiele sind JSP (Jackson Structured Programming) oder auch die DIN-Norm der Datenverarbeitung nach Satzgruppen (DIN 66220).
Vor allem Methoden und Verfahren können nicht immer eindeutig voneinander unterschieden werden, was zur Folge hat, daß die Begriffe oft synonym verwendet werden.

Zu den (Software-) Tools, im engeren Sinne auch als (Programmerstellungs-) Werkzeuge bezeichnet, gehören
"... Programme, die die Herstellung, Prüfung, Wartung und Dokumentation von Programmen vereinfachen, beschleunigen oder in ihrer Qualität verbessern."[9]
Tools können bestimmte Methoden unterstützen, jedoch ist dies nicht zwingend erforderlich. Eine Untersuchung von P. STAHLKNECHT und A. WARNER zeigt, daß 51 von 79 untersuchten Entwicklungs-Tools keine spezielle Methode unterstützen.[10]
Neben den Entwicklungs-Tools wie Programm-Generatoren und Struktogrammgeneratoren, sind auch beispielsweise Data Dictionaries zu nennen.

Zwischen Prinzipien und Methoden werden die Konzepte der Softwareentwicklung eingeordnet. Konzepte bauen auf Prinzipien auf und können ihrerseits die Grundlage für Methoden und Tools bilden. Durch ein Konzept wird ein grundlegender Lösungsansatz festgelegt, der allerdings unterschiedliche Lösungswege zuläßt.[11]

---

[8] Vgl. **STAHLKNECHT, P.:** Einführung, a.a.O., S. 222.
[9] **STAHLKNECHT, P.; WARNER, A.:** Stand der Entwicklung des Einsatzes von Software-Entwicklungswerkzeugen, in: **INFORMATION MANAGEMENT:** 2/1986, S. 38 (36-53).
[10] **STAHLKNECHT, P.; WARNER, A.:** Stand der Entwicklung, a.a.O., S. 45.
[11] Vgl. **SCHUMANN, J.; GERISCH, M.:** Software-Entwurf,Prinzipien - Methoden - Arbeitsschritte - Rechnerunterstützung, Berlin 1984, S. 59.

Unter Strategie versteht man die Festlegung von grundsätzlichen, gangbaren Wegen (zum Beispiel Top-Down-Strategie; Bottom-Up-Strategie).[12]
Eine enge Verbindung zu den Methoden haben auch die (Entwicklungs-) Techniken. Bei den Techniken stehen Detailaspekte im Vordergrund. Somit ist es prinzipiell möglich, daß mehrere Techniken in einer Methode verwendet werden.[13]
Als Beispiele für Techniken können genannt werden:

- Organisationstechniken (zum Beispiel Checklistentechnik)
- Planungstechniken (zum Beispiel Netzplantechnik)
- Darstellungstechniken
- Strukturierungstechniken (zum Beispiel Entscheidungstabellentechnik)

Ein Softwareentwicklungssystem stellt allgemein eine Anzahl von aufeinander abgestimmten Tools dar, die mehrere Aufgaben aus mehreren Phasen des Softwareentwicklungsprozesses unterstützen.[14]

Bild 3-2 stellt die Entwicklungsschritte der methodischen Hilfsmittel des Software-Engineerings von 1968 bis heute dar.

---

[12] Vgl. **HÖCKER, H.-J.**: Die Bewertung von Software-Entwurfsmethoden, Bremen 1984, S. 28.
[13] Vgl. **PENZEL, H.-G.**: Ein systematischer Vergleich, a.a.O., S. 186.
[14] Vgl. **RUF, W.**: Ein Software-Entwicklungs-System, a.a.O., S. 10 f.

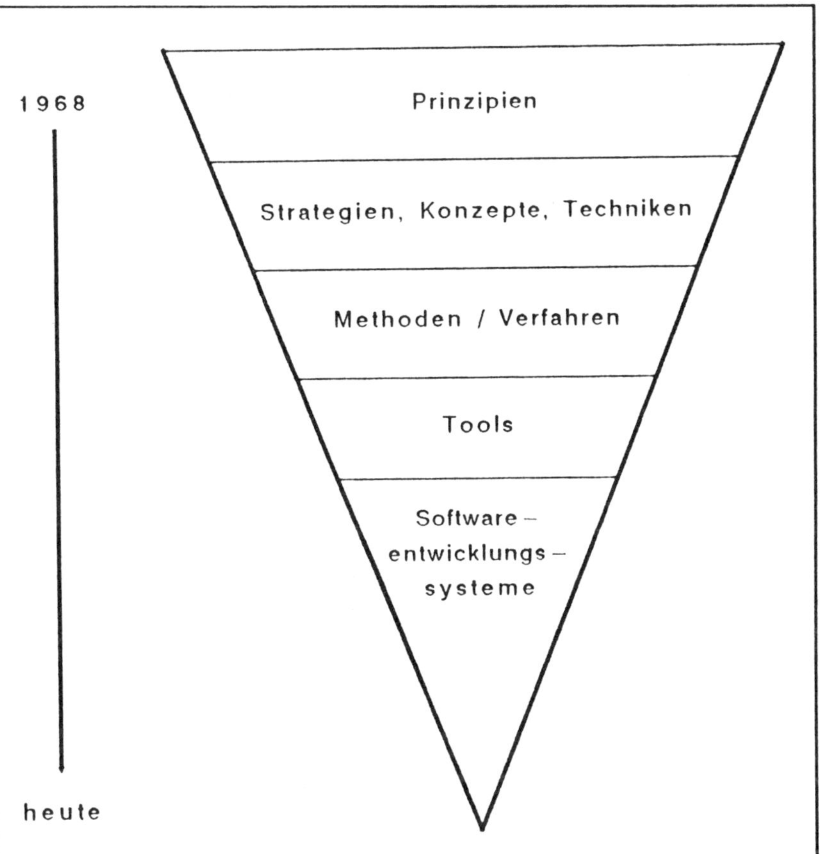

Bild 3-2: Entwicklungsschritte der methodischen Hilfsmittel des Software-Engineerings.

Nach diesen Begriffserklärungen kann nun auf die Aufgaben des Entwicklungsmanagements eingegangen werden.

3.1.2 Aufgaben des Entwicklungsmanagements

Bisher mangelt es an einem allgemeingültigen und problemneutralen Vorgehen bei der Softwareentwicklung. "Eine Ingenieurdisziplin, die allgemein anerkannte Prinzipien und Methoden zur Erstellung von Software anwendet, ist erst im Entstehen."[15] Eine wesentliche Aufgabe des Entwicklungsmanage-

---

[15] **BALZERT, H.:** Die Entwicklung von Software-Systemen, a.a.O., S. 3.

ments besteht deshalb darin, eine problem- und unternehmensspezifische Auswahl der anzuwendenden Prinzipien, Methoden, Verfahren und Tools zu treffen. Diese Auswahl orientiert sich an den vom Informationsmanagement vorgegebenen entwicklungsbezogenen Zielen, die sich unter anderem auf die geplanten Kosten, die Entwicklungszeit und die angestrebte Softwarequalität beziehen.[16]

Ebenfalls besteht eine Aufgabe des Entwicklungsmanagements in der Berücksichtigung der vorhandenen, nachfolgend genannten Rahmenbedingungen der Entwicklung, die Vorgabe des Informationsmanagements sind:

- vorhandene DV-Anlage und Peripherie
- vorgegebene Schnittstellen zu bestehenden Softwareprodukten
- vorgegebene Programmiersprachen
- Qualität und Erfahrung des Entwicklungsteams
- bereits geplante, jedoch erst später zu realisierende DV-Aufgaben
- konzeptuelles Unternehmensdatenmodell[17]

Die nachfolgende Aufstellung enthält eine Zusammenfassung der wesentlichen Aufgaben des Entwicklungsmanagements.

- Festlegung der einzuhaltenden Entwicklungs-Standards
- Organisation und Durchführung von Schulungsmaßnahmen für:
    - die Projektabwicklung
    - die gedanklichen Hilfsmittel
    - die maschinellen Hilfsmittel
    - den Anwendungsbereich
    - Entscheidung "make or buy"
      (Die "make or buy"-Entscheidung muß für Teile der zu entwickelnden Software und auch für den Toolbereich getroffen werden.)
- Auswahl und Einsatz von Entwicklungstools
- Auswahl von maschinellen Hilfsmitteln
- Auswahl von gedanklichen Hilfsmitteln (Prinzipien, Strategien, Methoden und Verfahren), die bei der Softwareentwicklung berücksichtigt werden sollen.
- Übertragung der wissenschaftlichen Erkenntnisse in die praktische Anwendung
  Vom Entwicklungsmanagement wird gefordert, daß neue wissenschaftliche Erkenntnisse bei der Entwicklung ganzheitlicher Informationssysteme berücksichtigt werden (Transferaufgaben). Selbstverständlich kann dies nur unter Beachtung der wirtschaftlichen Rahmenbedingungen erfolgen.

---

[16] Vgl. **BIETHAHN, J.; MUCKSCH, H.; RUF, W.:** Ganzheitliches Informationsmanagement, Band 1, a.a.O., S. 151 f.

[17] Vgl. dazu Kapitel 2.2.2.4.

Bei der Softwareentwicklung konnten sich bisher, nicht zuletzt aufgrund der enormen Fortschritte im Hardwarebereich, keine langfristigen Entwicklungsmethoden etablieren. Die Anpassung der Softwareentwicklung an neu gewonnene Erkenntnisse aus dem Software-Engineering-Bereich und die Nutzung neuer Hardwaremöglichkeiten für betriebsindividuelle Aufgabenstellungen gehört zu den Aufgaben des Entwicklungsmanagements.[18]

3.2 Prinzipien der Softwareentwicklung

Prinzipien[19] lassen sich aus der Erfahrung und Erkenntnis ableiten und werden durch sie bestätigt oder widerlegt.[20] Die Prinzipien des Software-Engineerings gehören zu den theoretischen Grundlagen dieser Disziplin. Sie bilden kein abgeschlossenes und konsistentes Lehrgebäude.[21] Bis heute handelt es sich mehr oder weniger um eine Sammlung von Einzelprinzipien aus den verschiedenen Teilen des Software-Engineerings, die teilweise noch modifiziert und erweitert werden. Im folgenden soll deshalb nicht der Versuch unternommen werden, eine umfassende Darstellung aller Softwareentwicklungs-Prinzipien wiederzugeben. Eine exemplarische Darstellung wichtiger Prinzipien soll genügen. Dabei werden zuerst allgemeine Prinzipien und anschließend mehr phasenbezogene Prinzipien erörtert.

3.2.1 Allgemeine Prinzipien

3.2.1.1 Das Prinzip der Datenunabhängigkeit

Aufgrund dieses bereits in Kapitel 2.3.2.1 ausführlich beschriebenen Prinzips ist eine strikte Trennung von Daten und Programmen vorzunehmen.[22]

---

[18] Vgl. **BIETHAHN, J.**: Forschungs- und Entwicklungsmanagement - Utopie oder Wirklichkeit, in: **ZfB**: Seoul, 4/1986, S. 211 ff. (198-223).

[19] Vgl. **RUF, W.**: Ein Software-Entwicklungs-System, a.a.O., S. 58 ff.

[20] Vgl. **BALZERT, H.**: Allgemeine Prinzipien, a.a.O., S. 2.

[21] Vgl. **SCHULZ, A.**: Entwicklungsstand der anwendungsorientierten Softwaretechnologie, in: **MAURER, H. (HRSG.)**: Überblicke Informationsverarbeitung 1985, Mannheim/Wien/Zürich 1985, S. 194 (191-220).

[22] Vgl. zur Datenunabhängigkeit Kapitel 2.3.2.1.

3.2.1.2 Prinzip der Standardisierung

Durch eine Standardisierung wird die Vereinheitlichung von Aufgaben, Vorgehensweisen und Funktionsbereichen angestrebt. Mit dem Prinzip der Standardisierung lassen sich alle Bereiche der Softwareentwicklung beeinflussen. Mehrere Autoren sehen in der Standardisierung das zentrale beziehungsweise fundamentale Problem der Softwareerstellung.[23]

3.2.1.2.1 Ziele der Standardisierung

Beispiele aus dem Hardwarebereich haben gezeigt, daß eine erhebliche Reduktion der Konstruktions- und Entwicklungskosten durch Bausteindenkweise und Vereinheitlichungen erzielt werden können.[24] Auch bei der Softwareentwicklung sind Standardisierungen möglich. Sie werden aber aufgrund der Anwendungsvielfalt in einzelnen Unternehmen oder Unternehmensteilen - obwohl es erforderlich wäre - nur verhältnismäßig selten herausgearbeitet. Mit dem Prinzip der Standardisierung sollen folgende Ziele erreicht werden:[25]

- einheitliche Begriffsdefinitionen (zum Beispiel DIN 44300),
- eine Reduktion der Planungs- und Entwicklungskosten,
- größere Unabhängigkeit der Anwender von Hard- und Softwareherstellern,
- Vereinheitlichung des Softwareentwurfsprozesses,
- Vereinheitlichung des Programmier- und Dokumentationsstils,
- bessere Verständlichkeit aller Softwareprodukte,
- Erleichterung der Austauschbarkeit von Softwarekomponenten,
- besser planbare Software.

> Beispiel:
> Durch Vereinheitlichungen beim Softwareentwicklungsprozeß wird versucht, diesen besser planbar und gleichzeitig effektiver zu gestalten. Dazu wird in dem IEEE-Standard 729 versucht, die Phasen des Software-Lebens-

---

[23] Vgl. **SCHUMANN, J.; GERISCH, M.:** Software-Entwurf, a.a.O., S. 171 und
BLAGAY, S.: Neue Standards braucht die DV-Welt, in: **CW:** 13. Jg., Nr. 25 vom 18.07.1986, S. 20.

[24] Vgl. **FERSTL, O.K.; SINZ, E.J.:** Software-Konzepte der Wirtschaftsinformatik, Berlin/New York 1984, S. 3.

[25] Vgl. **BALZERT, H.:** Moderne Software-Entwicklungssysteme und -werkzeuge, Mannheim/Wien/Zürich 1985, S. 6.

zyklus zu standardisieren. (Leider gibt es zur Zeit noch keine einheitliche Auffassung über die Anwendbarkeit dieses Standards.[26])

3.2.1.2.2 Möglichkeiten einer Standardisierung

Das Prinzip der Standardisierung läßt sich auf unterschiedlichen Wegen erreichen. Bild 3-3 zeigt die verschiedenen Möglichkeiten oder Formen zur Standardisierung unterschieden nach ihrem Verbindlichkeitsgrad. Dabei werden mehrere nachfolgend zu erläuternde Möglichkeiten unterschieden.

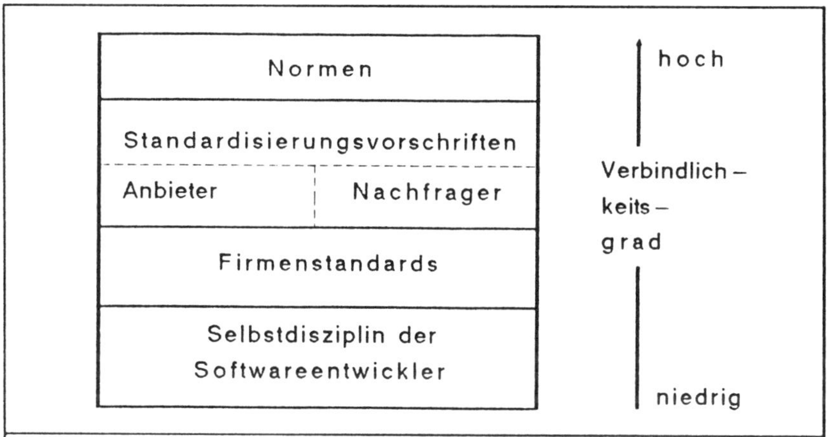

Bild 3-3: Verbindlichkeitsgrad bei der Standardisierung

A. Einhaltung von Normen

a) internationale Normen

Auf internationaler Ebene werden Normen u.a. aufgestellt von:

- ISO (International Standard Organization)
- CCITT (Comité Consultatif International Télégraphique et Téléphonique)
- ECMA (European Computer Manufacturer Association)
- IEC (International Electrotechnical Commission)

---

[26] Vgl. **TOBERGTE, J.**: Überblick über Normen und Standards zu den Phasen des Softwarelebenszyklus, in: **AMK BERLIN (HRSG.)**: Compas '84, Berlin 1984, S. 454 (453-460).

b) nationale Normen

In der Bundesrepublik Deutschland beschäftigt sich das Deutsche Institut für Normung e.V. (DIN) mit der Aufstellung und Veröffentlichung von Normen.[27] Ebenfalls auf nationaler Ebene ist in den USA das ANSI (American National Standards Institute) und das IEEE (Institution of Electrical and Electronic Engineers) tätig. Beide Institute haben auf dem Gebiet des Software-Engineerings jedoch auch internationale Bedeutung.

c) Quasinormen

Es dauert oft recht lange, bis Normen verabschiedet werden. In den Normungsgremien ist dazu ein teilweise jahrelanger Abstimmungsprozeß notwendig.[28] Voraussetzung für die Aufstellung von Normen ist ein Bereich mit einer gewissen Konsistenz. Dies ist jedoch im Bereiche der Entwicklung ganzheilicher Informationssysteme aufgrund des raschen informationstechnischen Fortschritts nur teilweise gegeben. Einen weiteren Grund für das Fehlen von Normen beziehungsweise für die mangelnde Durchsetzung von Normen sieht H.H. SCHULZE in dem ungleichgewichtigen DV-Markt. Die überragende Stellung eines Marktführers erlaubt die Durchsetzung von Firmenstandards als Quasinormen für Mitbewerber.[29]

Einen Überblick über die Vielzahl von nationalen und internationalen Normen findet man bei J. TOBERGTE und U. VOGES.[30]

Gut bewährt haben sich Normen zum Beispiel in Bereichen der Programmiersprachen.[31] Hier wird von den Herstellern versucht, die verabschiedeten Normen möglichst genau und vollständig einzuhalten. In den letzten

---

[27] Wichtige Normen zur Informationsverarbeitung findet man unter DIN 44300, 44301, 66001.

[28] Vgl. **GROENKE, L.**: Der Normenausschuß Informationsverarbeitungssysteme (NI) und seine Aufgaben. Verbindlichkeit und Durchsetzbarkeit von Normen, in: **AI:** 6/1985, S. 245 (244-254).

[29] Vgl. **SCHULZE, H.H.**: Datenverarbeitung in kleinen und mittleren Unternehmen, - Planung, Einführung und Einsatz von DV-Systemen, München/Wien 1983, S. 200 f.

[30] Vgl. **TOBERGTE, J.**: Überblick über Normen, a.a.O., S. 453, sowie **VOGES, U.**: Normungsaktivitäten auf dem Gebiet des Software Engineering, in: **AUTOMATISIERUNGSTECHNISCHE PRAXIS**: 29. Jg., 4/1987, S. 183 ff (183-197).

[31] Vgl. DIN 66028 Programmiersprache COBOL; diese Norm entspricht COBOL-ANSI-X3.23 und ISO-Norm 1989.

Jahren wurden sogar Prüfstellen, zum Beispiel bei der GMD eingerichtet, die Produkte auf Normenkonformität prüfen.[32]

B. Einhaltung von Standardisierungsvorschriften von Anbieter- oder Nachfragervereinigungen

Große Projekte erfordern oft die Zusammenarbeit vieler Anbieter. Durch Standardisierungsvorschriften soll eine Basis für die Integration und Kompatibilität unterschiedlicher Teilsysteme geschaffen werden. Ein Beispiel für von Anbietern erarbeitete Standardisierungsvorschriften ist das Projekt "POINTE", an dem acht namhafte Hersteller beteiligt sind. Ziel dieses Projektes ist die Entwicklung eines portablen integrierten Entwicklungssystems aus bestehenden Tools.[33] Hierbei wurden verschiedene Standards wie die "Norm zur Gestaltung der Dokumentation" oder eine Daten-Schnittstelle für UNIX-Systeme entwickelt.[34]

Auf der Nachfragerseite wird vor allem durch die öffentliche Verwaltung und durch deren Spitzenverbände versucht, Standards durchzusetzen. Vom KoopA ADV (Kooperationsausschuß ADV Bund / Länder / Kommunaler Bereich) wurde die Festlegung von K-Schnittstellen (Kompatible Schnittstellen) initiiert, welche die Verbindung zwischen Anwendersoftware auf der einen und Basissystemen (Betriebssystem, Datenverwaltungssystem usw.) auf der anderen Seite herstellen. Damit soll eine Portabilität der Anwendersoftware innerhalb der kommunalen Rechenzentren, die mit unterschiedlichen Rechnersystemen ausgestattet sind, erreicht werden.[35]

---

[32] Vgl. **O.V.**: GMD prüft COBOL- und FORTRAN-Compiler der Nixdorf Computer AG, in: **DER GMD-SPIEGEL:** 2/1985, S. 39 sowie **WEGNER, E.**: Normkonformitätsprüfung und Zertifikation, in: **AMK BERLIN (HRSG.)**: Compas '84, Berlin 1984, S. 481 f (479-488).

[33] Vgl. **VDMA FACHGEMEINSCHAFT BÜRO- UND INFORMATIONSTECHNIK IM VERBAND DEUTSCHER MASCHINEN- UND ANLAGENBAU e.V.**: POINTE - die Software-Produktionsumgebung des VDMA, Frankfurt 1985, S. 1 f.

[34] Vgl. **VDMA FACHGEMEINSCHAFT BÜRO- UND INFORMATIONSTECHNIK IM VERBAND DEUTSCHER MASCHINEN- UND ANLAGENBAU e.V.**: POINTE - die Software-Produktionsumgebung des VDMA, a.a.O., S. DOK/2-1 ff, S. MMS/2-2 ff, PVS/2-2 ff.

[35] Vgl. **DIELE, H.**: K-Schnittstellen nicht nur für eine arbeitsteilige Softwareentwicklung, in: **ONLINE:** 6/1986, S. 89 f (89-92).

Einen weiteren erfolgversprechenden Weg für die Durchsetzung von Standards bieten die Anwendervereinigungen (User-Groups) oder auch überstaatliche Stellen (zum Beispiel die Europäische Gemeinschaft).[36]

C. Einhaltung von "Industriestandards"

Bei den sogenannten "Industriestandards" wird versucht, die Vorgaben eines Marktführers einzuhalten oder möglichst "originalgetreu" zu kopieren. Ein typisches Beispiel hierfür findet sich im PC-Bereich bei der Verwendung von PC-DOS beziehungsweise MS-DOS als Standardbetriebssystem.

Eine weitere Möglichkeit zur Schaffung von Industriestandards besteht in der Kooperation mehrerer Unternehmen. Ein Beispiel hierfür stellt die EISA-Entwicklung (EISA = erweiterter Industriestandard beim AT-Bus) dar. Die EISA-Entwicklungen wurden von mehreren Unternehmen (Compaq, A&T, HP, NEC, Olivetti, Tandy, Wyse und Zenith) vorangetrieben.[37]

D. Einhaltung von unternehmensspezifischen Standards (Firmenstandards)

Firmenstandards legen die in einem Unternehmen gültigen Standards nach eigenen Überlegungen und Erkenntnissen fest. Die meisten Firmenstandards dürfte es im Bereich der Programmierung[38] geben. Es gibt bereits Werkzeuge, die prüfen, inwieweit die Firmenstandards bei der Entwicklung eingehalten werden.[39]

---

[36] Vgl. **HANSEN, H.R.:** Wirtschaftsinformatik I, a.a.O., S. 149 f.

[37] Vgl. **O.V.:** EISA contra Mikrokanal, in: **PERSONAL COMPUTER:** 1/1989, S. 98 (98-99).

[38] Bei Bertelsmann werden mit Hilfe von Codierrichtlinien Sprachrestriktionen, Strukturelemente, Namenskonventionen etc. festgelegt.
Vgl. **WALLMÜLLER, E.; ZINCKE, G.:** Die Einsetzbarkeit von Software-Engineering Methoden in der Praxis gezeigt am Beispiel des Bertelsmann-Modells, in: **AI:** 11/1985, S. 480 (478-483).

[39] Vgl. **SNEED, H.M.:** Software-Qualitätssicherung für kommerzielle Anwendungssysteme, Köln-Braunsfeld 1983, S. 100.
Vgl. ebenso **O.V.:** "COBCHECK" ein neues Software-Tool zur Unterstützung der COBOL-Programmentwicklung, in: **ROCHADE REPORT:** 4. Jg., 1/1987, S. 2 (2-7).

E. Selbstdisziplin der Softwareentwickler

In Bereichen, in denen es keine Standards gibt oder eventuell vorhandene Standards ungeeignet erscheinen, kann eine einheitliche Vorgehensweise eines Entwicklers zur Standardisierung beitragen.

3.2.1.3 Prinzip der Abstraktion

Die hohe Komplexität betrieblicher Informationssysteme ist in der Vielzahl von Aufgaben, Daten und Beziehungen begründet.[40] Die Abstraktion stellt nach K. GEWALD u.a. sogar die einzige Möglichkeit dar, den Komplexitätsgrad zu reduzieren, das heißt komplexe Systeme überschaubar zu machen.[41]

Durch Zusammenfassen von Gegenständen wird ein neuer, "abstrakter" Gegenstand mit gleichen Eigenschaften gebildet.[42] Abstraktion läßt sich daher verstehen als "... das explizite Herausstellen der Gemeinsamkeiten von Gegenständen."[43] Man betrachtet, ausgehend von bestimmten Fragestellungen, nur die dafür relevanten Tatbestände. Alle für eine Fragestellung unwesentlichen Eigenschaften werden also weggelassen und nur die wesentlichen bewußt herausgestellt.

Beim Softwareentwurf unterscheidet man zwei Abstraktionsarten:
1. Datenabstraktion, die sich auf die zu betrachtenden Datenobjekte bezieht[44] und
2. funktionale Abstraktion
   Bei der funktionalen Abstraktion erfolgt eine Aufteilung des Problems in die verschiedenen zu bewältigenden Aufgaben (Funktionen).

---

[40] Vgl. **ÖSTERLE, H.:** Entwurf betrieblicher Informationssysteme, a.a.O., S. 58.

[41] Vgl. **GEWALD, K.; HAAKE, G.; PFADLER, W.:** Software Engineering, a.a.O., S. 63.

[42] Vgl. **INHETVEEN, R.; LUFT, A.L.:** Abstraktion, Idealisierung und Modellierung bei der Spezifikation, Konstruktion und Verifikation von Software-Systemen, in: **AI:** 12/1983, S. 541 (541-546).

[43] **WEDEKIND, H.:** Betriebsinformatik oder die Lehre von der Abstraktion, Arbeitsteilung und Arbeitslosigkeit, in: **BALLWIESER, W.; BERGER, K.-H. (HRSG.):** Information und Wirtschaftlichkeit, Wiesbaden 1985, S. 150 (145-169).

[44] Vgl. dazu Kapitel 3.3.2.

3.2.1.4 Prinzip der Hierarchisierung

Bei dem Prinzip der Hierarchisierung soll die Komplexität der Beziehungen zwischen den Teilen eines Systems beherrschbar gemacht werden. Durch dieses Prinzip wird das Gesamtproblem sukzessive durch die Einführung von Hierarchiestufen in übersichtlichere Teilprobleme zerlegt.
Allgemein spricht man von einem hierarchischen System, wenn:
"... die Teile des Systems den Knoten und die Beziehungen zwischen den Teilen den Kanten eines gerichteten Graphen ohne Zyklen entsprechen."[45]
Daraus folgt, daß jeder Knoten, außer dem ersten, dem Ausgangsknoten, mindestens einen übergeordneten Vorgängerknoten hat. Von KIMM u.a. werden drei unterschiedliche Hierarchie-Strukturen (Bild 3-4) unterschieden.[46]

1. "einfache Hierarchie".
   Der Verweis kann über mehrere Stufen erfolgen.
2. "strenge Hierarchie".
   Diese kommt dadurch zustande, daß jeder Knoten nur auf Knoten der nächst niedrigeren Stufe hinweist.
3. "baumartig strenge Hierarchie".
   Hier hat jeder Knoten maximal einen Vorgänger. Die baumartig hierarchischen Strukturen scheinen das menschliche Verständnis besonders gut zu unterstützen.[47]

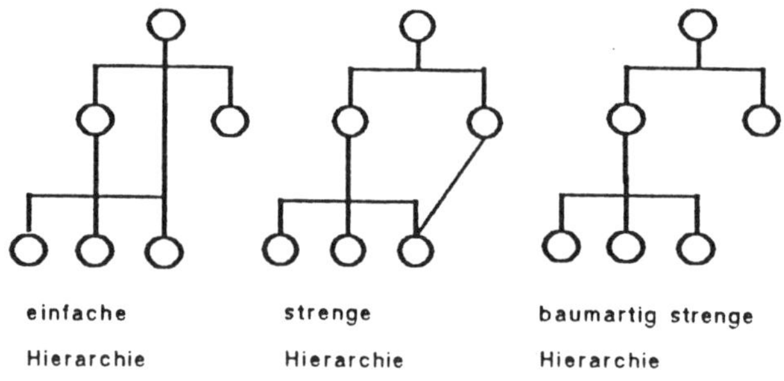

Bild 3-4: Hierarchische Strukturen

---

[45] GEWALD, K.; HAAKE, G.; PFADLER, W.: Software Engineering, a.a.O., S. 60.

[46] Vgl. KIMM, R.; KOCH, W.; SIMONSMEIER, W.; TONTSCH, F.: Einführung in Software Engineering, Berlin/New York 1979, S. 114 f.

[47] Vgl. GEWALD, K.; HAAKE, G.; PFADLER, W.: Software Engineering, a.a.O., S. 72.

Mit der Hierarchisierung wird eine Rangordnung zwischen den einzelnen Knoten hergestellt. Dabei haben die Knoten einer Hierarchiestufe die gleiche Rangordnung.

3.2.1.5 Prinzip der Modularisierung

Mit Modularisierung bezeichnet man die Aufteilung eines zu entwickelnden Gesamtsystems in Module.[48] Diese sollen überschaubar, in sich abgeschlossen und aufeinander abgestimmt sein. Damit lassen sich also umfangreiche Problemstellungen in kleine, überschaubare Teile zerlegen, wodurch sich eine Reduktion der Komplexität des zu entwickelnden Informationssystems erzielen läßt.

Das Prinzip der Modularisierung sollte grundsätzlich in allen Phasen der Systementwicklung Beachtung finden (Modularisierung im weiteren Sinne), insbesondere jedoch in den Phasen der Systemkonstruktion und -implementierung (Modularisierung im engeren Sinne).[49]

Bei der Entwicklung ganzheitlicher Informationssysteme kommt gerade der Modularisierung eine besondere Bedeutung zu. Ganzheitliche Informationssysteme lassen sich nur sukzessiv durch die Kombination einzelner Programme entwickeln. Die einzelnen Programme müssen selbst einen Modularisierungsprozeß durchlaufen. So schreibt zum Beispiel P. RECHENBERG: "Alle Probleme der Programmierung großer Systeme sind Abkömmlinge des einen zentralen Problems: Wie zerlegt man eine große Programmieraufgabe am günstigsten in kleine Teile ?".[50] J. SCHUMANN und M. GERISCH sind der Ansicht: "Jede Softwareentwicklung im Großen steht und fällt damit, inwieweit es gelingt, das Modularisierungsprinzip in geeigneter Weise durchzusetzen."[51]

---

[48] Vgl. **KURBEL, K.**: Software Engineering im Produktionsbereich, Wiesbaden 1983, S. 146.

[49] Vgl. **BALZERT, H.**: Die Entwicklung von Software-Systemen, a.a.O., S. 44.

[50] **RECHENBERG, P.**: Daten- und Programm-Kontrollstrukturen, in: **RECHENBERG, P.; SCHAUER, H.; SCHOITSCH, E. (HRSG.)**: Software-Engineering, Wien/München 1983, S. 32 (29-91).

[51] **SCHUMANN, J.; GERISCH, M.**: Software-Entwurf, a.a.O., S. 109 f.

In der Literatur gibt es eine Vielzahl von Definitionen für den Begriff des Moduls. Im folgenden soll in Anlehnung an K. KURBEL unter einem Modul ganz allgemein ein Baustein in einem Software-System verstanden werden.[52] Dieser Baustein liefert für eine vorgegebene Menge von (Übergabe-) Parametern eine vorgegebene Menge von Ausgabewerten nach fest definierten Regeln. Damit aus den Übergabewerten die Ausgabewerte erzeugt werden, bedarf es noch eines Auslösers (Modulaufruf).

Bei der Modularisierung lassen sich vier Schritte unterscheiden:

1. Zerlegung einer komplexen Aufgabe in Teilprobleme
2. Lösung der Einzelprobleme
3. Synthese der Einzellösungen zur Gesamtlösung
4. Überprüfung der Gesamtlösung
   (Sofern keine zufriedenstellende Lösung erzielt wurde, muß wieder mit Schritt 1 begonnen werden.)

Die Aufteilung eines Gesamtsystems in Module kann sich zum einen an allgemeinen Kriterien und zum anderen an schnittstellenbezogenen Kriterien orientieren. Die allgemeinen Kriterien stellen gewissermaßen "Faustregeln" dar. Schnittstellenbezogene Kriterien betreffen dagegen die Art und Weise, wie Beziehungen zwischen zwei Modulen realisiert werden.
Bei beiden Arten von Kriterien handelt es sich um allgemeine gedankliche Hilfsmittel. Diese sind zunächst unabhängig von der verwendeten Programmiersprache. Zunächst wird im folgenden mit den erwähnten allgemeinen Kriterien begonnen, bevor auf die schnittstellenbezogenen Kriterien eingegangen wird.

---

52 Vgl. **KURBEL, K.:** Programmentwicklung, 3., überarbeitete Auflage, Wiesbaden 1985, S. 42.

A. Allgemeine Kriterien der Modularisierung

a) Zweckfestlegung
Dieses erste Kriterium legt fest, für welche Aufgaben und damit für welche Zwecke ein Modul innerhalb eines Gesamtsystems verantwortlich ist. Dokumentiert wird dies in kurzer, prägnanter Form eventuell in natürlicher Sprache. Mit der Zweckfestlegung will man die "lokale Verständlichkeit" und "das Schaffen kleiner überschaubarer Einheiten" unterstützen. Die Zweckfestlegung bildet die Grundlage für die nachfolgende Modulbeschreibung.[53]

b) Prinzip der Abgeschlossenheit
Innerhalb des Prinzips der Modularisierung soll das Prinzip der Abgeschlossenheit erkennen lassen, daß es sich bei dem gebildeten Modul um eine Entwurfsentscheidung handelt. Das heißt, das Modul bildet eine abgeschlossene logische Einheit (Entwurfseinheit), die für sich verständlich ist.

c) Erfahrungs- und Richtwerte für die Modularisierung
- Ein Modul sollte nicht zu groß werden (Modulgröße)
Oft wird die Modulgröße in Anzahl Programmzeilen gemessen.[54] Bei diesem relativ subjektiven Kriterium hat die verwendete Programmiersprache großen Einfluß. In der Literatur findet man sehr abweichende Vorstellungen über die Modulgröße. So sehen beispielsweise P. SCHNUPP und C. FLOYD 300 - 1000 Anweisungen[55] als

---

[53] Vgl. **HRUSCHKA, P.:** Prinzipien der Modularisierung, in: **HMD:** 130/1986, S. 69 (67-75).

[54] E. DENERT schlägt vor, die Modulgröße an der Bearbeitungskapazität einer einzelnen Person zu orientieren.
Vgl. **DENERT, E.:** Software-Modularisierung, in: **INF. SPEKT.:** 4/1979, S. 207 (204-218).
J. SCHUMANN und M. GERISCH empfehlen 1 - 2 Druckseiten Quellcode als obere Grenze bei höheren Programmiersprachen.
Vgl. **SCHUMANN, J.; GERISCH, M.:** Software-Entwurf, a.a.O., S. 107.
D.B. MORREY und J. PUGH nennen eine "übliche" Größe von einer Seite (40-50 Zeilen), wobei aber aus psychologischen Gründen ein Modul aus höchstens 7 Zeilen bestehen sollte.
Vgl. **MORREY, D.B.; PUGH, J.:** Software Engineering, Englewood Cliffs 1987, S. 28.

[55] Vgl. **SCHNUPP, P.; FLOYD, C.:** Software - Programmentwicklung und Projektorganisation, 2., durchgesehene Auflage, Berlin/New York 1979, S. 170.

wünschenswert an, dagegen geht E. WALLMÜLLER[56] von 40 - 50 Verarbeitungsanweisungen aus.

- Schwer zu programmierende oder sehr änderungsanfällige Teile sollten in ein Modul ausgelagert werden.[57]
  Dies gilt zum Beispiel für den Aufbau von Bildschirmmasken. Bei Standardsoftware wird von unterschiedlichen Kunden immer wieder ein unterschiedlicher Maskenaufbau mit individuellen Variablennamen gewünscht. Sofern man sich nicht dazu entschließt, ein universelles Hilfsmittel (Maskengenerator) zu verwenden, sollte wenigstens der Maskenaufbau durch ein eigenständiges Modul gewährleistet werden.
- Ein Modul sollte selbständig kompilierbar sein. Damit wird die Testbarkeit wesentlich erhöht.
- Portabilitätsgesichtspunkte sollten beachtet werden, zum Beispiel die Realisierung der Datei- beziehungsweise Datenbankzugriffe über isolierte Module.
- Programmteile, die Ausnahmesituationen bearbeiten, sollen ebenfalls in separaten Modulen abgehandelt werden, zum Beispiel Behandlung von allgemeinen Fehlersituationen durch abgegrenzte Module. Weitere Beispiele für Ausnahmesituationen sind:
- Wiederanlaufroutinen
- Info-Routinen
- Hilfe-System

B. Schnittstellenorientierte Kriterien der Modularisierung

Die schnittstellenorientierten Kriterien werden danach unterteilt,

- wie durch die Gestaltung der Modul-Schnittstellen relativ unabhängige Module entstehen (a),
- wie es möglich ist, Module zu bilden, die eine hohe innere Festigkeit aufweisen (b) und
- wie die Modulkopplungsmechanismen aus Sicht der Programmiersprache gestaltet werden können (c).

---

56 Vgl. **WALLMÜLLER, E.:** Softwareengineering in der Anwendungsprogrammierung, Dissertation, Wien 1984, S. 63.

57 Vgl. **GEWALD, K.; HAAKE, G.; PFADLER, W.:** Software Engineering, a.a.O., S. 77.

a) Prinzip der Unabhängigkeit

Das Ziel ist es, die einzelnen Module so zu konzipieren, daß sie unabhängig von ihrer Programmumgebung sind. Dies wird dann erreicht, wenn die (Übergabe-) Parameter in den Schnittstellen möglichst einfach sind (aa) und möglichst wenig "Annahmen" über das Modulverhalten im Inneren (ab) beinhalten.

aa) (Übergabe-) Parameter von Schnittstellen

Für das aufgerufene Modul stellen die veränderlichen Eingangs- und Steuerungsdaten die (Übergabe-) Parameter dar. Die Anzahl der Parameter sollte klein gehalten werden. Dadurch entsteht die Forderung an die Modul-Schnittstelle, daß in ihr nicht ein Maximum, sondern nur ein Minimum an Informationen enthalten sein sollte.[58] Am besten wird diese Forderung erfüllt, wenn zwischen den Modulen überhaupt kein Datentransfer stattfindet.

Beispiel: Mehrere Anwendungsmodule werden einem Benutzer über ein Auswahlmenue angeboten. Nach Beendigung eines Moduls soll wieder in das Auswahlmenue verzweigt werden. In diesem Fall kann es genügen, daß die einzelnen Module ohne Übergabeparameter aufgerufen werden.

Diese Maximalforderung läßt sich jedoch in den wenigsten Fällen einhalten. Die Parameter, die zu übergeben sind, kann man unterteilen in:[59]

- Basisdatentypen (einfache Daten, zum Beispiel vom Typ integer, real)

- Datenstrukturen (zum Beispiel Record, Datei)
  Durch die Zusammenfassung mehrerer Basisdatentypen erfolgt hier eine Datenstrukturkopplung.
  Beispiel:
  Ein Modul liest einen Datensatz aus einer Datei und übergibt ihn in entsprechend aufbereiteter Form an das aufrufende Modul. Nachteilig erweist sich bei der Berücksichtiung von Übergabedatenstrukturen,

---

[58] Vgl. **SCHAUER, H.:** Methoden des Software-Engineering, in: **RECHENBERG, P.; SCHAUER, H.; SCHOITSCH, E. (HRSG.):** Software-Engineering, Wien/München 1983, S. 21 (9-28).
Vgl. **PARNAS, D.L.:** On the Criteria To Be Used in Decomposing Systems into Moduls, in: **CACM:** Vol. 15, 12/1972, S. 1056 (1053-1058).

[59] Vgl. **GEWALD, K.; HAAKE, G.; PFADLER, W.:** Software Engineering, a.a.O., S. 74 ff.

daß Änderungen in der Datenstruktur Auswirkungen auf mehrere Module haben können.

- Kontrollelemente (Steuerungskopplung)
  Bei der Steuerungskopplung enthält die Schnittstelle die Funktions- beziehungsweise Fehlercodes. Diese werden im aufgerufenen Modul zur internen Ablaufsteuerung benutzt.
  Beispiel: Über ein Modul können 2 Funktionen realisiert werden. Die Funktionsauswahl wird vom aufrufenden Modul über einen Funktionscode gesteuert, der Bestandteil der Schnittstelle ist.

- externe Datenelemente
  Eine Verbindung zweier Module über externe Datenelemente liegt vor, wenn sich beide auf dasselbe extern definierte Datenelement (zum Beispiel eine globale Variable) beziehen.

- nicht lokale Daten (Common-Bereiche)
  Mehrere Module operieren hier mit mehreren gemeinsamen Variablen. Jedes Modul kann in diesem gemeinsam nutzbaren Common-Bereich Änderungen vornehmen. (Als Beispiele seien hier die "COMMON"-Anweisung in FORTRAN und die "EXTERNAL"-Anweisung in PL/1 angeführt.) Nachteilig erweisen sich bei derartigen gemeinsam nutzbaren, nicht lokalen Datenbereichen die schlechte Verständlichkeit, Fehleranfälligkeit durch Nebeneffekte oder auch ein erhöhter Wartungsaufwand. Trotz dieser Nachteile kann es in großen Systemen beispielsweise dann sinnvoll sein, Common-Bereiche zu definieren, wenn man eine gemeinsame Datenbasis als Mittelpunkt verschiedener Module bilden will.[60]

ab) "Annahmen", die Module übereinander machen
Parameter können auch Annahmen beinhalten, wie Verarbeitungsabläufe in anderen Modulen zu erfolgen haben. Je mehr Annahmen getroffen werden, desto schwieriger wird es, voneinander wirklich unabhängige Module zu entwickeln. Außer den in einer exakten Schnittstellendefinition enthaltenen Informationen sollten Module keine Informationen über Verarbeitungsschritte oder Variablenzustände in anderen Modulen benötigen. Dieser Gedanke wird im folgenden nochmals (beim Geheimnisprinzip) aufgegriffen.

---

[60] Vgl. **RECHENBERG, P.:** Daten- und Programm-Kontrollstrukturen, a.a.O., S. 39 f.

b) innere Festigkeit (Kohäsion)
Die innere Festigkeit eines Moduls soll maximiert werden. Diese bezieht sich auf die Stärke der Zusammmenhänge zwischen den Elementen innerhalb eines Moduls. Bei der inneren Festigkeit können wieder mehrere Abstufungen unterschieden werden. Die engste und beste Form stellt die "funktionale Festigkeit" dar. Sie ist gegeben, wenn in einem Modul nur eine einzige Funktion realisiert wird (zum Beispiel Modul zur Ermittlung der Quadratwurzel).[61]

Die loseste und schlechteste Bindungsform innerhalb eines Moduls liegt bei der "zufälligen Festigkeit" vor. Bei einem Modul mit zufälliger Festigkeit wird willkürlich festgelegt, welche Funktionen darin realisiert werden. Ein solches Modul kann entstehen, wenn zum Beispiel aus Speicherplatzgründen ein großes Modul in mehrere kleine zerlegt wird.[62] Bei der Konzeption von Modulen lassen sich nicht immer alle Maximalforderungen erreichen. Die Dominanz anderer Prinzipien oder Praktikabilitätsaspekte, wie Laufzeitverhalten, verfügbarer Hauptspeicher, Wartungsaspekte usw., können eine andere Modularisierung erfordern.

c) Modulkopplungsmechanismen
Der Modulkopplungsmechanismus bezieht sich darauf, wie ein Modul von einem anderen Modul aus aktiviert werden kann. Dabei werden die gemeinsam benutzten Datenelemente benannt, und der Start der Verarbeitung wird aktiviert.[63] Die Aktivierung erfolgt in den gebräuchlichsten Sprachen mit Hilfe des CALL-Befehls. Ein CALL-Befehl ruft ein bestimmtes Modul auf und überträgt die an das Modul zu übergebenden Parameter.
Beispiel:
COBOL:
CALL "SUB-PROG" USING A B C.
FORTRAN oder PL/1:
CALL SUB-PROG (A,B,C)
Hinweis: Der GOSUB-Befehl in BASIC oder der PERFORM-Befehl in COBOL stellen keinen Modulaktivierungsbefehl dar. Hierbei wird lediglich an eine bestimmte Programmstelle innerhalb eines Moduls verzweigt und nach Ablauf eines Programmteils zurückverzweigt.

---

[61] Vgl. **KURBEL, K.**: Software Engineering im Produktionsbereich, a.a.O., S. 147 ff.

[62] Vgl. **HRUSCHKA, P.**: Prinzipien der Modularisierung, a.a.O., S. 73.

[63] Vgl. **LIFFICK, B.W.**: The Software Developer's Sourcebook, Massachusetts 1985, S. 30.

3.2.1.6 Weitere Grundsätze

Neben den beschriebenen allgemeinen Prinzipien sollten bei der Entwicklung von Softwaresystemen weitere Grundsätze Anwendung finden:

- Grundsatz der Lokalität:
  Konzentration auf die Problembereiche des Istsystems, übersichtliche Gestaltung der Dokumentation durch Zusammenfassung der relevanten Information an einem Ort.[64]
- Grundsatz der integrierten Dokumentation:
  Vollständige und entwicklungsbegleitende Dokumentation aller Phasen und Phasenergebnisse mit den Anforderungen adressaten-, aufgaben-, inhalts-, form-, sprach-, didaktik-, zeitpunkt-, umfangsgerecht.[65]

Nach den allgemeinen, in jeder Phase anwendbaren Prinzipien wird im folgenden auf solche für spezielle Phasen eingegangen.

3.2.2 Prinzipien bei der Problem- und Systemspezifikation

Bei der Problem- und Systemspezifikation sollen die vorhandenen Probleme des bestehenden Systems im Rahmen einer Istanalyse herausgearbeitet werden und die Rahmenbedingungen für ein eventuell neu zu gestaltendes oder für ein zu ergänzendes System festgelegt werden.[66] Als für diese Phasen besonders bedeutsame Prinzipien werden nacheinander das Prinzip der Vollständigkeit, das Prinzip der Intersubjektivität, das Prinzip der Integrierbarkeit und das Prinzip der vollständigen Schnittstellendefinition erläutert.

3.2.2.1 Das Prinzip der Vollständigkeit

Mit dem Prinzip der Vollständigkeit soll erreicht werden, daß mit der durchzuführenden Istanalyse alle für die Systemerweiterung wesentlichen Tatbestände ermittelt werden. Dies geschieht aufgrund der Systemabgrenzung, mit

---

[64] Vgl. **BALZERT, H.:** Die Entwicklung von Software-Systemen, a.a.O., S. 4 und S. 67 f.

[65] Vgl. **BALZERT, H.:** Die Entwicklung von Software-Systemen, a.a.O., S. 49-51.

[66] Vgl. **BIETHAHN, J.; MUCKSCH, H.; RUF, W.:** Ganzheitliches Informationsmanagement, Band 1, a.a.O., S. 126.

der ein Subsystem (Realitätsausschnitt) herausgebildet wird.[67] Es müssen vor allem die Schnittstellen zu allen angrenzenden Systemen genau ermittelt werden. Das Prinzip der Vollständigkeit hat nicht zum Ziel, daß alle Funktionen, Objekte und Abläufe des bestehenden Systems bis ins letzte Detail dargestellt werden. Man will lediglich eine der Aufgabenstellung angepaßte Erhebung sicherstellen und garantiert sehen, daß nicht wesentliche Einflußgrößen übersehen werden.

Beispiel:
Das bestehende manuelle Lagersystem soll analysiert und eventuell durch ein DV-gestütztes Lagersystem ersetzt werden. Dazu müssen alle wesentlichen Funktionen (Einlagerung, Auslagerung, Inventur usw.) und alle Abläufe (Aufspaltung zum Beispiel des Einlagerungsvorgangs in die zeitlich nacheinander ablaufenden Teilschritte) vollständig ermittelt werden. Nicht zum Erhebungsbereich gehört bei dieser Aufgabenstellung die Ermittlung der physischen Kennzahlen des Regalsystems (zum Beispiel Traglast, Behältergrößen, Deckenbelastung).

Das Prinzip der Vollständigkeit steht damit dem allgemeinen Wirtschaftlichkeitsprinzip nicht entgegen; vielmehr wird dieses durch die ganzheitliche Betrachtungsweise langfristig sogar unterstützt.

3.2.2.2 Prinzip der Intersubjektivität

Bei der Problemspezifikation sollen vorhandene Probleme erkannt und dokumentiert werden. Dies kann bei den zuständigen Verantwortlichen zu (berechtigten) Aversionen und Akzeptanzproblemen führen, wenn die Problemursachen von Fehlern nicht zweifelsfrei nachgewiesen werden. Das Prinzip der Intersubjektivität fordert, daß sowohl der Ablauf der Problemspezifikation/Istanalyse als auch die gewonnenen Erkenntnisse intersubjektiv nachprüfbar sein müssen. Man will damit vermeiden, daß nur Ergebnisse dokumentiert werden. Auch die Zwischenschritte und das zugrundegelegte Ausgangsmaterial sollen in vollständiger und aufbereiteter Form dokumentiert werden. Bei konsequenter Anwendung müßte im Idealfall ein neutraler Fachmann dann zu den gleichen Ergebnissen kommen.

---

[67] Vgl. **WEDEKIND, H.:** Systemanalyse, a.a.O., S. 36.

Ein wichtiges Hilfsmittel zum Erreichen und Kontrollieren einer Intersubjektivität liegt in diesem Zusammenhang in der Ermittlung von Kennzahlen und deren Vergleich.[68] Kennzahlen haben den Vorteil, daß sie
- eindeutig definiert sind,
- Vergleiche erlauben,
- frei von "Emotionen" sind und
- bei gleichem Ausgangsmaterial gleiche Ergebnisse erbringen und damit intersubjektiv nachprüfbar sind.

Typische Kennzahlen sind:

$$\text{Arbeitsproduktivität} := \frac{\text{Produktionsmenge}}{\text{Zeitaufwand}}$$

$$\text{Stillstandsgrad} := \frac{\text{Stillstandszeit}}{\text{Sollproduktionszeit}}$$

$$\text{Ausschußquote} := \frac{\text{Ausschußmenge}}{\text{Erzeugungsmenge}}$$

3.2.2.3 Prinzip der Integrierbarkeit

Die Ergebnisse der Problemspezifikation sind nicht nur für die direkt nachfolgende Phase - die Systemspezifikation - von Interesse. Auch alle anderen Phasen partizipieren von diesen Ergebnissen. Dabei ist insbesondere Bezug auf angrenzende Systeme zu nehmen, denn bei der Systemimplementierung wird zum Beispiel auf die Dokumentation der Schnittstellen zu den angrenzenden Systemen zurückgegriffen. Das Prinzip der Integrierbarkeit fordert, daß der Informationsbedarf der nachfolgenden Phasen mitberücksichtigt wird.

Beispiel: Bei der Problemspezifikaton wird beschrieben, wie welche Ergebnisse unter Mitwirkung welcher Systeme erzielt werden. Diese Dokumentation kann damit bei der Systemverifikation zur Prüfung des neuen ganzheitlichen Systems verwendet werden.

---

[68] Vgl. **LOCKEMANN, P.C.; SCHREINER, A.; TRAUBOTH, H.; KLOPPROGGE, M.:** Systemanalyse, Berlin/Heidelberg/New York/London/Paris/Tokyo 1983, S. 29 und S. 79.

3.2.2.4 Das Prinzip der vollständigen Schnittstellenspezifikation

Softwaremodule kommunizieren über eine festgelegte Schnittstelle miteinander. Nur Leistungen eines Moduls, die über die Schnittstelle den aufrufenden Modulen zur Verfügung gestellt werden, sind nutzbar.[69] Bei der Entwicklung eines Moduls dienen die durch die Schnittstellendefinition festgelegten Leistungen (Outputs) den Entwicklern als Vorgabe. Unvollständige oder fehlerhafte Vorgaben führen somit zwangsläufig zu fehlerhaften Ergebnissen. Weiterhin ermöglicht eine vollständig beschriebene Schnittstelle, daß die einzelnen Module unabhängig voneinander entwickelt werden können.[70] Nach Fertigstellung eines Moduls muß sodann geprüft werden, ob die realisierte Schnittstelle allen Vorgaben entspricht.
Aus diesen Gründen ist eine vollständige Schnittstellendefinition für jedes Modul ein "prinzipielles" Anliegen. Eine vollständige Schnittstellenspezifikation setzt die Einhaltung folgender Punkte voraus:

- Verständlichkeit der Schnittstellendefinition
- vollständige Beschreibung aller Funktionen und Daten der Schnittstelle
    - Schnittstellenzustand beim Modulaufruf
    - Schnittstellenzustand bei der Ergebnisübertragung
- Festlegung der Erweiterungsmöglichkeiten der Schnittstelle

3.2.3 Prinzipien der Systemkonstruktion und -implementierung

Als Prinzipien mit Schwerpunkt in den Phasen der Systemkonstruktion und -implementierung werden im folgenden dargestellt:

- das Prinzip des Information Hiding
- das Prinzip der Strukturierung
- das Prinzip der linearen Kontrollstrukturen
- das Prinzip der vollständigen Schnittstellenspezifikation

---

69 Vgl. **BALZERT, H.:** Die Entwicklung von Software-Systemen, a.a.O., S. 249.

70 Vgl. **DIßMANN, S.; ZURWEHN, V.:** Software-Praktikum - Ein praxisorientiertes Vorgehen zur Software-Erstellung, Stuttgart 1988, S. 37.

3.2.3.1 Prinzip des Information Hiding (Geheimnisprinzip)

Das Prinzip des Information Hiding geht auf D.L. PARNAS zurück. Entwurfsentscheidungen jeglicher Art sollten möglichst nur lokalen Charakter haben, das heißt diese sind auf ein Modul beschränkt, so daß dieses abgeschlossen und für sich selbst lebensfähig ist.[71] D.L. PARNAS möchte dadurch gleichzeitig erreichen, daß der Benutzer eines solchen Bausteines nur Kenntnisse über die Modul-Schnittstellen, aber keine Kenntnisse über die konkrete Implementierung des Moduls und der verwendeten Datenstrukturen haben muß.[72] Diese strikte Abgrenzung hat den Vorteil, daß ein Modul die für einen Benutzer unwesentlichen Entwurfsentscheidungen in seinem Inneren als sein "Modulgeheimnis" wie eine "Black box" verbirgt. Somit wird der Austausch von Bausteinen vereinfacht. Typische "Modulgeheimnisse" sind:[73]

- innere Datenstrukturen mit den darauf arbeitenden Zugriffsfunktionen und
- Hardwareeigenschaften.

Es soll aber auch hervorgehoben werden, daß sich auf höheren Hierarchieebenen mit dem "Geheimnisprinzip" auch Entscheidungsprozesse oder Strategien verbergen lassen.

Bild 3-5 zeigt ein Beispiel für das Verbergen von Implementierungsentscheidungen in einem Modul, das die Zugriffs- und Manipulationsprozeduren für eine bestimmte Datenstruktur verbirgt. In Teil a) greifen mehrere Module auf eine gemeinsame Datenstruktur (Tabelle) zu. Ein grundsätzlich anderer Aufbau ergibt sich in Teil b), indem unter Beachtung des Geheimnisprinzips auf eine gemeinsame Datenstruktur (Tabelle) über ein weiteres Modul zugegriffen wird.

---

[71] Vgl. **SCHULZ, A.:** Software-Entwurf, a.a.O., S. 46.
[72] Vgl. **PARNAS, D.L.:** On the Criteria, a.a.O., S. 1056.
[73] Vgl. **HRUSCHKA, P.:** Prinzipien der Modularisierung, a.a.O., S. 70.

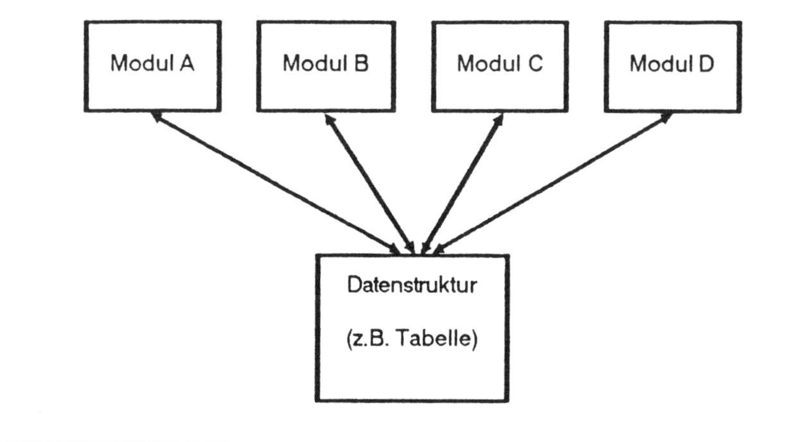

a) Modulstruktur ohne Beachtung des Geheimnisprinzips

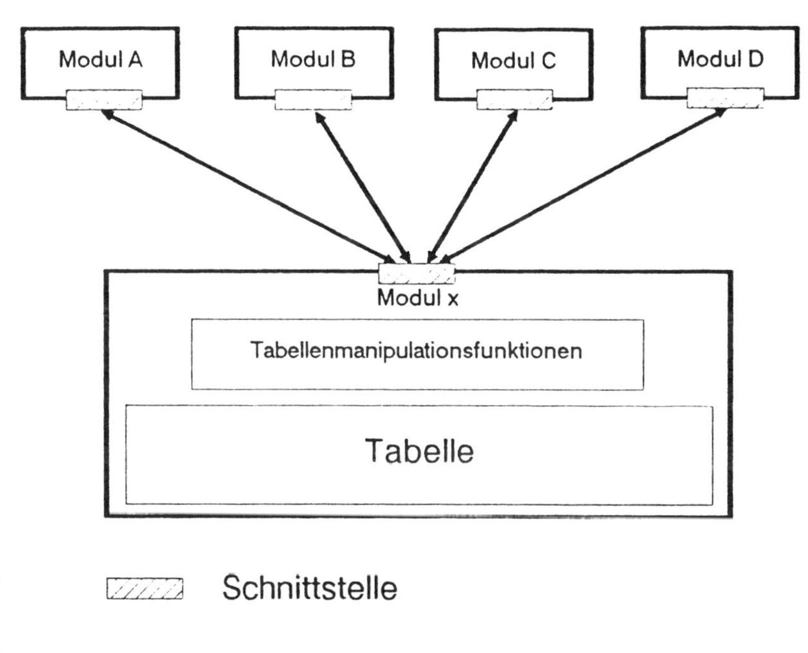

b) Modulstruktur unter Beachtung des Geheimnisprinzips

Bild 3-5: Modulstruktur und das Geheimnisprinzip[74]

---

[74] Vgl. **SCHNUPP, P.; FLOYD, C.:** Software-Programmentwicklung, a.a.O., S. 187 f.

Die Anwendung dieses Prinzips wirkt sich besonders vorteilhaft aus auf:
- Wartungs-, Änderungs- und Testfreundlichkeit
- Portabilität
- Softwarezuverlässigkeit
- Datenkonsistenz
- Verteilungsmöglichkeiten von Aufgaben bei der Softwareentwicklung

Die Einhaltung dieses Prinzips wird besonders stark durch das Konzept der Datenabstraktion unterstützt.

3.2.3.2 Prinzip der Strukturierung

Die Strukturierung eines Produktes bezieht sich auf ein erkennbares Organisationsmuster der voneinander abhängigen Produktteile.[75] Durch die Strukturierung wird versucht, eine klare Gliederung herzustellen, die dazu beiträgt, komplexe Vorgänge beherrschbar zu machen.[76]

Zur Strukturierung benötigt man Kriterien, die eine einheitliche Gliederung ermöglichen.

Als Kriterien eignen sich unter anderem Gesichtspunkte, die sich aus der Hierarchisierung, Abstraktion und Modularisierung ergeben.

Eine Strukturierung läßt sich auch durch die Anwendung von Strategien (Bottom-up-/Top-down-Strategie) und den Einsatz von Methoden, Verfahren und Werkzeugen erleichtern. Durch die Anwendung von Werkzeugen wie Programm-Generatoren kann sogar eine bestimmte Struktur vorgegeben werden.

3.2.3.3 Prinzip der linearen Kontrollstrukturen

Dieses Prinzip muß von einer "strukturierten Vorgehensweise" unterschieden werden. Es wird auch als Prinzip der strukturierten Programmierung (im engeren Sinne) bezeichnet. Dem Prinzip der linearen Kontrollstrukturen liegt ein Strukturtheorem zugrunde, das besagt, daß sich jedes Programm mit einem Ein- und Ausgang aus den drei Grundstrukturen
- Sequenz (Reihung)
- Auswahl (Entscheidung) und
- Wiederholung (Schleife)

---

[75] Vgl. **BALZERT, H.:** Die Entwicklung von Software-Systemen, a.a.O., S. 13.

[76] Vgl. **BENDER, H.; REMMELE, W.; SCHNEIDER, M.:** Entwurf von Software, in: **COMP. MAG.:** 9/1984, S. 50 (50-52).

zusammensetzen läßt.[77] Programme, die nach diesem Prinzip entworfen werden, weisen lineare Kontrollstrukturen (= Steueranweisungen) auf. Es ist grundsätzlich möglich, ein Programm mit nur diesen drei Grundelementen zu entwerfen.

Der Begriff "Structured Programming" geht auf E.W. DIJKSTRA zurück. Von ihm wurde beobachtet, daß die Qualität eines Programms umgekehrt proportional zur Anzahl verwendeter GOTO-Anweisungen ist.[78] Auf GOTO-Anweisungen kann vollkommen verzichtet werden. Eine GOTO-freie Programmierung kann andererseits aber zu Nachteilen - zum Beispiel bei der Effizienz - führen.[79]

3.2.4 Prinzipien bei der Systemverifikation, -einführung und -wartung

Nachfolgend werden Prinzipien für die "späten" Phasen des Entwicklungsprozesses beschrieben, deren Ablauf und Inhalt noch wenig strukturiert und verallgemeinert sind. Diese Sammlung von Einzelprinzipien läßt sich deshalb durchaus noch erweitern.
Hier werden die Prinzipien der externen Qualitätssicherung, der frühzeitigen Verifikation und der sukzessiven Systemeinführung beschrieben.

3.2.4.1 Das Prinzip der externen Qualitätssicherung

Dem Prinzip der externen Qualitätssicherung liegt die Annahme zugrunde, daß eine wirkungsvolle Qualitätssicherung nicht durch die Entwickler selbst, sondern nur durch eine externe Instanz sinnvoll möglich ist.[80] Diese neutrale Stelle sollte die Qualität von Softwareprojekten und von Softwaresystemen beurteilen.

---

[77] Vgl. **KIRSCH, W.; BÖRSIG, C.; ENGLERT, G.**: Standardisierte Anwendungssoftware in der Praxis, Berlin 1979, S. 138 f.

[78] Vgl. **DIJKSTRA, E.W.**: Go To Statement Considered Harmful, in: **CACM:** Vol.11, 3/1968, S. 147-148.

[79] Vgl. **SCHULZ, A.**: Software-Entwurf, a.a.O., S. 22.

[80] Vgl. **BALZERT, H.**: Die Entwicklung von Software-Systemen, a.a.O., S. 450.

Die Qualitätssicherung erfolgt anhand von vorzugebenden und überprüfbaren Kriterien. Im Beispiel von Bild 3-6 wird eine Prüfung der Projektqualität an den Kriterien Termineinhaltung, Kosten und sonstigen Faktoren (zum Beispiel Zufriedenheit der Projektmitglieder, Fluktuation, Produktideen, Methodeneinsatz) durchgeführt. Die Überwachung der Produktqualität läßt sich, wie in Kapitel 3.5 noch dargestellt wird, ebenfalls anhand von Qualitätskriterien beurteilen.

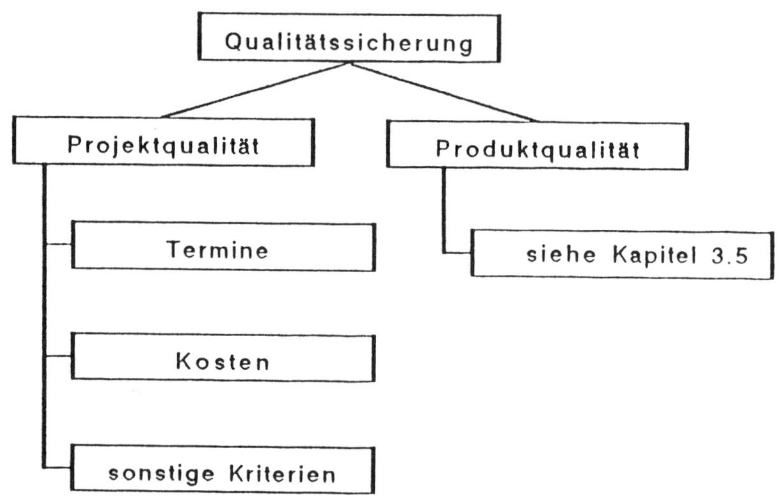

Bild 3-6: Externe Qualitätssicherung

Zur externen Qualitätssicherung können verschiedene Maßnahmen aus unterschiedlichen Entwicklungsbereichen ergriffen werden. Die in Bild 3-7 erwähnten organisatorischen Maßnahmen betreffen das Organisationsschema der Entwicklung (zum Beispiel Phasenschema). Die konstruktiven Maßnahmen betreffen die verwendete Aufbaustruktur eines ganzheitlichen Informationssystems beziehungsweise Teilbereiche daraus. Mit analytischen Maßnahmen will man nachträglich Informationssysteme oder Teilbereiche daraus auf einzelne Qualitätsmerkmale prüfen.

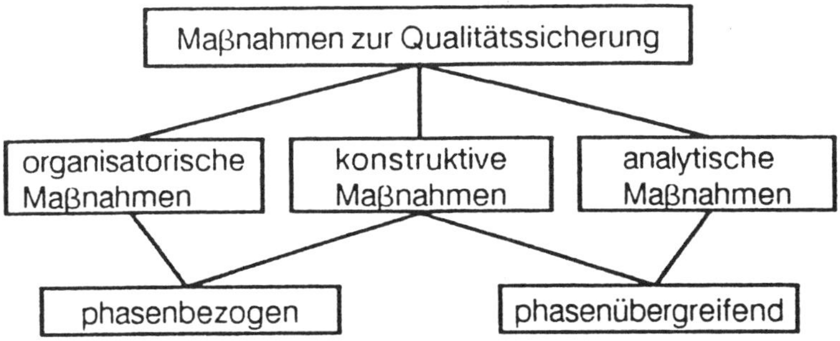

Bild 3-7: Maßnahmen zur Qualitätssicherung

3.2.4.2 Das Prinzip der frühzeitigen Verifikation

H.M. SNEED berichtet, daß ein Code-Fehler ca. fünfmal soviel kostet, wenn er nach der Systemintegration und nicht gleich in der Codierungsphase behoben wird. Wenn derselbe Fehler nach der Systemfreigabe entdeckt wird, kostet die Fehlerbehebung bereits das 10-fache. Liegt der Fehler nicht in der Codierphase, sondern schon früher, so wird die Fehlerbehebung nochmals wesentlich teurer.[81]

Sofern ein Softwaresystem erst nach Fertigstellung verifiziert wird, ist im Fehlerfall ein hoher Korrekturaufwand zu erwarten.

Generell gilt also: Je später ein Fehler festgestellt wird, desto höher sind die Korrekturaufwendungen. Dies wird auch durch empirische Tests von B.W. BOEHM nachgewiesen.[82] Mit dem Prinzip der frühzeitigen Verifikation soll erreicht werden, daß in allen Entwicklungsphasen zusätzlich eine Verifikation erfolgen sollte, um so früh wie möglich Fehler zu finden.[83]

---

[81] Vgl. SNEED, H.: Software-Qualitätssicherung, a.a.O., S. 46 ff.

[82] Vgl. BOEHM, B.W.: Wirtschaftliche Software-Produktion, Wiesbaden 1986, S. 34 f.

[83] In der Phase der Systemverifikation soll das entwickelte System in seiner Gesamtheit einer Verifikation unterzogen werden.

3.2.4.3 Das Prinzip der sukzessiven Systemeinführung

Große Systeme können in ihrer Gesamtheit nicht in nur einem einzigen Schritt eingeführt werden. Eine schrittweise Einführung bietet sich aus mehreren Gründen an:
- Die Möglichkeiten und Fähigkeiten der späteren Nutzer lassen sich besser berücksichtigen.
- Erforderliche Ausbildungsmaßnahmen können nach und nach ergriffen werden.
- Das Ausfallrisiko großer Bereiche wird verkleinert.
- Erfahrungen aus der Einführung kleiner Teilbereiche können für die weitere Entwicklung und Einführung genutzt werden.

Nachteilig erweist sich bei diesem Prinzip, daß während der Systemeinführung teilweise das bestehende und das neue System nebeneinander gepflegt werden muß. Dies führt zwar einerseits zu einer Doppelbelastung der Mitarbeiter, andererseits gewährleistet es jedoch eine gute Kontrollmöglichkeit der Ergebnisse des neuen Systems.

Nachdem bisher die Prinzipien der Softwareentwicklung im Vordergrund standen, wird im folgenden auf die Konzepte eingegangen.

3.3 Konzepte der Softwareentwicklung

Ein Konzept stellt einen denkbaren Weg oder eine Betrachtungsweise dar. Hilfreich sind Konzepte für das Verständnis von Aufgabenstellungen und für die Ermittlung von Aufgabenlösungen.

Nachfolgend sollen zwei grundsätzlich unterschiedliche, aber aufeinander aufbauende Konzepte dargestellt werden:
- das Konzept der abstrakten Maschinen und
- das Konzept der Datenabstraktion .

3.3.1 Das Konzept der abstrakten Maschinen

Ausgangspunkt für das Konzept der abstrakten Maschine bilden die Pole Basismaschine auf der einen und Benutzermaschine auf der anderen Seite.
Unter einer Basismaschine der untersten Ebene oder einer realen Maschine soll hier eine EDV-Anlage - also ein Computer in seiner physischen Ausprägung - verstanden werden, so wie er vom Hersteller zur Verfügung gestellt

wird. Durch Programme in Maschinensprache (Firmware), die man als niedrigste Abstraktionsstufe betrachten kann, läßt sich der Funktionsumfang der Basismaschine nutzen.
Programme eignen sich allgemein dazu, einem Benutzer eine Basismaschine verfügbar zu machen (Bild 3-8). Da die Benutzermaschinen nicht "real" vorhanden sind, sondern erst durch die verwendeten Programme entstehen, spricht man auch von "virtuellen" Maschinen.[84]

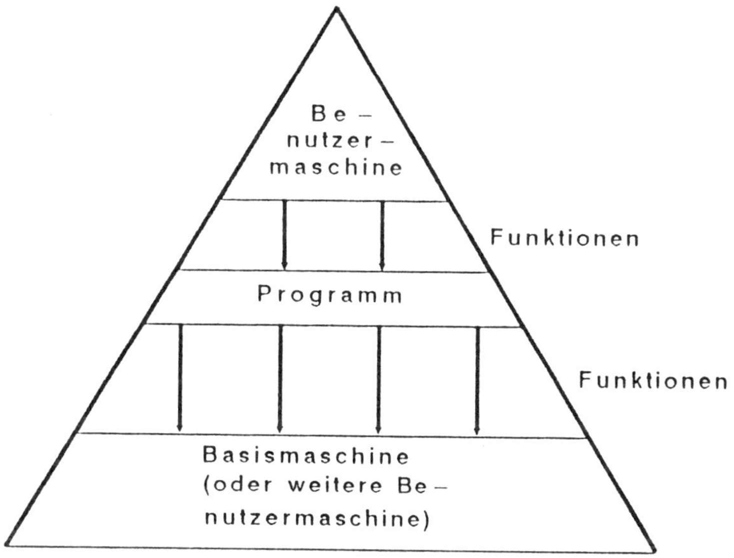

Bild 3-8: Beziehung zwischen Benutzermaschine und Basismaschine

Die freie Programmierbarkeit von Rechnern erlaubt es, unterschiedliche Benutzermaschinen auf einer Basismaschine zu implementieren.
Für einen Programmierer stellt zum Beispiel der Sprachumfang des Compilers eine Benutzermaschine dar. Mehrere Compiler eines Rechners können als weitere Benutzermaschinen der gleichen Basismaschine angesehen werden. Das Programm "Compiler" übernimmt in diesem Beispiel die Transformation zwischen Benutzer- und Basismaschine. Es stellt die Schnittstelle zwischen benachbarten Abstraktionsebenen her.

---

[84] Vgl. **SCHNUPP, P.; FLOYD, C.:** Software-Programmentwicklung, a.a.O., S. 16 ff.

Programme dienen allgemein als "Brücke" zwischen Benutzer- und Basismaschine. Die Funktionen einer Benutzermaschine müssen durch eine oder mehrere Funktion(en) der Basismaschine realisiert werden. Sie weisen damit einen höheren Abstraktionsgrad als die Funktionen der Basismaschine auf. Grundlage für eine Funktionsentwicklung bildet eine abstrakte Basismaschine. Die Entwicklung selbst entspricht der Konstruktion einer abstrakten Benutzermaschine.[85]

Virtuelle Maschinen lassen sich in mehreren Stufen hierarchisch anordnen.[86] Anstelle von Stufen wird auch von (Software-) Schichten oder Abstraktionsebenen gesprochen. Im vorangestellten Beispiel könnte eine weitere übergeordnete Schicht durch einen Programmgenerator realisiert werden. Der Compiler stellt in diesem Fall die Basismaschine für den Programmgenerator dar. Gleichzeitig ist der Compiler Benutzermaschine für die darunterliegende Ebene (Betriebssystem). Geht man davon aus, daß Programme einer Abstraktionsebene ein Ergebnis meist in Form einer Datei erzeugen, so stellt diese Datei die Schnittstelle zwischen den Programmen zweier Abstraktionsebenen dar.

Es ist möglich, die hierarchische Strukturierung von Benutzer- und Basismaschinen auch innerhalb der Programme fortzusetzen. Dabei werden innerhalb eines Programms wiederum verschiedene Schichten (Abstraktionsebenen) definiert. Diese unterscheiden sich durch ihre Problem-Hardwarenähe, das heißt durch ihr Abstraktionsniveau voneinander.[87]

Auch innerhalb des Programmes stellen Daten wieder die Schnittstelle zwischen zwei Abstraktionsebenen her.
Zusammenfassend läßt sich sagen, daß bei diesem Konzept vor allem die Prinzipien der Hierarchisierung, Abstraktion und Strukturierung zur Anwendung kommen. Das Konzept der abstrakten Maschinen eignet sich gut zur Aufteilung eines Systems in Subsysteme mit einer streng hierarchischen Benutzer-Struktur.[88] Durch die Software-Schichten wird der Benutzer immer

---

[85] Vgl. **SCHUMANN, J.; GERISCH, M.:** Software-Entwurf, a.a.O., S.137.

[86] Vgl. **FERSTL, O.K.; SINZ, E.J.:** Software-Konzepte, a.a.O., S. 144 ff.

[87] Vgl. **TRUÖL, K.; VIEBEG, U.:** Strukturierter Programmentwurf, a.a.O., S. 19.

[88] Module unterer Ebenen werden dabei nur von Modulen höherer Ebenen benutzt.

weiter von der Hardware und deren Detailproblemen abgeschirmt. Diese Schichten erlauben es, die Kluft zwischen den anwendungsorientierten Problemen des Endbenutzers und einer universellen Hardware zu schließen.[89]

3.3.2 Das Konzept der Datenabstraktion

Da das Konzept der Datenabstraktion etwas komplexer ist, soll es weiter untergliedert werden. Zuerst werden die Grundlagen und die Ziele der Datenabstraktion beschrieben. Anschließend wird die Datenabstraktion mit Hilfe von Operatoren dargestellt. Zur Spezifikation von abstrakten Datentypen gibt es mehrere Möglichkeiten. Die wichtigsten sind in Kapitel 3.3.2.3 dargestellt. Eine wertende Betrachtung der Vor- und Nachteile dieses Konzeptes bildet dann den Abschluß dieses Kapitels.[90]

3.3.2.1 Ausgangspunkte und Ziele der Datenabstraktion

Die Beherrschbarkeit von großen Software-Systemen wird durch deren Komplexität erschwert. Diese ergibt sich nicht nur durch algorithmische Konstrukte, sondern auch durch komplizierte Datenstrukturen. Bei der Datenabstraktion möchte man die Daten von ihrer "Umwelt" trennen, damit ihre Repräsentation (Speicherung) unabhängig und leicht änderbar wird. Die Daten sollen vor unerlaubtem Zugriff geschützt und der Gültigkeitsbereich von Variablen klar abgegrenzt werden.[91]

Beispiele für kompliziertere Datenstrukturen:[92]
- Kellerspeicherung
- Warteschlangen
- Dateien
- Bäume
- Netze

---

[89] Vgl. **SCHUMANN, J.; GERISCH, M.:** Software-Entwurf, a.a.O., S. 137 ff.

[90] Vgl. **RUF, W.:** Ein Software-Entwicklungs-System, a.a.O., S. 82 ff.

[91] Vgl. **RECHENBERG, P.:** Daten- und Programm-Kontrollstrukturen, a.a.O., S. 31.

[92] Vgl. **KURBEL, K.:** Software Engineering im Produktionsbereich, a.a.O., S. 164 ff.

Eine von mehreren Möglichkeiten zur Datenabstraktion besteht darin, ein einziges Modul zu konstruieren, das die komplizierte Datenstruktur verwaltet. Voraussetzung für ein derartiges Modul ist, daß es alle erforderlichen Funktionen zur Manipulation der Datenstruktur beinhaltet. Alle anderen Module, welche die Datenstruktur bearbeiten, dürfen dies nur unter Zuhilfenahme des einen Moduls, das die Datenstruktur verwaltet, tun. In Bild 3-9 wird der generelle Aufbau eines solchen Moduls dargestellt. Die lokalen Daten und die zu verwaltende Datenstruktur bilden das sogenannte Modulgedächtnis.

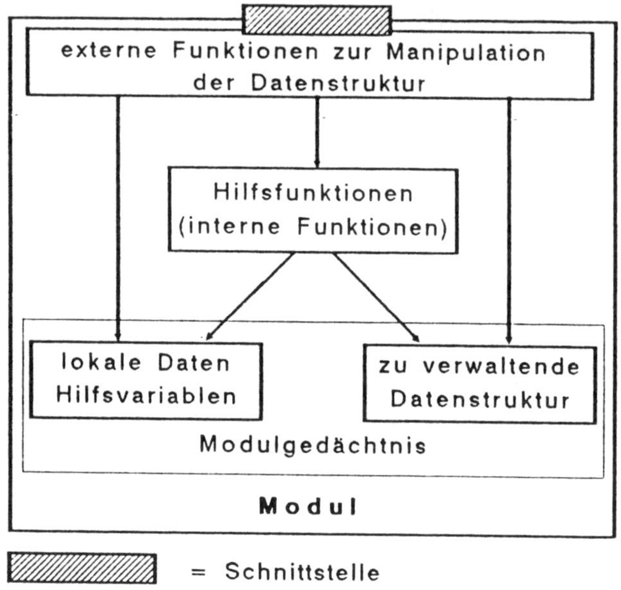

Bild 3-9: Genereller Modulaufbau zur Bearbeitung einer abstrakten Datenstruktur[93]

Die Datenabstraktion läßt grundsätzlich eine Black-box-Betrachtung zu. Die Verwaltung der Datenstruktur ist die Aufgabe dieser Black-box. Durch die Black-box-Betrachtung ist eine realisierungsunabhängige Beschreibung von Datenstrukturen möglich.[94] Bei der Entwicklung ganzheitlicher Systeme läßt sich die Datenabstraktion als eine Methode zur Bildung von Modulen und zur

[93] Vgl. **KURBEL, K.:** Software Engineering im Produktionsbereich, a.a.O., S. 168.

[94] Vgl. **SCHUMANN, J.; GERISCH, M.:** Software-Entwurf, a.a.O., S. 125.

Spezifikation ihrer Schnittstellen nutzen.[95] Gerade der vollständigen und eindeutigen Spezifikation von Schnittstellen kommt in modularen Software-Systemen große Bedeutung zu. Die Schnittstellen enthalten dafür sämtliche vorher festgelegten Annahmen, die Module über das Verhalten anderer Module machen.[96]

Komplexe Informationssysteme lassen sich nicht als Ganzes, sondern nur durch die Integration von Teilsystemen entwickeln. Eine allgemein anerkannte Vorgehensweise besteht darin, sich in mehreren Schritten (Hierarchiestufen) der Problemlösung zu nähern. Vereinfachend wirkt es sich aus, wenn es möglich ist, eine Hierarchiestufe komplett zu bearbeiten, ohne daß die darunterliegenden Stufen genau spezifiziert werden müssen. Dies bedeutet, daß bei der Festlegung von groben Funktionen (Anforderungen) noch keine Realisierungsdetails betrachtet werden sollen. Durch das Konzept der Datenabstraktion wird diese Top-Down-Vorgehensweise wirkungsvoll unterstützt. Es kann in engem Zusammenhang mit dem Konzept der abstrakten Maschinen gesehen werden.

Im Konzept der Datenabstraktion werden folgende Prinzipien besonders berücksichtigt: das Prinzip der Modularisierung, das Prinzip der Abstraktion, der vollständigen Schnittstellenspezifikation und das Geheimnisprinzip.

3.3.2.2 Datenabstraktion mit Hilfe von Operatoren (abstrakte Datentypen)

Unter dem Begriff Datenobjekt lassen sich hier (ähnlich wie bei dem Entity-Relationship Modell (ERM) zur Datenmodellierung) auch ganz allgemein Gegenstände wie zum Beispiel Bildschirmterminal oder Tabelle subsumieren. Diese Datenobjekte können dann mit Operationen (zum Beispiel Lesen, Schreiben, Formatieren etc.) bearbeitet werden.

---

[95] Vgl. **DENERT, E.:** Software-Modularisierung, a.a.O., S. 205.

[96] Vgl. **PARNAS, D.L.:** A Technique for Software Module Specification with Examples, in: **CACM:** Vol. 15, 5/1972, S. 330 ff (330-336).

Folgende Merkmale der Datenabstraktion mit Hilfe von Operatoren sind zu nennen:

1. Den Mittelpunkt bildet ein Datenobjekt, das mit Hilfe einer Datenstruktur abgebildet und von einem einzigen Modul bearbeitet wird. Ein Modul enthält nur solche Datenstrukturen, die von der Problemstellung her in engem Zusammenhang zueinander stehen.
2. Der Funktionsumfang eines Moduls wird definiert durch die Festlegung aller damit ausführbaren Operationen auf das Datenobjekt.
   Dadurch läßt sich das äußere Verhalten des Datenobjektes in Abhängigkeit von Operationen (Funktionen) beschreiben.[97] Die Summe aller Operationen bildet zusammen mit ihren Namen und Parametern die Schnittstelle des Moduls.
3. Der Benutzer eines Moduls braucht bei der Verwendung nicht zu wissen, wie die einzelnen Funktionen und Datenobjekte letztlich realisiert wurden.
4. Konsequenterweise darf der Benutzer auf das Datenobjekt nur unter Verwendung der festgelegten Operationen zugreifen. Ein Zugriff erfolgt ausschließlich über die genau festgelegte Schnittstelle. Keinesfalls darf das Datenobjekt direkt manipuliert werden.

Ein Modul, das den oben beschriebenen Bedingungen genügt, bezeichnet man auch als einen "abstrakten Datentyp" (ADT). E. DENERT definiert einen ADT als "... eine Klasse von Objekten, die durch die Operationen, die mit diesen Objekten ausführbar sind, vollständig charakterisiert ist."[98] Eine weitere Definition wird von H. ÖSTERLE verwendet: "Man beschreibt den (die) Datentyp(en) und die darauf anzuwendenden Funktionen in einer geschlossenen Darstellung und nennt sie einen Abstrakten Datentyp (ADT)".[99]

Abstrakte Datentypen werden auch häufig als Datenkapseln bezeichnet. Da ein abstrakter Datentyp meist nicht nur ein einzelnes Datenelement beinhaltet, wird auch von abstrakten Datenstrukturen gesprochen.[100]
Abstrakte Datentypen dürfen nicht mit elementaren Datentypen verwechselt werden. Unter einem (elementaren) Datentyp versteht man "... die Menge von Werten, die eine Variable, ein Ausdruck oder eine Funktion annehmen kann beziehungsweise zu der eine Konstante gehört."[101]

---

[97] Vgl. **SCHUMANN, J.; GERISCH, M.:** Software-Entwurf, a.a.O., S. 127.
[98] **DENERT, E.:** Software-Modularisierung, a.a.O., S. 205.
[99] **ÖSTERLE, H.:** Entwurf betrieblicher Informationssysteme, a.a.O., S. 174.
[100] Vgl. **KURBEL, K.:** Programmierstil in Pascal, Cobol, Fortran, Basic, PL/1, Berlin/Heidelberg/New York/Tokyo 1985, S. 25 f.
[101] **KURBEL, K.:** Programmierstil, a.a.O., S. 39.

In den verbreiteten Programmiersprachen werden keine abstrakten Datentypen, sondern vordefinierte (elementare) Datentypen verwendet. (Beispiele hierfür sind die Datentypen "integer", "real", "character" oder "boolean".[102]) Elementare Datentypen können zu größeren Einheiten zusammengefaßt werden. Es entstehen dann neue Datentypen wie "Array", "Record", "sequentielle Datei" etc. Es entstehen aus der Sicht des Programmierers zusammengesetzte Datenstrukturen.[103]

Als Beispiel für einen ADT kann man sich eine Tabelle vorstellen, mit deren Hilfe ein Lager dargestellt werden soll. Eine Tabelle besteht aus Tabellenelementen, die wiederum den Behältern eines Lagers entsprechen.

Folgende Schritte können bei der Definition eines ADTs unterschieden werden:
1. elementare Datentypen (Sorten), die im ADT verwendet werden.[104]
2. Festlegen der Funktionen
   Hier werden die im ADT zu realisierenden Funktionen aufgeführt.
   - Anlegen der Tabelle (Initialisierung)
   - Löschen einzelner Elemente (Behälterinhalt)
   - Hinzufügen einzelner Elemente (Behälterinhalt)
   - Ändern von Elementen (Behälterinhalt)
   - Lesen von Elementen (Behälterinhalt)
3. Beschreibung der Wirkungsweisen der Funktionen durch die unterschiedlichen Spezifikationsarten. Auf diese wird nachfolgend in Kapitel 3.3.2.3 eingegangen.

In diesem Beispiel wären der strukturierte Datentyp Tabelle sowie eventuell weiter benötigte elementare Datentypen (Sorten) zum Beispiel für Returncodes[105] festzulegen. Die endgültige Festlegung und Realisierung der Speicherrepräsentation des Lagers kann dem Benutzer des ADTs verborgen bleiben, das heißt er muß nicht wissen, ob das Lager innerhalb des ADT tatsächlich durch eine Hauptspeichertabelle oder zum Beispiel durch eine

---

[102] Vgl. **WIRTH, N.:** Systematisches Programmieren, 3. Auflage, Stuttgart 1978, S. 49 ff.

[103] Vgl. **KURBEL, K.:** Programmierstil, a.a.O., S. 22.

[104] Vgl. **ÖSTERLE, H.:** Entwurf betrieblicher Informationssysteme, a.a.O., S. 175 ff.

[105] Ein Returncode ist ein Übergabeparameter, der dem aufrufenden Modul Aufschluß darüber gibt, ob ein aufgerufenes Modul ordnungsgemäß beendet werden konnte.

Datei abgebildet wird.
Funktionen lassen sich durch ihren Namen, ihre Parameter und ihre Wirkungsweise definieren.

3.3.2.3 Möglichkeiten zur Spezifikation von abstrakten Datentypen

Bei der Spezifikation steht die Frage, was ein Modul leisten soll, im Mittelpunkt. Es werden die Funktionen, die das Modul seiner "Umwelt" zur Verfügung stellt und seine Schnittstellen nach außen festgelegt.[106]

Das Ziel ist es, das äußere Verhalten eines Moduls möglichst eindeutig und vollständig zu bestimmen, dabei jedoch nicht Details der Implementierung vorwegzunehmen. Zur Systematik reicht die bloße Aufzählung der Operationen noch nicht aus. Eine Spezifikation kann beispielsweise erfolgen durch

- axiomatische Spezifikation,
- operationelle Spezifikation oder
- verbale Spezifikation.

Im ersten Fall wird das Verhalten der ADTs durch ein System von Gesetzen (Axiomen) beschrieben. Vorteilhaft ist diese Methode dadurch, daß Angaben zur Verwendung angegeben werden müssen. Vollständigkeit und Widerspruchsfreiheit der ADTs können aufgrund der Gesetze (Axiome) mit Hilfe formaler Verfahren überprüft werden.
Ein eindeutiger Nachteil dieser Spezifikation liegt darin, daß die Aufstellung und Interpretation von Axiomen sehr aufwendig ist. Umfangreiche betriebliche Informationssysteme können derzeit nicht axiomatisch spezifiziert werden[107], weshalb hier auf die weitere Darstellung verzichtet wird.

Bei der operationellen Spezifikation werden die Effekte der Operationen in einer algorithmischen Notation umschrieben.[108]

---

[106] Vgl. **DENERT, E.; HESSE, W.:** Projektmodell und Projektbibliothek: Grundlagen zuverlässiger Software-Entwicklung und Dokumentation, in: **INF. SPEKT.:** 4/1980, S. 218 (215-228).

[107] Vgl. **FERSTL, O.K.; SINZ, E.J.:** Software-Konzepte, a.a.O., S. 159. Diese Ansicht wird auch von **ÖSTERLE, H.:** Entwurf betrieblicher Informationssysteme, a.a.O., S. 227, von **DENERT, E.:** Software-Modularisierung, a.a.O., S. 206 ff., sowie von **KIMM, R.; KOCH, W.; SIMONSMEIER, W.; TONTSCH, F.:** Einführung in Software Engineering, a.a.O., S. 150 und S. 169 vertreten.

[108] Vgl. **DENERT, E.:** Software-Modularisierung, a.a.O., S. 206.

Mit Hilfe dieser Spezifikation soll zum Beispiel durch eine Pseudoprogrammiersprache nur die Bedeutung der Operationen festgelegt werden. Die konkrete Realisierung des Datenobjektes und die endgültige Realisierung der Operationen ist Aufgabe der Implementierung, die sich nicht an die operationelle Spezifikation halten muß.
Als Nachteil erweist sich bei der operationellen Spezifikation, daß sie stets zu Überspezifikationen tendiert und man teilweise dazu gezwungen wird, Details der Implementierung im Vorfeld festzulegen. Ihr Vorteil besteht sicherlich darin, daß die Definition in einer dem Programmierer geläufigen Form erfolgt. Sie ist in der Regel leichter verständlich als die axiomatische Spezifikation und eignet sich auch zur Spezifikation großer Systeme.[109]

Bei der verbalen Spezifikation versucht man, die Vorteile des Konzeptes der ADTs ohne den hohen Spezifikationsaufwand der axiomatischen und operationellen Spezifikation zu nutzen.[110] Dazu werden die vom ADT benutzten strukturierten und elementaren Datentypen, die Operationen und die Effekte der Operationen in verbaler Form beschrieben.
Nachteile der verbalen Spezifikation liegen in der Verwendung der natürlichen Sprache. Die natürliche Sprache erlaubt es nicht, Sachverhalte unmißverständlich zu beschreiben. Dies liegt daran, daß Worte stets einer Interpretation bedürfen und diese von Person zu Person, von Ort zu Ort und von Zeit zu Zeit stark schwanken können.[111]

3.3.2.4 Vor- und Nachteile des Konzeptes der abstrakten Datentypen

- Der größte Vorteil dieses Konzeptes liegt nach H. ÖSTERLE darin, daß der Entwerfer sich über alle Anwendungen Klarheit verschaffen muß und daß die Schnittstellen der Datentypen offengelegt werden.[112]
- Im Idealfall kann man eine klare Trennung von Anwendung (was) und Implementierung (wie) erreichen. Hierdurch wird auch der Top-down-Ansatz zum Entwerfen von Systemen wirkungsvoll unterstützt.[113] Die

---

[109] Vgl. **FERSTL, O.K.; SINZ, E.J.**: Software-Konzepte, a.a.O., S. 160.

[110] Vgl. **ÖSTERLE, H.**: Entwurf betrieblicher Informationssysteme, a.a.O., S. 179.

[111] Vgl. **KLAEREN, H.A.**: Algebraische Spezifikation, Berlin/Heidelberg/New York 1983, S. 6.

[112] Vgl. **ÖSTERLE, H.**: Entwurf betrieblicher Informationssysteme, a.a.O., S. 180.

[113] Vgl. **RECHENBERG, P.**: Daten- und Programm-Kontrollstrukturen, a.a.O., S. 57.

Details der Implementierung müssen somit nicht schon in frühen Phasen festgelegt werden.
- Die Nutzung des ADTs erfordert keine Kenntnisse der Implementierung.
- Es wird eine Modularisierungshilfe gegeben.
- Fehler lassen sich gut lokalisieren und beheben. Dadurch steigt auch die Softwarezuverlässigkeit, weil ein Datenobjekt nur von einem Modul mit Hilfe der vorgesehenen Operatoren manipuliert wird.

Die Modulschnittstellen werden einfacher und sicherer.[114]
- Denkt man daran, daß Datenstrukturen auch einer Änderung unterworfen sind, so erreicht man durch ADTs eine gewisse Datenunabhängigkeit, weil sich eine Änderung der Datenstruktur nicht auf andere Module auswirkt. Datenschutzaspekte, die sich auf die Vermeidung von fehlerhaften Daten sowie auf den unbeabsichtigten Mißbrauch von Daten beziehen, werden ebenfalls berücksichtigt.[115]

- ADTs lassen sich auch mit den herkömmlichen Programmiersprachen realisieren. Die in einer Programmiersprache bereits vorhandenen elementaren Datentypen (zum Beispiel Integer, Real, ...) können durch anwendungseigene Datentypen erweitert werden.

Die weiteren Vorteile liegen in der Erhöhung der Portabilität, der Unterstützung des Information Hiding und der Gliederung eines großen Datenbestandes.

Nach der Darstellung der Vorteile sollen auch die Nachteile herausgearbeitet werden:
- Nachteilig erweist sich beim ADT-Konzept, daß die Anforderungen an das Abstraktionsvermögen beim Entwickler sehr hoch sind.
- Durch die höhere Strukturierung wechselt der Kontrollfluß zwischen den einzelnen Modulen sehr häufig.
- Die zeitaufwendigen Modulaufrufe haben zur Folge, daß das Laufzeitverhalten der Programme negativ beeinflußt wird. Dies bestätigen auch die empirischen Untersuchungen von A. SCHULZ und K. KURBEL.[116]

---

[114] Vgl. **ZOLLER, P.**: Abstrakte Datentypen, in: **AI:** 10/1981, S. 429 (429-431).

[115] Vgl. **LUFT, A.L.**: Rationaler Sprachgebrauch und orthosprachliche Standardisierung als Grundlage des Software Engineering, in: **INF. SPEKT.**: 4/1982, S. 217 (209-223).

[116] Vgl. **SCHULZ, A.**: Der Einfluß von Strukturierungsmethoden der Anwendungsprogrammierung auf die Durchlaufzeit von Programmen, in: **BRAUER, W. (HRSG.)**: GI - 11. Jahrestagung, IFB-Nr. 50,

- Durch die vielen allgemein gehaltenen Module muß auch mit einem Anstieg der Programmgröße gerechnet werden.
- Nur wenige Programmiersprachen unterstützen direkt das Konzept der ADTs.[117] Sprachen wie SIMULA, ADA, CLU und ELAN berücksichtigen das Konzept der ADTs direkt.

Bisher standen die abstrakten Prinzipien und Konzepte im Vordergrund. Diese werden in den folgenden konkreten Strategien, Techniken, Methoden und Verfahren wieder aufgenommen und weiter in Anwendungsnähe gebracht.

3.4 Strategien, Methoden, Techniken und Verfahren als "gedankliche Hilfsmittel" der Softwareentwicklung

Die begriffliche Unterscheidung zwischen Strategien, Methoden, Techniken und Verfahren ist mitunter schwierig. In der Literatur findet man bei vielen Autoren unterschiedliche Begriffsdefinitionen und Zuordnungen.[118]
Zusammenfassend lassen sich Strategien, Methoden, Techniken und Verfahren als "gedankliche Hilfsmittel" der Softwareentwicklung verstehen. Sofern wir Unterschiede bewußt betonen wollen, werden wir explizit darauf hinweisen. Durch den Begriff der "gedanklichen Hilfsmittel" nehmen wir eine Abgrenzung gegenüber den "DV-unterstützten Hilfsmitteln", den Tools vor.
Es gibt eine Vielzahl von gedanklichen Hilfsmitteln, die im Rahmen des Software-Engineerings Anwendung finden. Keines hat sich in einer Weise

---

Berlin/Heidelberg/New York 1981, S. 164 (160-169).
KURBEL hat Laufzeitvergleiche durchgeführt zwischen Modulen, die nach dem ADT-Konzept entworfen werden und Modulen, die keine Modularisierung aufweisen. Dabei verlangsamte sich die Laufzeit teilweise um mehr als ein Drittel bei den nach dem ADT-Konzept entworfenen Modulen.
Vgl. **KURBEL, K.:** Datenstrukturen und Modularisierung, in: **INF. SPEKT.:** 3/1984, S. 135 (127-137).

117 Eine Übersicht, wie Datenabstraktion in unterschiedlichen Programmiersprachen unterstützt wird, findet sich bei **KIMM, R.; KOCH, W.; SIMONSMEIER, W.; TONTSCH, F.:** Einführung in Software Engineering, a.a.O., S. 175 und bei **BALZERT, H.,** Die Entwicklung von Software-Systemen, a.a.O., S. 277 ff.

118 Bezüglich unserer Begriffsauffassung verweisen wir auf Kapitel 3.1.1.

durchgesetzt, daß man es als "Standard" bezeichnen könnte.[119] Deshalb werden exemplarisch einige besonders verbreitete gedankliche Hilfsmittel vorgestellt.
Bevor jedoch darauf eingegangen wird, diskutieren wir am Beispiel von Methoden ihre generellen Möglichkeiten und Grenzen sowie die Anforderungen aufgrund einer phasenorientierten Entwicklung.[120]

3.4.1 Möglichkeiten und Grenzen von Methoden

Prinzipiell ist der Methodeneinsatz für alle Aufgabengebiete des Software-Engineerings geeignet. Durch seine Anwendung soll auf die Entwicklungsziele

- Softwarequalität,
- Entwicklungskosten,
- Entwicklungsdauer und
- Anwendbarkeit durch die Nutzer

eingewirkt werden.

Tendenziell gilt: Je mehr Methoden zum Einsatz kommen, desto höher ist das Niveau des Entwicklungsteams. Der Methodeneinsatz wirkt sich nicht nur auf die reinen Entwicklungsphasen, sondern auch auf die Wartungsphase aus. Dabei sind die zu verwendenden Methoden generell für Projekte beliebiger Größe verwendbar. Es scheint jedoch so, daß große Projekte erst durch den Methodeneinsatz beherrschbar werden.
Durch den Methodeneinsatz sind Produktivitätssteigerungen von bis zu 50% möglich.[121] Die Frage nach dem Nutzen einer Methode läßt sich nicht generell beantworten, da jeder Anwender ein individuelles Zielsystem hat. Zur

---

119 Vgl. **WIRTZ, K.W.**: Methoden und Werkzeuge für den Softwareentwurf, in: **KURBEL, K.; STRUNZ, H. (HRSG.)**: Handbuch Wirtschaftsinformatik, Stuttgart 1990, S. 327 (325-343).

120 Was hier am Beispiel der Methoden erörtert wird, kann prinizipiell auch auf alle anderen dargestellten gedanklichen Hilfsmittel übertragen werden.

121 Vgl. **BOEHM, B.W.**: Wirtschaftliche Software-Produktion, a.a.O., S. 568.

Beurteilung der Vorteilhaftigkeit einzelner Methoden schlagen S. DWORATSCHEK und H.-J. HÖKER ein auf der Nutzwertanalyse basierendes Auswahlverfahren vor.[122]
In vielen Tagungsbänden wird von einem erfolgreichen Methodeneinsatz berichtet. Jedoch darf dies nicht über die Dunkelziffer der mißglückten Methodeneinführungen hinwegtäuschen.[123]

Wie bei anderen organisatorischen Innovationen sind auch beim Methodeneinsatz Grenzen zu beachten.
Durch eine Methode wird ein neuer Arbeitsablauf erforderlich, der eventuell auch noch neue Aufgaben beinhaltet. Dadurch werden die bestehenden organisatorischen Abläufe der Systementwicklung ersetzt oder modifiziert.
Softwareentwicklungsmethoden beziehen sich nur auf einzelne Aufgaben im Softwareentwicklungsprozeß. Sie haben demzufolge vorgegebene Einsatzschwerpunkte. Manche Methoden lassen sich klar einzelnen Phasen zuordnen (zum Beispiel Testmethoden). Andere sind dagegen als projektbegleitend anzusehen (zum Beispiel Dokumentationsmethoden).
Eine Methode enthält Regeln. Je detaillierter die Regeln sind, desto aufwendiger wird tendenziell der Lernaufwand, der zum Beherrschen einer Methode erforderlich ist. Damit nimmt die gleichzeitige Einsetzbarkeit bei einer heterogenen Gruppe betroffener Anwender und Softwareentwickler ab.
Eine Methode sollte immer nur bestimmte Regeln beinhalten und damit auch immer nur auf bestimmte Prinzipien und Qualitätseigenschaften einwirken. Zur Zeit gibt es keine Methode, die nur annähernd das gesamte Aufgabenspektrum der Softwareentwicklung abdecken würde.
Viele der heute eingesetzten Methoden basieren nur auf teilweise theoretisch fundierten Erkenntnissen. Die anderen entstammen einer Sammlung bewährter Regeln.[124]
Eine Methode muß, damit ein erfolgreicher Methodeneinsatz ermöglicht wird, von den Betroffenen akzeptiert werden. Akzeptanzfördernd wirken sich aus:

---

122 Vgl. **DWORATSCHEK, S.; HÖCKER, H.-J.:** Möglichkeiten einer Bewertung softwaretechnischer Methoden, in: **AI:** 5/1985, S. 183-190. Ein Methodenvergleich wird auch von **A.** SCHULZ vorgenommen: Vgl. **SCHULZ, A.:** Software-Entwurf, a.a.O., S. 189 ff.

123 Vgl. **ÖSTERLE, H.:** Die Auswirkungen von Methoden und Werkzeugen auf die Wirtschaftlichkeit, in: **CW-CSE (HRSG.):** Effizientes Software-Management, München 1983, S. 43 ff. (41 - 66).

121 Vgl. **ROTHHARD, G.:** Praxis der Softwareentwicklung, Heidelberg 1987, S. 17.
Vgl. **HEILMANN, H.:** Softwareentwurfsmethodik, a.a.O., S. 9.

- Einführung einer Methode in Form eines Projektes, bei dem die einzelnen Einführungsschritte genau abgestimmt und die Verantwortlichkeiten geklärt sind.[125]
- frühzeitige Information über einen geplanten Methodeneinsatz bei den Betroffenen
- Möglichkeit zum Mitentscheiden
- gemeinsame Festlegung einer Einführungs- und Nutzungsstrategie
- Schulungsmaßnahmen

"Der kommerzialisierte Umgang mit Methoden unterstellt, man könne Methoden festschreiben, in Dokumenten verpacken, kaufen oder verkaufen, und nach einer geeigneten Schulung ein wohldefiniertes Ergebnis bei ihrem Einsatz erreichen."[126]
C. FLOYD bezeichnet dies als Illusion. Sie führt weiter aus, daß jede Methode Interpretationsspielräume läßt und es "prinzipielle Grenzen (bei) der formalen Festschreibbarkeit sinnvollen menschlichen Handelns"[127] gebe.
"Letztlich gibt es keine Methoden, sondern Menschen als Träger von Methoden. Jeder von uns entwickelt laufend seine eigene Methode weiter ..."[128]
Damit können Methoden (mehr oder weniger leicht) entsprechend den eigenen Ideen und Zielen abgewandelt werden. Schwieriger wird die individuelle Anpassung bei den mehr formalisierten Techniken und Verfahren.

Trotz der bisher geringen Resonanz in der Praxis auf den Methodeneinsatz und die großen Probleme bei der Methodenbeurteilung sollte bei der kommerziellen Entwicklung von ganzheitlichen Informationssystemen nicht auf den Methodeneinsatz verzichtet werden. Es gilt: "Eine Methode ist besser als keine Methode."[129]
Doch sollte zunächst geprüft werden, welche Anforderungen diese Methoden erfüllen sollen.

---

[125] Vgl. **GOMOLZIG, H.:** Auswahl und Einführung von Methoden und Tools für den Softwareentwurf, in: **HMD:** 110/1983, S. 19 (17-22).

[126] Vgl. **FLOYD, C.:** Eine Untersuchung von Software-Entwicklungsmethoden. in: **MORGENBROD, H.; SAMMER, W. (HRSG.):** Programmierumgebungen und Compiler. Berichte des German Chapter of the ACM 18, Stuttgart 1984, S. 271 (248-274).

[127] Vgl. **FLOYD, C.:** Eine Untersuchung von Software-Entwicklungsmethoden, a.a.O., S. 271.

[128] Vgl. **FLOYD, C.:** Eine Untersuchung von Software-Entwicklungsmethoden,a.a.O., S. 272.

[129] **SCHULZ, A.:** Software-Entwurf: a.a.O., S. 192.

3.4.2 Anforderungen an Methoden der Softwareentwicklung

Auch die an die Methoden der Sofwareentwicklung zu stellenden Anforderungen sind so umfangreich, daß es sinnvoll ist, sie in phasenunabhängige und phasenabhängige Anforderungen zu unterteilen.

3.4.2.1 Allgemeine phasenunabhängige Anforderungen

Durch den Methodeneinsatz soll den Softwareentwicklern eine weitere Hilfestellung gegeben werden, wie die allgemein formulierten Prinzipien bei einer konkreten Aufgabenstellung berücksichtigt werden können. Die Methodenanforderungen lassen sich aus den generellen Entwicklungszielen Qualität, Kosten, Termin und Anwendbarkeit durch die Nutzer ableiten. Nachfolgend werden die phasenunabhängigen Methodenanforderungen aufgeteilt in:

a) allgemeine Anforderungen
b) Anforderungen bezüglich der Vorgehensweise

a) Zu den allgemeinen Anforderungen zählen:[130]

- Durch den Methodeneinsatz strebt man einen rationelleren Softwareentwicklungsprozeß an. Der Aufwand, der durch die Anwendung einer Methode entsteht, muß an einer anderen Stelle im Entwicklungsprozeß zumindest in gleicher Höhe wieder kompensiert werden.
- Die Effektivität der Softwareentwicklung soll gleichzeitig positiv beeinflußt werden.
- Der Methodeneinsatz muß zu einer Qualitätsverbesserung (Portabilität, Zuverlässigkeit, Wartungsfreundlichkeit usw.[131]) führen.
- Eine Methode sollte leicht erlernbar und leicht anwendbar sein.
- Ideal sind Methoden, die sich in einem Methodenmix kombinieren und durch Tools unterstützen lassen.
- Wünschenswert ist ein möglichst breit angelegtes Einsatzgebiet für eine Methode. Dadurch lassen sich dann Probleme einer oder

---

130 Vgl. **SCHUMANN, J.; GERISCH, M.:** Software-Entwurf, a.a.O., S. 148 ff und **NIESWIODEK, J.-A.:** Die Einführung von Methoden und Werkzeugen des Software Engineerings - Probleme und Management, Dissertation, Mainz 1984, S. 19 f.

131 Vgl. Kapitel 3.5.

mehrerer Klassen (zum Beispiel Realtimesysteme, kommerzielle Dialogsysteme, verteilte Systeme) damit bearbeiten.

b) Anforderungen bezüglich der Vorgehensweise[132]
Allgemeine, von der jeweiligen Phase unabhängige Anforderungen an eine Methode des bezüglich der Vorgehensweise sind:[133]

- Berücksichtigung des entwicklungsorientierten Vorgehens: Die Entwicklung eines Informationssystems erfolgt in zeitlich und logisch aufeinanderfolgenden Phasen. Die Realisierung des konkreten Informationssystems erfolgt über die Phasen Spezifikation - Konstruktion - Implementierung - Verifikation - Einführung und Übergabe - Wartung. Die Methode muß berücksichtigen, daß die Erkenntnis über das zu entwickelnde Informationssystem allmählich zunimmt und nicht von vornherein gegeben ist.

- Berücksichtigung der Reihenfolge der Entwicklungsentscheidungen. Entscheidungen des Entwicklers dürfen erst dann verlangt werden, wenn sie fundiert getroffen werden können, das heißt Entscheidungen bezüglich der Implementierung sollten erst dann gefordert werden, wenn die Phasen der Spezifikation und der Konstruktion abgeschlossen sind. Die Methode sollte dem Entwickler Hinweise geben, welche Entscheidung wann getroffen werden muß. Ein Entwurf sollte mit relativ sicheren Entscheidungen begonnen werden.

- Aus den ersten beiden Anforderungen ergibt sich die Anforderung, daß Methoden programmiersprachen- und betriebssystemunabhängig sein sollten. Eine Ausrichtung einer Methode an einem dieser Aspekte führt dazu, daß die Methode nicht allgemein einsetzbar ist und die Auswahl der Methode die konstruktive Freiheit der Entwickler stark einengt, indem ihre Auswahl schon Aspekte der Implementierung vorwegnimmt.

- Sicherstellung der Vollständigkeit, Eindeutigkeit und Konsistenz der Entwurfsentscheidungen durch Anleitungen zum Vorgehen und zur Überprüfung der getroffenen Entscheidungen.

---

132 Vgl. **GEWALD, K.; HAAKE, G.; PFADLER, W.:** Software Engineering, a.a.O., S. 59 f.

133 Vgl. **BALZERT, H.:** Die Entwicklung von Software-Systemen, a.a.O., S. 68 f; **WIRTZ, K.W.:** Methoden und Werkzeuge, a.a.O., S. 327 f und **SCHULZ, A.:** Software-Entwurf, a.a.O., S. 15.

- Möglichst vollständige Dokumentation der getroffenen Entscheidungen zusammen mit den Gründen, die zu ihnen geführt haben.
  Die Systementwicklung ist ein zyklischer Prozeß. Sollten sich zum Beispiel während der Entwicklung Anforderungen ändern oder sollte sich herausstellen, daß eine Anforderung nicht realisierbar ist, müssen Entscheidungen revidiert werden. Die gemeinsame Dokumentation von Entscheidungen und Gründen ermöglicht es, Entscheidungen nachvollziehbar zu machen und zu untersuchen, ob eine Entscheidung trotz der Änderungen aufrecht erhalten werden kann.

- Darstellung der Ergebnisse in einer möglichst verständlichen und kommunikationsfördernden Form.
  Die Ergebnisse einer Phase bilden die Basis für die folgende Phase. Die Ergebnisse müssen so dargestellt werden, daß sie auch von Personen, die während dieser Phase nicht beteiligt waren, verstanden werden können. Darüber hinaus ermöglicht eine verständliche Darstellungsform, die späteren Systembenutzer und Systemanwender in den Entwicklungsprozeß einzubeziehen.

3.4.2.2 Phasenspezifische Anforderungen

3.4.2.2.1 Anforderungen bezüglich der Spezifikation

Das Ziel der Problemspezifikation ist die Ermittlung und Darstellung der gegenwärtigen Probleme des bestehenden Systems. Das bestehende System wird dazu analysiert (Ist-Analyse), Problembereiche werden aufgedeckt und Lösungsvorschläge zu deren Behebung erarbeitet. Es wird untersucht, welche Anforderungen an ein zu entwickelndes System zu stellen sind. Diese werden als Grob-Sollkonzept zum Beispiel in Form eines gegebenenfalls noch zu ergänzenden Pflichtenheftes dokumentiert.
Im Rahmen der Systemspezifikation wird ein logisches Modell des zu entwickelnden Systems entworfen. Das Modell soll eine grobe Beschreibung des Systems sein. Schwerpunkt dieser Spezifikation ist die Bestimmung der Schnittstellen des Systems zur Umwelt, das heißt die Definition der erforderlichen Eingabe- und der benötigten Ausgabedaten. Die Modellbildung erfolgt auf der Grundlage der Ergebnisse der Problemspezifikation. Aspekte der

internen Realisierung (Modulbildung u.ä.) sowie der physischen Realisierung spielen keine Rolle.[134]

Diese Aufgaben verlangen:

- Es muß möglich sein, komplexe Aufgaben zu beschreiben und zu dokumentieren. Hierzu müssen Aussagen über Funktionsstrukturen (Abläufe) und Datenstrukturen gemacht werden, wobei ein möglichst hoher sprachlicher Freiheitsgrad anzustreben ist.
- Die Methode muß eine klare Trennung zwischen den Phasen der Spezifikation und der Konstruktion erlauben.
- Wichtig ist auch, daß Beschreibungsmittel verwendet werden, die sowohl für die Anwender als auch für die DV-Spezialisten leicht verständlich sind.
- Der Grad der Formalisierung sollte möglichst klein sein.
- Eine hierarchische und modulare Systemdarstellung sollte unterstützt werden.

Einige der in der Spezifikation anwendbaren Methoden wurden bereits in Band 1 dargestellt. Hierzu zählen Brainstorming, Funktionsanalyse, Delphi-Methode, das Interview, Fragebogen, Formulare usw.[135]

3.4.2.2.2 Anforderungen bezüglich der Systemkonstruktion

Im Rahmen der Systemkonstruktion soll ein detailliertes Lösungsmodell entwickelt werden.[136] Schwerpunkt dieser Phase ist die innere Ausgestaltung des in der vorangangenen Phase entworfenen logischen Modells, mit anderen Worten, die Entwicklung einer Systemarchitektur.[137] Zu der Ausgestaltung gehören insbesondere die Zerlegung des Systems in Teilsysteme, Umsetzung der Teilsysteme in Module und die Festlegung der internen Schnittstellen.[138]

---

134 Vgl. **BIETHAHN, J.; MUCKSCH, H.; RUF, W.:** Ganzheitliches Informationsmanagement, Band 1, a.a.O., S. 126.

135 Vgl. **BIETHAHN, J.; MUCKSCH, H.; RUF, W.:** Ganzheitliches Informationsmanagement, Band 1, a.a.O., S. 157 ff.

136 Vgl. **PETERS, L.:** Advanced Structured Analysis and Design, Englewood Cliffs 1988, S. 11.

137 Vgl. **BALZERT, H. (HRSG.):** CASE: Systeme und Werkzeuge, Mannheim/Wien/Zürich 1989, S. 25.

138 Vgl. **BIETHAHN, J.; MUCKSCH, H.; RUF, W.:** Ganzheitliches Informationsmanagement, a.a.O., Band 1, S. 126.

Die Konstruktionsphase kann in zwei Phasen unterteilt werden:

- logisches Design und
- physisches Design.[139]

Als Methodenanforderungen sind zu nennen:
- Die "richtige" Modularisierung muß gefördert werden.
- Die Komplexität der Aufgabenstellung (aus der Spezifikation) und die Komplexität der Lösungen müssen beherrschbar sein.
- Die Ergebnisse müssen auch in den Folgephasen nutzbar sein.
- Die Dekomposition von Funktionen und Datenstrukturen muß möglich sein.

3.4.2.2.3 Anforderungen bezüglich der Implementierung

In der Phase der Implementierung wird das Modell realisiert. Dazu muß das angestrebte Datenmodell mit den konkret vorhandenen Möglichkeiten DV-technisch abgebildet, und die Funktionen müssen in einer bestimmten Programmiersprache realisiert werden. Die Anforderungen der Implementierung beziehen sich auf:

- den Programmierstil
- die Nutzung der Programmierumgebung
- die Einhaltung von Software-Qualitätsanforderungen (wie zum Beispiel Portabilität, Effizienz, Wartbarkeit)

3.4.3 Allgemeine "gedankliche Hilfsmittel"

Die Top-Down-Methode, die Bottom-Up-Methode und die Kombinierte Top-Down/Bottom-Up-Methode nehmen als gedankliche Hilfsmittel eine Sonderstellung ein. Sie geben die Richtung der Entwicklung an: vom Abstrakten zum Konkreten oder umgekehrt. In der Literatur werden sie auch unter dem Begriff "Strategie" diskutiert. Sie stehen in einem engen Zusammenhang mit dem Prinzip der Abstraktion und dem daraus ableitbaren Begriff der Abstraktionsebenen und dem Begriff einer abstrakten oder virtuellen Maschine. "Eine abstrakte Maschine ist eine Menge von grundlegenden Operationen, in denen man die Gesamtoperation eines Systems oder eines Teilsystems auf irgend-

---

[139] Vgl. **PETERS, L.:** Advanced Structured Analysis and Design, a.a.O., S. 12.

einer Abstraktionsebene ausdrücken kann. Man geht dabei von der Vorstellung aus, eine Hardware zu besitzen, die diese Grundoperationen direkt ausführen kann."[140]
Im Anschluß an die Erläuterung dieser drei Methoden werden in den Kapiteln 3.4.3.4 und 3.4.3.5 Erhebungsmethoden und Darstellungstechniken erläutert. Diese haben zwar - wie in vielen Lehrbüchern ausgeführt wird - den Schwerpunkt ihres Einsatzes in den ersten Phasen der Softwareentwicklung, jedoch müssen sie auch bei den Folgephasen immer wieder zur Anwendung kommen.

3.4.3.1 Die Top-Down-Methode

Dieser Methode (oder Strategie) liegt das Dekompositions- und das Geheimnisprinzip zugrunde. (Man verwendet hierfür auch die Begriffe "Methode der schrittweisen Verfeinerung", "stepwise refinement" oder "successive refinement".)
Bei der Top-Down-Methode wird versucht, ein Ziel in mehreren Schritten zu erreichen. Dabei erfolgen die einzelnen Lösungsschritte von "oben nach unten", das heißt, daß ausgehend von einem Globalziel (Ausgangsproblem) Subziele (Teilprobleme) gebildet werden. Diese hierarchische Aufteilung erfolgt solange, bis konkrete Lösungen möglich sind.

Die Top-Down-Methode läßt sich auch innerhalb einzelner Phasen anwenden.

In der Phase Systemkonstruktion beginnt der Softwareentwurf auf der höchsten Abstraktionsebene (und wird auf der jeweils niedrigeren Abstraktionsebene fortgesetzt). Prinzipiell eignet sich die Top-Down-Methode also zur schrittweisen Verfeinerung.

---

[140] **GEWALD, K.; HAAKE, G.; PFADLER, W.**: Software Engineering, a.a.O., S. 64 f.

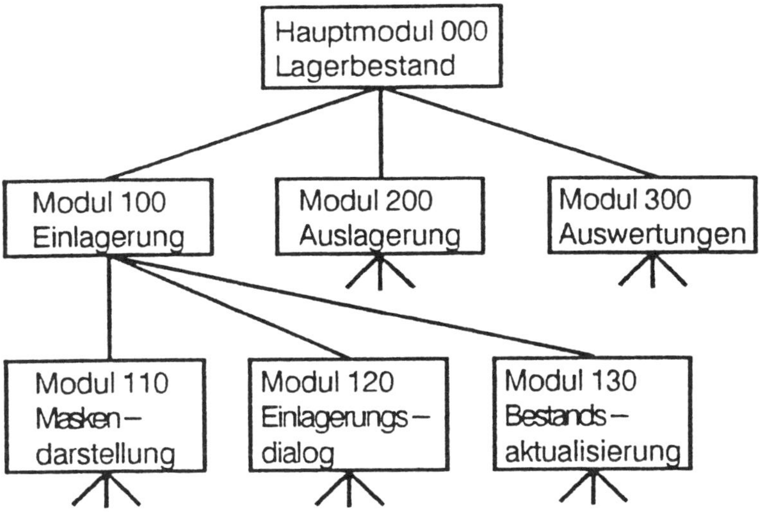

Bild 3-10: Top-Down-Methode

Anstehende Entwurfsentscheidungen sollen möglichst früh getroffen werden, damit sie jeweils den größtmöglichen Teil des zu entwickelnden Systems betreffen.[141]

Durch diese schrittweise Verfeinerung wird versucht, den Entwurf in Richtung auf die Basismaschine zu konkretisieren. Dabei werden abstrakte Funktionen konkretisiert, das heißt durch einfachere, weniger komplexe Funktionen der Basismaschine ersetzt. Aus der Summe der gebildeten einfachen Funktionen müssen sich wieder die komplexen Funktionen realisieren lassen.[142]

Die Top-Down-Methode bezieht sich auf das Vorgehen beim Software-Entwurf. Sie macht jedoch keine Aussagen über die nachher zu realisierende Systemstruktur. Sie eignet sich lediglich als Hilfsmittel zur Festlegung einer Modulstruktur.

---

141 Vgl. **HANSEN, H.R.**: Arbeitsbuch: Aufbau betrieblicher Informationssysteme, 4., neubearbeitete und erweiterte Auflage, Wien 1981, S. 39 f.

142 Vgl. **ÖSTERLE, H.**: Entwurf betrieblicher Informationssysteme, a.a.O., S. 88 ff.

Verwendet man die Top-Down-Methode, so erhält man bei der Systemimplementierung eine hierarchisch gegliederte Modulstruktur bei den einzelnen Programmen. Dabei befindet sich auf höchster Hierarchieebene ein Hauptmodul, das die Verarbeitung beginnt, beziehungsweise die Verarbeitung durch einen entsprechenden Modulaufruf ausführen läßt. Vom Hauptmodul werden die zur Ausführung bestimmten Funktionen ebenfalls in einem Untermodul aufgerufen. Letzteres kann wiederum durch weitere Modulaufrufe hierarchisch gegliedert sein, sofern der Funktionsaufruf hinreichend komplex ist.[143]
Die Top-Down-Methode ist in der Praxis weit verbreitet und weitgehend akzeptiert.

Die Vorteile der Top-Down-Methode sind:

- Die Top-Down-Methode entspricht weitgehend dem natürlichen Problemlösungsverhalten des Menschen.

- Die Erfolgsaussichten, das angestrebte System zu erhalten, sind relativ hoch.

- Gravierende und weitreichende Entscheidungen werden bereits auf hoher Abstraktionsebene getroffen.

- Die stufenweise strukturierte Vorgehensweise ermöglicht es dem Entwickler, Gesamtzusammenhänge im Auge zu behalten.

- Die Top-Down-Methode setzt die Prinzipien der Abstraktion, der Strukturierung und der Hierarchisierung um. Der Entwicklungsprozeß wird übersichtlich.[144]

- Es ist möglich, daß die Top-Down-Methode in mehreren Phasen angewandt wird. Dadurch läßt sich eine einheitliche Vorgehensweise realisieren.

---

[143] Vgl. **LABUDDE, K.:** Strukturiert programmieren - mit Anwendungen für die Wirtschaft, Hamburg 1987, S. 40 ff.

[144] Vgl. **BALZERT, H.:** Die Entwicklung von Software-Systemen, a.a.O., S. 72.

Als Nachteile sind zu nennen:[145]

- Es ist nicht möglich, wiederverwendbare Komponenten zu erkennen und abzugrenzen.

- Es wird ein hohes Maß an Abstraktionsvermögen vorausgesetzt.

- Es besteht die Gefahr, daß der Entwerfer schwierige und unbequeme Entscheidungen auf niedrigere Stufen verlagert.

- Sofern auf bereits vorhandene Teillösungen Rücksicht genommen werden muß, kann nicht mehr streng nach der Top-Down-Strategie vorgegangen werden.

- Da Entscheidungen vom Top her getroffen werden, besteht die Gefahr von Fehlentscheidungen aufgrund nicht vorhandener Detailkenntnisse.

- Es können unbeabsichtigt Kenntnisse über die Basismaschine mit in den Entwicklungsprozeß einfließen und die Lösungsmöglichkeiten frühzeitig einengen.

- Es fehlen Regeln für die Dokumentation und Darstellung.

- Es wird bezweifelt, daß es überhaupt möglich ist, nur nach der Top-Down-Methode Software zu entwerfen. Zwänge der Praxis und die Berücksichtigung vorhandener Hard- und Software machen dies unmöglich.[146]

3.4.3.2 Die Bottom-Up-Methode

Die Bottom-Up-Methode (oder Strategie) geht genau umgekehrt wie die Top-Down-Methode, also "von unten nach oben", vor. Durch Komposition von Teillösungen soll eine neue Gesamtlösung gebildet werden.
Auch die Bottom-Up-Methode läßt sich in mehreren Entwicklungsphasen anwenden.

---

145 Vgl. **KIMM, R.; KOCH, W.; SIMONSMEIER, W.; TONTSCH, F.:** Einführung in Software-Engineering, a.a.O., S. 127 f.; **BALZERT, H.:** Die Entwicklung von Software-Systemen, a.a.O., S. 72 und **SCHUMANN, J.; GERISCH, M.:** Software Entwurf, a.a.O., S. 211.

146 Vgl. **SCHULZ, A.:** Software-Entwurf, a.a.O., S. 30.

Bei der Systemkonzeption werden Entwurfsentscheidungen zuerst auf niedrigster Ebene getroffen. Bezogen auf das Konzept der abstrakten Maschinen beginnt der Entwurf auf der Ebene der Basismaschine, oder man geht von bereits vorhandenen Basisfunktionen aus. Durch Komposition von Funktionen wird der Entwurf in Richtung Benutzermaschine vorangetrieben. Komplexe Funktionen werden aus elementaren Funktionen der darunterliegenden Ebenen gebildet.
Die Bottom-Up-Methode ist für den Entwicklungsprozeß im Ganzen weniger geeignet. Das technisch Machbare steht im Mittelpunkt der Betrachtung und nicht die Anforderungen an das zu entwickelnde System.
Die Bottom-Up-Methode findet hauptsächlich bei der Prüfung von Phasenergebnissen und bei der Ermittlung von Nutzungsmöglichkeiten bestehender Lösungen ihre Anwendung.
Beispielsweise muß in der Phase der Problemspezifikation geprüft werden, inwieweit auf bereits existierende System zurückgegriffen werden kann. In den Phasen der Systemspezifikation und der Systemkonzeption muß der Systementwickler prüfen, welche Module zu einem Modul zusammengefaßt werden können, um Redundanz in der Entwicklung zu vermeiden.

Die Vorteile der Bottom-Up-Methode sind:[147]

- Die Integration bereits vorhandener Problemlösungen ist möglich.

- Höhere Ebenen erreicht man nur über bereits realisierte darunterliegende Ebenen. Ob etwas realisiert werden kann, wird bereits auf den realisierten und darunterliegenden Ebenen entschieden. Diese sind in der Regel getestet und erprobt. Sie bergen somit nicht das Risiko von kompletten Neuentwicklungen.

- Die entwickelten Funktionen haben generellen Charakter. Die Chancen, daß generelle Funktionen mehrfach innerhalb des Systems verwendbar sind, sind groß. Damit steigt der Anteil an wiederverwendbaren Systemteilen.

- Die Funktionen der Basismaschine sind eine konkrete Ausgangsbasis für die Systementwicklung.

---

147 Vgl. **KIMM, R.; KOCH, W.; SIMONSMEIER, W.; TONTSCH, F.:** Einführung in Software-Engineering, a.a.O., S. 128 und **BALZERT, H.:** Die Entwicklung von Software-Systemen, a.a.O., S. 73.

Als Nachteile sind zu nennen:

- Man hat keine Gewähr dafür, daß der Entwickler sein Entwurfsziel erreicht. Die Eignung als Entwurfsstrategie ist deshalb umstritten.[148]

- Details der Implementierung werden bereits in frühen Phasen betrachtet.

- Die Gefahr, daß der Gesamtzusammenhang nicht mehr erkannt wird, ist groß.

- Es besteht eine große Gefahr, daß das realisierte System nicht den Anforderungen entspricht.

- Die Bottom-Up-Methode setzt die Prinzipien der Abstraktion, der Strukturierung und der Hierarchisierung nicht um. Der Entwicklungsprozeß wird unübersichtlich.

- Man kann nicht davon ausgehen, daß die vorhandenen Basislösungen miteinander verträglich sind.

3.4.3.3 Die kombinierte Top-Down/Bottom-Up-Methode

Der kombinierten Top-Down/Bottom-Up-Methode liegt im Rahmen der Systemkonstruktion und Systemimplementierung das Konzept der Strukturierten Entwicklung zugrunde.
Die kombinierte Top-Down/Bottom-Up-Methode setzt sich aus einem systematischen Wechsel des Top-Down- und des Bottom-Up-Approaches zusammen.[149] Betrachten wir einmal den Einsatz der Methode bei der Entwicklung eines Programmes:
Auf der Basis der Problemstellung und der Anwenderwünsche wird ein Entwurf des Programmes erstellt. Der Entwurf besteht aus einer Anzahl von Modulen. Die bisherige Entwicklung erfolgte von einer hohen Abstraktionsebene in Richtung tieferer Abstraktionsebenen (top-down). Nun wird überprüft, ob es schon Realisierungen für die entworfenen Module gibt oder ob sich mehrere Module so ähneln, daß sie vereinheitlicht werden sollen (bottom-up).

---

[148] Vgl. **SCHUMANN, J.; GERISCH, M.:** Software Entwurf, a.a.O., S. 212.

[149] Vgl. **BIETHAHN, J.:** Einführung in die EDV für Wirtschaftswissenschaftler, 6. Auflage, München/Wien 1989, Kapitel 3.2.1.

Eine weitere Einsatzmöglichkeit der kombinierten Top-Down/Bottom-Up-Methode wird für die Entwicklung von kritischen Systemkomponenten vorgeschlagen. Zuerst werden diese kritischen Systemkomponenten, von denen eventuell die gesamte Entwicklung abhängig ist, entworfen (top-down) und realisiert. Durch eine Vergröberung der kritischen Systemteile (bottom-up) werden die Verbindungen zu den weniger kritischen Teilen hergestellt, die dann wiederum entworfen (top-down) und realisiert werden.[150]
Die kombinierte Top-Down/Bottom-Up-Methode besitzt die Vorteile beider Einzelmethoden.

3.4.3.4 Erhebungsmethoden

Wie bereits einleitend erwähnt wurde, finden die Erhebungsmethoden ihre Haupteinsatz in den frühen Phasen des Softwarelebenszyklus'. Jedoch ist ihre Anwendung auch in allen darauffolgenden Phasen erforderlich. Ausgehend von einem Überblick über Erhebungsmethoden werden in den folgenden Kapiteln (3.4.3.4.2 - 3.4.3.4.6) einzelne Methoden kurz erläutert.

3.4.3.4.1 Erhebungsmethoden und Erhebungsformen

Erhebungen können u.a. nach den Kriterien Vollständigkeit (Voll- oder Teilerhebung), Direktheit (direkte oder indirekte Erhebung) und Erhebungsgrad (Primär- oder Sekundärerhebung) differenziert werden.
Im Rahmen einer Vollerhebung werden sämtliche Daten und Tätigkeiten eines Systems erfaßt. Teilerhebungen verzichten auf eine solche vollständige Erfassung. Bei der Entwicklung von ganzheitlichen Informationssystemen werden überwiegend Teilerhebungen angewendet. Vollerhebungen scheiden in der Regel zum einen wegen des hohen zeitlichen (und finanziellen) Aufwandes, zum anderen aufgrund der Gefahr der Veraltung aus.
Direkte Erhebungen ermitteln die Daten unmittelbar an ihrem Entstehungsort und die Tätigkeiten unmittelbar an ihrem Ort der Verrichtung. Indirekte Erhebungen gehen den Umweg über die Schilderung von Daten und Aktivitäten. Zur Systemerhebung werden sowohl die direkte als auch die indirekte Erhebung angewandt.
Primärerhebung bedeutet die neue Erhebung von Daten und Aktivitäten für die spezielle Entwicklung eines Informationssystems. Bei einer Sekundärerhebung wird auf bereits erhobenes Material zurückgegriffen. Sekundärerhebungen sind somit immer indirekte Erhebungen.

---

[150] Vgl. **SCHULZ, A.:** Software-Entwurf, a.a.O., S. 32.

Zur Erhebung eines Systems im Istzustand können u.a. folgende Methoden eingesetzt werden:[151]

- Befragungen (Interview, Fragebogen)
- Mitarbeiterbesprechungen und Konferenzen
- Beobachtungen
- Schätzungen
- Selbstaufschreibungen
- Dokumentenstudium

3.4.3.4.2 Dokumentenstudium

Das Dokumentenstudium findet in der Regel zu Beginn der Erhebung statt. Es soll eine Vorinformation geben und die Basis für die weitere Erhebung liefern. Als Unterlagen können Geschäftsberichte, Organisationsbeschreibungen, Arbeitspläne, Stücklisten, Dokumentationen bestehender Informationssysteme u.ä. Verwendung finden.[152]
Von Vorteil ist der geringe zeitliche und finanzielle Aufwand im Vergleich zu Primärerhebungen. Aufgrund fehlerhafter oder veralteter Dokumente, die bei dieser Erhebungsform verwendet werden, können sich allerdings Abweichungen hinsichtlich des realisierten Systems ergeben.[153]

3.4.3.4.3 Interview

Das Interview ist eine Form der Befragung. Es ist die dominierende und ergiebigste Methode bei einer Systemerhebung. Die anderen Methoden haben daher nahezu nur ergänzenden Charakter. [154]

---

151 Vgl. **WEDEKIND, H.:** Systemanalyse, a.a.O., S. 46; **STAHLKNECHT, P.:** Einführung, a.a.O., S. 234.

152 Vgl. **STAHLKNECHT, P.:** Einführung, a.a.O., S. 235.

153 Vgl. **HEINRICH, L.J.; BURGHOLZER, P.:** Systemplanung, a.a.O., S. 316.

154 Vgl. **WEDEKIND, H.:** Systemanalyse, a.a.O., S. 46 und **STAHLKNECHT, P.:** Einführung, a.a.O., S. 236.

Das Ziel eines Interviews ist es, Kenntnis über Zustände, Abläufe, aber auch Meinungen und Überzeugungen der Befragten zu erhalten.[155] Dazu werden Personen detailliert über ihr Aufgabengebiet befragt.[156]
Beim Interview unterscheidet man zwischen strukturierten, standardisierten und unstrukturierten Interviews. Ein Interview ist strukturiert, wenn das Fragengerüst vorgegeben ist. Es ist standardisiert, wenn der Wortlaut und die Reihenfolge der Fragen exakt feststehen. Unstrukturierte Interviews sind freie Gespräche, das heißt der Interviewer entscheidet selbst, was er fragt.
Zur Erhebung eines Istsystems finden hauptsächlich strukturierte Interviews Anwendung. Standardisierte Interviews sind ungeeignet, da ein Interview in der Regel auf den einen Gesprächspartner zugeschnitten wird. Unstrukturierte Interviews bergen die Gefahr in sich, vom eigentlichen Untersuchungsgegenstand wegzuführen.[157]
Der Ablauf eines Interviews kann in drei Phasen eingeteilt werden: Vorbereitung, Durchführung und Aufbereitung.[158] Zur Interviewvorbereitung gehören u.a. die Festlegung des Untersuchungsgegenstandes, die Beschaffung von Informationen über den Untersuchungsgegenstand, die Auswahl eines geeigneten Gesprächspartners, die Information des Gesprächspartners über Ziele und Bedeutung des Interviews und die Klärung organisatorischer Fragen. Die Durchführungsphase kann wiederum unterteilt werden in Kontaktphase, Erhebungsphase und Schlußphase (Anfertigung eines Protokolls).
In der Regel reicht ein Interview zur Klärung eines komplexen Sachverhaltes nicht aus.
Bei der Durchführung eines Interviews sollten folgende Prinzipien beachtet werden:[159]

- Der Interviewer soll sachbezogen die Sachverhalte aufnehmen, und nicht gleich bewerten.
- Das Gespräch soll vom Allgemeinen zum Besonderen führen.
- Fragen sollen kurz, aus der Sicht des Befragten verständlich formuliert sein und durch Beispiele verdeutlicht werden.

---

155 Vgl. **LOCKEMANN, P.C.; SCHREINER, A.; TRAUBOTH, H.; KLOPPROGGE, M.:** Systemanalyse, a.a.O., S. 119.

156 Vgl. **END, W.; GOTTHARDT, H.; WINKELMANN, R.:** Softwareentwicklung. Leitfaden für Planung, Realisierung und Einführung von DV-Verfahren, 6., durchgesehene Auflage, Berlin/München 1987, S. 339.

157 Vgl. **HEINRICH, L.J.; BURGHOLZER, P.:** Systemplanung, Band 1, a.a.O., S. 313.

158 Vgl. **HEINRICH, L.J.; BURGHOLZER, P.:** Systemplanung, Band 1, a.a.O., S. 314.

159 Vgl. **WEDEKIND, H.:** Systemanalyse, a.a.O., S. 47.

- Fragen sollen an konkrete Erfahrungen des Befragten anknüpfen.
- Emotionale Formulierungen und Suggestivfragen sind zu vermeiden.
- Gesprächsabschnitte sollen mit abschließenden Fragen beendet werden.
- Der Interviewer soll den Gesprächspartner zur Mitarbeit veranlassen.
- Ein Interview sollte die Dauer von zwei Stunden nicht überschreiten.

Das Interview hat neben einer schnellen Erfassung komplexer Sachverhalte den Vorteil der Flexibilität in Bezug auf die aufgedeckten und noch aufzudeckenden Sachverhalte und in Bezug auf den Gesprächspartner.
Von Nachteil sind u.a. der hohe zeitliche Gesamtaufwand für den Interviewer sowie die Gefahr der verfälschten Darstellung der Realität durch subjektive Sichten der Gesprächspartner.

3.4.3.4.4 Fragebogen

Die Fragebogenmethode ist wie das Interview eine Form der direkten Erhebung. Es ist in erster Linie eine das Interview ergänzende Methode und wird hauptsächlich eingesetzt, wenn Routinefragen an einen größeren Personenkreis zu stellen sind.[160]
Ein Fragebogen gleicht einem standardisierten Interview. Der Ablauf einer Fragebogenaktion kann - ähnlich wie das Interview - in die Phasen Vorbereitung, Durchführung und Auswertung eingeteilt werden. Bei der Durchführung einer Fragebogenaktion ist darauf zu achten, daß die Fragen präzise und verständlich formuliert sind. Es empfiehlt sich, vor Beginn der eigentlichen Fragebogenaktion eine Testbefragung durchzuführen.
Den Befragten sollte das Ziel der Befragung verdeutlicht werden. Ein Begleitschreiben der Geschäftsleitung kann den Befragten die Bedeutung ihrer Antworten erklären und dazu beitragen, daß die Befragten die Fragebögen systematisch bearbeiten und zahlreich zurücksenden.[161]

Für die Fragen sollte gelten:[162]
- Die Fragen sollten sich nicht auf bloßes Abfragen beschränken. Wie auch beim Interview ist es vorteilhaft, die Befragten zur Mitarbeit zu veranlassen, indem beispielsweise individuelle Vorschläge zur Lösung von Problemen erfragt werden.

---

[160] Vgl. **WEDEKIND, H.:** Systemanalyse, a.a.O., S. 48.
[161] Vgl. **STAHLKNECHT, P.:** Einführung, a.a.O., S. 235.
[162] Vgl. **LOCKEMANN, P.C.; SCHREINER, A.; TRAUBOTH, H.; KLOPPROGGE, M.:** Systemanalyse, a.a.O., S. 123.

- Die Anordnung der Fragen ist zu strukturieren:
  Die Fragen sollten logisch aufeinander aufbauen, vom Allgemeinen zum Besonderen führen und in Themengruppen gegliedert sein.
- Ebenso wie beim Interview sollten am Anfang keine detaillierten Sachfragen stehen. Empfehlenswert ist eine Gliederung in Einleitungsfragen (auch "Eisbrecher-" oder Kontaktfragen genannt), Sachfragen, Kontrollfragen (mit ihnen sollen die gegebenen Antworten zu den Sachverhalten überprüft werden) sowie Fragen zur Person.
- Die Fragen müssen kurz, präzise und verständlich formuliert sein. Ihre Formulierung muß zielgruppengerecht sein.
- Die Anzahl der Fragen ist möglichst klein zu halten. Das Beantworten der Fragen sollte nicht länger als 30 Minuten dauern.

Ein Vorteil der Fragebogenmethode ist der geringe zeitliche und finanzielle Aufwand, um eine große Anzahl an Personen zu befragen.
Von Nachteil ist, daß nur leicht verständliche Fragen gestellt werden können da lange Begleiterklärungen kaum beachtet werden. Außerdem ist eine Befragung, zu deren Beantwortung keine Verpflichtung besteht, häufig nicht repräsentativ, da die Rücklaufquote in der Regel nur klein ist.[163]

3.4.3.4.5 Mitarbeiterbesprechung und Konferenz

Die Methode der Mitarbeiterbesprechung und Konferenz ähnelt einem strukturierten Gruppeninterview. Sie wird hauptsächlich eingesetzt, um aufgetretene Widersprüche zu klären und bereichsübergreifende Sachverhalte zu klären.[164]
Für den Ablauf gelten die gleichen Prinzipien wie bei der Interviewmethode. Von besonderer Wichtigkeit sind eine gute Vorbereitung der Gesprächsteilnehmer sowie eine zielgerichtete Diskussionsführung.[165]

---

163 Vgl. **WEDEKIND, H.:** Systemanalyse, a.a.O., S. 49 und **HEINRICH, L.J.; BURGHOLZER, P.:** Systemplanung, Band 1, a.a.O., S. 315.
164 Vgl. **STAHLKNECHT, P.:** Einführung, a.a.O., S. 236 und **WEDEKIND, H.:** Systemanalyse, a.a.O., S. 49.
165 Vgl. **WEDEKIND, H.:** Systemanalyse, a.a.O., S. 49.

3.4.3.4.6 Beobachtung

Unter einer Beobachtung versteht man die aufmerksame Wahrnehmung, verbunden mit der Erwartung, daß sich am Wahrnehmungsobjekt Veränderungen ereignen werden. Dabei will man gerade diese Veränderungen erfassen und festhalten. Eine wissenschaftliche Beobachtung findet stets unter dem Aspekt einer präzisierten Fragestellung statt.[166]

Die Technik der Beobachtung ergänzt die anderen Erhebungstechniken. Das Ziel der Beobachtung ist die Ermittlung, warum wer was wann wo wie lange macht.[167] Zu unterscheiden sind die geplante und die ungeplante Beobachtung. Die ungeplante Beobachtung ist Bestandteil jeder Systemerhebung. Der Systemanalytiker sollte die Fähigkeit besitzen, Vorgänge im Erhebungsbereich bewußt aufzunehmen.[168]

Im Gegensatz zu dieser Form der Beobachtung ist die geplante Beobachtung eine fundiert vorzubereitende und systematisch durchzuführende Erhebungstechnik. Aufgrund ihres enormen Arbeitsaufwandes ist sie nur dann anzuwenden, wenn Sachverhalte auf andere Art und Weise keine Klärung erfahren können. Es kann sich dabei um widersprüchliche Aussagen in Interviews handeln, aber auch um Sachverhalte, über die keine Angaben gemacht werden konnten.

Eine Beobachtung kann stichprobenartig oder über den gesamten Beobachtungszeitraum vollständig durchgeführt werden. Eine besondere Form der stichprobenartigen Beobachtung ist die Multimomentstudie. Dabei werden statistisch aufbereitete Aussagen über eine Grundgesamtheit aufgrund mehrerer Beobachtungen getroffen.

3.4.3.4.7 Selbstaufschreibung

Die Selbstaufschreibung ist eine Methode, bei der die Mitarbeiter der zu untersuchenden Stellen selbst ihre ausgeführten Tätigkeiten, deren zeitlichen Anfall und Dauer notieren.

Der Hauptzweck der Selbstaufschreibung ist die Ermittlung von Zeiten und Mengen.[169]

---

166 Zum Begriff "wissenschaftliche Beobachtung" vgl. **BROCKHAUS ENZYKLOPÄDIE:** 3. Band, 19., völlig neu bearbeitete Auflage, Mannheim 1987, S. 102.

167 Vgl. **LOCKEMANN, P.C.; SCHREINER, A.; TRAUBOTH, H.; KLOPPROGGE, M.:** Systemanalyse, a.a.O., S. 124.

168 Vgl. **WEDEKIND, H.:** Systemanalyse, a.a.O., S. 50.

169 Vgl. **STAHLKNECHT, P.:** Einführung, a.a.O., S. 236.

3.4.3.4.8 Schätzung

Ein anderes Verfahren zur Ermittlung von Zeiten und Mengen ist die Schätzung.[170] Sie wird durchgeführt, wenn direkte Beobachtungen unmöglich oder zu zeitaufwendig sind, oder wenn Aussagen beziehungsweise Ergebnisse überprüft werden sollen.
Schätzungen können Aussagen aufgrund von Stichproben sein (zum Beispiel Wahrscheinlichkeiten für Ablaufstörungen, Schätzwerte für Tätigkeitszeiten) oder Aussagen von fachkundigen Personen.

Nachdem alle Informationen erhoben wurden, müssen sie problemadäquat dargestellt und dokumentiert werden. Diesem Aspekt ist der nächste Abschnitt gewidmet.

3.4.3.5 Darstellungstechniken

Darstellungstechniken dienen - wie erwähnt - zur Dokumentation von Ergebnissen bei der Entwicklung ganzheitlicher Informationssysteme. Da häufig die verbale Darstellung allein nicht ausreichend ist, sollte sie durch grafische Elemente, jedoch keine Regeln oder Empfehlungen zur Vorgehensweise, ergänzt werden.
Neben den Darstellungstechniken, die im Rahmen von Methoden Anwendung finden, gibt es weitere Darstellungstechniken, die bei der Systementwicklung eingesetzt werden können.
Im folgenden werden zunächst Datenflußpläne, dann Struktogramme und schließlich Entscheidungstabellen kurz dargestellt.

3.4.3.5.1 Datenflußpläne

Datenflußpläne stellen den Weg der Daten durch ein System in seinen sachlichen und zeitlichen Zusammenhängen dar.[171] Symbolisiert werden die Art der Repräsentation und Lokalisierung der Daten (Beleg, Magnetplatte, optische Anzeige usw.), die Funktionen zum Bearbeiten der Daten (Operationen, Unterprogramme usw.) sowie die Beziehungen zwischen Zuständen und

---

170 Vgl. **LOCKEMANN, P.C.; SCHREINER, A.; TRAUBOTH, H.; KLOPPROGGE, M.:** Systemanalyse, a.a.O., S. 120.

171 Vgl. **HELFORS, S.; SCHULZ, A.:** Datenfluß, in: **SCHNEIDER, H.-J. (HRSG.):** Lexikon der Informatik und Datenverarbeitung, 2., verbesserte und erweiterte Auflage, München/Wien 1986, S. 143.

Funktionen. Für die zu verwendenden Symbole gibt es die DIN-Norm 66001. Datenflußpläne eignen sich zur Darstellung des Informationsflusses in EDV-gestützten Systemen. Bild 3-11 gibt einen Überblick über die Symbole eines Datenflußplanes:

a) Symbole für Zustände

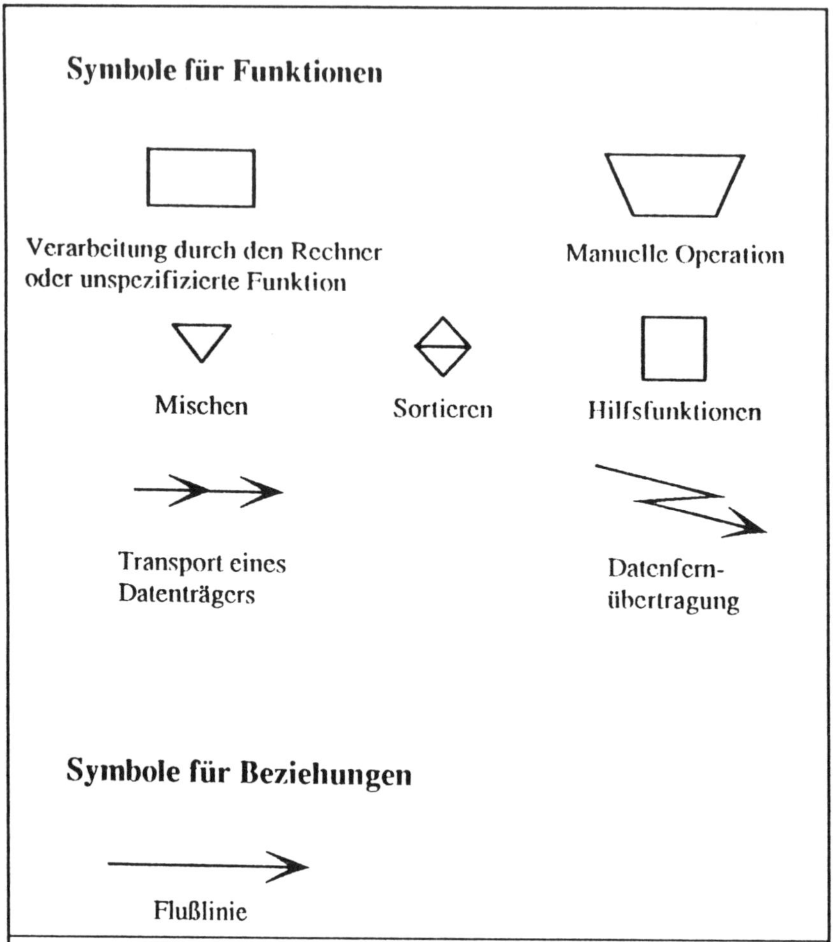

b) Symbole für Funktionen

Bild 3-11: Symbole eines Datenflußplanes

Bild 3-12 zeigt einen Datenflußplan einer möglichen Lagerabwicklung:

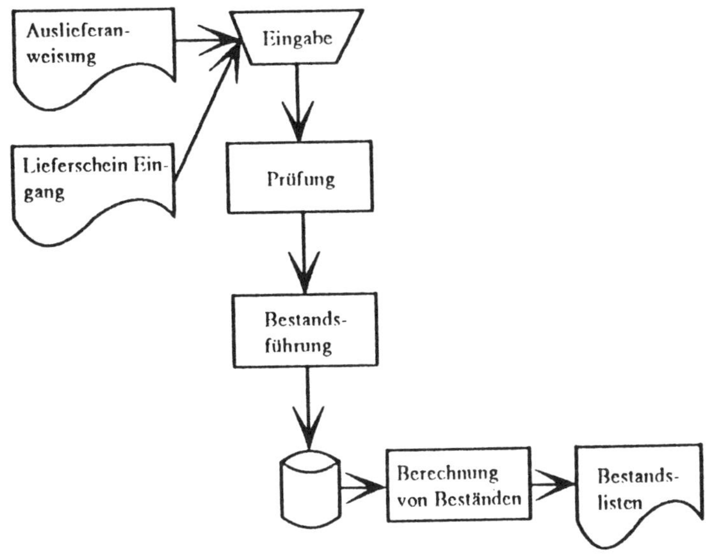

Bild 3-12: Datenflußplan zur Lagerhaltung

3.4.3.5.2 Struktogramme

Struktogramme eignen sich zum Entwerfen und Dokumentieren von Programmen. Sie dienen der Darstellung von Verarbeitungsalgorithmen.
Struktogramme verwenden eine Symbolik, die sich an den Regeln der strukturierten Programmierung orientiert. Die Forderung, den Verarbeitungsalgorithmus auf die Grundtypen Reihung, Auswahl und Wiederholung zu beschränken, wird erfüllt.[172] Struktogramme bestehen aus sogenannten Strukturblöcken. Diese besitzen folgende Eigenschaften:[173]

1) Ein Strukturblock ist ein Programmbaustein mit einer eindeutigen Funktion.

---

[172] Vgl. **HEINRICH, L.J.; ROITHMAYR, F.:** Wirtschaftsinformatik-Lexikon, a.a.O., S. 390.

[173] Vgl. **STAHLKNECHT, P.:** Einführung a.a.O., S. 260 f und **HEINRICH, L.J.; BURGHOLZER, P.:** Systemplanung, Band 1, a.a.O., S. 163.

2) Ein Strukturblock besitzt genau einen Eingang (Vorgänger) und einen Ausgang (Nachfolger). Jeder Strukturblock erhält die Kontrolle und Information nur von einem oberen Nachbarn und gibt sie nur an einen unteren weiter.
3) Strukturblöcke setzen sich zusammen aus einem einzigen Befehl (Elementarblock), aus mehreren Befehlen oder aus mehreren untergeordneten Strukturblöcken.
4) Sie besitzen eine eindeutige Festlegung von Innen und Außen, das heißt ein anderer Strukturblock ist entweder vollständig in dem betreffenden Strukturblock enthalten oder er befindet sich außerhalb (Überlappungen sind ausgeschlossen).

Das Bild 3-13 zeigt die Grundtypen der Struktogramme:

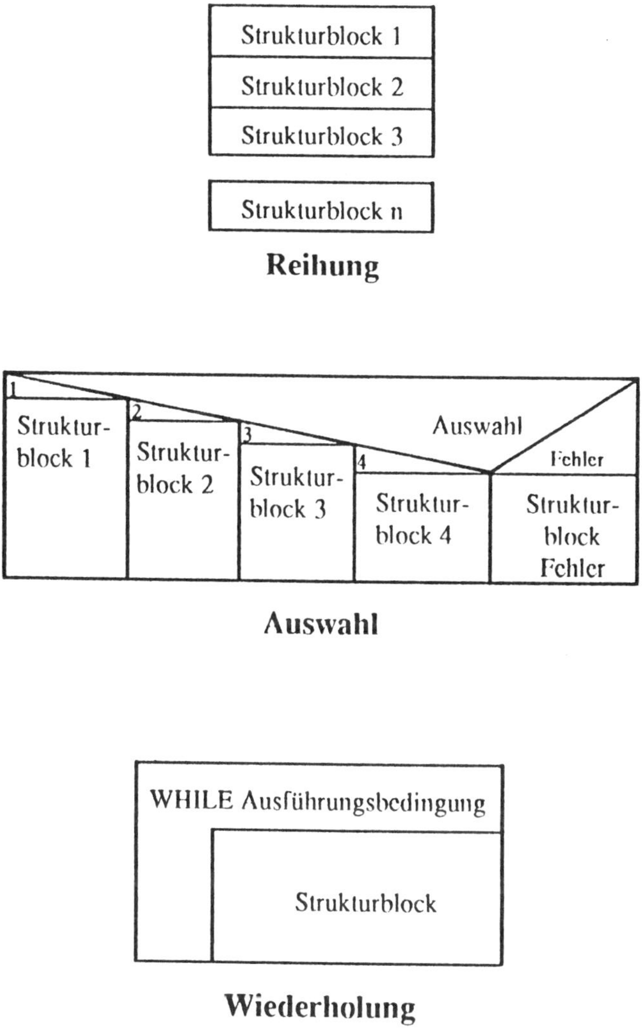

Bild 3-13: Grundtypen der Struktogramme

Struktogramme unterstützen die Erstellung gut strukturierter Programme im Sinne der strukturierten Programmierung. Sie zwingen zu einer überschaubaren Gliederung der logischen Ablaufstruktur und verhindern zu frühe Implementierungsentscheidungen.[174] Struktogramme lassen nur die Darstellung von Algorithmen, nicht jedoch die Darstellung von Daten zu.

3.4.8.4 Entscheidungstabellen

Entscheidungstabellen sind formale Hilfsmittel zur Darstellung von Entscheidungssituationen mit einer Vielzahl von Bedingungen.[175] Sie stellen die Beziehungen zwischen den Bedingungen und den davon abhängigen Aktionen in Form von Entscheidungsregeln dar.[176] Der formale Aufbau dieser genormten Darstellungstechnik (DIN 66221) gleicht einer Matrix. In den Zeilen sind die Bedingungen und Aktionen (Entscheidungen) angeordnet, die Spalten enthalten die Bedingungseingänge und Entscheidungsregeln (Handlungseingänge).

Bild 3-14 zeigt eine Entscheidungstabelle zur Bearbeitung von Bestellungen in einem Handelsbetrieb:

---

[174] Vgl. **HEINRICH, L.J.; BURGHOLZER, P.:** Systemplanung, Band 1, a.a.O., S. 163.

[175] Vgl. **HEINRICH, L.J.; BURGHOLZER, P.:** Systemplanung, Band 1, a.a.O., S. 84.

[176] Vgl. **PLATZ, G.:** Methoden der Software-Entwicklung. Lehr-und Arbeitsbuch zur rationellen Programmentwicklung, 3., unveränderte Auflage, München/Wien 1988, S. 147.

ENTSCHEIDUNGSTABELLE	Aufgabe: Bestellung					
Artikelmenge < Bestellmenge	J	J	J	J	N	
Artikelmenge (min) < Bestellmenge	N		J			
Bestellweg HSt	J	J	J			
Bestellweg GH				J		
Eilauftrag	N	J				
Artikel in Hausliste						
Bestellung beim GH		X	X	X		
Bestellweg HSt	X					
Auslieferung					X	

Bild 3-14: Entscheidungstabelle zur Bestellbearbeitung

Der Bereich I enthält alle relevanten Bedingungssätze, der Bereich II deren Verknüpfungen (Bedingungseingänge). Im Bereich III sind die möglichen Handlungssätze beschrieben, der Bereich IV stellt die benötigten Bedingungen dar (Handlungseingänge). Die Bedingungs- und Handlungssätze sind, wenn nicht anders vereinbart, durch ein logisches UND verknüpft.[177]

Den Bedingungseingängen können nur die Werte
"J": die Bedingung **muß** erfüllt sein,
"N": die Bedingung **darf nicht** erfüllt sein sowie
kein Eintrag: die Erfüllung ist **irrelevant** ...

---

[177] Vgl. **WEDEKIND, H.:** Systemanalyse, a.a.O, S. 73-76.

zugeordnet werden.Die Handlungseingänge können die Werte
"X": die Handlung **muß** ausgeführt werden, wenn die Bedingungseingänge in der entsprechenden Spalte zutreffend sind
oder
kein Eintrag: die Handlung **wird nicht** ausgeführt ...
annehmen.[178]
Soll der Inhalt der abgebildeten Entscheidungstabelle verbal ausgedrückt werden, lautet zum Beispiel die Entscheidungsregel 4 so:

WENN Bestellmenge > Bestand
UND Eilauftrag
UND Teillieferung möglich
DANN Bestellung beim Großhändler
UND Teilauslieferung

Schon dieses Beispiel zeigt den Vorteil der Entscheidungstabellen, komplexe Entscheidungssituationen übersichtlich und kompakt darzustellen.

Die Vorgehensweise beim Aufstellen einer Entscheidungstabelle kann wie folgt beschrieben werden:[179]

1. Auflistung der Handlungssätze (Entscheidungen).

2. Feststellung der Entscheidungsparameter (Größen, von denen die Entscheidung abhängt) und Bildung von Bedingungssätzen.

3. Verknüpfung der Entscheidungsparameter und Festlegung der Entscheidungsregel

4. Formale Überprüfung auf:

a. Redundanzfreiheit:
Eine Entscheidungstabelle ist redundanzfrei, wenn alle Bedingungen relevant sind und keine Aktionen aufgeführt sind, die bei keiner der möglichen Bedingungskonstellationen auszuführen sind.

b. Widerspruchsfreiheit:
Eine Entscheidungstabelle ist nicht widerspruchsfrei, wenn für eine Bedingungskonstellation mehrere Regeln mit verschiedenen Aktionsfolgen zutreffen.

---

[178] Vgl. **HEINRICH, L.J.; BURGHOLZER, P.**: Systemplanung, Band 1, a.a.O., S. 73.

[179] Vgl. **HEINRICH, L.J.; BURGHOLZER, P.**: Systemplanung, Band 1, a.a.O., S. 74 f und **PLATZ, G.**: Methoden, a.a.O., S. 155-158.

c. Vollständigkeit:
Eine Entscheidungstabelle ist vollständig, wenn für jede mögliche Entscheidungssituation alle Aktionen, Bedingungen und Entscheidungsregeln aufgeführt sind.

5. Konsolidierung:
Eine Entscheidungstabelle ist konsolidiert, wenn sie keine überflüssigen Bedingungen, Aktionen und Entscheidungsregeln mehr enthält.

6. Zergliederung: Komplexe Entscheidungstabellen können durch Zergliederung in Teil-Entscheidungstabellen übersichtlicher gestaltet werden.

Entscheidungstabellen ermöglichen eine übersichtliche und verständliche Darstellung komplexer Entscheidungssituationen. Sie sind formal überprüfbar. Demgegenüber ist ihre Erstellung sehr zeitaufwendig. Entscheidungstabellen eignen sich nicht zur Darstellung kompletter Abläufe.
Nach der Erläuterung dieser mehr allgemeinen Hilfsmittel wird im folgenden auf die gedanklichen Hilfsmittel eingegangen. Dazu wird wieder in phasenspezifische und phasenübergreifende gedankliche Hilfsmittel unterschieden.

3.4.4 Phasenspezifische gedankliche Hilfsmittel

Zu den phasenspezifischen Hilfsmitteln gehören die Methoden der Structured Analysis, die der Systemkonstruktion und die der Implementierung.

3.4.4.1 Methoden für die Spezifikation: Structured Analysis (SA)

Bei Structured Analysis handelt es sich um einen datenflußorientierten Ansatz, wobei die schrittweise Erstellung immer detaillierterer Spezifikationen unterstützt wird.
Die Structured Analysis-Methode[180] eignet sich vorwiegend zur Problemspezifikation, Systemspezifikation und zur Systemkonstruktion.[181]
Der Entwurf eines Systems erfolgt anhand des logischen Datenflusses. Anhand des Datenflusses werden die Funktionen eines Systems und die

---

[180] Zu dieser Methode vgl. **WEINBERG, V.:** Structured Analysis, Englewood Cliffs 1980 und **DEMARCO, T.:** Structured Analysis and System Specifikation, Englewood Cliffs 1978.

[181] Geht man von anderen Phasenkonzepten aus, so würde man die Schwerpunkte von Structured Analysis in den Phasen Anforderungsanalyse, Anforderungsdesign und Entwurf zuordnen.

daraus resultierenden Datentransformationen ermittelt. Unberücksichtigt bleibt jedoch der Steuerfluß.
Der Vorteil dieser Vorgehensweise ist darin zu sehen, daß Anforderungen an ein System im allgemeinen durch Spezifikationen von Outputdaten dargestellt werden. So ist es anscheinend "... leichter, eine Problemlösung zunächst vom Datenfluß her gesehen zu entwickeln, als sie top-down darzustellen."[182]
Structured Analysis verwendet verschiedene Darstellungstechniken. Dazu zählen:
- Datenflußdiagramme (data flow diagramms)
- Data Dictionary, im Sinne eines Datenlexikons
- Transformationsbeschreibungen (transformation description)

Bei den Datenflußdiagrammen werden vier Elemente (Bild 3-15) verwendet
- Prozesse (Funktionen) werden in Form von Kreisen dargestellt.
- Rechtecke dienen der Kennzeichnung von Datenquellen und -senken.
- Pfeile symbolisieren den Datenfluß.
- Datenspeicher werden durch zwei waagerechte Striche symbolisiert.

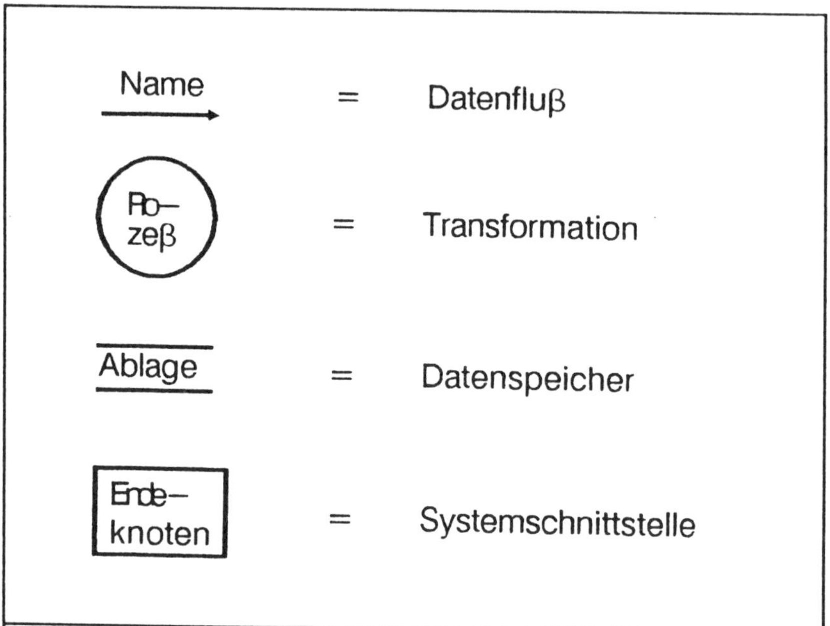

Bild 3-15: Symbole in Datenflußdiagrammen

[182] SCHULZ, A.: Software-Entwurf, a.a.O., S. 82.

Das Datenflußdiagramm stellt damit Datenquellen und -senken, den Datenfluß, die Transformationen von Eingabe- in Ausgabedaten (Prozesse) sowie Dateien und physische Lager (Materiallager) dar. In Bild 3-16 wird ein solches Datenflußdiagramm dargestellt. Es handelt sich um die Darstellung eines Apothekenbetriebes im Istzustand.[183] Zu beachten ist, daß die Darstellungen nur den Datenfluß, nicht aber den Steuerfluß enthalten.

---

[183] Erfahrungen mit dem Einsatz von SA konnten im Rahmen einer Diplomarbeit gesammelt werden: **FISCHER, D.**: Sortimentsanalyse in einer Apotheke auf der Basis verfügbarer Hard- und Software, Diplomarbeit, Abt. Wirtschaftsinformatik, Georg-August-Universität, Göttingen 1987.

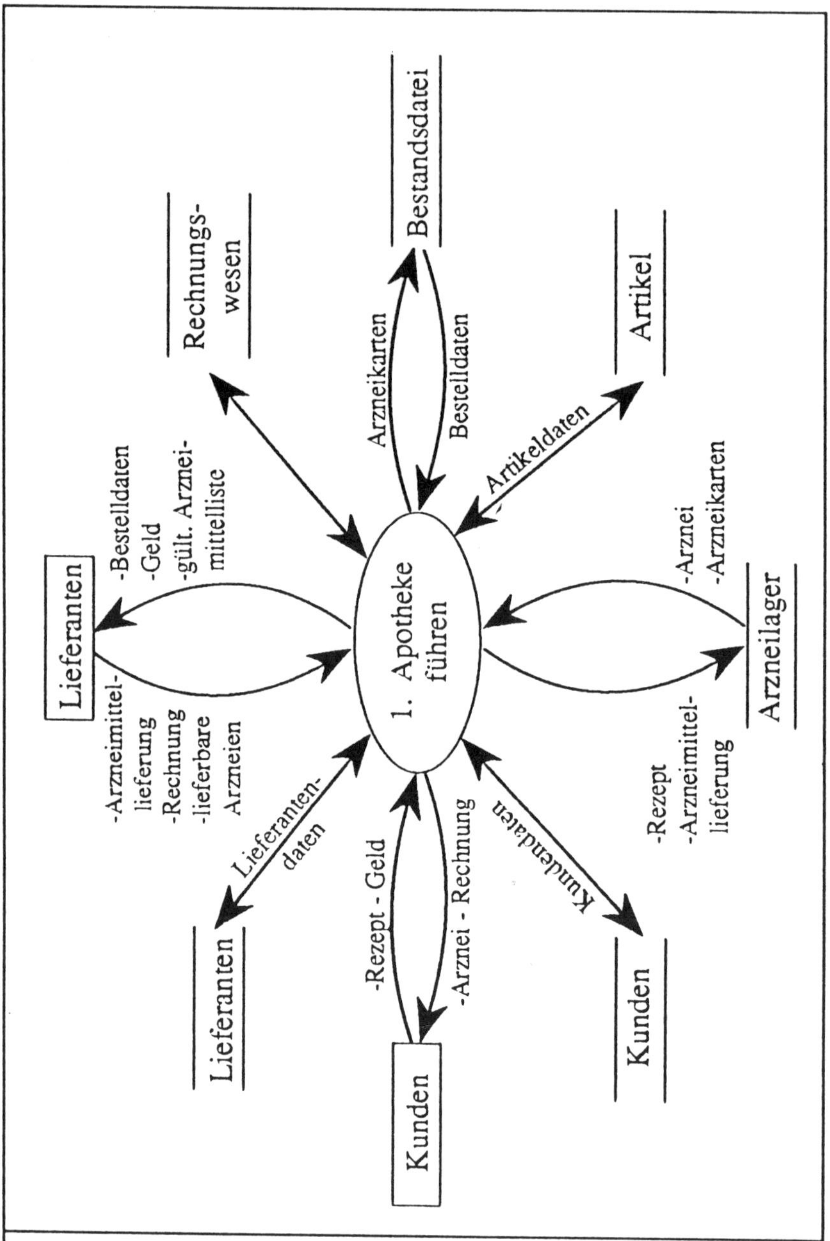

Bild 3-16: Datenflußdiagramm

Um die Übersichtlichkeit der Darstellungen zu gewährleisten, werden die im Datenflußdiagramm dargestellten Prozesse stufenweise verfeinert. Ein Prozeß innerhalb eines Datenflußdiagrammes kann wiederum als Datenflußgraph mit

Teilprozessen dargestellt werden. Bild 3-17 zeigt die Zerlegung des Prozesses 1 aus der vorangegangenen Abbildung.

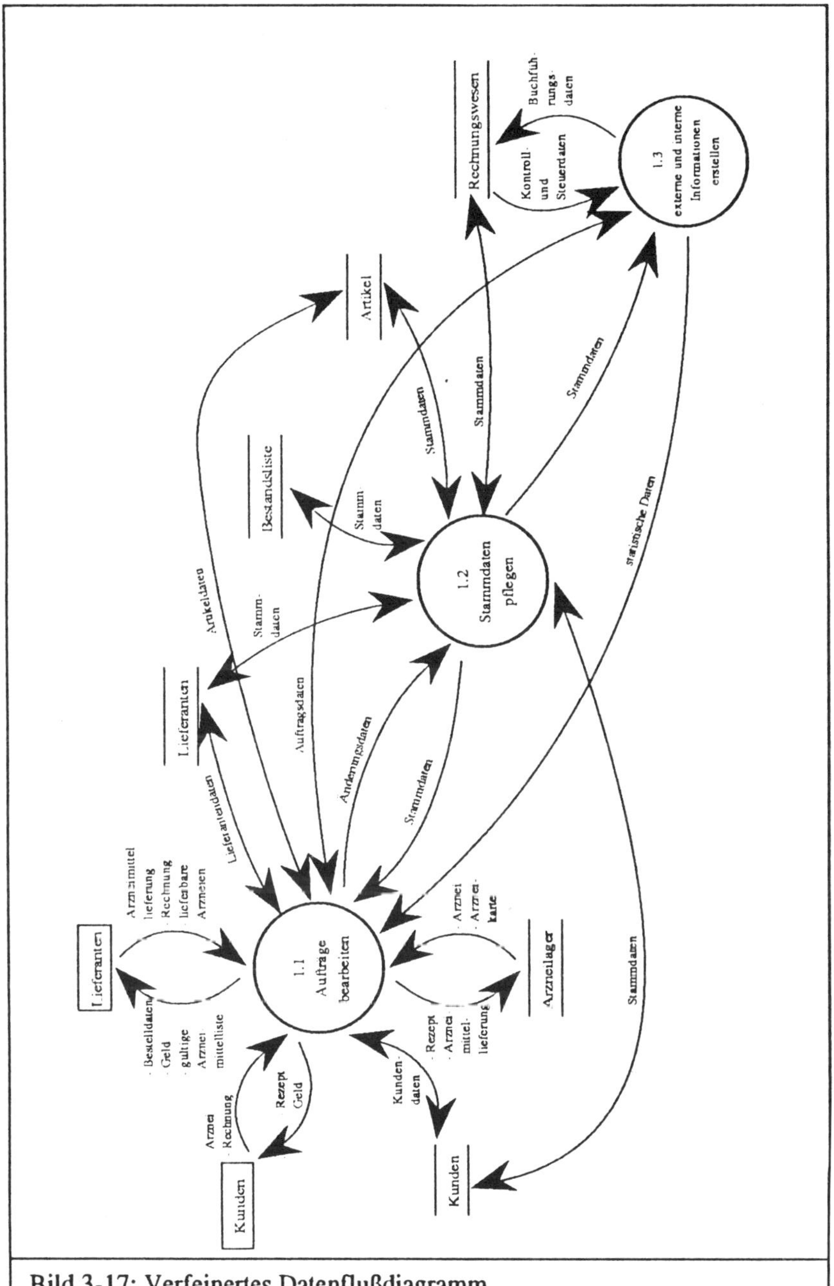

Bild 3-17: Verfeinertes Datenflußdiagramm

Die Menge aller Datenflußdiagramme bilden eine Hierarchie. Auch dadurch erhält man einen immer detaillierteren Überblick über das Gesamtsystem.

Folgende Regeln sind bei der Aufstellung von Datenflußdiagrammen zu beachten:[184]

1. Jedes Diagramm umfaßt max. 1 Seite. Reicht eine Seite nicht aus, beziehungsweise wird das Diagramm zu unübersichtlich, so wird eine hierarchische Aufteilung der Transformationen vorgenommen.
2. Es werden ausschließlich Datenflüsse dokumentiert. Zeitliche Abhängigkeiten von Funktionsfolgen werden nicht berücksichtigt.
3. Verwendung von aussagekräftigen Namen für Datenflüsse und Transformationen.
4. Damit die Transformationen Ausgaben erzeugen können, muß darauf geachtet werden, daß alle hierfür erforderlichen Eingaben zur Verfügung stehen.

Für die Transformationsbeschreibungen (Mini-Spezifikationen) werden oft verbale Beschreibungen verwendet, die der Anwender verstehen kann. Als weitere Darstellungsmittel kommen bei entsprechendem Anwenderverständnis zum Einsatz:
- Entscheidungstabellen,
- Strukturbilder,
- Entscheidungsbäume,
- Pseudocode (Structured English)
- und Entity-Relationship-Diagramme.[185]

Eine Zusammenfügung von Structured Analysis und Structured Design zu "Structured Analysis and Design" (SAD) wurde u.a. von Yourdon[186] vorgenommen.

---

[184] Vgl. **MAHNKE, H.**: Software Engineering kurz und bündig - Planung, Methoden, Darstellungstechniken, Würzburg 1986, S. 29.
[185] Vgl. **WEINBERG, V.**: Structured Analysis, a.a.O., S. 39-82.
[186] Vgl. dazu **YOURDON, E.**: Structured Analysis and Design Workshop. Lecture Note Version 2, New York 1987.

Die Struktured-Analysis-Methode weist folgende Vorteile auf:
- Unterstützung der Prinzipien der Abstraktion, Strukturierung, teilweise Unterstützung der Hierarchisierung und Standardisierung
- leicht erlernbar, sofort einsetzbar, verständliche Darstellungstechnik[187]
- Integration der Datenstrukturierung, jedoch ohne Unterstützung durch ein detailliert ausgearbeitetes Regelwerk
- Integration wichtiger Hilfsmittel wie Data Dictionaries, Pseudocode u.ä.
- SA ist sowohl für DV-Mitarbeiter als auch für die Fachabteilungen leicht verständlich.

Dem stehen aber auch Nachteile gegenüber:
- zu starke informelle Ausrichtung: Zum Beispiel gibt es keine Regeln zur Bildung von Funktionen und keinen Formalismus zur Überprüfung der Richtigkeit des Entwurfs
- keine Berücksichtigung des Steuerflusses[188]

3.4.4.2 Methoden für die Konstruktion

3.4.4.2.1 Structured Design (Constantine-Methode)

Das Structured Design wurde 1973 entwickelt. An Stelle von Structured Design findet man auch die Begriffe MYERS-Methode, CONSTANTINE-Methode, YOURDON-Methode, Composite Design, CD-Methode.
Structured Design beruht auf der Bestimmung der Einflußgrößen einer guten, das heißt übersichtlichen und stabilen Systemstruktur. Die Methode beinhaltet eine Menge von allgemeinen Erwägungen und Vorschlägen zum Entwurf von Programmsystemen.

---

187 Vgl. **SCHULZ, A.**: Software-Entwurf. Methoden und Werkzeuge, a.a.O., S. 87.

188 Vgl. **SCHULZ, A.**: Software-Entwurf. Methoden und Werkzeuge, a.a.O., S. 87.

a) Ziele des Structured Design

Es wird das Ziel verfolgt, das Kodieren, die Fehlersuche und die Änderung von Prorammsystemen durch eine Reduzierung der Komplexität leichter, schneller und kostengünstiger zu gestalten.[189] Die Komplexität wird bestimmt durch die Struktur eines Moduls und die Schnittstellen zwischen den Modulen. Im Zentrum der Betrachtung stehen deshalb bei Structured Design Eigenschaften von Modulen und zwischen Modulen.

Ein Modul wird von W.P. STEVENS, G.J. MYERS und L.L. CONSTANTINE als die Menge von Programmanweisungen bezeichnet, die mit einem Namen versehen ist und ihre eigene Menge von Variablennamen besitzt. Jedes Modul kann von anderen Komponenten des Systems aufgerufen werden.[190]

Das Structured Design legt darüber hinaus eine Vorgehensweise zum Entwurf von Programmsystemen fest.[191]

b) Eigenschaften einer stabilen Systemstruktur

Von L.L. CONSTANTINE wurde festgestellt, daß Programmsysteme, die aus einfachen, unabhängigen Modulen zusammengesetzt sind, auch am einfachsten zu implementieren und zu ändern sind.[192]

Bei Structured Design wird versucht, die Modularisierung eines Programmsystems durch Maßzahlen zu unterstützen. Maßzahlen sind zum einen die Gesamtkomplexität eines Programmsystems, zum anderen die innere und äußere Komplexität der Programmodule, deren Summe die Gesamtkomplexität ergibt.

Die innere Komplexität von Modulen ist abhängig von der Größe der Module, der Art der Anweisungen und der Modulstruktur, die äußere Komplexität ergibt sich aus dem Grad der Kommunikation der Module untereinander.[193]

Um den Einfluß dieser Komplexitäten zu verdeutlichen, werden sie im folgenden nacheinander diskutiert.

---

189 Vgl. **STEVENS, W.P.; MYERS, G.J.; CONSTANTINE, L.L.:** Structured Design, in: **IBM SYSTEMS JOURNAL:** 13/1974, S. 115 (115-138).

190 Vgl. **STEVENS, W.P.; MYERS, G.J.; CONSTANTINE, L.L.:** Structured Design, a.a.O., S. 116.

191 Vgl. **ENDRES, A.:** Composite Design (MYERS-Methode).in: **INF. SPEKT.:** 3/1980, S. 194 (193-194).

192 Vgl. **STEVENS, W.P.; MYERS, G.J.; CONSTANTINE, L.L.:** Structured Design, a.a.O., S. 116.

193 Vgl. **SCHULZ, A.:** Software-Entwurf, a.a.O., S. 65.

b1) äußere Komplexität

Die äußere Komplexität wird durch die Kopplungsart, das heißt die Art der Verbindung von Modulen, bestimmt. Zur Beurteilung der Modulkopplung (Modulschnittstellen) werden mehrere Kopplungsarten unterschieden.

Die Kopplung zwischen zwei Modulen ist abhängig von der Komplexität der Schnittstelle, der Art der Verbindung und der Art der Kommunikation. Der Beitrag der Faktoren zum Grad der Kopplung ist in Bild 3-18 dargestellt.[194]

	Komplexität der Schnittstelle	**Art der Verbindung**	**Art der Kommunikation**
geringe Kopplung	einfach, offensichtlich	Aufruf eines gesamten Moduls durch seinen Namen	Übergabe von Daten
starke Kopplung	komplex, unbekannt	Verbindung zu modulinternen Elementen	hybrid

Bild 3-18: Faktoren der Modulkopplung und Grad der Kopplung

Komplexe Systeme lassen sich vom Menschen besser beherrschen, wenn Teilbereiche isoliert gelöst werden, da dann die Komplexität auf mehrere Teilbereiche aufgeteilt wird. Für die Gesamtkomplexität eines modularen Systems gilt jedoch, daß diese größer ist als die Summe der Komplexitäten aus den Teilbereichen (Bild 3-19).[195] Je kleiner ein Modul wird, desto geringer ist tendenziell dessen innere Komplexität. Jedoch wird die Anzahl an einzelnen Modulen und damit der Informationsfluß, der zwischen den Modulen erforderlich wird, um so größer. Diese Zunahme der Komplexität ist in der Regel aber geringer als die durch Modulzerlegung erreichte Komplexitätsreduzierung, so daß im allgemeinen die folgende Ungleichung gilt (Bild 3-19):

---

[194] Vgl. **STEVENS, W.P.; MYERS, G.J.; CONSTANTINE, L.L.:** Structured Design, a.a.O., S. 116 f.

[195] Vgl. **SCHULZ, A.:** Software-Entwurf, a.a.O., S. 64.

$$K(p + q) > K(p) + K(q)$$

K	:	Komplexität
p,q	:	Problembereiche

Bild 3-19: Gesamtkomplexität

Myers unterscheidet sechs Kopplungsarten, die unterschiedliche Grade an Unabhängigkeit aufweisen. Bild 3-20 gibt einen Überblick über das Spektrum der verschiedenen Kopplungsarten.

Kopplungsart	Eigenschaften der Verbindung	Unabhängigkeit
Data	Übergabe sämtlicher Daten in einer Parameterliste (nur skalare Größen)	hoch
Stamp	Übergabe von Datenstrukturen	mittel
Control	Übergabe von Steueranweisungen	mittel
External	keine explizite Übergabe von Parametern, sondern Übergabe der Parameter in einen gemeinsamen Speicherbereich (nur skalare Größen)	mittel bis klein
Common	keine explizite Übergabe von Parametern, sondern Übergabe von Datenstrukturen in einen gemeinsamen Speicherbereich	klein
Content	ein Modul ist in einem anderen Modul enthalten	klein

Bild 3-20: Spektrum der Kopplungsarten

Kopplungen, die sich durch ein hohes Maß an Abhängigkeit auszeichnen, sind zu vermeiden. Es sollte also möglichst auf die Kopplungsarten External, Common und Content verzichtet werden.

b2) innere Komplexität

Als Maß für die innere Komplexität kann die Kohäsion, also der innere Zusammenhang von Anweisungen eines Moduls durch Bindungskräfte, herangezogen werden. Innerhalb eines Moduls sollte der Zusammenhang zwischen den einzelnen Anweisungen möglichst hoch sein.

Die Arten der Bindung reichen von einer sehr schwachen, zufälligen Bindung, die entsteht, wenn Programmanweisungen willkürlich zu Modulen zusammengefaßt werden, bis zu einer sehr starken, funktionellen Bindung, die gegeben ist, wenn ein Modul einen Prozeß beschreibt, der völlig unabhängig von anderen Modulen ausgeführt werden kann. Bild 3-21 gibt einen Überblick über das Spektrum der verschiedenen Bindungsarten.

Bindungsart	Beschreibung der Bindungsart	Bindungsstärke
zufällig	Willkürliche Verteilung der Anweisungen auf Module. Logische Anweisungen einer Klasse (arithmetische Anweisungen, IO-Anweisungen usw.) werden zu einem Modul zusammengefaßt.	niedrig
zeitlich	Anweisungen, die zu einem Zeitpunkt ausgeführt werden, werden zu einem Modul zusammengefaßt (zum Beispiel: Initialisierungsmodule, Terminierungsmodule).	
prozedural	Anweisungen, die an denselbem Arbeitsprozeß beteiligt sind, werden zu einem Modul zusammengefaßt.	
kommunikativ	Anweisungen, die dieselben Eingabedaten benutzen oder diselben Ausgabedaten erzeugen, werden zu einem Modul zusammengefaßt (zum Beispiel Druckmodul, Datenkapsel)	
sequentiell	Anweisungen, deren Ausgabedaten die Eingabedaten des nächsten Moduls sind, werden zu einem Modul zusammengefaßt.	
funktionell	Anweisungen, die einen Prozeß völlig unabhängig von anderen Modulen ausführen, werden zu einem Modul zusammengefaßt (zum Beispiel: mathematische Funktion).	hoch

Bild 3-21: Spektrum der Bindungsarten

Es ist in der Realität nicht möglich, den genauen Grad der Bindung eines Moduls zu bestimmen. Es sollte aber bei dem Entwurf von Programmsystemen ein hohes Maß an Kohäsion angestrebt werden.[196] Als Bindungsarten sollten nach L.L. CONSTANTINE nur die prozedurale, kommunikative, sequentielle und die funktionelle Bindung vorkommen. Auf die zufällige, logische und zeitliche Bindung sollte verzichtet werden.[197]

Das Ziel ist es, die Gesamtkomplexität eines Programmsystems möglichst gering zu halten. Eine alleinige Reduzierung der inneren Komplexität führt zu einfach strukturierten, wenige Anweisungen umfassenden Modulen, die stark miteinander kommunizieren müssen, also eine hohe äußere Komplexität aufweisen. Eine alleinige Reduzierung der äußeren Komplexität, also der Kommunikation zwischen den Modulen, führt zu komplexen Modulen mit einer hohen inneren Komplexität.

c) Vorgehensweise zur Erreichung einer stabilen Systemstruktur

Die vorangegangenen Überlegungen bilden die Grundlage für die Vorgehensweise zur Systementwicklung. Die Entwicklung wird von den Begründern des Structured Design in zwei Schritte zerlegt:

Der erste Schritt bildet der Grobentwurf, auch "General Program Design" genannt. Das Ziel dieses Schrittes ist die Untersuchung, welche Funktionen zur Aufgabenerfüllung des Systems benötigt werden ("What functions are needed for the program?"). Der Feinentwurf, auch als "Detailed Design" bezeichnet, bildet den zweiten Schritt. In ihr wird untersucht, wie die im ersten Teilschritt ermittelten Funktionen in Module umgesetzt werden ("How to implement the functions?").[198] Für die Bildung der Module gelten die Richtlinien, die im vorangegangenen Abschnitt beschrieben wurden.

G.J. MYERS bettet das Structured Design ein in den sogenannten External Design Process, in dem die externen Eigenschaften des Systems spezifiziert werden, und den Modul Design Process, in dem die Feindefinition der Schnittstellen und der Logik der Programmmodule erfolgt.[199] A. SCHULZ

---

[196] Vgl. **PRESSMAN, R.S.:** Software Engineering. A Practioner's Approach, 2nd ed.,New York/St.Louis/San Francisco 1987, S. 232.

[197] Vgl. **SCHULZ, A.:** Software-Entwurf, a.a.O., S. 68.

[198] Vgl. **STEVENS, W.P.; MYERS, G.J.; CONSTANTINE, L.L.:** Structured Design, a.a.O., S. 127.

[199] Vgl. **MYERS, G.J.:** Reliable Software through Composite Design, New York 1975, S. 69.

verweist darauf, daß im Mittelpunkt des Structured Design "... der Entwurf von Modulen und ihrer kommunikativen Beziehungen (steht), nicht aber ihre Implementierung."[200]
E. YOURDON und L.L. CONSTANTINE nennen vier Design-Strategien, die im Rahmen des Structured Design Anwendung finden können: "Transformationsanalyse", "Transaktionsanalyse" und als alternative Design-Strategien die "Data-Structure Design Method" und das "PARNAS Decomposition Criteria".[201]
Die Transaktionsanalyse wird zum Entwurf transaktionsorientierter Programme eingesetzt.[202] Die "Data-Structure Design Method" ist identisch mit dem Jackson-Structured-Programming. Parnas' Strategie enthält eine Regelmenge für die Dekomposition von Systemen in Subsysteme. Die Transformationsanalyse wird als die wichtigste Analyseform bezeichnet.[203]

Aus diesem Grunde wird beispielhaft nur die Transformationsanalyse betrachtet. Dabei steht die Transformation der Daten im Vordergrund (Eingabe - Verarbeitung - Ausgabe). E. YOURDON und L.L. CONSTANTINE definieren Transformationsanalyse (transform analysis oder auch transform-centered design) als eine besondere Form der Top-Down-Methode, als eine Strategie zur Erstellung von anfänglichen Strukturentwürfen, die gewöhnlicherweise recht gut sind und an denen in den meisten Fällen nur geringe Modifikationen auf dem Weg zur endgültigen Struktur vorgenommen werden müssen. Die Bezeichnung "Transformationsanalyse" spiegelt die Vorgehensweise wieder, Funktionen und Module durch Ein- und Ausgabedaten zu bestimmen und in ihrer Verrichtung zu beschreiben.

G.J. MYERS nennt folgende Schritte der Transformationsanalyse im Rahmen des Structured Designs:[204]

---

200 Vgl. **SCHULZ, A.:** Softwarc-Entwurf, a.a.O., S. 72.

201 Vgl. **YOURDON, E.; CONSTANTINE, L.L.:** Structured Design: Fundamentals of a Discipline of a Computer Program and Systems Design, Englewood Cliffs 1979, S. 187-256.

202 Vgl. **SCHULZ, A.:** Software-Entwurf, a.a.O., S. 77 f.
Zur Transaktionsanalyse vgl. **YOURDON, E.; CONSTANTINE, L.L.:** Structured Design, a.a.O., S. 223-244.

203 Vgl. **YOURDON, E.; CONSTANTINE, L.L.:** Structured Design, a.a.O., S. 246/251/223.
Zur Data Structured Design Method und PARNAS-Strategie vgl. **YOURDON, E.; CONSTANTINE, L.L.:** Structured Design, a.a.O., S. 223-256.

204 Vgl. **MYERS, G.J.:** Reliable Software, a.a.O., S. 70-78 und **YOURDON, E.; CONSTANTINE, L.L.:** Structured Design, a.a.O., S. 187-222.

Schritt 1: Identifikation der Problemstruktur
Darstellung des Problems in einer nichtprozeduralen Abfolge von Funktionen. Nach G.J. MYERS können die meisten Probleme durch eine lineare Kette von drei bis zu zehn Funktionen dargestellt werden.[205] Die wichtigsten dieser Funktionen können zum Beispiel mit Hilfe eines Datenflußdiagrammes ermittelt werden.

Schritt 2: Identifikation der Hauptdatenströme (Input und Output) des Problems (Externe Datenflüsse)
Es werden die externen und logischen Datenströme mit Hilfe eines sogenannten Datenflußgraphen ermittelt. Ein Datenstrom heißt extern, wenn er außerhalb des Systems beginnt und/oder außerhalb des Systems endet; er heißt logisch, wenn er unabhängig von einer physischen Input-/Output-Einheit ist.

Schritt 3: Identifikation der Quellen und Senken der Hauptdatenströme und Ermittlung der Punkte der höchsten Abstraktion
Es wird der externe und logische Hauptdatenstrom ermittelt. Die Punkte der höchsten Abstraktion sind zum einen der Punkt, an dem der Input-Strom so abstrakt ist, daß er zu verschwinden scheint, zum anderen der Punkt, an dem der Output-Strom in seiner abstraktesten Form zum ersten Mal erscheint. Die Funktionen, die zwischen den Punkten der höchsten Abstraktion liegen, heißen Hauptumformung des Problems (central transform of the problem).

Schritt 4: Dekomposition des Problems in eine Menge von untergeordneten Modulen
Die Funktionen vor der Hauptumformung (Noch-Eingabe), die Funktionen der Hauptumformung (Umformung) und die Funktionen nach der Hauptumformung (Schon-Ausgabe[206]) werden zu jeweils einer Funktion zusammengefaßt und beschrieben. Daraus werden Unterfunktionen der Gesamtfunktion des Systems gebildet. Die graphische Darstellung dieses Baumes wird als Strukturgraph bezeichnet.

Schritt 5: Wiederholung (Recursing)
Jedes Modul wird als Unterproblem betrachtet. Für jedes Unterproblem werden die Schritte 1 bis 4 wiederholt.

---

[205] Vgl. **MYERS, G.J.:** Reliable Software, a.a.O., S. 71.
[206] Zu diesen Begriffen vgl. **ENDRES, A.:** Composite Design, a.a.O., S. 194.

Schritt 6: Beendigung (Stopping)
Für die Beendigung des Prozesses können folgende Faustregeln herangezogen werden. Ein Modul soll zum Beispiel nicht weiter zerlegt werden, wenn die Zerlegung zu einer Menge von Modulen mit hoher Kopplung und geringer Bindung führt.

Die Schritte des Structured Design werden am Beispiel eines automatisierten Geldauszahlungssystems verdeutlicht.

Bild 3-22 enthält die lineare Darstellung der Problemstruktur. Der Hauptdatenstrom ist in Bild 3-23 dargestellt. Der Eingabedatenstrom "verschwindet" bei Beginn der Identifikationsüberprüfung, der Ausgabestrom "erscheint" nach Beendigung des Update-Vorganges. Das Problem kann in die Funktionen Noch-Eingabe (B), Umformung (C) und Schon-Ausgabe (D) aufgeteilt werden.

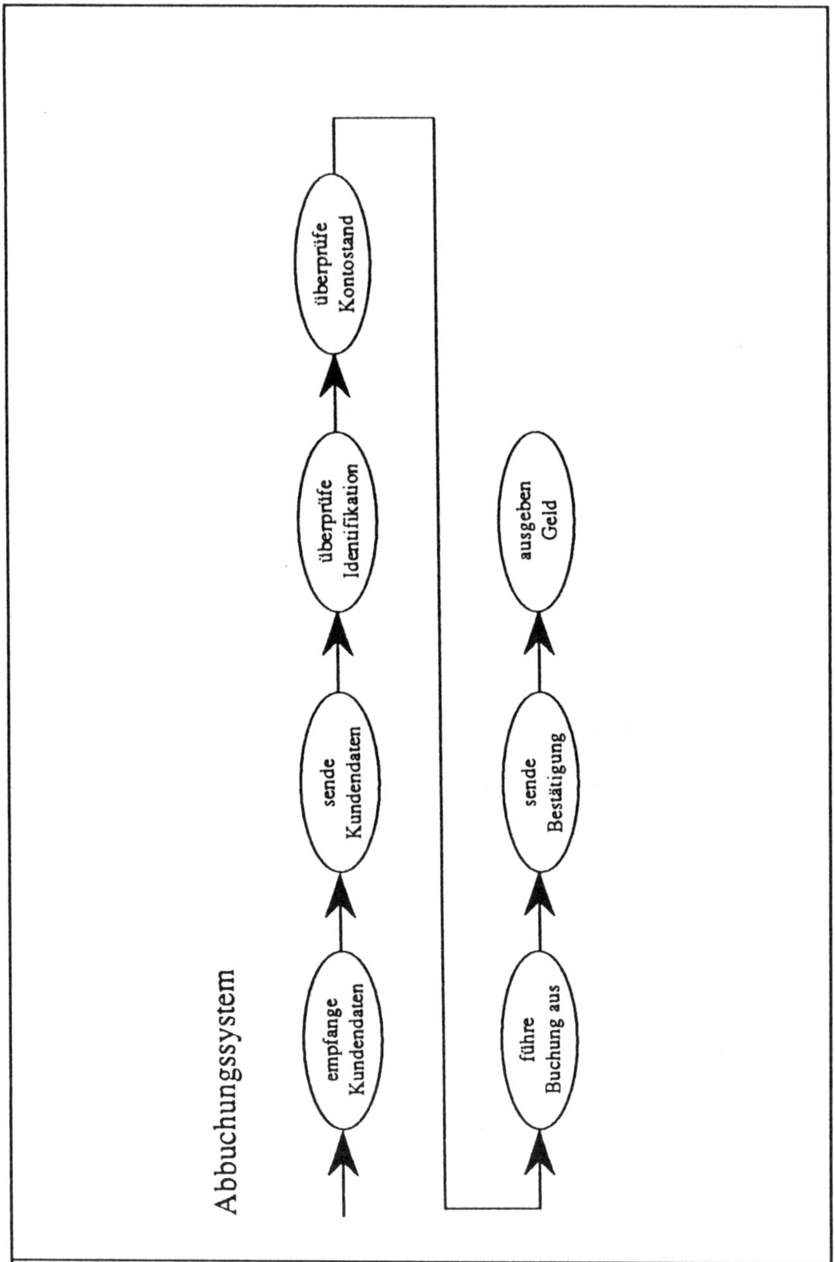

Bild 3-22: Problemstruktur

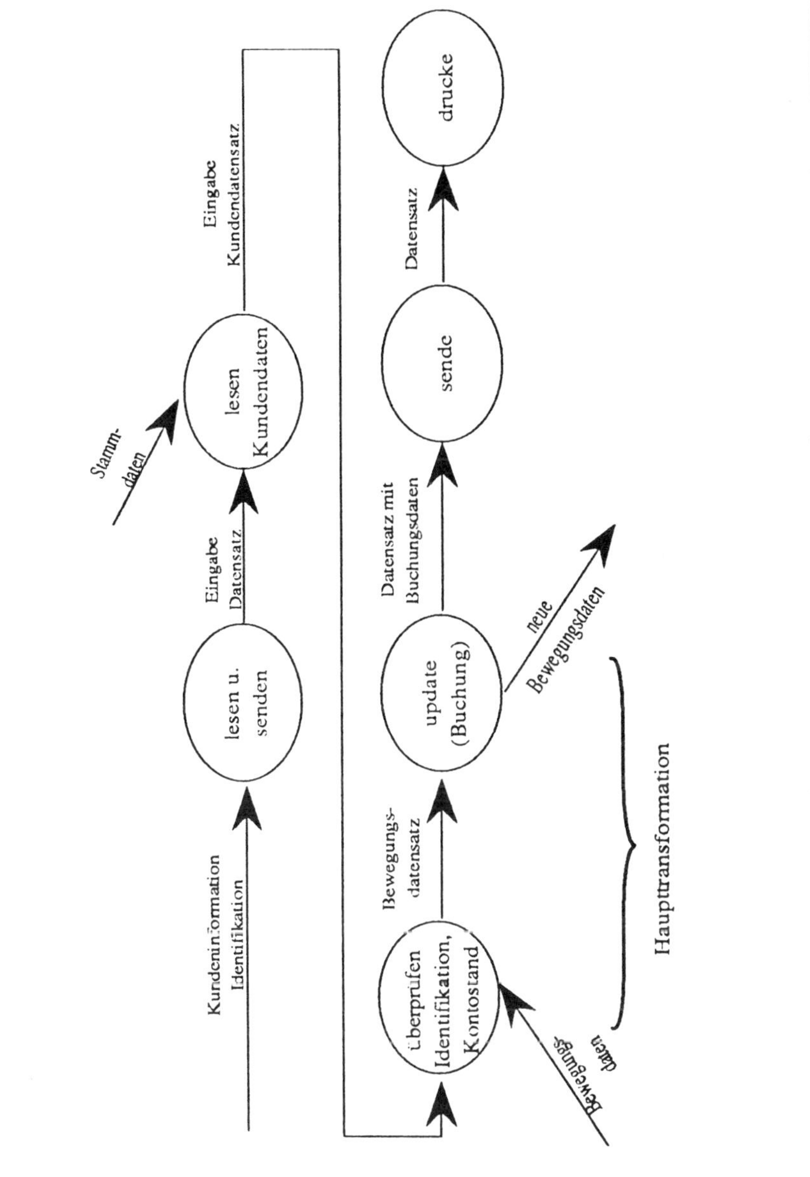

Bild 3-23: Hauptdatenströme (Datenflußgraph)

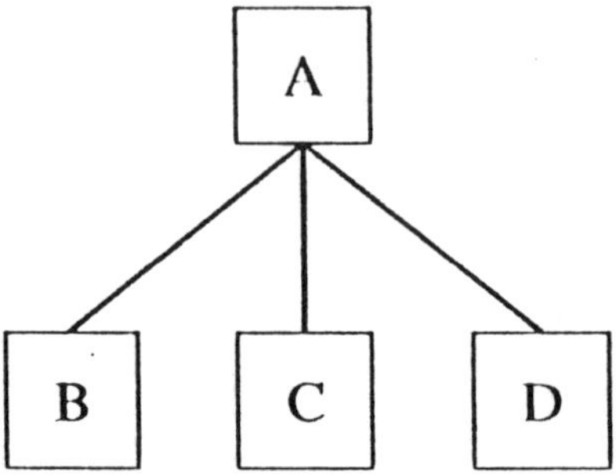

Bild 3-24: Dekomposition des Problems in Module (Strukturgraph)

Das Structured Design enthält umfangreiche Darstellungstechniken für Systemteile und deren Verbindungen, auf die im Rahmen dieses Buches aber nicht eingegangen werden soll. Der Leser sei verwiesen auf die ausführlichen Erläuterungen bei E. YOURDON und L.L.CONSTANTINE.[207]

d) Vor- und Nachteile

Als Vorteile des Structured Design sind zu nennen:[208]
- überwiegende Unterstützung der allgemeinen und phasenspezifischen Prinzipien, besonders gute Modularisierung
- konkrete Richtlinien für die Vorgehensweise beim Programmentwurf und Ausübung eines methodischen Zwanges
- gesteigerte Produktivität.

Als Nachteile des Structured Design sind aufzuführen:[209]
- hoher Spezifikations-, Codierungs- und Testaufwand
- keine Unterstützung durch Werkzeuge/Tools
- Beschränkung auf die Datenflüsse zu Beginn des Entwurfs
- erfahrene Programmierer sind erforderlich

---

[207] Vgl. **YOURDON, E.; CONSTANTINE, L.L.:** Structured Design, a.a.O., S. 409-443.

[208] Vgl. **SCHULZ, A.:** Software-Entwurf, a.a.O., S. 80; **ENDRES, A.:** Composite Design, a.a.O., S. 194 f und **FLOYD, C.:** Eine Untersuchung von Software-Entwicklungsmethoden, a.a.O., S. 261-263.

[209] Vgl. **SCHULZ, A.:** Software-Entwurf, a.a.O., S. 80 f.

- Zunahme der Laufzeit von Programmen
- keine Hilfe für Datenstrukturierung (deshalb Kombination mit datenorientierten Ansätzen)
- es sind keine eindeutigen Kriterien für die Zuordnung einer bestimmten Bindungsart vorhanden.

3.4.4.2.2 Hierarchy plus Input-Process-Output (HIPO)

HIPO[210] wurde ursprünglich bei der IBM (1974-1975) entwickelt.[211] Die Schwerpunkte liegen im Bereich von Dokumentations- und Entwurfsaufgaben. HIPO ist eine mehr informelle Methode zur Konstruktion von Software-Produkten.[212]

Den Ausgangspunkt bei HIPO (=Hierarchy plus Input-Process-Output-Methode) bilden die zu realisierenden Funktionen eines künftigen Softwareproduktes. Aus diesem Grund wird HIPO den funktionsorientierten Entwurfsmethoden zugeordnet.

Zur Unterstützung des Entwurfs werden vier unterschiedliche Typen von Dokumenten verwendet:

1. Strukturübersicht ("Visual Table of Contents")
   Hier werden die Teilfunktionen eines Programmes und deren hierarchische Beziehungen repräsentiert.
2. Übersichtsdiagramm (Overview Design; E-V-A-Diagramm; IPO-Diagramm;)
   Jede Teilfunktion aus dem Übersichtsdiagramm wird mit den dazugehörigen Eingabedatenströmen (Input), Verarbeitungsaufgaben (Process) und Ausgabedatenströmen (Output) dargestellt.
3. Detaildiagramme

---

210 Die HIPO-Methode wird von ihren Entwicklern als Beschreibungsmittel bezeichnet, "das den gesamten Entwicklungsprozeß von der Problemanalyse bis zur Wartung begleiten kann." KIMM u.a. kommen jedoch zu dem Ergebnis, daß HIPO als Spezifikationsmittel nicht geeignet ist.
Vgl. **KIMM, R.; KOCH, W.; SIMONSMEIER, W.; TONTSCH, F.:** Einführung in Software-Engineering, a.a.O., S. 139 und 143.
Aus diesem Grund wird HIPO als Methode zur Konstruktion eingeordnet.

211 Vgl. **O.V.:** HIPO - A Design Aid and Documentation Technique; IBM-Form GC 20-1851-1, Stuttgart 1974.

212 Vgl. **SCHULZ, A.:** Software-Entwurf, a.a.O., S. 93.

Diese sind wie die Übersichtsdiagramme aufgebaut. Der Unterschied liegt darin, daß hier nicht weiter zu verfeinernde Funktionen beschrieben werden (= Beschreibung der "Blätter" aus der Strukturübersicht).

4. Erweiterte Beschreibungen
   Diese können sowohl bei Übersichts- als auch bei Detaildiagrammen verwendet werden. Dabei werden Anmerkungen zu den Diagrammen (zum Beispiel Bedingungen) in tabellarischer Form aufgezeichnet.

HIPO gliedert sich in folgende Schritte:[213]

1. Erstellung einer Strukturübersicht über das geplante System.
2. Erstellung von Übersichtsdiagrammen, so daß sie eine globale Einführung in die Systemfunktionen geben.
3. Erstellung von Detaildiagrammen zur detaillierten Beschreibung der jeweiligen Funktion.

Die Methodik zum Entwurf der Übersichts- und Detaildiagramme kann wie folgt beschrieben werden:[214]

1. Ermittlung und Auflistung der bekannten Ausgabedaten.
2. Die Ausgabedaten werden als Funktion P der Eingabedaten betrachtet.[215] Nun werden parallel die Eingabedaten und die Funktionen (Verarbeitungsschritte) festgelegt.
3. Verbindung der Ein- und Ausgabedaten mit den entsprechenden Funktionen.
4. Reorganisation und Neuerstellung des Diagramms.

Die Bilder 3-25 bis 3-27 enthalten Beispiele für HIPO-Darstellungen.

---

[213] Vgl. **BALZERT, H.:** Die Entwicklung von Software-Systemen, a.a.O., S. 348.

[214] Vgl. **BALZERT, H.:** Die Entwicklung von Software-Systemen, a.a.O., S. 348.

[215] Vgl. **SCHULZ, A.:** HIPO-Methode, in: **SCHNEIDER, H.-J. (HRSG.):** Lexikon der Informatik und Datenverarbeitung, 2., verbesserte und erweiterte Auflage, München/Wien 1986, S. 269.

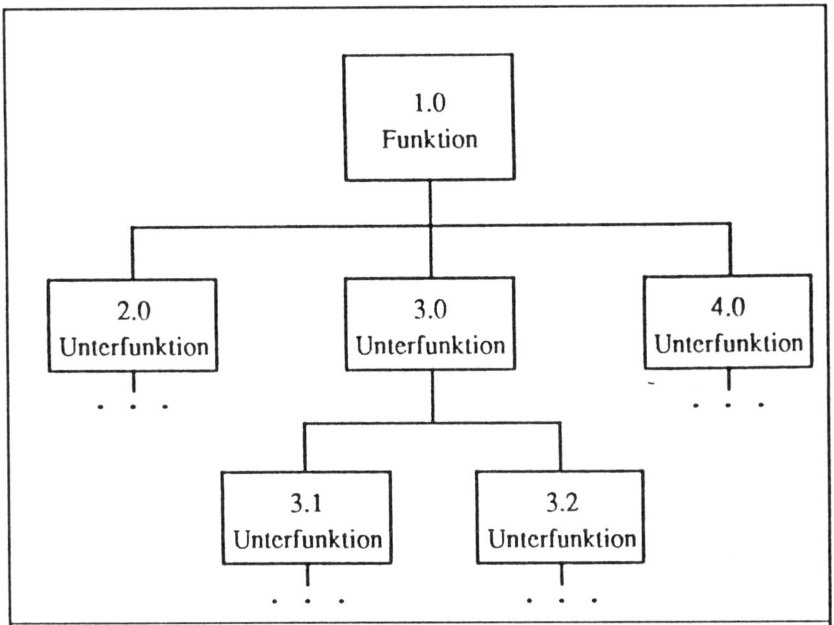

Bild 3-25: Strukturdiagramm (HIPO-Baumdiagramm)

Die Nummern der Teilfunktionen verweisen auf die Verfeinerungen der Teilfunktionen in den Ebenendiagrammen.
HIPO-Ebenendiagramme enthalten Daten- und Steuerfluß. Datenflüsse werden durch hohle Pfeile, Steuerflüsse (auf die aber der Übersichtlichkeit wegen verzichtet wird)[216] werden durch ausgefüllte dargestellt.

---

[216] Vgl. **BUDDE, R.; SCHNUPP, P.; SCHWALD, A.**: Untersuchung über Maßnahmen zur Verbesserung der Software-Produktion. Teil 1: Theoretische Ansätze auf dem Gebiet der Software-Technologie, GMD-Bericht Nr. 130, München/Wien 1980, S. 134.

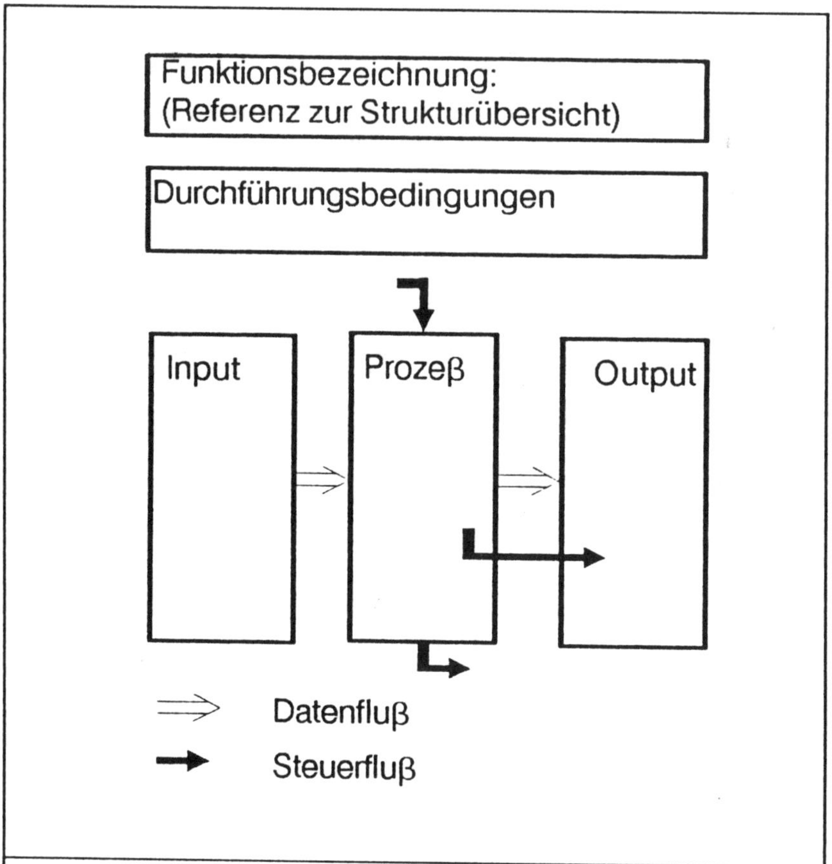

Bild 3-26: HIPO-Übersichts- und Detaildiagramm

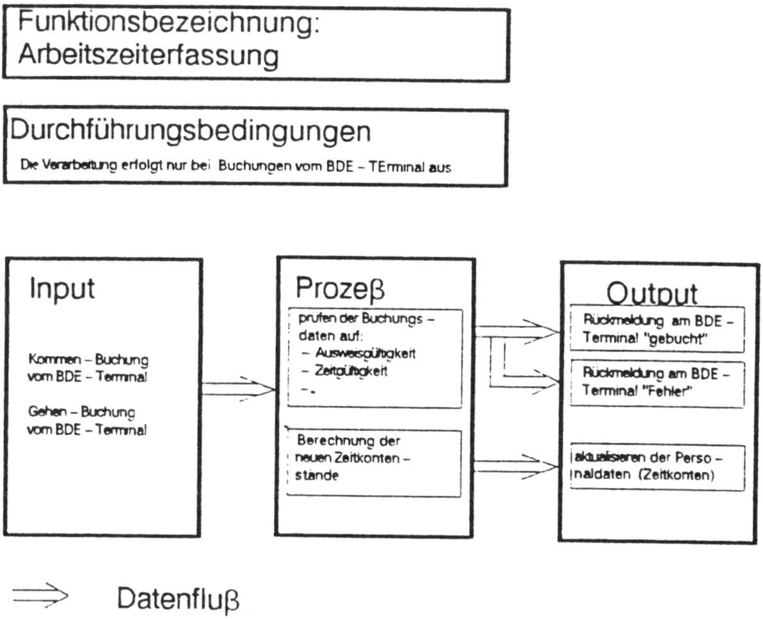

Bild 3-27: HIPO-Detaildiagramm

Die HIPO-Methode besitzt folgende Vorteile:[217]
- teilweise Unterstützung der allgemeinen und phasenspezifischen Prinzipien aufgrund der Darstellungstechnik
- leichte Erlernbarkeit aufgrund einfacher Regeln und einfacher Darstellungstechniken
- Top-Down-Zerlegung des Entwurfs
- durch HIPO wird die Strukturierung eines Problems erzwungen.
- die Gliederung in Eingabe - Verarbeitung - Ausgabe entspricht einer weitverbreiteten Denkweise
- übersichtliche Darstellung in der Dokumentation
- der Programmierer wird dazu gezwungen, auf jeder Hierarchiestufe die Verarbeitungsschritte zu bestimmen
- Minimierung der Datenbasis in dem Sinne, daß nur die für die Teilfunktionen wirklich benötigten Daten erzeugt werden
- der Zusammenhang zwischen Daten und Funktionen wird deutlich.

---

217 Vgl. **BALZERT, H.**: Die Entwicklung von Software-Systemen, a.a.O., S. 351 und **BUDDE, R.; SCHNUPP, P.; SCHWALD, A.**: Untersuchung, Teil 1, a.a.O., S. 134 f.

Die HIPO-Methode besitzt folgende Nachteile:[218]

- teilweiser Verstoß gegen die Prinzipien:
    - Datenunabhängigkeit
    - Modularisierung im engeren Sinne
    - Information Hiding:
        - keine Regeln zur Bestimmung von Teilfunktionen oder Modulen, allgemein zu starke Informalität
        - Verstoß gegen das Geheimnisprinzip in dem Sinne, daß der Konstrukteur die Verarbeitungsschritte eines Moduls zeitlich nahezu parallel zu den Schnittstellen des Moduls (Eingabe- und Ausgabedaten) festlegen muß
- keine Berücksichtigung abstrakter Datentypen insoweit, daß bei der Modularisierung eine Teilfunktion entworfen wird, auf der zahlreiche Ein- und Ausgabedaten arbeiten
- kein Verfeinerungsmechanismus von Daten, nur von Teilfunktionen; daraus resultiert die Gefahr einer beliebigen Über- oder Unterspezifikation von Daten
- die schwerpunktmäßige Betrachtung von Teilfunktionen erlaubt keine strukturierte Erstellung eines Datenmodells; es besteht die Gefahr einer Daten-Programm-Abhängigkeit; diesen Mangel versucht man zu beheben, indem die E-V-A-Diagramme um ein viertes Feld erweitert werden, in dem die Daten dargestellt sind, die programmunabhängig in einer Datenbank gespeichert werden können.
- Gefahr der Vermischung physischer und logischer Datenstrukturen; die Methode hält den Entwickler nicht davon ab, in einem zu frühen Stadium der Systementwicklung Implementierungsdetails festzulegen
- keine geeignete Darstellung von Daten, die sowohl Eingabe- als auch Ausgabedaten sind (Zwischendaten)
- die Darstellungen können verbal ergänzt werden; für die Ergänzung bestehen keine Regeln
- Schwierigkeiten bei der Entwicklung mehrfach verwendbarer Module; Gefahr eines beträchtlichen Anwachsens des Programmcodes

---

218 Vgl. **BALZERT, H.:** Die Entwicklung von Software-Systemen, a.a.O., S. 351; **BUDDE, R.; SCHNUPP, P.; SCHWALD, A.:** Untersuchung, Teil 1, a.a.O., S. 134 f und **SCHULZ, A.:** Software-Entwurf, a.a.O., S. 92 ff.

- keine ausreichende Unterstützung der Idee der Strukturierten Programmierung im engeren Sinne
    - Selektionen sind nur schwer zu erkennen und Iterationen graphisch nicht darstellbar. Diesen Mangel versucht man zu beheben, indem das Verarbeitungsfeld des HIPO-Diagramms als Struktogramm dargestellt wird
- die Anwendung setzt eine strenge Baumstruktur des zu entwickelnden Systems voraus
- aufwendige Erstellung und Modifikation

Zusammenfassend kann gesagt werden, daß sich HIPOs "...meist recht gut zum Entwurf der oberen Applikations- und Funktionsebenen einer Modularisierung (eignen), während sie auf der unteren Repräsentationsebene oft versagen... Eine erprobte Kompromißlösung bildet die HIPO-Modularisierung der oberen Programmebenen, wobei die Input- und Output-Daten nicht mehr die konkreten (Speicher-)Repräsentation, sondern abstrakte Daten sind."[219]

3.4.4.3 Verfahren der Implementierung: JACKSON-Structured-Programming

Die JACKSON-Structured-Programming-Methode (auch JSP-Methode oder JSP-Verfahren genannt) wurde 1975 erstmals in dem Buch "Principles of Program Design" beschrieben. Sie basiert auf Erfahrungen von M.A. JACKSON, die er während seiner Beratertätigkeit in den 60er Jahren

[219] C.H. CORRELL und X. DEBEST schildern den Einsatz der HIPO-Methode in den Phasen Spezifikation und Konstruktion der Entwicklung eines Gehaltsabrechnungssystems für eine amerikanische Versicherungsgesellschaft. HIPO wurde zusammen mit der Strukturierten Programmierung, der Top-Down-Entwicklung, strukturierten Walkthroughs, dem Chief-Programmer-Team und einer Entwicklungsbibliothek eingesetzt. Die Verfasser berichten von einem erfolgreichen Entwurf: Zeit- und Kostenvorgaben konnten eingehalten werden. Der erhöhte Aufwand (die Spezifikations- und Konstruktionsdauer betrugen 2/3 der gesamten Entwicklungsdauer des Systems) zahlte sich aus, als die Programme aufgrund veränderter Anforderungen häufig geändert werden mußten. Im Gegensatz zu den Programmen, die sich mühelos ändern ließen, war die Modifikation der HIPO-Diagramme sehr zeitintensiv.
CORRELL, C.H.; DEBEST, X.: Untersuchung über Maßnahmen zur Verbesserung der Software-Produktion, Teil 3: Einsatz von Methoden der Software-Produktion, GMD-Bericht Nr. 132, München/Wien 1980, S. 116-118.

sammeln konnte.[220] Aufgrund des detaillierten Regelwerks läßt sich JSP durchaus auch als ein Verfahren betrachten.
Das JACKSON-Structured-Programming ist eine Methode, die das Prinzip der Strukturierten Programmierung zu verwirklichen versucht. JSP hat seinen eindeutigen Schwerpunkt im Bereich des Programm- und Modulentwurfs.
M.A. JACKSON überträgt die Idee der strukturierten Programmierung, das im Kapitel 3.2.3.6 beschrieben wurde, zusätzlich auf die Daten. Die Datenstrukturen sollten ebenfalls nach den Richtlinien der Strukturierten Programmierung entworfen werden. Die JSP-Methode wird allgemein den datenorientierten Entwurfsmethoden zugeordnet.
Die zentrale Idee der JSP ist folgende: Programme verarbeiten und erzeugen Daten. Da viele Anweisungen von Programmiersprachen der dritten Generation und darunter das "... Auffinden des Weges durch die Datenstrukturen" betreffen, sollten die Programme die gleichen Strukturen aufweisen wie die Daten."[221] Die Programmstrukturen werden direkt aus den Datenstrukturen abgeleitet.[222]

Die JSP-Methode kann in fünf Schritte untergliedert werden:[223]
1. Gleichzeitiger Entwurf aller Datenstrukturen (Ein- und Ausgabe-) Daten, die für ein Programm benötigt oder von diesem erzeugt werden.
2. Paarweiser Vergleich der Eingabe- und der Ausgabedatenstruktur auf Strukturgleichheit und Beseitigung von Strukturkonflikten.
3. Ableitung der Programmstruktur aus den Datenstrukturen (1:1-Abbildung).
4. Zuordnung von Elementaranweisungen (Operationen) zur Programmstruktur
5. Überführung der Programmstruktur einschließlich Elementaranweisungen in einen Pseudocode oder in die verwendete Programmiersprache.

Als Darstellungstechniken werden sowohl für die Daten- als auch für die Programmstrukturen Baumdiagramme verwandt. Die Grundstrukturen der Baumdiagramme entsprechen den Strukturelementen der Strukturierten Programmierung.

---

[220] **JACKSON, M.A.:** Principles of Program Design, London/New York/San Francisco 1975.

[221] **JACKSON, M.A.:** Grundsätze des Programmentwurfs, Darmstadt 1979, S. 23.

[222] Vgl. **SCHULZ, A.:** Software-Entwurf, a.a.O., S. 99; **WIRTZ, K.W.:** Methoden und Werkzeuge, a.a.O., S. 337 f und **BALZERT, H.:** Die Entwicklung von Software-Systemen, a.a.O., S. 400.

[223] Vgl. **SCHULZ, A.:** Software-Entwurf, a.a.O., S. 99 und **BALZERT, H.:** Die Entwicklung von Software-Systemen, a.a.O., S. 400.

Baumdiagramm	Datenstruktur	Kontrollstruktur
Reihung 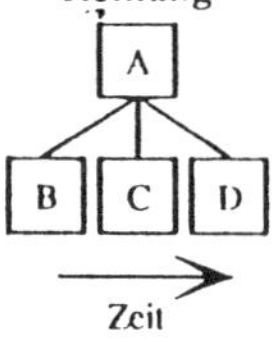	A: RECORD B: ... C: ... D: ... END;	BEGIN B; C; D; END.
Auswahl 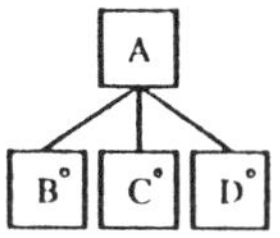	A: RECORD CASE ... OF B: ... C: ... D: ... END;	CASE ... OF x : B; y : C; z : D; END;

Wiederholung
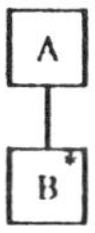
	A:
	ARRAY (x..y) OF B;
		WHILE ... DO
		BEGIN
		B;
		END;

Bild 3-28: Strukturelement Reihung (Sequenz), Auswahl (Selektion), Wiederholung (Iteration) als JACKSON-Baumdiagramm, als Datenstruktur und als Kontrollstruktur[224]

Das Strukturelement Sequenz bedeutet, daß eine Folge von gleichrangigen, nacheinander angeordneten Teilen vorliegt: Eine Adresse besteht aus Name, Straße, Wohnort.
Durch das Strukturelement Wiederholung (Iteration) wird gekennzeichnet, daß ein Teil mehrfach vorliegt.
Das JSP wird im folgenden anhand der Entwicklung eines Programmes zur Bestandsführung beschrieben. Bild 3-29 zeigt die Strukturen der Ein- und Ausgabedaten.

[224] Vgl. **JACKSON, M.A.**: Grundsätze, a.a.O., S. 29 und **BALZERT, H.**: Die Entwicklung von Software-Systemen, a.a.O., S. 400 f.

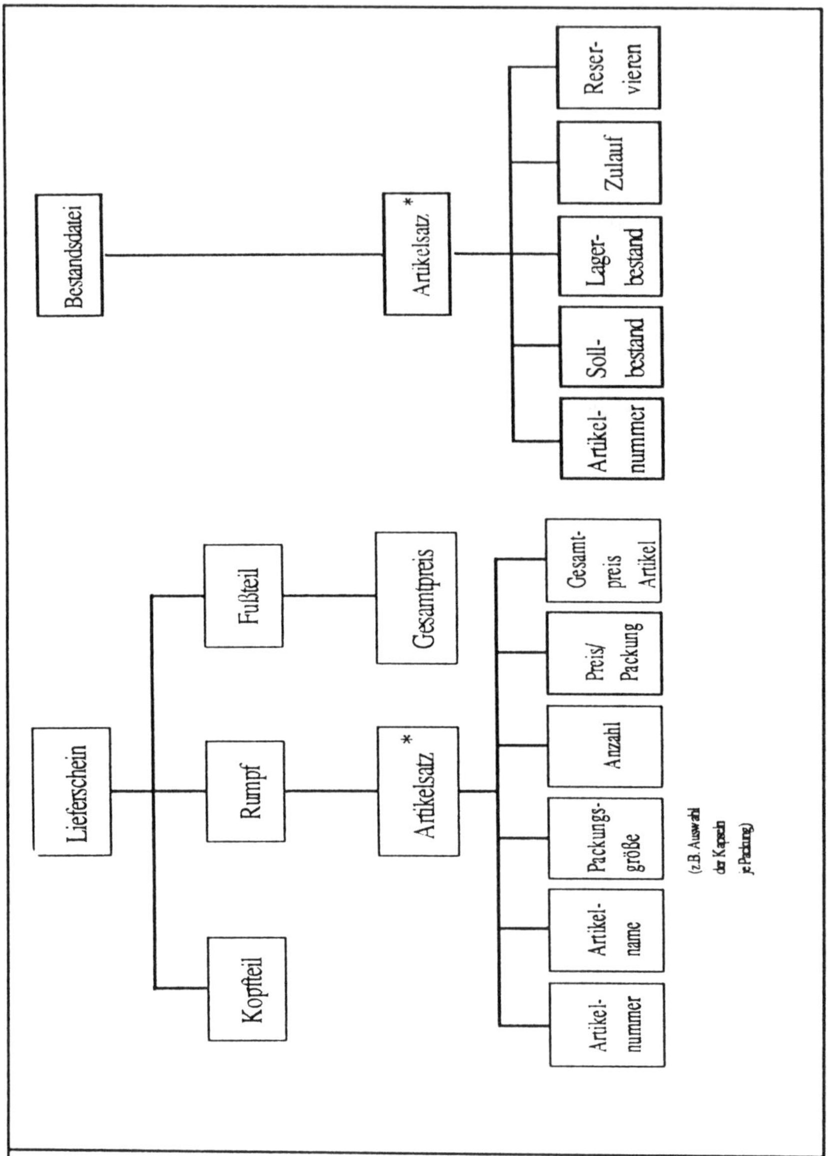

Bild 3-29: Eingabe- und Ausgabedatenstruktur

Zwei Datenstrukturen (Eingabe- und Ausgabestruktur) weisen keine Strukturkonflikte auf, wenn Anzahl und Reihenfolge der Iterationen für beide Datenstrukturen gleich sind und das zu entwerfende Programmsystem beide Daten-

strukturen gleichzeitig bearbeiten kann.[225] In diesem Fall lassen sich den korrespondierenden Datenstrukturen die entsprechenden Programmfunktionen zuordnen.
Die Programmstruktur muß die Strukturen der Daten widerspiegeln. Jedes Element einer Datenstruktur ist in ein Element der Programmstruktur zu überführen.[226] Bild 3-30 enthält die Ausgabedatenstruktur und die daraus abgeleitete Programmstruktur.

---

[225] Vgl. **TRUÖL, K.; VIEBEG, U.**: Strukturierter Programmentwurf, a.a.O., S. 56.
Strukturkonflikte können u.a. durch die sogenannte Programminversion beseitigt werden.
Zur Programminversion vgl. **JACKSON, M.A.**: Grundsätze des Programmentwurfs, a.a.O., S. 172-186.

[226] Vgl. **SCHULZ, A.**: Software-Entwurf, a.a.O., S. 105.

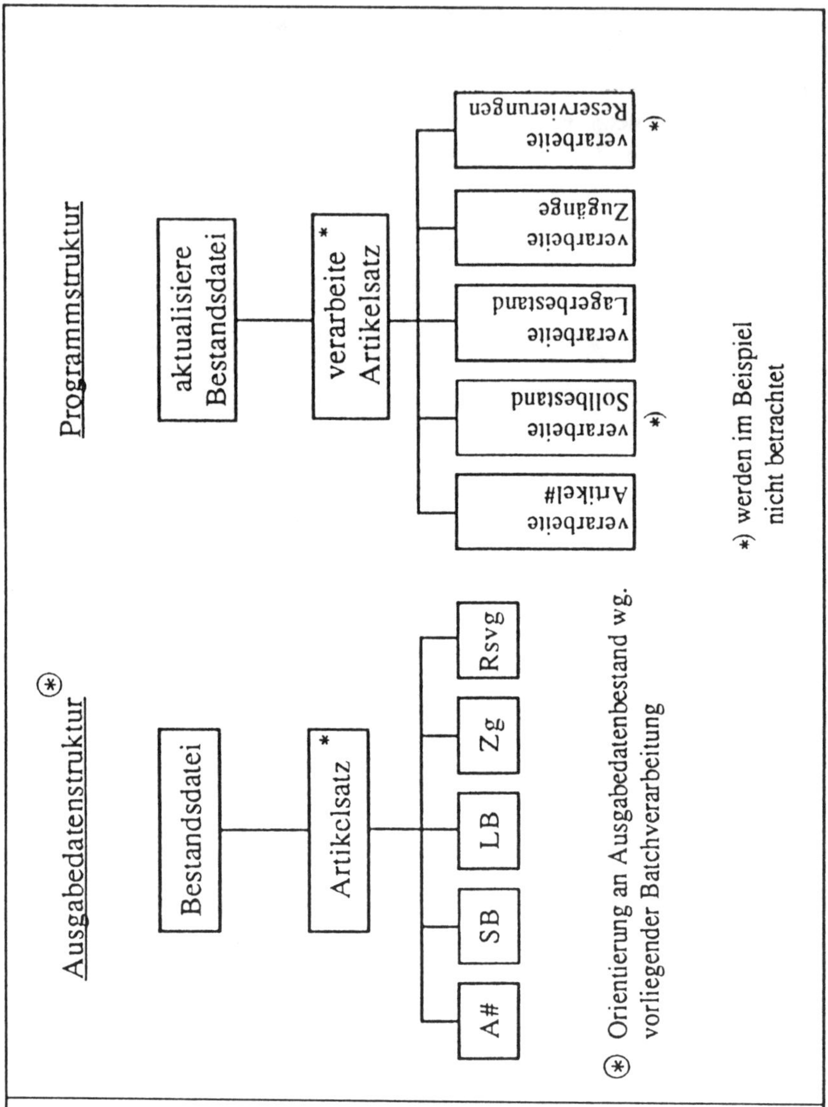

Bild 3-30: Daten- und Programmstruktur

Die Programmstruktur wird nun um die Elementaranweisungen ergänzt. Bild 3-31 enthält die für das Programm benötigten Anweisungen.

1) Eröffne Bestandsdatei
2) Lese Eintrag Artikeldatei
3) Schließe Bestandsdatei
4) Eingabe Lieferschein
5) Suche Satz in Artikeldatei mit Schlüssel Artikel#
6) Lagerbestand_neu:=Lagerbestand_alt+Zulieferung
7) Zugänge_neu:=Zugänge_alt-Zulieferung
8) Speichere neuen Datensatz

Bild 3-31: Elementaranweisungen

Die Elementaranweisungen werden der Programmstruktur hinzugefügt (Bild 3-32).

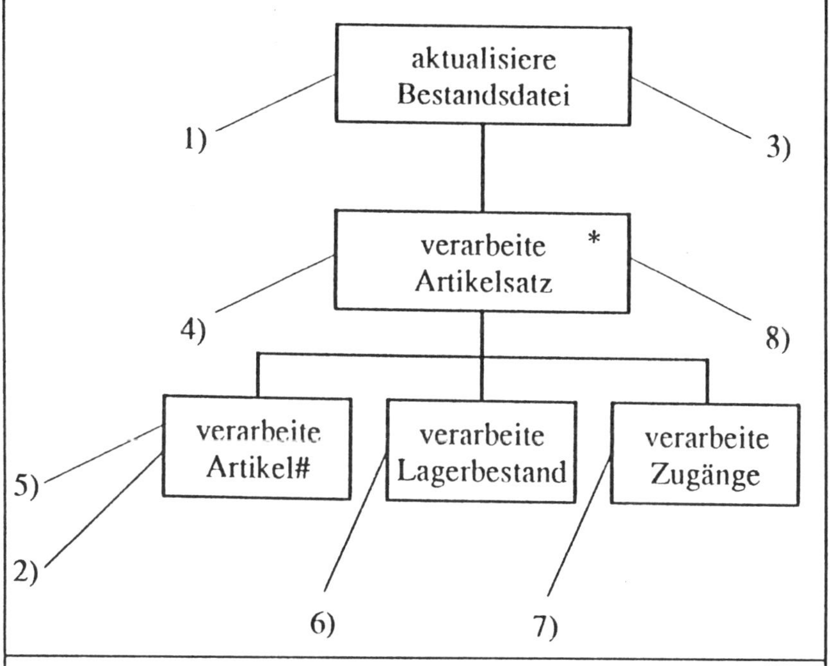

Bild 3-32: Programmstruktur mit Elementaranweisungen

Die um die Elementaranweisungen erweiterten Programmstrukturen können nun zum Beispiel direkt in Pseudocode oder in ein Struktogramm (Bild 3-33) überführt und mit Hilfe von Programmgeneratoren in einer Programmiersprache codiert werden.

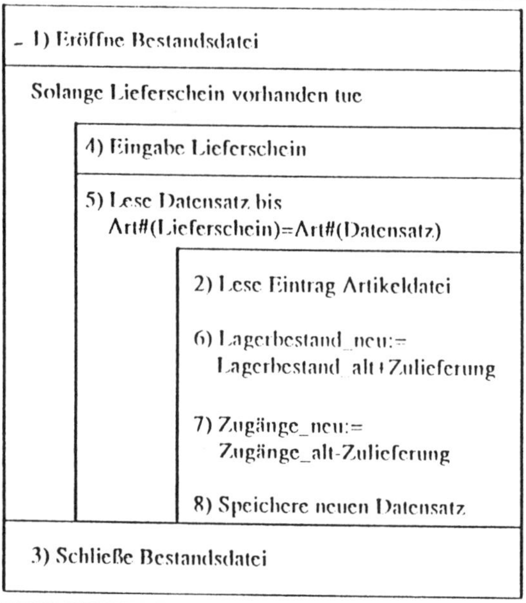

Bild 3-33: Struktogramm des entwickelten Programms

Das JACKSON-Structured-Programming weist folgende Vorteile auf:
- Standardisierung in der Vorgehensweise und in der Darstellungstechnik
- verschiedene Personen können bei der gleichen Problemstellung zu vergleichbaren Ergebnissen kommen[227]
- die Strukturierung von Daten und Programmen erfolgt mit gleichen Strukturelementen
- eine Überprüfung des Programmentwurfs kann automatisch mit Hilfe von Tools erfolgen. Tools lassen sich auch für die Generierung von Quellcode einsetzen.

---

[227] Vgl. **BALZERT, H.:** Die Entwicklung von Software-Systemen, a.a.O., S. 411.

- integrierte Dokumentation; die ganze Phase der Implementierung wird dokumentiert. Schwerpunkt der Dokumentation sind die Jackson-Baumdiagramme, die auch als reines Dokumentationsmittel geeignet sind.
- Erzielung linearer Kontrollstrukturen durch Beschränkung auf die Strukturelemente der Strukturierten Programmierung
- schrittweise Verfeinerung der Strukturen durch Baumdiagramme
- eine gewisse Art der Hierarchisierung wird erreicht, indem zuerst die Kontrollstrukturen und erst im Anschluß daran die Elementaranweisungen bestimmt werden.
- gute Eignung für die Modulimplementierung bei vorgegebenen Datenstrukturen und serieller Datenverarbeitung.[228]
- Stabilität des Entwurfs aufgrund der Ausrichtung der Programme an den Datenstrukturen, die i.a. im Zeitverlauf stabil sind.[229]

Das JACKSON-Structured Programming weist folgende Nachteile auf:
- Verstoß gegen Prinzipien, insbesondere gegen die Prinzipien der Datenunabhängigkeit (die entwickelten Programme sind in starkem Maße datenabhängig; Änderungen der Datenstrukturen führen zu Änderungen an den Programmen), der Abstraktion, der Modularisierung[230], des Information Hiding (die gleichzeitige Strukturierung aller Daten im Entwurfsprozeß) und der Strukturierung
- die Anwendung des JACKSON-Structured-Programming ist auf den Entwurf kleiner Systeme und den Detailentwurf von Programmodulen begrenzt.[231]
- die erforderliche Strukturgleichheit von Ein- und Ausgabedatenstrukturen ist in der Regel nicht gegeben, so daß häufig Strukturkonflikte auftreten, die beseitigt werden müssen.
- JSP widerspricht dem Konzept der Datenabstraktion.

---

228 Vgl. **BALZERT, H.:** Die Entwicklung von Software-Systemen, a.a.O., S. 411.

229 Vgl. **SCHULZ, A.:** Software-Entwurf, a.a.O., S. 124.

230 Eine Mehrfachverwendung von Module ist nicht zulässig. Vgl. **SCHULZ, A.:** Software-Entwurf, a.a.O., S. 125.

231 C.H. CORRELL und DEBEST berichten von der Anwendung der JSP (im Zusammenhang mit weiteren Methoden) durch die Mathematics, Computers and Systems-Abteilung des amerikanischen Erdölkonzerns EXXON. Das Ergebnis war eine verringerte Komplexität der Programme, effektive Programmdokumentation als Nebenprodukt des Entwurfs sowie die Möglichkeit einer effektiven Software-Unterstützung des Entwicklungsprozesses aufgrund der Schritt-für-Schritt-Methodologie. Vgl. **CORRELL, C.H.; DEBEST, X.:** Untersuchung, Teil 3, a.a.O.,S. 145 f.

- der Datenfluß zwischen den Modulen (die Modulkommunikation) wird nicht betrachtet.

Nach den allgemeinen und den phasenspezifischen gedanklichen Hilfsmitteln sollen nun die phasenübergreifenden behandelt werden.

3.4.5 Phasenübergreifende gedankliche Hilfsmittel

3.4.5.1 Methoden für die Spezifikation und Konstruktion: Structured Analysis and Design Technique (SADT)

Die Structured Analysis and Design Technique (SADT)[232] wurde von D.T. ROSS, dem Gründer der Firma SofTech, in den Jahren 1969-73 entwickelt und danach weiter verfeinert. Es handelt sich um eine allgemeine Systementwicklungsmethode, die es ermöglicht, Systeme jeder Art zu analysieren und zu entwerfen.
SADT hat seinen Schwerpunkt in den Phasen der Problem- und Systemspezifikation und in der Systemkonstruktion.
SADT bedient sich graphisch-verbaler Beschreibungs- und Entwurfsmittel.[233] Diese basieren auf der Top-Down-Strukturierung. SADT erlaubt eine duale Abbildung des Systems:
Eine funktionsorientierte Darstellung (Aktivitätenmodell) beschreibt die betrieblichen Aktivitäten und die Daten als funktionsverbindende Schnittstellen.

---

[232] Zu SADT vgl. **BALZERT, H.:** Die Entwicklung von Software-Systemen, a.a.O., S. 111-133; **BALZERT, H. (HRSG.):** CASE, a.a.O., S. 59-65; **WILLMER, H.; BALZERT, H.:** Fallstudie einer industriellen Software-Entwicklung. Definition, Entwurf, Implementierung, Abnahme, Qualitätssicherung, Mannheim/Wien/Zürich 1984, Fallstudie SADT, S. 169-190; **KIMM, R.; KOCH, W.; SIMONSMEIER, W.; TONTSCH, F.:** Einführung in Software-Engineering, a.a.O., S. 59-64; **PRESSMAN, R.S.:** Software Engineering, a.a.O., S. 192-196; **WIRTZ, K.W.:** Methoden und Werkzeuge, a.a.O., S. 328-332; **VALDER, W.; WELLER, U.:** Schwierigkeiten mit der klassischen Systemanalyse, in: **AI:** 8/1984, S. 323-328 sowie **DANIELS, H.J.:** Die Bedeutungg des Pflichtenheftes für den Software-Entwicklungsprozeß, in: **AI:** 3/1984, S. 87 f (87-97).

[233] Vgl. **WAGEMANN, R.:** SADT, in: **MERTENS, P. (HAUPTHRSG.):** Lexikon der Wirtschaftsinformatik, Berlin/Heidelberg/New York/London/Paris/Tokyo 1987, S. 295-298.

Das Datenmodell beschreibt die Daten des Systems und stellt die Aktivitäten als Verbindungen zwischen den Daten dar.[234]

Aktivitätenmodell:
Die SADT-Graphik besteht aus Kästen und Pfeilen. Ein Kasten konkretisiert eine Aktivität, ein Pfeil die informative Verbindung (Schnittstelle) der Aktivität zur Umwelt. Die Schnittstellen stellen dabei Daten dar.
Es werden vier Pfeiltypen unterschieden (Bild 3-34):

- Eingabedaten
- durch die Aktivität erzeugte Ausgabedaten
- die Aktivität steuernde Daten
- der die Aktivität ausführende oder unterstützende Mechanismus (Prozessor).

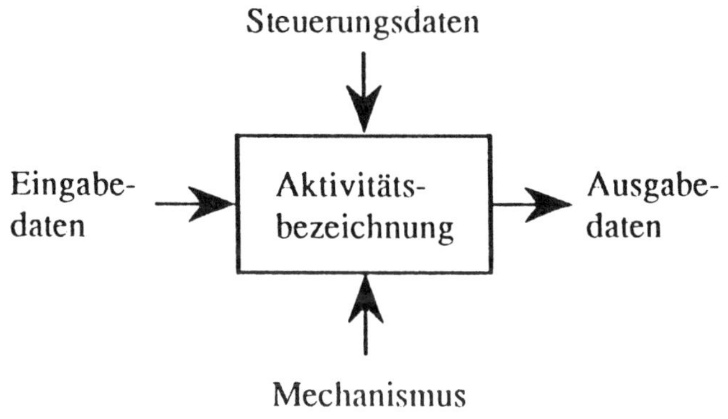

Bild 3-34: SADT-Aktivitätenmodell

Datenmodell:
Beim Datenmodell stehen die Daten im Mittelpunkt. Sie werden in Kästen und die Aktivitäten durch Pfeile dargestellt. Die Symbole entsprechen dem Aktivitätenmodell. Systemzusammenhänge werden lediglich aus einer anderen, datenorientierten Betrachtung analysiert.[235]

---

234 Vgl. **BALZERT, H.**: Die Entwicklung von Software-Systemen, a.a.O., S.111 ff und **KIMM, R.; KOCH, W.; SIMONSMEIER, W.; TONTSCH, F.**: Einführung in Software-Engineering, a.a.O., S.59 ff.

235 Vgl. **HÖCKER, H.-J.**: Die Bewertung, a.a.O., S. 105.

Regeln/Vorgehensweise:
Jeder Kasten bezieht sich auf eine bestimmte Abstraktionsstufe. Davon ausgehend bietet SADT die Möglichkeit der fortschreitenden Verfeinerung der Darstellung durch die Herauslösung von Subsystemen. Es ist allgemein üblich, bei der höchsten Abstraktionsstufe zu beginnen und diese schrittweise zu verfeinern. Dabei sollte darauf geachtet werden, daß jedes Teilsystem unabhängig von den Teilsystemen beschrieben werden kann, die sich auf der gleichen Abstraktionsebene befinden.
Die Darstellungsform gestattet es, die Betrachtung auf eine hierarchisch höhere Systemebene zurückzuführen, so daß es dem Betrachter ermöglicht wird, stets einen Überblick über die Wirkungszusammenhänge des Gesamtsystems zu besitzen (Bild 3-35).[236]

---

[236] Vgl. **DANIELS, H.-J.:** Die Bedeutung, a.a.O., S.90.

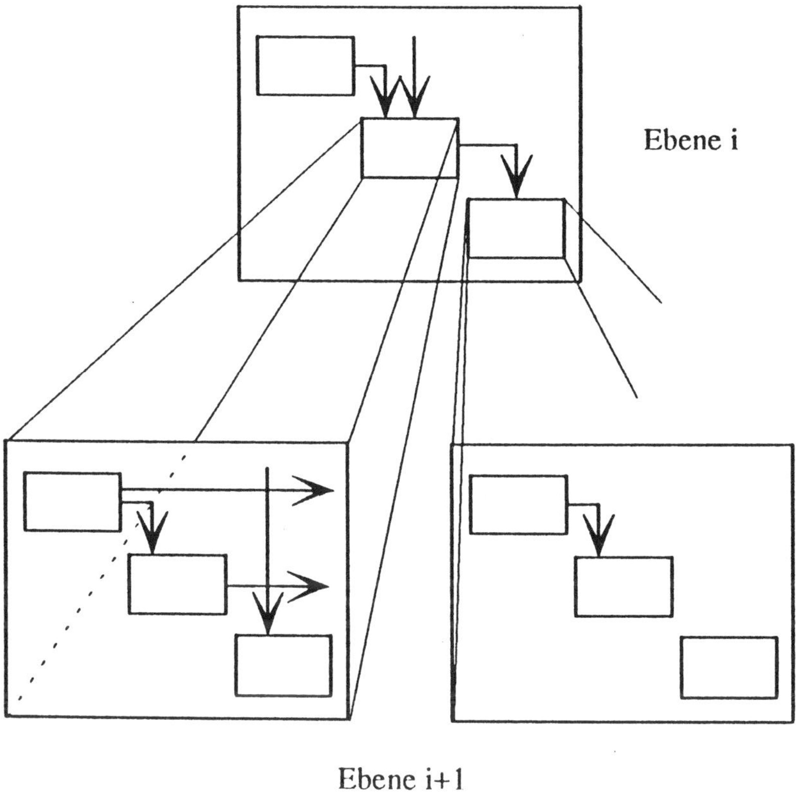

Bild 3-35: SADT-Modellhierarchie

Die in SADT enthaltene Vorgehensweise läßt sich so zusammenfassen:[237]

1. Parallele Entwicklung des Aktivitäten- und des Datenmodells, wobei die Entwicklung des Datenmodells in der Regel zeitlich etwas später erfolgt. Dazu ist festzulegen, welchem Zweck die Darstellungen dienen sollen. Sie können einerseits der Beschreibung eines Systems im Istzustand dienen, andererseits Anforderungen an ein zu entwickelndes System oder den

---

[237] Vgl. **BALZERT, H.**: Die Entwicklung von Software-Systemen, a.a.O., S. 128 f.

Entwurf eines solchen Systems enthalten. Es müssen in Abhängigkeit vom jeweiligen Zweck Aktionen und Daten bestimmt werden. Als erstes werden die Schnittstellen des Systems zum Umsystem durch Daten (im Aktivitätenmodell) und Aktivitäten (im Datenmodell) untersucht und dargestellt. Das Ergebnis ist das Wurzeldiagramm A-0. Ausgehend von dem Wurzeldiagramm werden die Kästen (Aktivitäten oder Daten) schrittweise verfeinert, bis das erforderliche Konkretisierungsniveau erreicht ist. Die inhaltliche und formale Richtigkeit der Darstellungen werden in einem sogenannten Autor-Kritiker-Zyklus überprüft.

2. Vergleich des Aktivitätenmodells und des Datenmodells, um inhaltliche oder formale Mängel aufzudecken und gegebenenfalls zu korrigieren. Eine Aktivität des Aktivitätenmodells muß ebenso im Datenmodell enthalten sein wie umgekehrt Daten des Datenmodells im Aktivitätenmodell. Ferner muß eine Datengruppe, die im Aktivitätendiagramm erzeugt wurde, in einem Datendiagramm als Kasten dargestellt sein. Für Aktivitäten und Daten sollten die gleichen Abstraktionsstufen eingehalten werden.[238]
3. Einführen des Steuerflusses durch Sequentialisierung. Es ist zu beachten, daß die Pfeile im Aktivitätenmodell und im Datenmodell keinen Steuerfluß beschreiben. Die Anordnung der Aktivitäten sagt somit nichts über die zeitliche Abfolge der Aktivitäten aus. Es besteht jedoch die Möglichkeit der Berücksichtigung der zeitlichen Abfolge der Aktivitäten durch die Einführung eines Steuerflusses mittels Numerierung der Pfeile (Sequentialisierung).

Grundregeln:

In einem SADT-Diagramm werden die Kästen von links oben nach rechts unten angeordnet.

Bei der Erstellung eines SADT-Diagrammmes sollte darauf geachtet werden, daß ein Diagramm zwischen 3 und 6 Kästen (also Aktivitäten oder Daten) enthält. Diese Regel soll verhindern, daß die Darstellungen unübersichtlich werden. Sie kann aber dazu führen, daß zusätzliche abstrakte Aktivitäten oder Daten gebildet werden müssen, wenn eine Hierarchiestufe mehr oder weniger Aktivitäten oder Daten enthält. Der entscheidende Vorteil der Regel ist es aber, daß der Entwickler zu einer Beschreibung oder einem Entwurf gezwungen wird, der den Prinzipien der Abstraktion, der Hierarchisierung und der Strukturierung gerecht wird. Das Erstellen eines SADT-Diagrammes oder besser einer Diagrammhierarchie zwingt den Entwickler zu einem exakten Verständnis des Systems. Ein "Herummogeln" um unverständliche Aspekte "rächt" sich in hierarchisch tieferen Diagrammen und zwingt oft zu einem

---

[238] Vgl. **BALZERT, H.:** Die Entwicklung von Software-Systemen, a.a.O., S. 127.

völligen Neuanfang der Beschreibung oder des Entwurfs. Bild 3-36 zeigt eine idealtypische Hierarchie von SADT-Diagrammen. Jedes Diagramm weist maximal sechs Kästen auf.

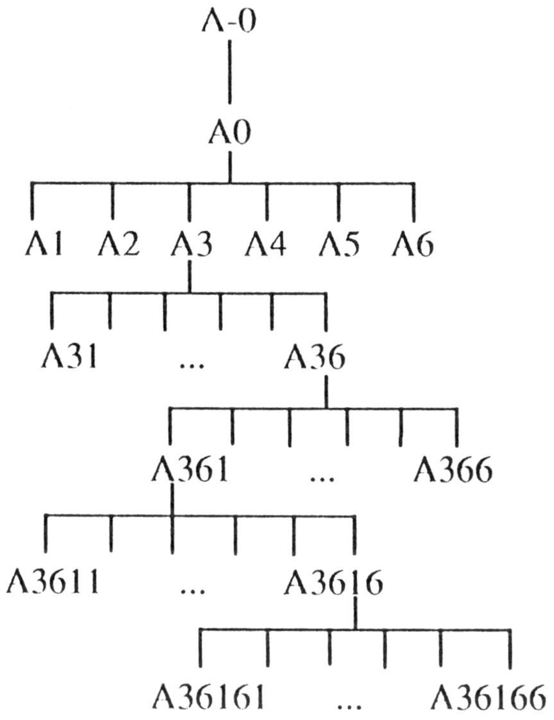

Bild 3-36: SADT-Diagrammbaum

Bild 3-37 enthält ein SADT-Formular. Die Formularfelder haben folgende Bedeutung:[239]

---

[239] Vgl. **BALZERT, H.:** Die Entwicklung von Software-Systemen, a.a.O., S. 113.

Knoten: gibt die Position des Diagrammes in der Hierarchie an, zum Beispiel:

- A-0: Wurzel
- A0: Knoten hierarchisch direkt unter der Wurzel
- A1: Knoten hierarchisch zwei Stufen unter der Wurzel, Konkretisierung des ersten Kastens des A0-Diagrammes
- A11: Knoten hierarchisch drei Stufen unter der Wurzel, Konkretisierung des ersten Kastens des A1-Diagrammes.

Titel: Diagrammtitel des übergeordneten Diagrammes

Folgenummer: Nummer des auf die Darstellung folgenden Dokumentes.

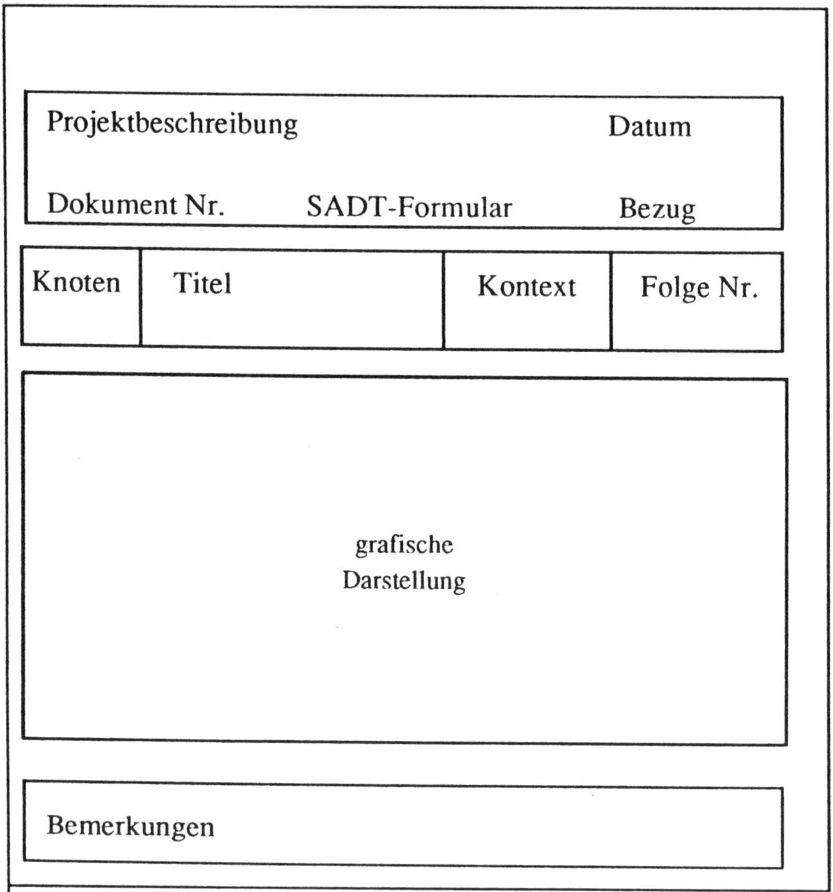

Bild 3-37: SADT-Formular

Die Bilder 3-38 und 3-39 enthalten die Beschreibung des Istzustandes in einem Apothekenbetrieb mit Hilfe des Aktivitätenmodells.[240] Die Kästen 1 und 3 des Knotens A0 (Bild 3-38) stellen Aktivitäten der Umgebung des Systems Apothekenbetrieb dar. Bild 3-39 zeigt eine Verfeinerung des zweiten Kastens aus Bild 3-38.

---

240 Vgl. **FISCHER, D.:** Sortimentsanalyse, a.a.O., S. 27-30.

Systemanalyse Apotheke		Dezember 1990
Dokument Nr. I-2	SADT-Formular	Bezug B

Knoten	Titel	Kontext	Folge Nr.
A 0	System-Umwelt	A 0	I-3

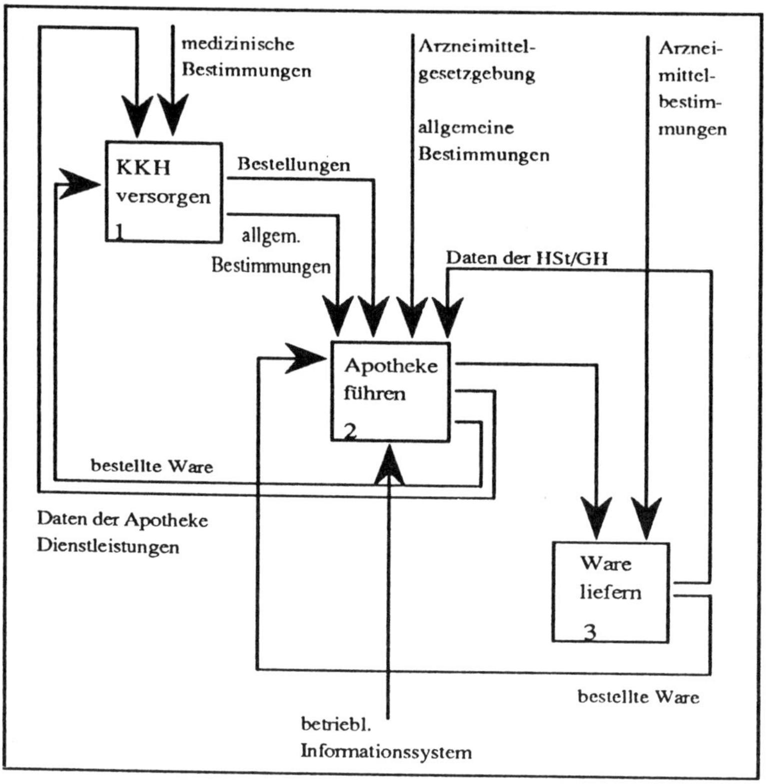

Bemerkungen:
Überblick Wirkungszusammenhänge System-Umsystem

Bild 3-38: SADT-Diagramm (Apotheke und Umsystem)

Systemanalyse Apotheke		Dezember 1990
Dokument Nr. I-3	SADT-Formular	Bezug C

Knoten	Titel	Kontext	Folge Nr.
A 2	System	A 0	I-4

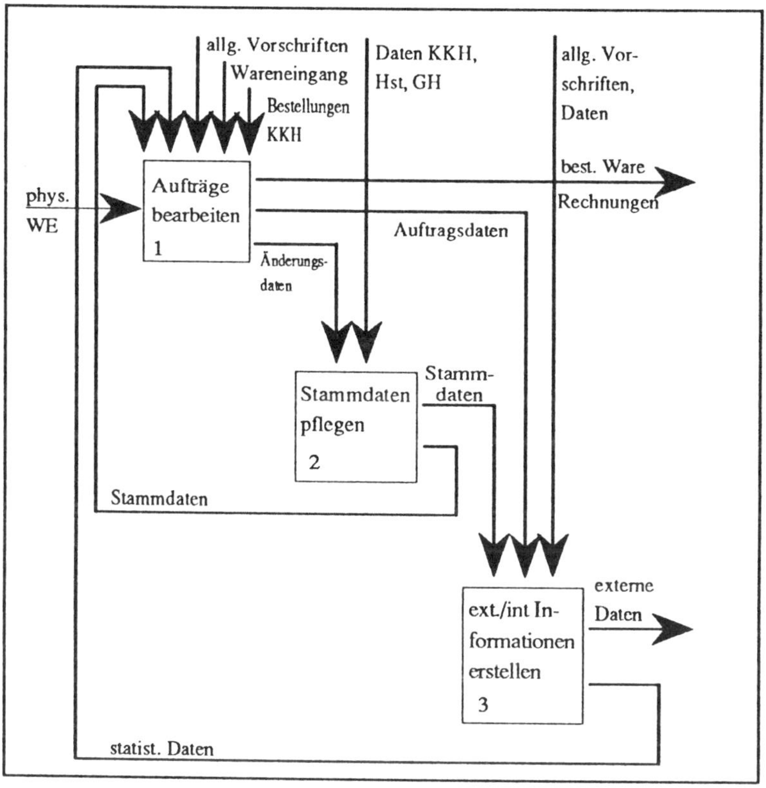

Bemerkungen:
Überblick Arbeitsabläufe im System

Bild 3-39: SADT-Diagramm (Verfeinerung zweiter Kasten)

Es lassen sich folgende Vorteile feststellen:[241]

- Unterstützung nahezu aller Prinzipien (mit Ausnahme der Modularisierung[242] und der fehlenden expliziten Unterstützung der linearen Kontrollstrukturen) durch ein Regelwerk und die Darstellungstechnik.
- Das Verfahren zwingt zu einem exakten Verständnis des zu beschreibenden oder des zu entwerfenden Systems.
- SADT läßt sich unabhängig von der Projektgröße einsetzen.
- Leichte Erlernbarkeit, sofort möglicher Einsatz, gutes Mittel zur Kommunikation.

Dem gegenüber stehen folgende Nachteile:
- hoher Arbeitsaufwand bei Anwendung ohne Werkzeugunterstützung
- die Erweiterung von Modellen ist oft nur mit großem Aufwand möglich
- sehr großer Aufwand bei der Vornahme von Modifikationen, teilweise ist eine völlige Neuerstellung aller (!) Diagramme erforderlich. SADT ist deshalb ohne Werkzeugunterstützung ökonomisch kaum sinnvoll einsetzbar.
- teilweise Einführung von künstlichen Abstraktionen, wenn eine Funktions- oder Datenebene nicht mit 3 bis 6 Kästen darstellbar ist
- eine explizite Schnittstellenbeschreibung fehlt

3.4.5.2 Methoden für die Spezifikation, Konstruktion und Implementierung: JACKSON-System-Development (JSD)

Das JACKSON-System-Development (JSD)[243] ist eine Methode zur Spezifikation, zum Entwurf und zur Implementierung von Programmsystemen. Dabei wird ein einheitlicher phasenübergreifender Entwicklungsprozeß angestrebt. Von Wichtigkeit ist die Verlagerung großer Teile des Entwurfs in die Implementierungsphase, so daß im Grunde die Phase Entwurf entfällt.[244]
Das JSD beginnt mit einer Analyse der realen Welt außerhalb des zu entwickelnden Systems. Jacksons Vorstellung ist, daß vor einer Gestaltung des Systems ein Modell der Systemumgebung entwickelt werden muß. Im Zentrum des Modells stehen Objekte (Entities) und Aktionen, die von den Objekten erzeugt werden oder die auf sie wirken. Die Objekte und Aktionen,

---

241 Vgl. **BALZERT, H.:** Die Entwicklung von Software-Systemen, a.a.O., S. 132.

242 Daher gibt es auch keine Unterstützung der Mehrfachverwendung, Bindung und Kopplung.

243 **JACKSON, M.A.:** System Development, Englewood Cliffs 1983.

244 Vgl. **SCHULZ, A.:** Software-Entwurf, a.a.O., S. 136.

die das zu entwickelnde System betreffen, werden ermittelt und dargestellt. In Baumdiagrammen, sogenannten Objektstrukturdiagrammen, wird die zeitliche Abfolge der Aktionen eines Objektes mit Hilfe der Strukturelemente der Strukturierten Programmierung (Reihung, Wiederholung, Auswahl) beschrieben. Im Anschluß daran erfolgt die Überführung jedes Objektes in einen Prozeß und die Spezifikation der Kommunikation des Umwelt-Prozesses mit dem zu entwerfenden internen System-Prozeß. Die Verknüpfung erfolgt entweder über Datenströme oder über sogenannten Zustandsvektorinspektionen. Die von einem Systemprozeß auszuführenden Aufgaben werden in Pseudocode beschrieben. Zur Erzeugung eines System-Outputs werden dem Modell Funktionen hinzugefügt. Funktionen sind nach M.A. JACKSON Systemprozesse, die beim Eintreten einer bestimmten Konstellation aus bestimmten Daten einen bestimmten Output erzeugen.[245] Wenn alle Funktionen ermittelt und den Prozessen zugeordnet sind, werden zeitliche Beschränkungen wie Antwortzeiten u.ä. für die Prozesse eingeführt, die bei der Implementierung berücksichtigt werden müssen. Erst danach kann der Entwurf zur Implementierung weitergeleitet werden. Eine direkte Überführung des Entwurfs in eine Programmiersprache ist nicht möglich, da bis zum Beginn der Implementierung die Annahme galt, daß jeder Prozeß genau einem Prozessor zugeordnet ist. Im Rahmen der Implementierung müssen die Prozesse auf die vorhandenen Ressourcen aufgeteilt werden.
Der beschriebene Prozeß des JSD kann in sechs Schritte zerlegt werden:[246]

1. Entity Action Step:
   Bestimmung der Objekte und Aktionen des Umsystems
2. Entity Structure Step:
   Beschreibung der Objekte durch Aktionen
3. Initial Model Step:
   Verbindung der Umsystem-Prozesse mit den internen System-Prozessen
4. Function Step:
   Einführung des Systemoutputs
5. System Timing Step:
   Einführung zeitlicher Anforderungen
6. Implementation Step:
   Aufteilung der Prozesse auf Ressourcen und Umwandlung in Programmiersprache.

---

245 Vgl. **JACKSON, M.A.:** System Development, a.a.O., S. 171.
246 Vgl. **JACKSON, M.A.:** System Development, a.a.O., S. 259-323.

Wir wollen nun das JSD anhand eines Beispieles betrachten.
Gegeben sei die folgende Problemstellung: Für einen Einzelhandelsbetrieb ist ein Informationssystem zu entwickeln, das die Verkäufe von Waren an Kunden erfaßt. Die Bezahlung erfolgt direkt im Anschluß an den Kauf, oder das Konto des Kunden wird mit dem zu zahlenden Betrag belastet.

1. Entity Action Step
Objekte des Umsystems sind zunächst das Personal des Betriebes, die Kunden, die Artikel, die Lagerorte der Artikel, die Kundenkonten und die Kassensysteme. Das Personal scheidet als Objekt des Umsystems aus, da wir unterstellen, daß es nicht von Interesse ist, welcher Verkäufer oder Kassierer mit dem Verkaufsprozeß beschäftigt ist. Ebenso sind in diesem Fall die Lagerorte der Artikel für das zu erstellende Programm ohne Bedeutung. Objekte des Umsystems, die in das Programm einfließen müssen, sind in diesem Beispiel nur die Kunden und die Kundenkonten.
Aktionen sind das Vorlegen von Artikeln an der Kasse sowie das Bezahlen, entweder direkt oder durch Belastung des entsprechenden Kundenkontos. Das Überweisen von Beträgen durch den Kunden auf das Kundenkonto ist in dem Beispiel auch von untergeordneter Bedeutung, da es nicht unmittelbar mit dem Verkauf von Ware zusammenhängt.
Damit sind als Aktionen (Action steps) zu realisieren:
ARTIKEL_VORLEGEN:
Der Kunde entnimmt Artikel vom Lagerort und legt sie dem Kassenpersonal vor.

BARZAHLUNG:
Der Kunde bezahlt den genannten Betrag direkt im Anschluß an den Kauf in bar. Die Nummern und die Anzahl der vom Kunden gekauften Artikel werden für jeden Kaufakt in einer Datei gespeichert.

BELASTUNG_KONTO:
Der Kunde identifiziert sich durch seinen Namen und seine Geheimnummer. Die Artikelnummern und die Anzahl der vom Kunden gekauften Artikel werden für jeden Kaufakt in einer Datei gespeichert. Der vom Kunden laut Datensatz noch zu zahlende Betrag zuzüglich des aktuellen Kaufpreises darf einen festgelegten Betrag nicht übersteigen.

ERÖFFNE_KONTO:
Für Kunden, die bisher noch kein Konto besitzen und nicht bar zahlen, ist ein neues Konto einzurichten. Es werden Name, Adresse und Geheimnummer des Kunden in einer Datei gespeichert.

2. Entity Structure Step
Bild 3-40 enthält das Objektstrukturdiagramm, das sich aus dem Objekt "KUNDE" und den Aktionen "ARTIKEL_VORLEGEN", "BARZAHLUNG", "BELASTUNG_KONTO" und "ERÖFFNE_KONTO" ergibt. Aufgrund der Beschränkung auf die Strukturelemente der Strukturierten Programmierung sind einige abstrakte Aktionen einzuführen.

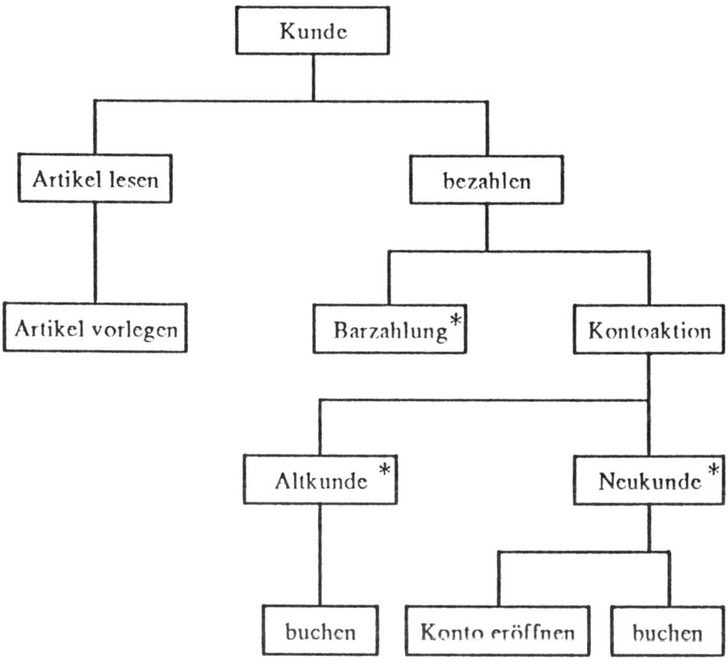

Bild 3-40: Objektstrukturdiagramm "KUNDE"

3. Initial Model Step
Bild 3-41 zeigt die Darstellung des Objektes "KUNDE" als Prozeß "KUNDE-0" und dessen Verknüpfung mit dem Prozeß "KUNDE-1". Die Null kennzeichnet einen Prozeß des Umsystems, die Eins einen internen Systemprozeß. K bezeichnet den Datenstrom für jede Aktion des Kunden in der Realität.

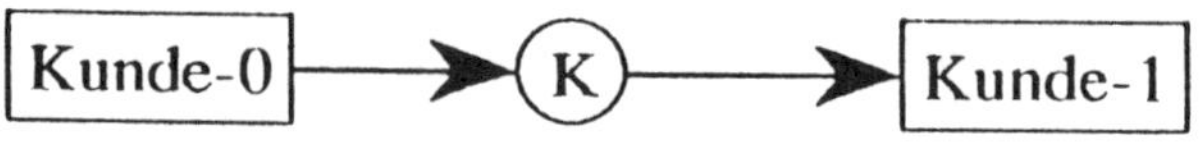

Bild 3-41: Systemspezifikationsdiagramm "KUNDE"

Die beiden KUNDEN-Prozesse werden über einen Datenstrom miteinander verknüpft.[247] Eine andere Form der Verknüpfung ist die Zustandsvektorinspektion, bei der der interne Systemprozeß auf die Zustände des Umsystem-Prozesses zugreift und sie auswertet.[248]

Aus Gründen der Vereinfachung wird angenommen, daß bereits jeder Kunde des Betriebes ein Konto besitzt. Somit entfallen aus Bild 3-40 die Äste des Teilbaumes "KONTOAKTION". Die Beschreibung des Prozesses 1 in Pseudo-Code lautet dann (Bild 3-42):

```
KUNDE-1 seq
  read K;
  ARTIKEL_LESEN itr while (ARTIKEL_VORLEGEN);
    ARTIKEL_VORLEGEN; read K;
  BEZAHLEN sel (BARZAHLUNG)
    BARZAHLUNG; read K;
  BEZAHLEN sel (KONTOAKTION)
    KONTOAKTION; read K;
  BEZAHLEN end;
  TERMINATE;
KUNDE-1 end
```

Bild 3-42: Pseudocode des Prozesses "KUNDE-1"[249]

4. Function Step

Wir wollen uns bei diesem Schritt auf das Hinzufügen von zwei Funktionen beschränken. Als erstes soll jeder Kunde zum Abschluß seines Kaufes eine Rechnung über seinen Kauf erhalten (Funktion "F1"), als zweites soll dem Kassenpersonal bei unbarer Zahlungsweise ein Überschreiten des Kreditrahmens angezeigt werden (Funktion "F2").

---

247 Vgl. **JACKSON, M.A.:** System Development, a.a.O., S. 129-137.

248 Vgl. **JACKSON, M.A.:** System Development, a.a.O., S. 137-139.

249 Zum Pseudocode vgl. **JACKSON, M.A.:** System Development, a.a.O., S. 45.

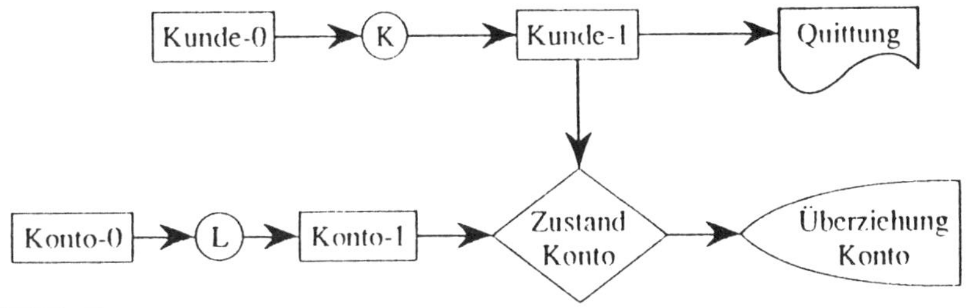

Bild 3-43: Systemstrukturdiagramm mit Funktionen

Die Funktionen F1 und F2 stellen die beiden möglichen Funktionstypen dar. Die Funktion F1 ist unmittelbar mit dem Prozeß KUNDE-1 verbunden; am Ende eines Einkaufs erhält jeder Kunde eine Rechnung. Funktion F1 wird als eine eingebettete Funktion bezeichnet.[250] Funktion F2 ist nicht unmittelbar mit dem KUNDE-1-Prozeß verbunden. Sie erfordert einen zusätzlichen Systemprozeß, in der Abbildung als Inspektionsfunktion dargestellt. Der Prozeß KUNDE-1 und die Funktion F2 werden durch eine Zustandsvektorinspektion verbunden. Die Funktion F2 heißt inspizierende Funktion.[251]
Die graphische Darstellung aus Bild 3-43 kann nun wieder in Pseudocode umgesetzt werden.

Das JACKSON-System-Development weist folgende Vorteile auf:
- Umsetzung der Prinzipien der Standardisierung (durch ein durchgängiges Entwicklungsregelwerk), der Abstraktion (durch Beginn der Analyse beim Umsystem, aber kein Regelwerk), der integrierten Dokumentation, der Vollständigkeit und der Integriertheit (durch Einbeziehung der Umwelt) und der linearen Kontrollstrukturen (durch Einhaltung der Richtlinien der Strukturierten Programmierung).
- Berücksichtigung der Umwelt bei der Systementwicklung. Integration von System- und Softwaredesign durch Analyse auch des Umsystems.[252]
- Eignung zur Entwicklung von Batch- und On-Line-Programmen.
- Eignung für technische und betriebswirtschaftliche Aufgabenstellungen.
- Umfangreiches Regelwerk.

---

[250] Vgl. JACKSON, M.A.: System Development, a.a.O., S. 178-181.
[251] Vgl. JACKSON, M.A.: System Development, a.a.O., S. 187-193.
[252] Vgl. SCHULZ, A.: Software-Entwurf, a.a.O., S. 136.

Das JACKSON-System-Development weist folgende Nachteile auf:

- kein Regelwerk zur schrittweisen Verfeinerung der ermittelten und entworfenen Prozesse und Funktionen, zur Strukturierung des (internen) Systems gibt, wie die einzelnen Prozesse und Funktionen in eine Rangordnung zu bringen sind.
- Verstoß gegen das Prinzip des Information Hiding. Ein Prozeß, der über Statusvektorinspektion mit einem anderen Prozeß verbunden ist, muß dessen internen Aufbau kennen.
- Verstoß gegen das Prinzip der Modularisierung. M.A. JACKSON berücksichtigt nicht die Aufteilung des Gesamtprozesses in Module, die das Prinzip des Information Hiding berücksichtigen. Die entworfenen Prozesse und Funktionen erfüllen nicht die Anforderungen, die an ein Modul zu stellen sind.

3.5. Qualitätssicherung von Software

Nachdem anhand des verfügbaren Arsenals nachgewiesen wurde, daß für die integrierte Lösung alles verfügbar ist, liegt der Schwerpunkt des letzten Abschnitts auf der Qualitätssicherung. Wie bereits immer wieder betont wurde, soll die erstellte Software nicht nur einwandfrei funktionieren, sondern auch bestimmten Qualitätsansprüchen genügen.

Das Ziel der folgenden Ausführungen ist es, Ansätze aufzuzeigen, mit denen sich die Software-Qualität zum einen beurteilen und zum anderen beeinflussen läßt. Die Qualitätssicherung betrifft aber nicht nur in der Entwicklung stehende Software. Gleichermaßen sollte auch die Qualität bereits bestehender Programme beeinflußt werden.
Der erste Teil dieses Kapitels soll der Klärung von Begriffen und der Darstellung von Qualitätsmerkmalen dienen. Darauf aufbauend werden Möglichkeiten zur qualitativen Beurteilung von Software beschrieben. Abschließend wird gezeigt, welche Maßnahmen zur Qualitätssicherung ergriffen werden können.

3.5.1. Begriffe zur Qualitätssicherung und Darstellung der Qualitätsmerkmale

Zur Qualitätssicherung gehören alle Maßnahmen zur Erzielung einer geforderten Qualität.[253] Allgemein läßt sich Qualität definieren als:

"Gesamtheit von Eigenschaften und Merkmalen eines Produktes oder einer Tätigkeit, die sich auf die Eignung zur Erfüllung gegebener Erfordernisse beziehen."[254]

Der Nutzen eines Systems ist im wesentlichen von dessen Qualität abhängig. Die Software-Qualität wird weitgehend festgelegt durch die Methoden, Beschreibungsmittel, Richtlinien und Werkzeuge, die bei der Software-Entwicklung verwendet werden.[255] Für die Überprüfung der Software-Qualität empfiehlt sich eine Operationalisierung des Qualitätsbegriffes. Dies erreicht man durch die Festlegung von Qualitätsmerkmalen. Damit ergibt sich die angestrebte Qualität von Software aus der Summe von erreichten Qualitätsmerkmalen.
Vor einer Diskussion der Maßnahmen zur Qualitätssteigerung, müssen die angestrebten Qualitätsmerkmale festgelegt werden. Welche Qualitätsmerkmale Software aufweisen sollte, wird in der Literatur unterschiedlich diskutiert.

---

[253] Vgl. **HESSE, W.**: Editorial: Software-Qualitätssicherung, in: **INF. SPEKT.**: 2/1987, S. 119 (119-120).

[254] **DIN 55350** Teil 11 (Vornorm vom September 1980).

[255] Vgl. **HAUSEN, H.-L.; MÜLLERBURG, M.; SCHMIDT, M.**: Über das Prüfen, Messen und Bewerten von Software, in: **INF. SPEKT.**: 2/1987, S. 123 (123-144).

Qualitätsmerkmale nach B.W. BOEHM:[256]

- Portabilität
  Dieses Kriterium bezieht sich auf den Aufwand für die Übertragung eines Softwareproduktes auf eine andere Hardware- und/oder Systemsoftwareumgebung. Dabei sollte weder der funktionelle Umfang noch die Qualität der portierten Software beeinträchtigt werden.[257]

- Zuverlässigkeit
  In Anlehnung an DIN 40041 (Vornorm) läßt sich Zuverlässigkeit verstehen als die Fähigkeit einer Betrachtungseinheit, innerhalb von vorgegebenen Grenzen denjenigen Anforderungen zu genügen, die an das Verhalten während einer gegebenen Zeitdauer gestellt werden. Die Zuverlässigkeit bezieht sich also darauf, beabsichtigte Funktionen unter festgelegten Bedingungen für einen festgelegten Zeitraum zu erfüllen.[258]

- Effizienz
  Die Effizienz bezieht sich auf eine möglichst günstige Ausnutzung der Systemressourcen. Man kann beispielsweise unterscheiden zwischen
    - Speichereffizienz,
    - Laufzeiteffizienz und
    - Übertragungseffizienz (zum Beispiel in Netzwerken).

  Durch dieses Qualitätskriterium soll einem unnötigen Verbrauch an Ressourcen Einhalt gewährt werden.

- Bedienbarkeit
  Dieses Kriterium weist in Richtung Anwender und steht in Zusammenhang mit den Begriffen Benutzerkomfort, Bedienungshilfen und Mensch-Maschine-Schnittstelle.

---

[256] Vgl. **BOEHM, B.W.:** Software Engineering, in: **IEEE TRANSACTIONS ON COMPUTERS:** C-25, 12/1976,pp. 1226-1241, zitiert nach: **FRÜHAUF, K.; LUDEWIG, J.; SANDMAYR, H.:** Software-Projektmanagement und -Qualitätssicherung, Stuttgart 1988, S. 18 f.

[257] Vgl. **WILLMER, H.:** Systematische Software-Qualitätssicherung anhand von Qualitäts- und Produktmodellen, Berlin/Heidelberg/New York/Tokyo 1985, S. 36 f.

[258] Vgl. **SCHWEIGGERT, F.:** Software-Qualität - Eine Standortbestimmung, in: **KÖLSCH, R.; SCHMID, W.; SCHWEIGGERT, F. (HRSG.):** Wirtschaftsgut Software, Stuttgart 1985, S. 14 (9-30).

- Testbarkeit
  "Die Testbarkeit von Software-Zwischen-/Endprodukten drückt sich in den Ergebnissen des Testens, das heißt in der Fehleraufdeckungsrate und dem Testaufwand aus."[259]

- Änderbarkeit
  Software sollte die Eigenschaft haben, daß sie sich später leicht an geänderte Problemstellungen anpassen läßt. Software kann man nicht als ein statisches Gebilde verstehen. Es muß die Möglichkeit zur dynamischen Anpassung an geänderte Anforderungen bestehen. Das Qualitätskriterium Änderbarkeit besitzt dadurch nicht nur in der Wartungsphase, sondern auch während der Entwicklungsphase Bedeutung.

Daß diese Merkmale in ihrer Priorität und Vollständigkeit unterschiedlich gesehen werden können, zeigt die Liste nach K. FRÜHAUF[260].

- Korrektheit/Funktionserfüllung
  Korrektheit läßt sich als Übereinstimmung zwischen den realisierten und den spezifizierten Funktionen verstehen.

- Lesbarkeit
  Dieses Kriterium betrifft sämtliche Dokumente, von der Spezifikation bis zum Programmcode, die während des Softwareentwicklungsprozesses erstellt werden. Außenstehende müssen in der Lage sein, die einzelnen Dokumente zu verstehen. Der Aufwand, der hierfür erforderlich ist, kann als Anhaltspunkt für das Kriterium Lesbarkeit gelten.

- Strukturierung
  Sowohl Software selbst als auch sämtliche Dokumente der Entwicklung sollten eine "innere Ordnung" aufweisen. Dies bedeutet, daß ähnliche Dinge ähnlich realisiert werden und daß eine einheitliche Gliederung im gesamten System verwendet wird.

- Änderbarkeit
  Die Änderbarkeit wird dadurch bestimmt, wie gut ein Programm sich an Änderungen in der "realen Welt" anpassen läßt.

---

259 **SCHMITZ, P.; BONS, H.; VAN MEGEN, R.:** Software-Qualitätssicherung - Testen im Software-Lebenszyklus, Braunschweig/Wiesbaden 1983, S. 27.

260 Vgl. **FRÜHAUF, K.; LUDEWIG, J.; SANDMAYR, H.:** Software-Projektmanagement und -Qualitätssicherung, a.a.O., S. 19 f.

- Portabilität
  Portabilität ist ein qualitatives Maß, das sich auf den Aufwand bei der Übertragung einer gegebenen Software auf eine andere Ablaufumgebung bezieht.

- Robustheit
  Ein System besitzt diese Qualitätseigenschaft, wenn es auch bei der Verletzung von Randbedingungen die vereinbarten Funktionen erfüllt oder wenn die Funktionsfähigkeit des Systems erhalten bleibt.

- Benutzerfreundlichkeit
  Unter diesem Kriterium versteht man den "Grad, in dem das Produkt seine Aufgaben erfüllt, ohne Zeit und Energie des Benutzers zu verschwenden beziehungsweise ohne seine Motivation herabzusetzen."[261]

- Effizienz
  Eine hohe Effizienz wird erreicht, wenn die Ressourcen (Prozessoren, Speicher usw.) nur wenig beansprucht werden.

Weitere zusätzliche (teilweise selbsterklärende) Qualitätseigenschaften findet man bei R. ASAM; N. DRENKARD und H.-H. MAIER:[262]

- Wartungsfreundlichkeit
  Die Wartungsfreundlichkeit bezieht sich auf den Aufwand für Fehlerkorrekturen und auf den Aufwand für Änderungen/Erweiterungen. Dieser Aufwand sollte möglichst klein gehalten werden.[263]

- Brauchbarkeit
  Dieses Kriterium bezieht sich auf die Eignung von Software zur ständigen Erfüllung der vorgesehenen Aufgaben.

- Verständlichkeit
  Dokumentation und Quellcode müssen primär auf den "Leser" ausgerichtet sein.

---

261 Vgl. **BALZERT, H.:** Die Entwicklung von Software-Systemen, a.a.O., S. 12.

262 Vgl. **ASAM, R.; DRENKARD, N.; MAIER, H.-H.:** Qualitätsprüfung von Softwareprodukten, Berlin/München 1986, S. 98 ff.

263 **ASAM, R.; DRENKARD, N.; MAIER, H.-H.:** Qualitätsprüfung von Softwareprodukten, a.a.O., S. 27.

- Störungserkennung/Störungstoleranz

- Wiederherstellbarkeit
  Software sollte nach einem Fehlerfall wieder in einen korrekten Ausgangszustand versetzt werden können.

- Erlernbarkeit/Transparenz

- Handhabbarkeit

- Durchschaubarkeit
  Verständlichkeit des Systemverhaltens in allen Komponenten

Dieses Kriterium ist gleichzusetzen mit der

- Konsistenz
  Damit ist die Widerspruchsfreiheit zwischen Dokumentation und/oder implementierten Modulen gemeint.

Eine Definition der einzelnen Qualitätsmerkmale reicht allerdings noch nicht aus, da die Begriffe abstrakter Natur und zu wenig operational sind. Für eine Operationalisierung werden die angestrebten Qualitätsmerkmale solange verfeinert, bis man auf einer konkreten Betrachtungsebene angelangt ist.

Die Software-Qualitätsmerkmale stehen in Beziehung zueinander. Sie dürfen daher nicht isoliert betrachtet werden. Eine zusammenhängende Darstellung von Qualitätskriterien bezeichnet man auch als ein Qualitätsmodell. Oft wird versucht, hierarchische oder Netzwerkstrukturen zwischen den einzelnen Qualitätsmerkmalen aufzustellen. Bild 3-44 zeigt ein Beispiel für eine hierarchische Untergliederung der Wartungsfreundlichkeit.

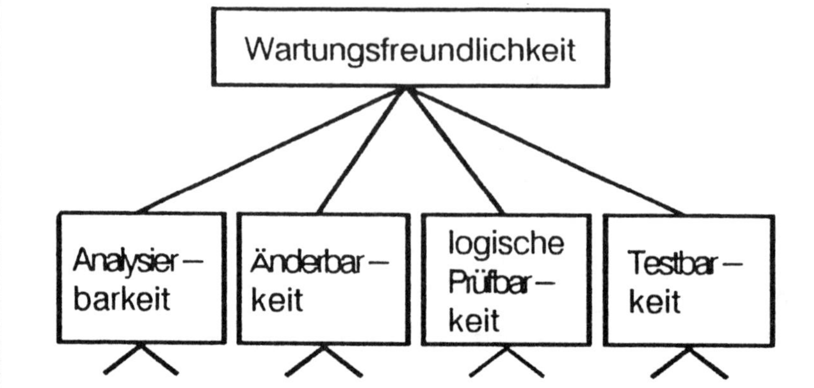

Bild 3-44: Qualitätsmerkmale der Wartungsfreundlichkeit[264]

Bei H.M. SNEED wird die Programm-Qualität in einer hierarchischen Struktur dargestellt.

---

[264] **ASAM, R.; DRENKARD, N.; MAIER, H.-H.:** Qualitätsprüfung von Softwareprodukten, a.a.O., S. 99.

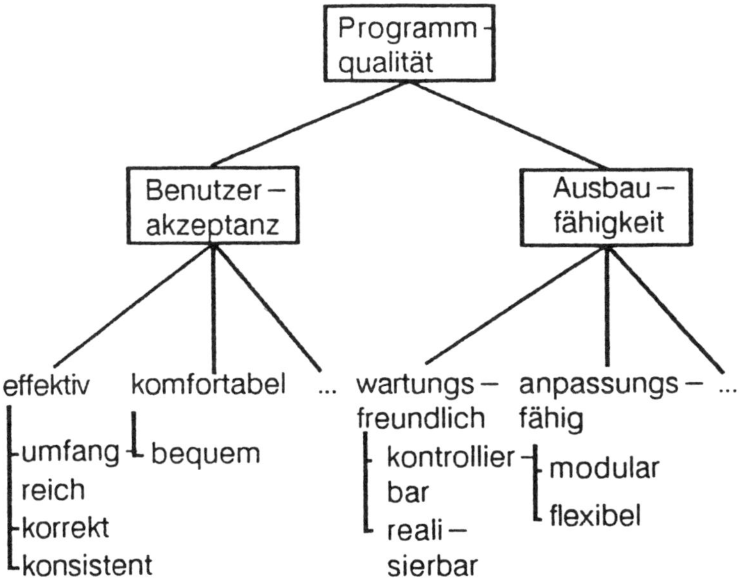

Bild 3-45: Hierarchische Darstellung der Software-Qualität von Programmen[265]

3.5.2 Möglichkeiten zur qualitativen Beurteilung von Software

Zur Beurteilung der Software-Qualität lassen sich mehrere Formen unterscheiden:

1. Beobachtung[266]
   Qualitätsmerkmale lassen sich durch Beobachtung des Softwareproduktes im produktiven Einsatz, beispielsweise durch Auswertungen der Fehlerhäufigkeit oder der Hot-Line-Statistik ermitteln.

---

265 Vgl. **SNEED, H.M.**: Software Qualitätssicherung, Köln 1988, S. 32.

266 Vgl. **ASAM, R.; DRENKARD, N.; MAIER, H.-H.**: Qualitätsprüfung von Softwareprodukten, a.a.O., S. 44 ff.

2. Abschätzung
   Wird durch ein noch nicht installiertes (Teil-) Produkt auf Eigenschaften eines künftigen Systems geschlossen, so bezeichnet man dies als Abschätzung.

3. Voraussage (Prognose)
   Voraussagen werden auf analytischem Wege gewonnen, indem zum Beispiel durch Analogieschlüsse auf Qualitätsmerkmale eines künftigen Systems geschlossen wird.

4. Analysen
   Bei den Analysen kann man zwischen maschinellen und manuellen Analysen unterscheiden. Bei den maschinellen Analysen werden Programme eingesetzt, die erstellte Software zum Beispiel auf die Einhaltung von Programmierrichtlinien, Komplexität, Korrektheit etc. prüfen.[267] Durch manuelle Prüfverfahren können die Dokumente der Software-Entwicklung auf die Einhaltung von Qualitätsmerkmalen überprüft werden. Zu den manuellen Prüfverfahren zählen Code-Inspektion, Walk-through etc. Diese Verfahren bauen auf dem Prinzip "4 Augen sehen mehr als 2" auf. Der Erfolg der Analysen hängt allerdings wesentlich von den beteiligten Personen ab.[268]

5. Verifikation(im engeren Sinne)
   Bei der Verifikation (im engeren Sinne) wird versucht die Korrektheit formal zu beweisen. Der Aufwand für einen formalen Beweis ist außerordentlich hoch, daher wird er im Bereich der kommerziellen Datenverarbeitung nur selten angewandt.

---

267 Vgl. **MAJORONS, M.:** Softest: A System for the Automatic Verification of PL/1, COBOL and Assembler Programms, in: **SNEED, H.M.; WIEHLE, H.R. (HRSG.):** Software-Qualitätssicherung, Stuttgart 1982, S. 253 ff. (253-264).

268 Vgl. **HAUSEN, H.-L.: MÜLLERBURG, M.; SCHMIDT, M.:** Über das Prüfen, Messen und Bewerten von Software, a.a.O., S. 126.

6. Test
   Tests beruhen auf Stichproben mit deren Hilfe bestehende Fehler aufgedeckt werden sollen. Bei den Stichproben versucht man zudem, mögliche zukünftige Situationen zu berücksichtigen.
   Allein mit Tests kann die Korrektheit eines Programmes nicht bewiesen werden.

7. Reviews
   Bei den Reviews werden die einzelnen Arbeitsergebnisse von einem Sachverständigen-Team auf Richtigkeit bezüglich der Vorgaben überprüft. Im Vergleich zu Tests verursachen Reviews wesentlich geringere Kosten.[269]
   Ein weiterer Vorteil der Reviews ist, daß sie an vielen Stellen im Projektablauf eingesetzt werden können, das heißt man muß nicht warten, bis eine lauffähige Programmversion erstellt wurde.

8. Walk-Through
   Beim Walk-Through werden kleinere Entwicklungsabschnitte (Teilentwurf, Dokumente, Quellcodeteile etc.) in einem Team von max. acht Teilnehmern besprochen. Die Teammitglieder erhalten vorab die zur Diskussion stehenden Unterlagen des Entwicklungsabschnitts, die bezüglich technischer Fragen, Standards, Stil, Fehlerquellen etc. betrachtet werden. Es ist möglich, daß bestimmte Testfälle ausgewählt werden und das Programm "im Kopf" ausgeführt wird. Der verantwortliche Entwickler ist während des Walk-Through anwesend und beantwortet Fragen. Die Diskussion sollte eine Zeitdauer von 2 Stunden nicht übersteigen.[270]

3.5.3. Maßnahmen zur Qualitätssicherung

Im ersten Teil dieses Kapitels werden die Maßnahmen zur Qualitätssicherung aus der Sicht der Kosten betrachtet; im zweiten Teil werden dann Einzelmaßnahmen zur Qualitätssicherung beschrieben.

---

269 Vgl. **FRÜHAUF, K.; LUDEWIG, J.; SANDMAYR, H.**: Software-Projektmanagement und -Qualitätssicherung, a.a.O., S. 66.

270 Vgl. **ASAM, R.; DRENKARD, N; MAIER, H.-H.**: Qualitätsprüfung von Softwareprodukten, a.a.O., S. 86.

3.5.3.1 Qualitätssicherung und Entwicklungskosten

Bei der Software-Entwicklung spielen vor allem die Personalkosten eine entscheidende Rolle. Kosten für Rechnernutzung, Räume, Verbrauchsmaterial etc. lassen sich in der Regel kurz- und mittelfristig nicht beeinflussen und sind auch absolut betrachtet von untergeordneter Bedeutung.

Basierend auf dem Software-Lebenszyklus bietet es sich an, zu ermitteln, wie sich die Personalkosten auf die einzelnen Phasen und auf die beteiligten Entwickler verteilen. Dabei kann man feststellen, daß sich die Kosten näherungsweise proportional zur Entwicklungszeit verhalten. Aus diesem Grund ist bei der Betrachtung der Entwicklungskosten eine Analyse der Entwicklungszeit hinreichend genau.

Softwarequalität und Entwicklungskosten stehen zunächst in einem konträren Verhältnis zueinander. Dies wird deutlich, wenn man die Entwicklungskosten eines Systems untersucht. Kurzfristig gesehen führen Maßnahmen zur Qualitätssteigerung zuerst zu einem Anstieg der Entwicklungskosten. Mittel- und langfristig betrachtet besteht jedoch die Chance, daß die Investitionen zu Produktivitätssteigerungen bei gehobenem Qualitätsniveau führen können. Auch ist es offensichtlich, daß die Fehlerbehebungskosten steigen, je früher Fehler begangen und je später sie entdeckt werden. Deshalb müssen besonders die frühen Phasen im Software-Lebenszyklus qualitativ überprüft und getestet werden. Eine Überprüfung, die erst vor der Übergabe stattfindet, ist unzureichend.

H.M. SNEED berichtet, daß ein Code-Fehler ca. fünfmal soviel kostet, wenn er nach der Systemintegration und nicht gleich in der Codierungsphase behoben wird. Wenn derselbe Fehler nach der Systemfreigabe entdeckt wird, kostet die Fehlerbehebung bereits das 10-fache. Liegt der Fehler nicht in der Codierphase, sondern schon früher, so wird die Fehlerbehebung nochmals wesentlich teurer. Sofern ein Softwaresystem erst nach Fertigstellung getestet oder verifiziert wird, ist im Fehlerfall ein hoher Korrekturaufwand zu erwarten, da generell gilt: Je später ein Fehler festgestellt wird, desto höher sind die Korrekturaufwendungen.[271] Die Tendenz dieser Aussagen wird durch empirische Tests von B.W. BOEHM untermauert.[272]

---

[271] Vgl. **SNEED, H.M.:** Software Qualitätssicherung, Köln 1988, S. 46 ff.

[272] Vgl. **BOEHM, B.W.:** Wirtschaftliche Software-Produktion, a.a.O., S. 34 ff und 328 ff.

Da Qualitätssicherungsmaßnahmen zunächst Kosten verursachen und ihre Anwendung eine Investitionsmaßnahme darstellt, müssen sie selbst einer Wirtschaftlichkeitsbetrachtung unterworfen werden. Dabei lassen sich allerdings keine allgemeingültigen Aussagen machen, denn die Höhe der Kosten für Qualitätssicherung hängt auch vom Anspruch an die Software und ihrem Einsatzgebiet ab. So muß zum Beispiel ein höherer Maßstab angelegt werden, wenn durch den Softwareeinsatz eine Gefährdung des Menschen möglich ist.

3.5.3.2 Einzelmaßnahmen

Maßnahmen zur Qualitätssicherung lassen sich in organisatorische, konstruktive und analytische Maßnahmen unterteilen. Diese können nun phasenübergreifend oder phasenbezogen durchgeführt werden.

3.5.3.2.1 Phasenübergreifende Maßnahmen

Zu den phasenübergreifenden Einzelmaßnahmen zur Qualitätssicherung zählen:

1. Analyse/Schätzung der Entwicklungszeitverteilung
   Anhand abgeschlossener Projekte wird ermittelt, welche Verteilung der Entwicklungskosten dort vorlag. Die Ergebnisse lassen sich zur Beurteilung der Effektivität der eigenen Qualitätssicherungsmaßnahmen verwenden.

2. Definierte Verantwortlichkeiten in Projekten
   Die Aufgabenbereiche müssen frühzeitig klar gegliedert und gegeneinander abgegrenzt werden. Dabei sollten die Aufgabenbereiche der einzelnen Mitarbeiter mit deren Kompetenz und Verantwortungsbereich übereinstimmen. Dies fördert die Identifikation mit der Aufgabe und damit auch die Motivation.

3. Verwendung eines Phasenschemas als Überwachungsinstrument
   Aus der Sicht des Managements lassen sich durch die Verwendung eines Phasenmodells die einzelnen Entwicklungsabschnitte, bei denen es sich um überschaubare Intervalle handeln sollte, besser überwachen. Am Ende jeder Phase sollte ein fest definiertes und kontrolliertes Phasenergebnis stehen. Da Fehler frühzeitig entdeckt werden sollen, sind die Phasenergebnisse detailliert zu prüfen. Die Qualität der entwickelten Software setzt sich aus der Qualität der Phasenergebnisse zusammen.

3.5.3.2.2 Maßnahmen bei der Spezifikation

Die Qualitätssicherung hat hier die Aufgabe, zu prüfen, ob und inwieweit das erstellte Fachkonzept der ursprünglichen Aufgabenstellung gerecht wird.
Alle hierfür beschriebenen Funktionen und Informationsbeziehungen werden auf Vollständigkeit, Aktualität, Notwendigkeit, Korrektheit und Plausibilität hin geprüft. Insbesonders sind drei Schwerpunkte zu bilden:

- Maskenaufbau
  Für den Maskenaufbau können zum Beispiel DIN- oder Unternehmensrichtlinien verwendet werden.

- Schnittstellen
  Da bei der Systemspezifikation die Schnittstellen in Richtung Benutzer festgelegt werden, ist es sinnvoll, wenn bereits in dieser Phase Bildschirmmasken in einer Form festgelegt werden können, die eine unveränderte Übernahme (zum Beispiel mit einem Maskengenerator) für die Implementierungsphase erlaubt.

- Konsistenzkontrolle der Funktionen/Daten
  Es muß geprüft werden, ob verwendete Funktionen/Daten logisch aufeinander aufbauen, vollständig die Anforderungen abdecken und nicht widersprüchlich sind.

3.5.3.2.3 Maßnahmen bei der Systemkonstruktion und -implementierung

In diesen Phasen lautet die zentrale Fragestellung:
"Wie kann die Qualität der entworfenen und codierten Software beurteilt und beeinflußt werden?" Bei der Qualitätssicherung der Systemimplementierung gilt es "...festzustellen, ob ein Programm in sich richtig ist, das heißt widerspruchsfrei und vollständig (interne Konsistenz), und ob es das tut, was in seinen vorherigen Beschreibungen festgelegt wurde (externe Konsistenz)."[273]
Zur Klärung dieser Fragestellung bieten sich folgende zum Teil überschneidende Maßnahmen an:

---

[273] **HAUSEN, H.-L.; MÜLLERBURG, M.; SCHMIDT, M.:** Über das Prüfen, Messen und Bewerten von Software, a.a.O., S. 136.

1. Inspektionen
   Bei den Inspektionen vergleicht man die Problemspezifikation mit der konzipierten/implementierten Software. Das Ziel ist es, Abweichungen und Schwachstellen in der Mensch-Maschine-Schnittstelle aufzudecken und Performanceprobleme festzustellen.[274]

2. Reviews
   Mit Hilfe von Reviews wird versucht, Qualitätsschwachstellen zu ermitteln.
   Die Aufgabengebiete der Reviews liegen in der:
   - Analyse des Datenmodells auf Auswahl und Aufbau der Datenstrukturen
     Dabei sind insbesondere die Wahl der Schlüssel, ihr Aufbau sowie die möglichen Wertebereiche der Daten von Bedeutung.
   - Prüfung der Modularisierung
     Hier erfolgt eine Prüfung, ob Strukturierungs- und Abstraktionsgrundsätze beachtet wurden.
   - Prüfung der Modulschnittstellen auf Vollständigkeit und Widerspruchsfreiheit
   - Kontrolle der eingesetzten Hilfsmittel

Wie bereits erwähnt, bauen Softwareentwicklungssysteme auf Prinzipien des Software-Engineerings auf. Der Einsatz von Konzepten, Methoden und Techniken gewährleistet, daß die damit erstellte Software bestimmten Prinzipien genügt, beziehungsweise, daß nicht gegen anerkannte Prinzipien verstoßen wird.

Auch wenn sich Anwendungsprogramme stark voneinander unterscheiden, so sind sie in der Regel doch in ihrer Grundstruktur sehr ähnlich. Dadurch ist es möglich, Programmierrichtlinien für

- den generellen Programmaufbau,
- die Maskenverarbeitung,
- die Dateibearbeitung und
- die Druckersteuerung

aufzustellen.

---

[274] Vgl. **COMMENTZ-WALTER, B.:** Inspektionen aus der Sicht des Anwenders, in: **KÖLSCH, R.; SCHMID, W.; SCHWEIGGERT, F. (HRSG.):** Wirtschaftsgut Software, Stuttgart 1985, S. 227.

Im Rahmen von Reviews muß vom Entwicklungsmanagement weiterhin geprüft werden, ob der sinnvolle Einsatz von
- Programmiertools (Programmgeneratoren),
- Utilities
- Struktogrammgeneratoren,
- usw.
möglich ist.

3. Funktionale Prüfung / Black-box-Prüfung
Die Black-box-Prüfung geht von vorgegebenen Eingaben aus und vergleicht die damit erzeugten Ergebnisse auf Korrektheit.
Bei dieser Prüfung wird die Software ohne genaue Kenntnis der internen Abläufe untersucht. Grundlage für die Prüfung bilden das ablauffähige Programm und die Dokumentation. Die einzelnen in der Dokumentation beschriebenen Funktionen werden sukzessive auf Korrektheit und Vollständigkeit geprüft.[275]

4. White-box-Prüfung
Bei dieser aufwendigen Prüfungsmethode werden die einzelnen Quellcodezeilen innerhalb der Module untersucht. Als Hilfsmittel können Debug-Tools verwendet werden. Ein (interaktiver) Debugger ist ein Utility, das meist vom Betriebssystem- oder vom Programmiersystemanbieter zur Verfügung gestellt wird. Man hat damit die Möglichkeit, am Bildschirm den Testablauf (Folge von Quellcode-Assemblerbefehlen) zu verfolgen und zu unterbrechen. Bei einer Unterbrechung kann man sich den Feldinhalt von Variablen anzeigen lassen.

5. Aufstellung von Testplänen
Die Testpläne enthalten die Inhalte und die Ablauffolgen der einzelnen durchzuführenden Tests. Sie können allgemein oder auf ein bestimmtes Softwaresystem zugeschnitten sein.

---

[275] Vgl. **PAPST, R.:** Die Zuverlässigkeit von Software-Voraussetzungen für Softwareprüfung, in: **KÖLSCH, R.; SCHMID, W.; SCHWEIGGERT, F. (HRSG.):** Wirtschaftsgut Software, Stuttgart 1985, S. 96 (95-105).

Beispielhaft könnten folgende Richtlinien zum Modultest aufgestellt werden:

- Test der Installationsprozedur
- Test der Sicherungsmechanismen (Datensicherung, Wiederherstellung des Datensystems nach Zerstörung, Wiederherstellung des Programmsystems nach Zerstörung)
- pro Datei sind mind. 3 Sätze anzulegen
- bei Eingabefeldern sind Grenzwerttests durchzuführen
- Die Mehrplatzfähigkeit muß durch konkurrierende Zugriffe mehrerer Nutzer im Erfassungs-, Änderungs- und Löschmodus nachgewiesen werden.
- Änderung der Testumgebung (Einsatz von Farb- und Monochrome-Bildschirmen)

Résumée

Ziel dieses Bandes ist es, zu zeigen wie und mit welchen Methoden man ein ganzheitliches Informationssystem entwirft und realisiert. Auf der Basis einer ganzheitlichen Informationsbedarfsanalyse wurde ein paralleles Vorgehen bei der Daten- und der Funktionsanalyse vorgeschlagen. Dabei wurde herausgestellt, daß sich die für den Informationsbedarf erforderliche Datenanalyse nicht auf die Analyse der vorhandenen oder der verfügbaren Daten beschränkt, sondern auch die für die Funktionserfüllung erforderliche Semantik und die zukünftigen Datenbeziehungen umfassen muß. Um dieses Ziel zu erreichen, ist es notwendig, daß man nicht wie in der Literatur weithin üblich, das Datenmodell und das Funktionsmodell isoliert erstellt, sondern stets die gegenseitigen Abhängigkeiten und Zugriffserfordernisse berücksichtigt. Diese Zusammenhänge wurden anhand eines Phasenmodells nach dem Software-Life-Cycle dargestellt.
In Bild R-1 wird den einzelnen Phasen der damit verbundene Aufwand gegenübergestellt. Außerdem verdeutlicht die Abbildung, welche Ergebnisse zu welchem Zeitpunkt als Projektmeilensteine vorliegen sollten.

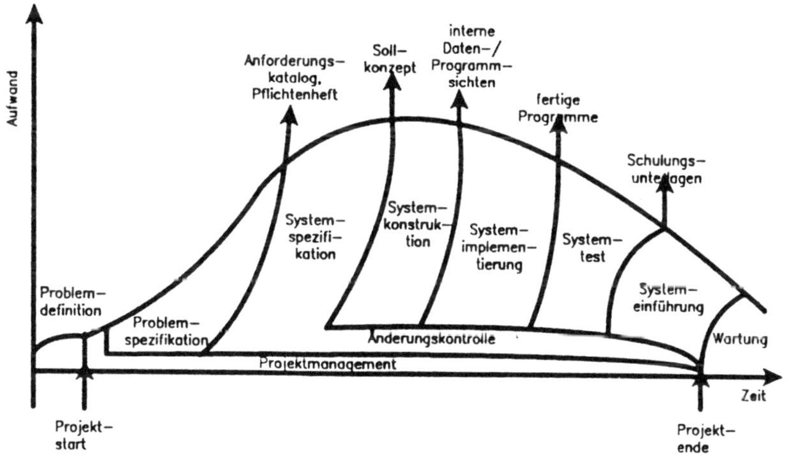

Bild R-1: Projektaufwand und Teilergebnisse im klassischen Phasenmodell[1]

[1] SCHUMANN, M.: Wirtschaftsinformatik I: Grundlagen und Entwicklungsmanagement, Skriptum, Göttingen 1990, S. 67.

Durch diese Gegenüberstellung der Phasen und des Aufwandes wird, wie bereits im Band 1, Kapitel 4.3 und 5.3, hervorgehoben wurde, nochmals demonstriert, daß es gerade in den ersten Phasen einer Entwicklung darauf ankommt, möglichst wenig Fehler zu machen, da jeder Fehler mit sehr hohen Folgekosten verbunden ist.

Um diesen Prozeß, der im Phasenmodell des Band 1 beschrieben, in der Einführung dieses 2. Bandes konkretisiert, dessen Elemente im 2. und 3. Teil detailliert ausgeführt wurden, nunmehr in transparenter Form für den Band 3 aufzubereiten, werden die wesentlichen Schritte mit den zugehörigen Meilensteinen im Zeitablauf der Daten und den Funktionen in Bild R-2 zugeordnet.

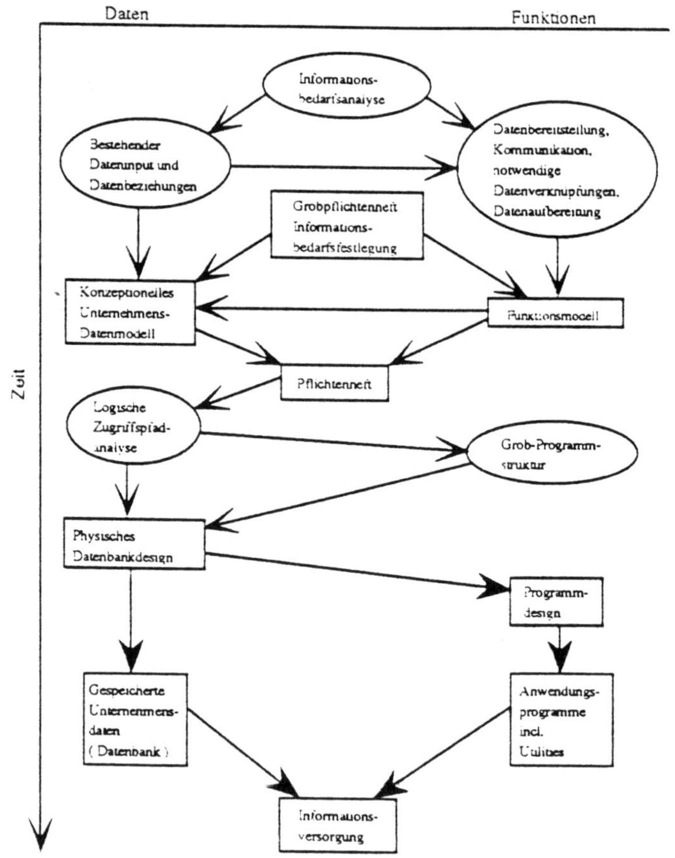

Bild R-2: Schematische Darstellung des Systementwicklungsprozesses

Damit ist der Prozeß der völligen Neugestaltung von Informationssystemen beschrieben. Doch bekanntlich entsteht mit jeder Informationsbefriedigung ein neuer Bedarf. Die Erfüllung zusätzlichen Bedarfs auf der Basis ganzheitlich gestalteter Informationssysteme wird deshalb Gegenstand von Band 3 unter dem Stichwort des Integrationsmanagements sein. Darüber hinaus kann es sinnvoll sein, wie auch bereits bei der Diskussion des Pro und Contra von Standardsoftware (Band 1, Kapitel 5.3.2) deutlich wurde, auf die Entwicklung eigener Software zu verzichten und diese fertig zu kaufen oder über Tools (Werkzeuge) zu erstellen. Auch die dafür erforderliche Vorgehensweise soll neben der Darstellung ausgewählter, besonders vorbereiteter Tools Gegenstand des Band 3 werden.

Literaturverzeichnis

ADELSON-VELSKII, G.M.; LANDIS, E.M.: An Algorithm for the Organization of Information, Doklady Akad. Nauk, USSR, 146 (2), 1962, S. 263-266.

AHRENS, L.; HOFFMANN, J.: Die Attribute sollten hierarchisch vererbt werden, in: **CW:** 15. Jg., Nr. 30 vom 22.7.1988, S. 28/29.

ASAM, R.; DRENKARD, N.; MAIER, H.-H.: Qualitätsprüfung von Softwareprodukten, Berlin/München 1986.

BACHMAN, C.W.: The Programmer as Navigator, in: **CACM:** Vol. 16, 11/1973, S. 653-658.

BACHMAN, C.W.; DAYAL, U.: The role concept in data models, in: **PROC. 3RD INT. CONF. ON VERY LARGE DATABASES:** IEEE, Tokyo, Oktober 1977, S. 464-478.

BALZERT, H.: Moderne Software-Entwicklungssysteme und -werkzeuge, Mannheim/Wien/Zürich 1985.

BALZERT, H.: Allgemeine Prinzipien des Software Engineering, in: **AI:** 1/1985, S. 1-8.

BALZERT, H.: Die Entwicklung von Software-Systemen: Prinzipien, Methoden, Sprachen, Werkzeuge, Mannheim/Wien/Zürich 1982 (Nachdruck 1986).

BALZERT, H. (HRSG.): CASE: Systeme und Werkzeuge, Mannheim/Wien/Zürich 1989.

BASTIAN, M.: Datenbanksysteme, Königstein/Ts. 1982.

BAUER, M.: Rund ums Data Dictionary, Kapitel IX, Teil 1, in: **CW:** 10. Jg., Nr. 16 vom 15.4.1983, S. 7.

BAUER, M.: Rund ums Data Dictionary, Kapitel IX, Teil 2, in: **CW:** 10. Jg., Nr. 17 vom 22.4.1983, S. 6.

BAUER, M.: Rund ums Data Dictionary, Kapitel IX, Teil 6, in: **CW:** 10. Jg., Nr. 21 vom 20.5.1983, S. 6.

BAYER, R.; ELHARDT, K.; KIEßLING, W.; KILLAR, D.: Verteilte Datenbanksysteme, in: **INF. SPEKT.:** 1/1984, S. 1-19.

BAYER, R.; MCCREIGHT, E.: Organization and Maintenance of Large Ordered Indexes, in: **ACTA INFORMATICA:** 1/1972, S. 171-189.

BAYER, R.; SCHKOLNICK, M.: Concurrency of Operations on B-Trees, in: **ACTA INFORMATICA:** 9/1978, S. 1-21.

BENDER, H.: Korrekte Zugriffe zu verteilten Daten, Berlin/Heidelberg/New York/Tokyo 1983.

BENDER, H.; REMMELE, W.; SCHNEIDER, M.: Entwurf von Software, in: **COMP. MAG.:** 9/1984, S. 50-52.

BIETHAHN, J.: Datenverarbeitung für kleine und mittlere Unternehmen, unveröffentlichtes Vortragsmanuskript, Göttingen 1985.

BIETHAHN, J.: Forschungs- und Entwicklungsmanagement - Utopie oder Wirklichkeit, in: **ZfB:** Seoul/Korea 4/1986, S. 198-223.

BIETHAHN, J.: Gestaltung einer Informationsverarbeitung als Basis für eine systematische Innovationspolitik, in: **GABISCH, G. (HRSG.):** Technischer Fortschritt, Beschäftigung und wirtschaftliches Gleichgewicht, Berlin 1988, S. 318-357.

BIETHAHN, J.: Einführung in die EDV für Wirtschaftswissenschaftler, 6. Auflage, München/Wien 1989.

BIETHAHN, J.: Informationsverarbeitung und Kommunikation für den Euromarkt '92, in: **LÜCKE, W.; u.a. (HRSG.):** Europäische Wirtschaft der 90er Jahre, Wiesbaden 1990, S. 101-130.

BIETHAHN, J.; RUF, W.: Grundlagen eines Software-Entwicklungs-Systems für Klein- und Mittelbetriebe auf der Basis des Schnittstellen-Managements, Forschungsbericht der Abt. Wirtschaftsinformatik, Georg-August-Universität, Göttingen, Dezember 1986.

BIETHAHN, J.; MUCKSCH, H.; RUF, W.: Ganzheitliches Informationsmanagement, Band 1, Grundlagen, München/Wien 1990.

BIETHAHN, J.; ROHRIG, N.: Datenmanagement, in: **KURBEL, K.; STRUNZ, H. (HRSG.):** Handbuch Wirtschaftsinformatik, Stuttgart 1990, S. 738-755.

BLAGAY, S.: Neue Standards braucht die DV-Welt, in: **CW:** 13. Jg., Nr. 25 vom 18.6.1986, S. 20.

BLASER, A.: Datenbanksysteme aus Benutzersicht - Stand und Entwicklungstendenzen, in: **SCHULZ, A. (HRSG.):** Die Zukunft der Informationssysteme, Lehren der 80er Jahre, Berlin/Heidelberg/New York/London/Paris/Tokyo 1986, S. 2-37.

BLOECH, J.: Information Retrieval System, Arbeitsbericht, Göttingen 1986.

BMWI: EuroInfo zum EG-Binnenmarkt '92: Ausbau des europäischen Binnenmarktes im Bereich der Telekommunikation. Bonn, Juli 1989, Anlage 4.

BOEHM, B.W.: Software Engineering, in: **IEEE TRANS. ON COMPUTERS:** C-25, 12/1976, S. 1226-1241.

BOEHM, B.W.: Wirtschaftliche Software-Produktion, Wiesbaden 1986.

BRATHWAITE, K.S.: Analysis, Design, & Implementation of Data Dictionaries, New York/St. Louis/San Francisco 1988.

BROCKHAUS ENZYKLOPÄDIE: 3. Bd., 19., völlig neu bearbeitete Auflage, Mannheim 1987, S. 102.

BROWN, A.P.G.: The next five years of Data Base - A Vendor's Viewpoint, in: **STATE OF THE ART REPORT:** Data Base Technology, Vol. 2/1978, S. 39-51.

BUDDE, R.; SCHNUPP, P.; SCHWALD, A.: Untersuchung über Maßnahmen zur Verbesserung der Software-Produktion, Teil 1: Theoretische Ansätze auf dem Gebiet der Software-Technologie, GMD-Bericht Nr. 130, München/Wien 1980.

BULLINGER, H.J.: Anforderungen des Technologietrends an Forschung und Industrie, in: **FHG-BERICHTE:** Information als Produktionsfaktor, 1/1986, S. 3.

CHAMBERLIN, D.D.; u.a.: SEQUEL 2: A unified approach to data definition, manipulation, and control, in: **IBM JOURN. OF RES. AND DEV.:** Vol. 20, 6/1976, S. 560-575.

CHEN, P.P.-S.: The Entity-Relationship Model - Toward a Unified View of Data, in: **ACM TODS:** Vol. 1, 1/1976, S. 9-36.

CHEN, P.P.-S. (HRSG.): Entity-Relationship Approach to Systems Analysis Design, **PROC. OF THE INT. CONF. ON ENTITY-RELATIONSHIP APPROACH:** Los Angeles 10.-12.12.1979, Amsterdam/New York/Oxford 1980.

CHEN, P.P.-S.: Recent Literature of the Entity-Relationship Approach, in: **CHEN, P.P.-S. (HRSG.):** Entity-Relationship Approach to Systems Analysis Design, **PROC. OF THE INT. CONF. ON ENTITY-RELATIONSHIP APPROACH:** Los Angeles 10.-12.12.1979, Amsterdam/New York/Oxford 1980, S. 3-12.

CHEN, P.P.-S. (HRSG.): Entity-Relationship Approach to Information Modelling and Analysis, **PROC. OF THE 2ND INT. CONF. ON ENTITY-RELATIONSHIP APPROACH,** 1981, Amsterdam/New York/Oxford 1983.

CODD, E.F.: A relational model of data for large shared data banks, in: **CACM:** Vol. 13, 6/1970, S. 377-397.

CODD, E.F.: Further normalization of the data base relational model, in: **RUSTIN, R. (HRSG.):** Data Base Systems, New York 1972, S. 33-68.

CODD, E.F.: Seven Steps to Rendezvous with the Casual User, in: **KLIMBIE, J.W.; KOFFEMAN, K.L. (HRSG.):** Data Base Management, Amsterdam 1974, S. 179-200.

CODD, E.F.: Extending the database relational model to capture more meaning, in: **ACM TODS.:** Vol. 4, 4/1979, S. 397-434.

CODD, E.F.; DATE, C.J.: Interactive Support for Non-Programmers, IBM Research Report RJ 1400, San Jose.

COMMENTZ-WALTER, B.: Inspektionen aus der Sicht des Anwenders, in: **KÖLSCH, R.; SCHMID, W.; SCHWEIGGERT, F. (HRSG.):** Wirtschaftsgut Software, Stuttgart 1985, S. 227-240.

CONRAD, G.: Data Dictionary, Integrationsbasis für Datenstrukturen und Programmgeneratoren, in: **NIEDEREICHHOLZ, J. (HRSG.):** Datenbanktechnologie: Einsatz großer, verteilter und intelligenter Datenbanken, Stuttgart 1979, S. 43-61.

CORRELL, C.H.; DEDEST, X.: Untersuchung über Maßnahmen zur Verbesserung der Software-Produktion, Teil 3: Einsatz von Methoden der Software-Produktion, GMD-Bericht Nr.132, München/Wien 1980.

DADAM, P.: Einführung in die Synchronisation in Datenbank-Systemen, in: **ELEKTRONISCHE RECHENANLAGEN:** 23. Jg., 1/1981, S. 4-12.

DADAM, P.: Synchronisation in verteilten Datenbanken, Teil 1, in: **INF. SPEKT.:** 3/1981, S. 175-184.

DADAM, P.: Forschung und Entwicklung im Datenbank-Management-System-Bereich, in: **HOMMEL, G.; SCHINDLER, S. (HRSG.):** GI - 16. Jahrestagung, Band 1, IFB-Nr. 126, Berlin/Heidelberg/New York/London/Paris/Tokyo 1986, S. 63-89.

D'AGAPEYEFF, A.: Expert Systems, Fifth Generation and UK-Suppliers, NCC Publications, 1983.

DANIELS, H.-J.: Die Bedeutung des Pflichtenheftes für den Software-Entwicklungsprozeß, in: **AI:** 3/1984, S. 87-97.

DATE, C.J.: Relational Database: Selected Writings, Reading, Massachusetts/Menlo Park, California 1986.

DATE, C.J.: An Introduction to Database Systems, Band 1, 4. Auflage, Reading, Massachusetts/Menlo Park, California 1986.

DAVIS, C.G.; JAJODIA, S.; NIG, P.A.; YEH, R.T. (HRSG.): Entity-Relationship Approach to Software Engineering, **PROC. OF THE 3RD INT. CONF. ON ENTITY-RELATIONSHIP APPROACH,** 1983, Amsterdam/New York/Oxford 1983.

DEBLASIS, J.-P.; JOHNSON, T.H.: Database Administration - Classical Pattern, Some Experiences and Trends, in: **PROC. OF THE 1977 AFIPS-NCC:** Dallas, Texas 1977, S. 1-7.

DEMARCO, T.: Structured Analysis and System Specifikation, Englewood Cliffs 1978.

DENERT, E.: Software-Modularisierung, in: **INF. SPEKT.:** 4/1979, S. 204-218.

DENERT, E.; HESSE, W.: Projektmodell und Projektbibliothek: Grundlagen zuverlässiger Software-Entwicklung und Dokumentation, in: **INF. SPEKT.:** 4/1980, S. 215-228.

DIELE, H.: K-Schnittstellen nicht nur für eine arbeitsteilige Softwareentwicklung, in: **ONLINE:** 6/1986, S. 89-92.

DIJKSTRA, E.W.: GoTo Statement Considered Harmful, in: **CACM:** Vol. 11, 3/1968, S. 147-148.

DITTMANN, E.L.: Datenunabhängigkeit beim Entwurf von Datenbanksystemen, Darmstadt 1977.

DIßMANN, S.; ZURWEHN, V.: Software-Praktikum - Ein praxisorientiertes Vorgehen zur Software-Erstellung, Stuttgart 1988.

DOGAC, A.; CHEN, P.P.-S.: Entity Relationship Model in the ANSI/SPARC Framework, in: **CHEN, P.P.-S. (HRSG.):** Entity-Relationship Approach to Information Modelling and Analysis, **PROC. OF THE 2ND INT. CONF. ON ENTITY-RELATIONSHIP APPROACH,** 1981, Amsterdam/New York/Oxford 1983, S. 357-374.

DWORATSCHEK, S.; HÖCKER, H.-J.: Möglichkeiten einer Bewertung softwaretechnischer Methoden, in: **AI:** 5/1985, S. 183-190.

EISENHOFER, A.: Information als Produktionsfaktor - Strategie für Entscheidungsunterstützungssysteme, in: **BULLINGER, H.J. (HRSG.):** Integrierte Bürosysteme, Heidelberg/New York/Tokyo 1984, S. 433.

END, W.; GOTTHARDT, H.; WINKELMANN, R.: Softwareentwicklung. Leitfaden für Planung, Realisierung und Einführung von DV-Verfahren, 6., durchgesehene Auflage, Berlin/München 1987.

ENDRES, A.: Composite Design (Myers-Methode), in: **INF. SPEKT.:** 3/1980, S. 193-194.

FAHRION, R.: Wirtschaftsinformatik: Grundlagen und Anwendungen, Heidelberg 1989.

FERSTEL, O.K.; SINZ, E.J.: Software-Konzepte der Wirtschaftsinformatik, Berlin/New York 1984.

FISCHER, D.: Sortimentsanalyse in einer Apotheke auf der Basis verfügbarer Hard- und Software, Diplomarbeit am Fachbereich Wirtschaftswissenschaften der Georg-August-Universität Göttingen, 1987.

FLOYD, C.: Eine Untersuchung von Software-Entwicklungsmethoden. in: **MORGENBROD, H.;SAMMER, W. (HRSG.):** Programmierumgebungen und Compiler. Berichte des German Chapter of the ACM 18, Stuttgart 1984, 248-274.

FRÜHAUF, K.; LUDEWIG, J.; SANDMAYR, H.: Software-Projektmanagement und -Qualitätssicherung, Stuttgart 1985.

GEBHARDT, F.: Semantisches Wissen in Datenbanken, GMD-Studie Nr. 108, Sankt Augustin 1985.

GEBHARDT, F.: Semantisches Wissen in Datenbanken - Ein Literaturbericht, in: **INF. SPEKT.:** 2/1987, S. 79-98.

GEWALD, K.; HAAKE, G.; PFADLER, W.: Software Engineering, Grundlagen und Technik rationeller Programmentwicklung, 4. Auflage, München/Wien 1985.

GILLENSON, M.L.: The State of Practice of Data Administration - 1981, in: **CACM:** Vol. 25, Nr. 10/1982, S. 699-706.

GILLENSON, M.L.: Trends in Data Administration, in: **MIS QUARTERLY:** Vol. 9, 12/1985, S. 317-325.

GIRNDT, D.: Data Dictionary - Mehr als ein Wörterbuch für die EDV, in: **HEILMANN, W.; REUSCH, G. (HRSG.):** Datensicherheit und Datenschutz, Wiesbaden 1984, S. 125-146.

GMD/PROJEKTGRUPPE SCHNITTSTELLEN: Modellierung existierender Schnittstellen mit Netzen, GMD-Studien Nr. 69, Sankt Augustin 1982.

GOMOLZIG, H.: Auswahl und Einführung von Methoden und Tools für den Softwareentwurf, in: **HMD:** 110/1983 S. 17-22.

GOTLIEB, C.C.; GOTLIEB, L.R.: Data Types and Structures, New Jersey 1978.

GRADWELL, D.J.: Integrating Data Dictionary Systems with DBMS, in: **STATE OF THE ART REPORT:** Data Base - The 2nd Generation, Series 10, 7/1982, S. 445-460.

GRADWELL, D.J.: Objectives and Scope of a Data Dictionary System, in: **COMP. BULLETIN:** Series 2, Nr. 18/1978, S. 4-9.

GRAF LAMBSDORFF, O.: Aufgaben für die Betriebswirtschaftslehre kleiner und mittlerer Betriebe, in: **ALBACH, H.; HELD, T. (HRSG.):** Betriebswirtschaftslehre mittelständischer Unternehmen, Stuttgart 1984, S. 5-16.

GROENKE, L.: Der Normenausschuß Informationsverarbeitungssysteme (NI) und seine Aufgaben. Verbindlichkeit und Durchsetzbarkeit von Normen, in: **AI:** 6/1985, S. 244-254.

HACKETT, J.; WARNER, C.: Data Ditionary Features for the 1980's, in: **STATE OF THE ART REPORT:** Data Base - The 2nd Generation, Series 10, Nr. 7, 1982, S. 463-474.

HÄRDER, T.: Das Zugriffsverhalten von Relationalen Datenbanksystemen, Darmstadt 1975.

HÄRDER, T.: Implementierung von Datenbanksystemen, München/Wien 1978.

HANSEN, H.R.: Wirtschaftsinformatik I, 5., neubearbeitete und erweiterte Auflage, Stuttgart 1986.

HANSEN, H.R.: Arbeitsbuch: Aufbau betrieblicher Informationssysteme, 4., neubearbeitete und erweiterte Auflage, Wien 1981.

HAUSEN, H.L.; MÜLLERBURG, M.; SCHMIDT, M.: Über das Prüfen, Messen und Bewerten von Software, in: **INF. SPEKT.:** 2/1987 S. 123-144.

HEAPS, H.S.: Information Retrieval, New York/San Francisco/London 1978.

HEILMANN, H.: Softwareentwurfsmethodik - Definition und Klassifizierung, in: **HMD:** 110/1983, S. 3-15.

HEILMANN, H.: Organisation und Management der Informationsverarbeitung, in: **KURBEL, K.; STRUNZ, H. (HRSG.):** Handbuch Wirtschaftsinformatik, Stuttgart 1990, S. 683-702.

HEINRICH, A.W.: Datenadministration, in: **MERTENS, P. (HAUPTHRSG.):** Lexikon der Wirtschaftsinformatik, Berlin/Heidelberg/New York/London/Paris/Tokyo 1987, S. 94/95.

HEINRICH, L.J.; BURGHOLZER, P.: Informationsmanagement, 2. Auflage, München/Wien 1988.

HEINRICH, L.J.; BURGHOLZER, P.: Systemplanung - Die Planung und Realisierung von Informations- und Kommunikationssystemen, Band 1, 4., überarbeitete und ergänzte Auflage, München/Wien 1989.

HEINRICH, L.J.; BURGHOLZER, P.: Systemplanung - Die Planung und Realisierung von Informations- und Kommunikationssystemen, Band 2, 4., überarbeitete und ergänzte Auflage, München/Wien 1990.

HEINRICH, L.J.; ROITHMAYR, F.: Wirtschaftsinformatik-Lexikon, 3., überarbeitete und wesentlich erweiterte Auflage, München/Wien 1989.

HEINRICH, L.J.; LEHNER, F.; ROITHMAYR, F.: Informations- und Kommunikationstechnik, München/Wien 1988

HELFORS, S.; SCHULZ, A.: Datenfluß, in: **SCHNEIDER, H.-J. (HRSG.):** Lexikon der Informatik und Datenverarbeitung, 2., verbesserte und erweiterte Auflage, München/Wien 1986, S. 143.

HESSE, W.: Editorial: Software-Qualitätssicherung, in: INF. SPEKT.: 2/1987, S. 119-120.

HOARE, C.A.R.: Quicksort, in: **COMP. JOURN.:** Vol. 5, 1/1962, S. 10-15.

HÖCKER, H.-J.: Die Bewertung von Software-Entwurfsmethoden, Bremen 1984.

HÖPKER, H.-C.; KILLER, B.: Die Rolle des operativen Diktionärs, Vortrag im Rahmen der Jahrestagung der Software AG-Benutzergruppe, Mainz, 5.Oktober 1989.

HRUSCHKA, P.: Prinzipien der Modularisierung, in: **HMD:** 130/1986, S. 67-75.

IBM DEUTSCHLAND GMBH (HRSG.): Daten-Management - für eine unternehmensweite Produktivität. IBM-Form GZ 12-1093-0, Stuttgart 1982.

INHETVEEN, R.; LUFT, A.L.: Abstraktion, Idealisierung und Modellierung bei der Spezifikation, Konstruktion und Verifikation von Software-Systemen, in: **AI:** 12/1983, S. 541-546.

JACKSON, M.A.: Principles of Program Design, London/New York/San Francisco 1975.

JACKSON, M.A.: Grundsätze des Programmentwurfs, Darmstadt 1979.

JACKSON, M.A.: System Development, Englewood Cliffs 1983.

KAHN, B.K.: Some Realities of Data Administration, in: **CACM:** Vol. 26, 10/1983, S. 794-799.

KENT, W.: A simple guide to five Normal Forms in Relational Database Theory, in: **CACM:** Vol. 26, 2/1983, S. 120-125.

KIMM, R.; KOCH, W.; SIMONSMEIER, W.; TONTSCH, F.: Einführung in Software Engineering, Berlin/New York 1979.

KIRSCH, W.; BÖRSIG, C.; ENGLERT, G.: Standardisierte Anwendungssoftware in der Praxis,Berlin 1979.

KLAEREN, H.A.: Algebraische Spezifikation, Berlin/Heidelberg/New York 1983.

KLOPPROGGE, M.R.: Gegenstands- und Beziehungsgeschichten: ein Konzept zur Beschreibung und Verwaltung zeitveränderlicher Informationen in Datenbanken, Dissertation, Universität Karlsruhe 1983.

KNUTH, D.E.: The Art of Computer Programming, Vol. 3, Sorting and Searching, Massachusetts 1973.

KRATZER, K.: Transaktion, in: **MERTENS, P. (HAUPTHRSG.):** Lexikon der Wirtschaftsinformatik, Berlin/Heidelberg/New York/London/Paris/Tokyo 1987, S. 344/345.

KURBEL, K.: Software Engineering im Produktionsbereich, Wiesbaden 1983.

KURBEL, K.: Datenstrukturen und Modularisierung, in: **INF. SPEKT.:** 3/1984, S. 127-137.

KURBEL, K.: Programmierstil in Pascal, Cobol, Fortran, Basic, PL/1, Berlin/Heidelberg/New York/Tokyo 1985.

KURBEL, K.: Programmentwicklung, 3., überarbeitete Auflage, Wiesbaden 1985.

KURBEL, K.: Entwicklung und Einsatz von Expertensystemen, Berlin/Heidelberg/New York/London/Paris/Tokyo 1989.

LABUDDE, K.: Strukturiert programmieren - mit Anwendungen für die Wirtschaft, Hamburg 1987.

LACHNIT, L.: Controllingsystem zur DV-gestützten Erfolgs- und Finanzlenkung in mittelständischen Betrieben, in: **CONTOLLING:** Nr.6/1989, S. 346-355.

LACHNIT, L.; FREIDANK, C.-C.: Computergestützte Optimierungsmodelle als Instrument der Rechnungslegungspolitik von Kapitalgesellschaften, in: **DIE WIRTSCHAFTSPRÜFUNG:** 2/1990, S. 29-39.

LEONG-HONG, B.W.; PLAGMANN, B.K.: Data Dictionary/Directory Systems, New York 1982.

LIFFIK, B.W.: The Software Developer's Sourcebook, Massachusetts 1985.

LOCKEMANN, P.C.; SCHREINER, A.; TRAUBOTH, H.; KLOPPROGGE, M.: Systemanalyse, Berlin/Heidelberg/New York/London/Paris/Tokyo 1983.

LOCKEMANN, P.C.; DITTRICH, K.R.: Architektur von Datenbanksystemen, in: **LOCKEMANN, P.C.; SCHMIDT, J.W. (HRSG.):** Datenbankhandbuch, Berlin/Heidelberg/New York/London/Paris/Tokyo 1987, S. 85-161.

LOOMIS, M.; MANNINO, M.; ALLEN, F.: Fundamentals of Integrated Dictionary/Directory Systems, in: **INFORMATION & MANAGEMENT:** 12/1981, S. 287-295.

LUFT, A.L.: Rationaler Sprachgebrauch und orthosprachliche Standardisierung als Grundlage des Software Engineering, in: **INF. SPEKT.:** 4/1982, S. 209-223.

LUFT, A.L.: Dateiorganisation, in: **MERTENS, P. (HAUPTHRSG.):** Lexikon der Wirtschaftsinformatik, Berlin/Heidelberg/New York/London/Paris/Tokyo 1987, S. 92-94.

LUSARDI, F.: SQL - Programmieren in Datenbanken, Hamburg/New York/St. Louis 1989.

MAHNKE, H.: Software Engineering kurz und bündig - Planung, Methoden, Darstellungestechniken, Würzburg 1986.

MAJORONS, M.: Softest: A System for the Automatic Verification of PL/1, COBOL and Assembler Programms, in: **SNEED, H.M.; WIEHLE, H.R. (HRSG.):** Software-Qualitätssicherung, Stuttgart 1982, S. 253-264.

MALINOWSKI, K.: Data Dictionary - Derzeitige Möglichkeiten und Entwicklungstendenzen, in: **DATASCOPE:** 11.Jg., 32/1980, S. 43-50.

MARCOLINI, M.: Komprimieren mit FLAM, in: **SIEMENS MAGAZIN COM:** 6/1986, S. 41/42.

MARTIN, J.: Einführung in die Datenbanktechnik, München/Wien 1981.

MARTIN, J.: Managing the Database Environment, Englewood Cliffs, New Jersey 1983.

MARTINY, L.; KLOTZ, M.: Strategisches Informationsmanagement, München/Wien 1989.

MAURER, H.: Datenstrukturen und Programmierverfahren, Stuttgart 1974.

MAURER, H.A.; OTTMANN, T.; SIX, H.W.: Implementing Dictionaries Using Binary Trees of very small Height, in: **INFORMATION PROCESSING LETTERS:** Vol. 5, Amsterdam 1976, S. 11-14.

MAURER, H.A.; OTTMANN, T.; SIX, H.W.: Manipulation of number sets using balanced trees, in: **NOLTEMEIER, H. (HRSG.):** Graphen, Algorithmen, Datenstrukturen, München/Wien 1976, S. 9-37.

MAURER, H.A.; WOOD, D.: Zur Manipulation von Zahlenmengen, in: **AI:** 4/1976, S. 143-149.

MAYNE, A.: The Central Role of Dictionary Systems in Information Resource Management, in: **STATE OF THE ART REPORT:** Data Base - The 2nd Generation, Series 10, 7/1982, S. 521-533.

MAYR, H.C.; DITTRICH, K.R.; LOCKEMANN, P.C.: Datenbankentwurf, in: **LOCKEMANN, P.C.; SCHMIDT, J.W. (HRSG.):** Datenbankhandbuch, Berlin/Heidelberg/New York/London/Paris/Tokyo 1987, S. 481-557.

MCCRIRICK, I.; GOLDSTEIN, R.: What Do Data Administrators Really Do?, in: **DATAMATION:** Vol. 26, 8/1980, S. 131-134.

MEHLHORN, K.: Effiziente Algorithmen, Stuttgart 1977.

MERTEN, H.: Datenbankorganisation, Köln 1974.

MERTENS, P.: Industrielle Datenverarbeitung, Band 1, Administrations- und Dispositionssysteme, 7., neu bearbeitete Auflage, Wiesbaden 1988.

MERTENS, P.; BORKOWSKI, V.; GEIS, W.: Betriebliche Expertensystem-Anwendungen, 2. Auflage, Berlin/Heidelberg/New York/London/Paris/Tokyo 1990.

MEYER-WEGENER, K.: TP-Monitor, in: **INF. SPEKT.:** 2/1985, S. 92-94.

MEYER-WEGENER, K.: Transaktionssysteme, Stuttgart 1988.

MICHELS, W.; STEINMETZ, G.; KAISER, W.: Datenbanken zur rechnerunterstützten Auftragsabwicklung in kleinen und mittleren Unternehmen, München 1982.

MILLAR, V.E.: Decision-oriented information, in: **DATAMATION:** Vol. 30, 1/1984, S. 159-162.

MORREY, D.B.; PUGH, J.: Software Engineering, Englewood Cliffs 1987.

MRESSE, M.: Information Retrieval - Eine Einführung, Stuttgart 1984.

MUCKSCH, H.: Datenbanken - Datenbanksysteme, St.Augustin 1983.

MUCKSCH, H.: Datenschutz und Datensicherung in Klein- und Mittelbetrieben, Wiesbaden 1988.

MUCKSCH, H.: Verschiebung und Ergänzung der Berufsbilder der Informationsverarbeitung aufgrund der Integration der Wissensverarbeitung in den Betrieben, in: **EHRENBERG, D.; KRALLMANN, H.; RIEGER, B. (HRSG.):** Wissensbasierte Systeme in der Betriebswirtschaft, Grundlagen, Entwicklung, Anwendungen, Berlin/Bielefeld/München 1990, S. 367-378.

MUCKSCH, H.; FENSKE, W.; KURZ, M.: Einführung in die Künstliche Intelligenz - Skriptum, in: **BIETHAHN, J. (HRSG.):** Arbeitsberichte der Wirtschaftsinformatik, Georg-August-Universität, Göttingen 1990.

MÜLLER,P.; LÖBEL, G.; SCHMID, H.: Lexikon der Datenverarbeitung, 10. Auflage, Landsberg am Lech 1988.

MÜLLER-MERBACH, H.: Betriebswirtschaftslehre nach dem Jahr 2000, in: **GAUGLER, E.; MEISSNER, H.-G.; THOM, N. (HRSG.):** Zukunftsaspekte der anwendungsorientierten Betriebswirtschaftslehre, Stuttgart 1986, S. 497-511.

MÜNZENBERGER, H.: Database Administration - Experience From a European Survey, in: **PROC. OF THE EUROPEAN CONF. ON**

EVALUATION AND IMPLEMENTATION OF DATABASE SYSTEMS: September 1980, S. 25/26.

MÜNZENBERGER, H.: Eine pragmatische Vorgehensweise zur Datenmodellierung, in: **MÜLLER-ETTRICH, G. (HRSG.):** Effektives Datendesign: Praxis-Erfahrungen, Köln 1989, S. 32-75.

MYERS, G.J.: Reliable Software through Composite Design, New York 1975.

NARAYAN, R.: Data Dictionary - Implementation, Use and Maintenance, Englewood Cliffs 1988.

NIEDEREICHHOLZ, J.: Datenbanksysteme - Aufbau und Einsatz, 3., unveränderte Auflage, Würzburg/Wien 1983.

NIEDEREICHHOLZ, J.; WENTZEL, C.: Voraussetzungen und organisatorische Wirkungen des Informationsmanagements, in: **AI:** 7/1985, S. 284-290.

NIESWIODEK, J.-A.: Die Einführung von Methoden und Werkzeugen des Software Engineerings - Probleme und Management, Dissertation, Mainz 1984.

NIEVERGELT, J.: Binary Search Trees and File Organization, in: **COMPUTING SURVEYS:** Vol. 6/1974, S. 195-207.

NIJSSEN, G.M.: A gross architecture for the next generation Database Management Systems, in: **NIJSSEN, G.M. (HRSG.):** Modeling in Database Management Systems, Amsterdam 1976, S. 1-23.

NOLTEMEIER, H.: Datenstrukturen und höhere Programmiertechniken, Berlin/New York 1972.

NOLTEMEIER, H.: Informatik III, Einführung in Datenstrukturen, München/Wien 1982.

ÖSTERLE, H.: Entwurf betrieblicher Informationssysteme, München/Wien 1981.

ÖSTERLE, H.: Die Auswirkungen von Methoden und Werkzeugen auf die Wirtschaftlichkeit, in: **CW-CSE (HRSG.):** Effizientes Software-Management, München 1983, S. 41-66.

O.V.: HIPO - A Design Aid and Documentation Technique, IBM-Form GC 20-1851-1, Stuttgart 1974.

O.V.: GMD prüft COBOL- und FORTRAN-Compiler der Nixdorf Computer AG, in: **DER GMD-SPIEGEL:** 2/1985, S. 39.

O.V.: Wann ist eine Datenkomprimierung sinnvoll?, in: **SIEMENS MAGAZIN COM:** 6/1986, S. 45.

O.V.: "COBCHECK" ein neues Software-Tool zur Unterstützung der COBOL-Programmentwicklung, in: **ROCHADE REPORT:** 4. Jg., 1/1987, S. 2-7.

O.V.: ISDN: Ein Netz für alle Fälle, in: **HIGH TECH SPECIAL:** 1/1988, S. 56-59.

O.V.: EISA contra Mikrokanal, in: **PERSONAL COMPUTER:** 1/1989, S. 98-99.

OTTMANN, T.; SIX, H.W.; WOOD, D.: On the Correspondence between AVL Trees and Brother Trees, in: **COMPUTING:** Vol. 23/1979, S. 43-54.

OTTMANN, T.; SIX, H.W.; WOOD, D.: Right Brother Trees, in: **CACM:** Vol. 21, 9/1978, S. 265-271.

OTTMANN, T.; SIX, H.W.: Eine neue Klasse von ausgeglichenen Bäumen, in: **AI:** 9/1976, S. 395-400.

OßWALD, R.: Verteilte Datenbanken, Informatik-Informationen-Reporte, Berlin (Ost) 11/1986.

PAPST, R.: Die Zuverlässigkeit von Software-Voraussetzungen für Softwareprüfung, in: **KÖLSCH, R.; SCHMID, W.; SCHWEIGGERT, F. (HRSG.):** Wirtschaftsgut Software, Stuttgart 1985, S. 95-105.

PARNAS, D.L.: A Technique for Software Module Specification with Examples, in: **CACM:** Vol. 15, 5/1972, S. 330-336.

PARNAS, D.L.: On the Criteria To Be Used in Decomposing Systems into Moduls, in: **CACM:** Vol. 15, 12/1972, S. 1053-1058.

PENZEL, H.G.: Ein systematischer Vergleich von Entwurfsverfahren für betriebliche Informationssysteme, Dissertation, Mainz 1983.

PETERS, L.: Advanced Structured Analysis and Design, Englewood Cliffs 1988.

PLATZ, G.: Methoden der Software-Entwicklung. Lehr-und Arbeitsbuch zur rationellen Programmentwicklung, 3., unveränderte Auflage, München/Wien 1988.

PRESSMAN, R.S.: Software Engineering. A Practioner's Approach, 2nd ed., New York/St. Louis/San Franzisko 1987.

PUPPE, F.: Einführung in Expertensysteme, Berlin/Heidelberg/New York/London/Paris/Tokyo 1988.

QUIEL, G.: Datenbanksysteme - Grundlage von Informationssystemen, Köln-Braunsfeld 1981.

RECHENBERG, P.: Daten- und Programm-Kontrollstrukturen, in: **RECHENBERG, P.;SCHAUER, H.; SCHOITSCH, E. (HRSG.):** Software-Engineering, Wien/München 1983, S. 29-91.

REINERMANN, H.: Individuelle Datenverarbeitung: Der Endbenutzer im neuen Licht, in: **VERWALTUNGSRUNDSCHAU:** 35. Jg., 5/1989, S. 146-154.

RENNER, G.: Entwicklungsstand und Einsatzmöglichkeiten mikrocomputergestützter Datenverwaltungssysteme, in: **WEBER, H.; OPPERMANN, H.H. (HRSG.):** PC betriebliche Anwendung und Praxis, Braunschweig/Wiesbaden 1985, S. 123-157.

REUSCH, P.J.A.: Informationssysteme, Dokumentationssprachen, Data Dictionaries, Mannheim/Wien/Zürich 1980.

REUSCH, P.J.A.: Aufbau und Einsatz betrieblicher Informationssysteme, Mannheim/Wien/Zürich 1984.

REUTER, A.: Maßnahmen zur Wahrung von Sicherheits- und Integritätsbedingungen, in: **LOCKEMANN, P.C.; SCHMIDT, J.W. (HRSG.):** Datenbank-Handbuch, Berlin/Heidelberg/New York/London/Paris/Tokyo 1987, S. 337-479.

ROHRIG, N.: Copy- und Extrakt-Management als Voraussetzung für erfolgreiche Endbenutzersysteme, in: **INFORMATION MANAGEMENT:** 3/1987, S. 49-55.

ROMANN, C.: Semantische Modellierungskonzepte: Das Entity-Relationship-Modell und die Konzepte Aggregation und Generalisation, in: **BEVER, M.; LÜKE, B. (HRSG.):** Neuere Ansätze zur Datenmodellierung: Entwicklungen aus den Bereichen semantischer Modelle und Programmiersprachen, Bericht Nr. 20/84, Institut für Informatik II, Universität Karlsruhe 1984, S. I-1 bis I-18.

ROSENTHAL, W.: Die Mensch-Maschine-Schnittstelle als Bestandteil eines Software-Entwicklungs-Systems, realisiert an einem erweiterten Maskengenerator, Dissertation, Göttingen 1989.

ROSENTHAL, W.: Der erweiterte Maskengenerator eines Software-Entwicklungs-Systems, Heidelberg 1990.

ROTHHARD, G.: Praxis der Softwareentwicklung, Heidelberg 1987.

ROUSSOPOULOS, N.; MYLOPOULOS, J.: Using semantic networks for Database Management, in: **PROC. INT. CONF. ON VERY LARGE DATABASES:** IEEE 1975, S. 144-172.

RUF, W.: Ein Software-Entwicklungs-System auf der Basis des Schnittstellen-Management-Ansatzes, Berlin/Heidelberg/New York/London/Paris/Tokyo 1988.

SALTON, G.; MCGILL, M.J.: Information Retrieval- Grundlegendes für den Informationswissenschaftler, Hamburg/New York 1987.

SCHANZ, G.: Wissenschaftsprogramme der Betriebswirtschaftslehre, in: **BEA, F.X.; DICHTL, E.; SCHWEITZER, M. (HRSG.):** Allgemeine Betriebswirtschaftslehre, Band 1, Grundlagen, 4., überarbeitete und erweiterte Auflage, Stuttgart 1988, S. 49-114.

SCHAUER, H.: Methoden des Software-Engineering, in: **RECHENBERG, P.;SCHAUER, H.; SCHOITSCH, E. (HRSG.):** Software-Engineering, Wien/München 1983, S. 9-28.

SCHEER, A.-W.: EDV-orientierte Betriebswirtschaftslehre, 3. Auflage, Berlin/Heidelberg/New York/London/Paris/Tokyo 1987.

SCHEER, A.-W.: Wirtschaftsinformatik. Informationssysteme im Industriebetrieb, 2., verbesserte Auflage, Berlin/Heidelberg/New York/London/Paris/Tokyo 1988.

SCHEUERNSTUHL, G.: Data Dictionary, in: **SCHNEIDER, H.-J. (HRSG.):** Lexikon der Informatik und Datenverarbeitung, 2., verbesserte und erweiterte Auflage, München/Wien 1986, S. 130.

SCHEUERNSTUHL, G.: Data Dictionary System, in: **SCHNEIDER, H.-J. (HRSG.):** Lexikon der Informatik und Datenverarbeitung, 2., verbesserte und erweiterte Auflage, München/Wien 1986, S. 131.

SCHEUERNSTUHL, G.; WILD, J.K.: Data Dictionary, in: **SCHNEIDER, H.-J. (HRSG.):** Lexikon der Informatik und Datenverarbeitung, 2., verbesserte und erweiterte Auflage, München/Wien 1986, S. 130/131.

SCHIFFNER, G.; SCHEUERMANN, P.: Multiple Views and abstractions with an extended entity-relationship model, Technical Report, Dept. of Electrical Engineering and Computer Science, Northwestern University, Evanston, Illinois, 1979.

SCHLAGETER, G.; STUCKY, W.: Datenbanksysteme: Konzepte und Modelle, 1. Auflage, Stuttgart 1977.

SCHLAGETER, G.; STUCKY, W.: Datenbanksysteme: Konzepte und Modelle, 2., neubearbeitete und erweiterte Auflage, Stuttgart 1983.

SCHLAGETER, G.: Synchronisation durch Locking in verteilten Datenbanken, in: **STUCKY, W.; HOLLER, E. (HRSG.):** Datenbanken in Rechnernetzen mit Kleinrechnern, Fachtagung der GI, Karlsruhe 1978, IFB-Nr. 14, Berlin/Heidelberg/New York 1978, S. 93-110.

SCHMITZ, P.: Methoden, Verfahren und Werkzeuge zur Gestaltung rechnergestützter betrieblicher Informationssysteme (RBIS), in: **AI:** 2/1982, S. 72-79.

SCHMITZ, P.; BONS, H.; VAN MEGEN, R.: Software-Qualitätssicherung - Testen im Software-Lebenszyklus, Braunschweig/Wiesbaden 1983.

SCHNUPP, P.; FLOYD, C.: Software - Programmentwicklung und Projektorganisation, 2., durchgesehene Auflage, Berlin/New York 1979.

SCHREIER, U.: Data Dictionary, in: **MERTENS, P. (HAUPTHRSG.):** Lexikon der Wirtschaftsinformatik, Berlin/Heidelberg/New York/London/Paris/Tokyo 1987, S. 91/92.

SCHREIER, U.: Entity-Relationship-Darstellung, in: **MERTENS, P. (HAUPTHRSG.):** Lexikon der Wirtschaftsinformatik, Berlin/Heidelberg/New York/London/Paris/Tokyo 1987, S. 141/142.

SCHULTE, U.: Praktikable Ansatzpunkte zur Realisierung von Datenmanagement-Konzepten, in: **INFORMATION MANAGEMENT:** 4/1987, S. 26-31.

SCHULZ, A.: Der Einfluß von Strukturierungsmethoden der Anwendungsprogrammierung auf die Durchlaufzeit von Programmen, in: **BRAUER, W. (HRSG.):** GI - 11. Jahrestagung, IFB-Nr. 50, Berlin/Heidelberg/New York/Tokyo 1981, S. 160-169.

SCHULZ, A.: Entwicklungsstand der anwendungsorientierten Softwaretechnologie, in: **MAURER, H. (HRSG.):** Überblicke Informationsverarbeitung 1985, Mannheim/Wien/Zürich 1985, S. 191-220.

SCHULZ, A.: Ein Klassifizierungs- und Bewertungsschema für Software-Engineering-Werkeuge, insbesondere CAS-Systeme, in: **AI:** 5/1986, S. 191-197.

SCHULZ, A.: HIPO-Methode, in: **SCHNEIDER, H.-J. (HRSG.):** Lexikon der Informatik und Datenverarbeitung, 2., verbesserte und erweiterte Auflage, München/Wien 1986, S. 269.

SCHULZ, A.: Software-Entwurf, München/Wien 1988.

SCHULZE, H.H.: Datenverarbeitung in kleinen und mittleren Unternehmen, - Planung, Einführung und Einsatz von DV-Systemen, München/Wien 1983.

SCHUMANN, J.; GERISCH, M.: Software-Entwurf, Prinzipien-Methoden-Arbeitsschritte-Rechnerunterstützung, Berlin 1984.

SCHUMANN, M.: Wirtschaftsinformatik I: Grundlagen und Entwicklungsmanagement, Skriptum, Göttingen 1990.

SCHWEIGGERT, F.: Software-Qualität - Eine Standortbestimmung, in: **KÖLSCH, R.; SCHMID, W.; SCHWEIGGERT, F. (HRSG.):** Wirtschaftsgut Software, Stuttgart 1985, S. 9-30.

SEAGREN, C.; EVERETT, J.: Report gives Guidelines toward Defining a DDS, in: **COMPUTERWORLD:** Vol. 16, 26/1982, S. SR18/SR20.

SEIBT, D.: Information Resources Management, in: **MERTENS, P. (HAUPTHRSG.):** Lexikon der Wirtschaftsinformatik, Berlin/Heidelberg/New York/London/Paris/Tokyo 1987, S. 180-182.

SENKO, M.E.; U.A.: Data structures and accessing in data base systems, parts 1-3, in: **IBM SYSTEMS JOURNAL:** Vol. 12, 1/1973, S. 30-93.

SHARP, J.R.: Information Retrieval, London 1978.

SIMONS, G.L.: Die Fünfte Computergeneration, München/Wien 1986.

SINZ, E.J.: Datenmodellierung betrieblicher Probleme und ihre Unterstützung durch ein wissensbasiertes System, Habilitationsschrift, Regensburg 1987.

SINZ, E.J.: Das Strukturierte Entity-Relationship-Modell (SER-Modell), in: **AI:** 5/1988, S. 191-202.

SINZ, E.J.: Konzeptionelle Datenmodellierung im Strukturierten Entity-Relationship-Modell (SER-Modell), in: **MÜLLER-ETTRICH, G. (HRSG.):** Effektives Datendesign: Praxis-Erfahrungen, Köln 1989, S. 76-108.

SMITH, H.C.: Database Design: Composing fully normalized tables from a rigorous Dependency Diagram, in: **CACM:** Vol. 28, 8/1985, S. 826-838.

SMITH, J.M.; SMITH, D.C.P.: Database Abstractions: Aggregation and Generalization, in: **ACM TODS:** Vol. 2, 2/1977, S. 105-133.

SMITH, J.M.; SMITH, D.C.P.: Database Abstractions: Aggregation, in: **CACM:** Vol.20, 6/1977, S. 405-413.

SNEED, H.M.: Software-Qualitätssicherung für kommerzielle Anwendungssysteme, Köln-Braunsfeld 1983.

SNEED, H.M.: Software-Qualitätssicherung, Köln 1988.

SOFTWARE AG: ADABAS Anwenderschulung, Darmstadt, September 1981.

SOFTWARE AG: ADABAS Einführung, ADA-410-000-D, Darmstadt 1983.

SOFTWARE AG: PREDICT - Online Data Dictionary, Darmstadt 1985, BMK 2.0.

SOFTWARE AG: COM-PLETE, Introduction Manual, Darmstadt, o.Jahr.

SOFTWARE AG: Ausbildung - ADABAS DB Design, Darmstadt 1989.

SOFTWARE AG: PREDICT - Concepts and Facilities, PRD-312-006, Darmstadt 1990.

SOKOLOVSKY, Z.: Data Dictionary Systeme, in: **INF. SPEKT.:** 1/1981, S. 50.

SOKOLOVSKY, Z.: Bemerkungen zu Data-Dictionary-Systemen, in: **AI:** 3/1981, S. 122-130.

SOKOLOVSKY, Z.: Funktionsmächtigkeit künftiger Data-Dictionary-Systeme, in: **AI:** 7/1981, S. 286-291.

SPANIOL, O.; KAUFFELS, F.-J.: Architektur von Datenkommunikationssystemen, in: **KURBEL, K.; STRUNZ, H. (HRSG.):** Handbuch Wirtschaftsinformatik, Stuttgart 1990, S. 893-927.

STAHLKNECHT, P.; WARNER, A.: Stand der Entwicklung des Einsatzes von Software-Entwicklungswerkzeugen, in: **INFORMATION MANAGEMENT:** 2/1986, S. 36-53.

STAHLKNECHT, P.: Einführung in die Wirtschaftsinformatik, 4., völlig überarbeitete und aktualisierte Auflage, Berlin/Heidelberg/New York/London/Paris/Tokyo 1989.

STAUDT, E.; BOCK, J; u.a.: Anreizsysteme als Instrument des betrieblichen Innovationsmanagements, in: **ZfB:** 60. Jg., 11/1990, S. 1183-1204.

STATE OF THE ART REPORT: Data Base, Series 9, No. 8, 1981.

STEINBAUER, D.; WEDEKIND, H.: Integritätsaspekte in Datenbanksystemen, in: **INF. SPEKT.:** 2/1985, S. 60-68.

STEVENS, W.P.; MYERS, G.J.; CONSTANTINE, L.L.: Structured Design, in: **IBM SYSTEMS JOURNAL:** 13/1974, S. 115-138.

STUCKY, W.; KRIEGER, R.: Datenbanksysteme, in: **KURBEL, K.; STRUNZ, H. (HRSG.):** Handbuch Wirtschaftsinformatik, Stuttgart 1990, S. 837-856.

STÜLPNAGEL, A. VON: Data Dictionary, in: **HMD:** 118/1984, S. 59-70.

THARP, A.L.: File Organization and Processing, New York/Chichester/Brisbane/Toronto/Singapore 1988.

TOBERGTE, J.: Überblick über Normen und Standards zu den Phasen des Softwarelebenszyklus, in: **AMK BERLIN (HRSG.):** Compas '84, Berlin 1984, S. 453-460.

TRAUTH, E.M.: The Evolution of Information Resource Management, in: **INFORMATION & MANAGEMENT:** Vol. 16, No. 5/1989, S. 257-268.

TRUÖL, K.; VIEBEG, U.: Strukturierter Programmentwurf - die datenorientierte Methode, in: **GMD-BERICHT:** Nr. 150, München/Wien 1985.

VALDER, W.; WELLER, U.: Schwierigkeiten mit der klassischen Systemanalyse, in: **AI:** 8/1984, S. 323-328.

VAN DUYN, J.: Developing a Data Dictionary System, Englewood Cliffs 1982.

VDMA FACHGEMEINSCHAFT BÜRO- UND INFORMATIONSTECHNIK IM VERBAND DEUTSCHER MASCHINEN- UND ANLAGENBAU E.V.: POINTE - die Software-Produktionsumgebung des VDMA, Frankfurt 1985.

VETTER, M.: Strategie der Anwendungssoftware-Entwicklung: Planung, Prinzipien, Konzepte, Stuttgart 1988.

VETTER, M.: Aufbau betrieblicher Informationssysteme mittels konzeptioneller Datenmodellierung, 5., durchgesehene Auflage, Stuttgart 1989.

VETTER, M.: Das Jahrhundertproblem der Informatik, in: **MÜLLER-ETTRICH, G. (HRSG.):** Effektives Datendesign: Praxis-Erfahrungen, Köln 1989, S. 11-31.

VETTER, M.: Konzeptionelle Datenmodellierung, in: **KURBEL, K.; STRUNZ, H. (HRSG.):** Handbuch Wirtschaftsinformatik, Stuttgart 1990, S. 383-401.

VINEK, G.; RENNERT, P.F.; TJOA, A.: Datenmodellierung: Theorie und Praxis des Datenbankentwurfs, unveränderter Nachdruck, Würzburg/Wien 1985.

VOGES, U.: Normungsaktivitäten auf dem Gebiet des Software Engineering, in: **AUTOMATISIERUNGSTECHNISCHE PRAXIS:** 29. Jg., 4/1987, S. 183-197.

VOSSEN, G.; WITT, K.-U.: Das SQL/DS-Handbuch, Bonn/Reading,Massachusetts/Menlo Park,California 1988.

WAGEMANN, R.: SADT, in: **MERTENS, P.(HAUPTHRSG.):** Lexikon der Wirtschaftsinformatik, Berlin/Heidelberg/New York/London/Paris/Tokyo 1987, S. 295-298.

WALLMÜLLER, E.: Software engineering in der Anwendungsprogrammierung, Dissertation, Wien 1984.

WALLMÜLLER, E.; ZINCKE, G.: Die Einsetzbarkeit von Software-Engineering Methoden in der Praxis gezeigt am Beispiel des Bertelsmann-Modells, in: **AI:** 11/1985, S. 478-483.

WATERMAN, D.A.: A Guide to Expert Systems, Reading, Massachusetts 1986.

WEBRE, N.W.: An Extended Entity-Relationship Model and its Use on a Defense Project, in: **CHEN, P.P.-S. (HRSG.):** Entity-Relationship Approach to Information Modelling and Analysis, **PROC. OF THE 2ND INT. CONF. ON ENTITY-RELATIONSHIP APPROACH,** 1981, Amsterdam/New York/Oxford 1983, S. 173-193.

WECK, G.: Prinzipien und Realisierung von Betriebssystemen, Stuttgart 1985.

WEDEKIND, H.: Datenorganisation, 2., verbesserte Auflage, Berlin/New York 1972.

WEDEKIND, H.: On the Selection of Access Paths in a Data Base System, in: **KLIMBIE, J.W.; KOFFEMAN, K.L. (HRSG.):** Proc. IFIP Working Conf. on Data Base Management 1974, Amsterdam 1974, S. 385-397.

WEDEKIND, H.: Datenbanken nach dem Relationenmodell, Beitrag zum Wirtschaftsinformatiksymposium 1974 der IBM Deutschland über Informationssysteme im Produktionsbereich vom 30.09.-02.10.1974.

WEDEKIND, H.: Systemanalyse, 2., durchgesehene Auflage, München/Wien 1976.

WEDEKIND, H.: Datenbanksysteme I, 2., völlig neubearbeitete Auflage, Mannheim/Wien/Zürich 1981.

WEDEKIND, H.: Betriebsinformatik oder die Lehre von der Abstraktion, Arbeitsteilung und Arbeitslosigkeit, in: **BALLWIESER, W.; BERGER, K.-H. (HRSG.):** Information und Wirtschaftlichkeit, Wiesbaden 1985, S. 145-169.

WEDEKIND, H.; HÄRDER, T.: Datenbanksysteme II, Mannheim/Wien/Zürich 1976.

WEICHSELBAUMER, C.; BLANK, K.; SCHMID, M.: Data Dictionaries: Der Wirtschaftlichkeitsbeweis steht noch aus, in: **CW:** 10.Jg, Nr. 26 vom 24.6.1983, S. 5.

WEINBERG, V.: Structured Analysis, Englewood Cliffs 1980.

WEGNER, E.: Normkonformitätsprüfung und Zertifikation, in: **AMK BERLIN (HRSG.):** Compas '84, Berlin 1984, S. 479-488.

WERTZ, C.J.: The Data Dictionary - Concepts and Uses, Wellesley, Massachusetts 1986.

WESSEL, A.E.: Information Retrieval und Automatisierung, Mannheim 1975.

WETTSTEIN, H.: Betriebssysteme, in: **KURBEL, K.; STRUNZ, H. (HRSG.):** Handbuch Wirtschaftsinformatik, Stuttgart 1990, S. 857-876.

WEY, P.: Verteilte Datenbanksysteme - Technologie und Produkte, in: **ZORN, W. (HRSG.):** TOOL 90, Tagungsband, Karlsruhe 1990, S. 349-359.

WIEDERHOLD, G.: Datenbanken, Analyse - Design - Erfahrungen, Band 1: Dateisysteme, München/Wien 1980.

WIEDERHOLD, G.: Datenbanken, Analyse - Design - Erfahrungen, Band 2: Datenbanksysteme, München/Wien 1981.

WIEDERHOLD, G.: File Organization for Database Design, Singapur 1987.

WIEDERHOLD, G.: Dateiorganisation in Datenbanken, Hamburg 1989.

WILDGRUBE, E.: Datei, in: **SCHNEIDER, H.-J. (HRSG.):** Lexikon der Informatik und Datenverarbeitung, 2., verbesserte und erweiterte Auflage, München/Wien 1986, S. 131.

WILDGRUBE, E.: Hash-Algorithmus, in: **SCHNEIDER, H.-J. (HRSG.):** Lexikon der Informatik und Datenverarbeitung, 2., verbesserte und erweiterte Auflage, München/Wien 1986, S. 264.

WILLIAMS, J.W.J.: Heapsort, in: **CACM:** Vol. 7, 6/1964, S. 347-348.

WILLMER, H.; BALZERT, H.: Fallstudie einer industriellen Software-Entwicklung. Definition, Entwurf, Implementierung, Abnahme, Qualitätssicherung, Mannheim/Wien/Zürich 1984.

WILLMER, H.: Systematische Software-Qualitätssicherung anhand von Qualitäts- und Produktmodellen, Berlin/Heidelberg/New York/Tokyo 1985.

WINDLER, A.: Informationsbedarf, in: **MERTENS, P. (HAUPTHRSG.):** Lexikon der Wirtschaftsinformatik, Berlin/Heidelberg/New York/London/Paris/Tokyo 1987, S. 184/185.

WIRTH, N.: Systematisches Programmieren, 3. Auflage, Stuttgart 1978.

WIRTH, N.: Algorithmen und Datenstrukturen, 2. Auflage, Stuttgart 1979.

WIRTZ, K.W.: Methoden und Werkzeuge für den Softwareentwurf, in: **KURBEL, K.; STRUNZ, H. (HRSG.):** Handbuch Wirtschaftsinformatik, Stuttgart 1990, S. 325-343.

YANNAKOUDAKIS, E.J.: The Architectural Logic of Database Systems, London/Berlin/Heidelberg/New York/Paris/Tokyo 1988.

YOURDON, E.; CONSTANTINE, L.L.: Structured Design: Fundamentals of a Discipline of a Computer Program and Systems Design, Englewood Cliffs 1979.

YOURDON, E.: Structured Analysis and Design Workshop. Lecture Note Version 2, New York 1987.

ZAHRAN, F.S.: A Universal Data Model Holder for Data Dictionary Systems, in: **COMP. JOURN.:** Vol. 24, 3/1981, S. 193-199.

ZEHNDER, C.A.: Informationssysteme und Datenbanken, 3., neubearbeitete und erweiterte Auflage, Stuttgart 1985.

ZEHNDER, C.A.: Informationssysteme und Datenbanken, 4., neubearbeitete und erweiterte Auflage, Stuttgart 1987.

ZfB: Innovationsmanagement, 59. Jg., Ergänzungsheft 1/1989.

ZILAHI-SZABO, M.G.: Informatik, München/Wien 1988.

ZLOOF, M.M.: Query by Example, in: **AFIPS:** Conference Proceedings NCC 1975, S. 431-438.

ZOLLER, P.: Abstrakte Datentypen, in: **AI:** 10/1981, S. 429-431.

Index